智慧环境

服务理论、方法与应用创新

陈晓红　胡东滨　刘利枚　李小龙　曹文治 等／著

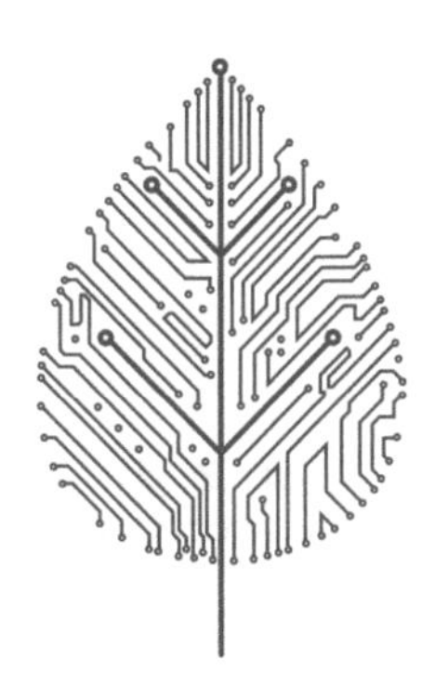

科 学 出 版 社

北 京

内 容 简 介

本书是国家自然科学基金重大项目“企业运营与服务创新管理理论及应用研究”课题“环境服务型企业智慧运营管理”的研究成果，全书分为理论方法篇、技术平台篇和应用实践篇三大部分，旨在通过多角度的深入分析，为智慧环境服务领域的理论研究、技术开发和实际应用提供全面的指导和参考。

本书既可作为高等学校环境科学与工程、管理科学与工程、工商管理等专业高年级本科生和研究生的教材，也适合相关专业的教师、科研工作者、工程技术人员和政府管理人员参考使用。

图书在版编目（CIP）数据

智慧环境服务理论、方法与应用创新 / 陈晓红等著. --北京 : 科学出版社, 2025. 3. -- ISBN 978-7-03-080509-6

Ⅰ. X32

中国国家版本馆 CIP 数据核字第 2024Q8R110 号

责任编辑：徐　倩/责任校对：贾娜娜
责任印制：张　伟/封面设计：有道设计

科学出版社 出版
北京东黄城根北街 16 号
邮政编码：100717
http://www.sciencep.com
北京建宏印刷有限公司印刷
科学出版社发行　各地新华书店经销
*
2025 年 3 月第　一　版　开本：720×1000　1/16
2025 年 3 月第一次印刷　印张：20
字数：400 000

定价：236.00 元

（如有印装质量问题，我社负责调换）

前　言

当前是建设美丽中国的重要时期。建设美丽中国要持续深入打好污染防治攻坚战，加快推动发展方式绿色低碳转型，着力提升生态系统多样性、稳定性、持续性，积极稳妥推进碳达峰、碳中和，守牢美丽中国建设安全底线，健全美丽中国建设保障体系。在习近平生态文明思想的指引下，污染治理与环境保护的需求日益迫切，政策引导与扶持力度持续强化，环境服务业的战略地位加速提升。环境治理由过去的政府推动为主转变为政府推动与市场驱动相结合，培育环境治理和生态保护市场主体，尤其是环境服务型企业，成为我国壮大绿色环保产业、培植新经济增长点的必然选择。与此同时，在大数据、云计算、物联网、人工智能、区块链等新一代信息技术的驱动下，现代数智技术与环境治理有效结合，正在不断转化为推动生态环境治理的新质生产力，“生态环境智慧治理”的新理念与新模式应运而生，智慧环境服务创新管理成为数字经济时代下政府与企业共同关注的焦点问题。

本书正是基于这一现实背景和实践需求而撰写，旨在探索和建立智慧环境服务的理论框架和方法体系，同时深入分析技术平台的构建与应用实践，以期为相关领域的研究者和实务工作者提供指导和参考。在理论方法篇中，本书探讨了数智技术与智慧环境服务之间的互动关系，阐述了环境监测设备的选址优化方法，提出了环境服务动态定价策略，分析了环境智能服务契约的设计原则，并探讨了智慧环境服务模式的创新路径。这些讨论不仅为智慧环境服务的理论发展提供了新的视角，同时也为实践提供了科学的指导原则。技术平台篇着重介绍了多源异构环境大数据融合技术、环境污染及环境风险智能态势感知技术、环境服务大数据智能分析技术以及智慧环境服务大数据集成平台的构建方法。这些技术平台的介绍不仅展示了当前技术的前沿进展，也为未来技术的发展指明了方向。在应用实践篇中，本书详细描述了能源环境智慧综合服务的应用实例、污水处理智能化管理的应用案例以及土壤修复智慧化服务的应用情况。这些案例分析展现了理论和技术在实践中的应用成效，为智慧环境服务在不同领域的应用提供宝贵经验和启示。

第 1 章数智技术与智慧环境服务，深入探讨数智技术在智慧环境服务中的应用和价值。分析大数据、物联网、人工智能等技术如何推动环境服务的智能化，提升服务效率和质量。

第 2 章环境监测设备选址与部署优化，探讨基于污染物传播规律的环境监测设备布局优化方法。通过量化分析污染扩散规律，构建数据驱动的监测设备选址多目标优化算法，提升监测数据准确性与设备利用效率。

第 3 章环境服务动态定价策略，探讨环境服务智能定价理论与方法，并在此基础上重点构建数据驱动的环境服务智能定价模型，提出相应的动态定价策略，提高环境服务的资源配置效率。

第 4 章环境智能服务契约设计，探讨环境智能服务契约的供需主体契约关系和设计要素。重点研究如何通过智能合约设计环境服务供应链激励机制，并实现环境服务供应链的风险管控。

第 5 章数智驱动的环境服务模式创新，创新性地提出并分析新的智慧环境服务模式。研究如何结合先进技术和市场机制，创新服务模式，以满足多样化的环境服务需求，提升服务的可持续性。

第 6 章多源异构环境大数据融合技术，重点介绍多源异构环境大数据融合的关键技术和方法。通过大数据混合存储系统、虚拟视图技术和联邦学习，实现数据的高效整合与利用，为环境服务提供准确的决策支持。

第 7 章环境污染及环境风险智能态势感知技术，深入探讨环境污染及环境风险智能态势感知技术的实现和应用。研究如何利用大数据分析和智能算法，实时感知和评估环境污染风险，为环境管理提供科学依据。

第 8 章环境服务大数据智能分析技术，系统阐述环境服务大数据智能分析的技术框架和工具。重点研究如何利用机器学习、数据挖掘等技术，从海量环境数据中提取有价值的信息，支持环境服务的决策优化。

第 9 章智慧环境服务大数据集成平台，详细介绍智慧环境服务大数据集成平台的架构和功能。重点研究如何构建高效、可靠的数据平台，实现环境服务数据的集中管理和共享，提升环境服务的协同性和智能化水平。

第 10 章能源环境智慧综合服务应用，通过案例分析能源环境智慧综合服务的应用实践。研究如何将智慧环境服务理念和技术应用于能源领域，实现能源与环境的双赢，推动绿色能源的发展。

第 11 章污水处理智能化管理应用，详细探讨污水处理智能化管理的技术和策略。重点研究如何利用智能化技术提升污水处理效率，降低运营成本，保障水资源的可持续利用。

第 12 章土壤修复智慧化服务应用，创新性地提出土壤修复智慧化服务的模式并分析其效果。研究如何运用先进的监测和修复技术，结合智能化管理，提高土壤修复的效率和质量，促进土地资源的可持续利用。

本书的特点主要体现在：在理论层面，有助于推动传统环境管理方法的创新，为数字经济时代下智慧环境服务的相关研究和决策模式提供新的思路和依据，以促进我国智慧环境服务平台的智能化和科学化发展。在实践层面，有效整合智慧环境服务领域内分散异构的数据资源，以满足智慧环境服务模式和服务数字化、智能化的重大需求。在理论与实践的结合上，本书提出了数智技术驱动下智慧环境服务的管理理论与技术方法、模式创新与平台构建的思路，明确了智慧环境服务学科的未来发展方向。

本书由陈晓红院士及胡东滨教授、刘利枚教授、李小龙教授、李坚飞教授、曹文治教授、刘亦文教授、苏长青副教授等撰写，其中第 1、5、8、10 章由陈晓红院士等撰写，第 2、3、4、6、7、12 章分别由湖南工商大学李小龙教授、刘亦文教授、李坚飞教授、曹文治教授、刘利枚教授、苏长青副教授等撰写，第 9、11 章由胡东滨教授等撰写。

本书的研究工作得到了国家自然科学基金重大项目“企业运营与服务创新管理理论及应用研究”（71991460）的支持，在此，作者对国家自然科学基金委员会及重大项目指导专家组表示衷心的感谢！

在本书的撰写过程中，各位作者结合自身的研究方向和专业特长，深入研究、广泛交流，力求使本书的内容全面而深入。我们希望通过本书的出版，能够促进智慧环境服务领域的学术交流，推动理论与实践的进一步结合，为我国环境保护和治理贡献力量。同时，我们也期待广大读者提出宝贵意见和建议，共同推动智慧环境服务领域的研究与发展。

感谢所有参与本书撰写的作者，以及在研究和编写过程中给予帮助和支持的同行和朋友们。我们衷心希望本书能够对从事智慧环境服务相关工作的研究者和实务工作者有所启发和帮助。由于作者水平有限，书中不足之处难免，恳请广大读者批评指正。

作　者

2024 年 8 月

目录

Contents

第一篇　理论方法篇

第二篇 技术平台篇

第三篇　应用实践篇

第一篇

理论方法篇

第1章

数智技术与智慧环境服务

随着大数据、人工智能、云计算、区块链等新一代信息技术的迅猛发展，数智技术不仅深刻改变了传统行业的运作模式，也为环境服务行业的转型升级提供了强大的技术支撑。智慧环境服务作为环境服务行业的新方向，依托物联网、大数据、人工智能等先进技术手段，通过实时监测、智能分析和精准管理，为环境保护和可持续发展提供了有力保障。从水资源管理到空气质量监测，从废物处理到自然资源保护，智慧环境服务在多个领域展现出强大的应用潜力和社会价值。本章旨在全面解析数智技术的定义、发展历程、核心特征及其在各领域的应用，并深入探讨智慧环境服务的兴起、特征以及市场需求的变化。通过系统梳理大数据、人工智能等关键技术的演进历程，展示数智技术如何以可量化、实时化、可视化、可优化和智能化的特性，嵌入各类系统和组织的管理与业务中，实现流程优化、效率提升和价值创造方式的重塑。

1.1　数智技术的定义、发展与未来

1.1.1　数智技术的定义

随着大数据与人工智能等技术的兴起及其对各行业的渗透和影响不断深化，“数智”和“数智技术”作为新的学术名词被越来越多的研究者使用。广义的数智技术包含大数据、人工智能、云计算、移动互联网、虚拟现实、区块链、元宇宙等新一代技术应用和技术思维，但在某种程度上，大数据和人工智能技术受到人们更密切的关注，其应用也更普遍、深入，占据主导地位，因此，数智技术也普遍地被理解为是以大数据技术和人工智能技术为代表的新一代技术思维及应用的合称[1]。

与传统信息通信技术相比，数智技术具有可量化、实时化、可视化、可优化、智能化等核心特征，具有拟人化的能力，改变了传统的人机关系，展现出交互性、全景性、可扩展性、智能性等特征，越来越多地嵌入各类系统和组织的管理与业务中，实现流程优化、效率提升和价值创造方式的重塑[2]。例如，在制造业中，数智技术通过智能制造和工业互联网，实现生产过程的智能化和自动化；在金融行业，数智技术通过智能风控和精准营销，提高风险管理和客户服务的水平；在医疗领域，数智技术通过智能诊断和个性化治疗，提升医疗服务的质量和效率。

1.1.2 数智技术的发展

数智技术的起源可以追溯到大数据和人工智能的早期发展阶段。20 世纪 60 年代，计算机科学的迅速发展为数据处理和分析提供了基础。随着计算能力的提高和数据存储技术的进步，大量数据的收集和分析成为可能。20 世纪 80 年代，数据仓库和数据挖掘技术的出现进一步推动了大数据分析的发展。大数据技术大致起源于谷歌在 2004 年前后提出的 Hadoop 分布式文件系统（Hadoop distributed file system，HDFS）GFS（Google File System，谷歌文件系统）、分布式计算框架 MapReduce 和数据库（database，DB）系统 BigTable，引领了互联网时代的变革。Hadoop 的出现是大数据技术发展的一个重要里程碑。作为谷歌开源的分布式计算框架，Hadoop 不仅引入了 GFS 的思想，还提供了 MapReduce 计算模型，使大规模数据处理成为可能。Hadoop 的分布式文件系统和 MapReduce 框架形成了一个完整的大数据处理平台，催生了大数据生态体系。Hadoop 的成功使越来越多的企业和组织能够以低成本处理和分析海量数据，极大地推动了大数据技术的普及和应用。Spark 的出现进一步推动了大数据技术的进步。Spark 作为一个快速的、通用的大数据计算框架，支持批处理和流处理计算，并提供了内存计算的功能，大幅度提高了数据处理的速度和效率。同时，NoSQL 系统也成为大数据技术的一部分。大数据处理的主要应用场景包括数据分析、数据挖掘与机器学习，需要使用 Hive、Spark SQL、TensorFlow、Mahout 等工具。总的来说，大数据技术体系由分布式文件系统、调度系统、计算框架、机器学习算法等组成，提供了完整的大数据技术知识体系（图 1-1）。

人工智能的发展同样具有深远的历史（图 1-2）。人工智能的概念最早由约翰·麦卡锡（John McCarthy）在 1956 年提出，旨在研究和开发能够模拟人类的智能的机器和系统。早期的人工智能研究主要集中在逻辑推理和问题求解方面。然而，受限于计算能力和数据的不足，人工智能的发展一度陷入低谷。20 世纪 80 年代，专家系统的出现带来了新的希望。这些系统利用规则和知识库模拟专家的决策过程，在特定领域如医疗、金融和工业中取得了一些成功，展示了人工智能

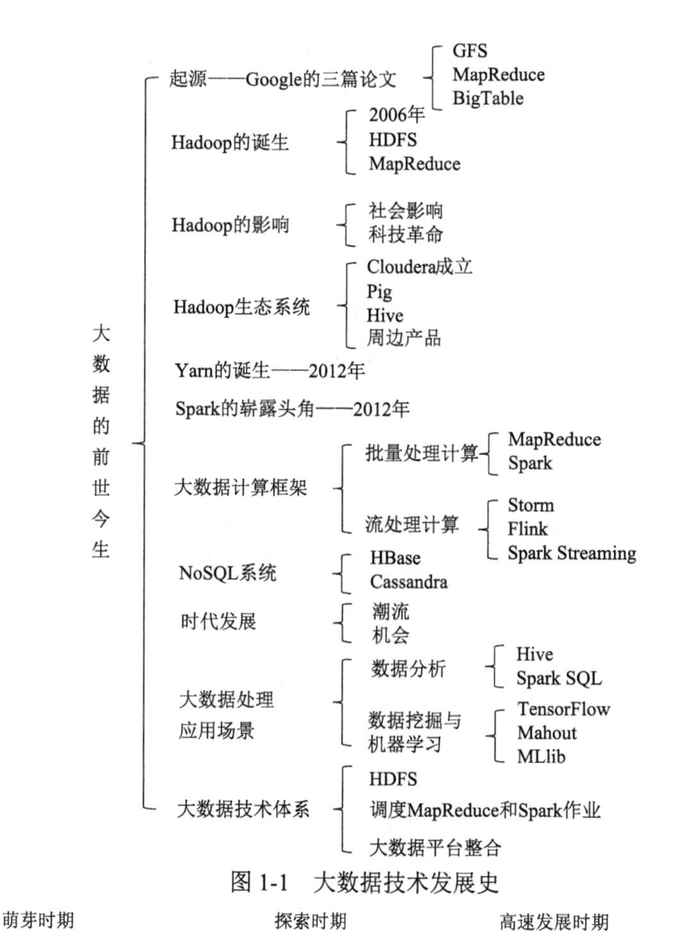

图 1-1　大数据技术发展史

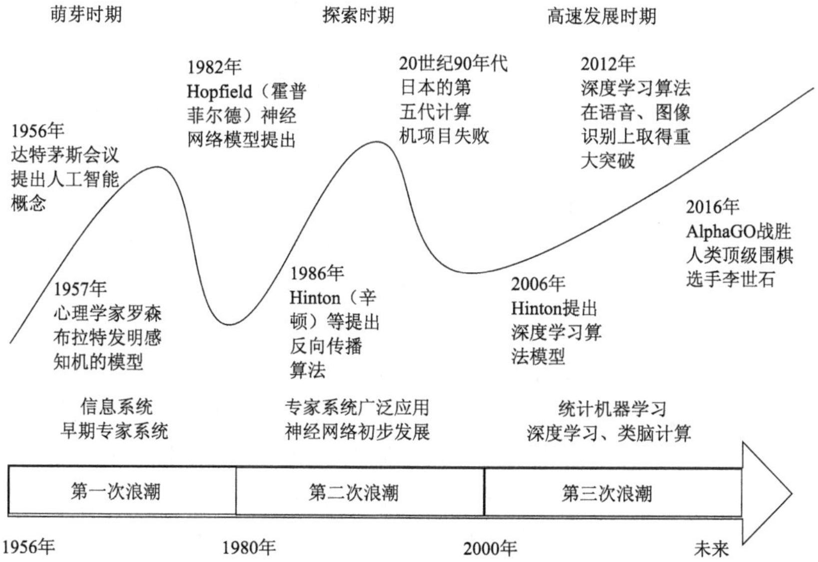

萌芽时期　　探索时期　　高速发展时期

1956年
达特茅斯会议
提出人工智能
概念

1957年
心理学家罗森
布拉特发明感
知机的模型

1982年
Hopfield（霍普
菲尔德）神经
网络模型提出

1986年
Hinton（辛
顿）等提出
反向传播
算法

20世纪90年代
日本的第
五代计算
机项目失败

2006年
Hinton提出
深度学习算
法模型

2012年
深度学习算法
在语音、图像
识别上取得重
大突破

2016年
AlphaGO战胜
人类顶级围棋
选手李世石

信息系统
早期专家系统

专家系统广泛应用
神经网络初步发展

统计机器学习
深度学习、类脑计算

第一次浪潮　第二次浪潮　第三次浪潮

1956年　1980年　2000年　未来

图 1-2　人工智能技术发展历程

的实际应用潜力。进入 21 世纪，人工智能迎来了新的发展机遇。机器学习特别是深度学习（deep learning，DL）的突破性进展极大地推动了人工智能技术的进步。深度学习利用多层神经网络进行特征提取和模式识别，通过对大规模数据集的训练，显著提升了计算机在复杂任务中的表现。尤其在图像处理、语音识别和自然语言处理等领域，深度学习技术表现出了前所未有的能力[3]。例如，卷积神经网络（convolutional neural network，CNN）在图像分类任务中取得了突破性的成果，成功应用于面部识别、医学图像分析等领域；长短期记忆网络（long short-term memory network，LSTM）和变换器（Transformer）在语音翻译和自然语言生成任务中展现了卓越的性能，大幅度提高了机器翻译和文本生成的准确性。总而言之，大数据和人工智能的结合，为数智技术的发展奠定了坚实的基础。

数智技术的发展离不开一系列关键技术的推动，这些技术相互作用，共同构建了数智技术的应用体系。以下是其余一些关键技术的发展历程和应用。

（1）云计算。云计算技术的发展经历了三个阶段：首先是基础设施即服务（infrastructure as a service，IaaS）的兴起，在这一阶段，云计算的主要形式是公有云，服务提供商通过互联网为用户提供按需分配的计算资源，如虚拟服务器、存储和网络[4]。用户无须购买和维护昂贵的硬件设备，只需支付使用费用，从而显著降低了 IT 成本并提升了资源利用效率。亚马逊网络服务（Amazon Web Services，AWS）在 2006 年推出的 EC2（Elastic Compute Cloud，弹性计算云）和 S3（Simple Storage Service，简单存储服务）是这一阶段的典型代表，开启了云计算商业化应用的先河。接着是平台即服务（platform as a service，PaaS）和软件即服务（software as a service，SaaS）的发展，进一步丰富了云计算的应用层次。PaaS 提供了开发和部署应用程序的平台，开发者可以利用云平台提供的工具和环境，快速构建、测试和发布应用程序，而无须担心底层基础设施的管理。例如，谷歌的 App Engine 和微软的 Azure App Service 就是典型的 PaaS 产品。SaaS 则将软件应用直接交付给最终用户，用户通过互联网访问软件，无须进行本地安装和维护。这种模式极大地降低了软件的部署和管理复杂性，提高了使用的便捷性和灵活性。SaaS 应用广泛覆盖了各类企业业务需求，如客户关系管理（customer relationship management，CRM）系统、企业资源计划（enterprise resource planning，ERP）系统和协同办公软件。Salesforce 和 Microsoft Office 365 是 SaaS 的成功案例，通过云服务为全球企业提供强大的业务支持。现在则是云计算技术的全面应用阶段，不仅在公有云环境中得到广泛应用，混合云和私有云也逐渐成为主流选择。混合云结合了公有云和私有云的优点，为企业提供了更大的灵活性和安全性。私有云则专为某一组织提供云服务，确保了数据的高度安全和可控制性。这一阶段，云计算的应用场景变得更加复杂和多样化，涵盖了从数据存储、备份恢复到大数据分析、人工智能和物联网的方方面面。据预测，未来几年内云计算市场仍将持续增长。在云计算技术的发展过程中也将不断涌现出更多新技术和创新应用，如人工智能、区块链等与云计算的结合将进一步推动云计算技术的发展和应用创新。

（2）区块链技术。区块链技术从 1.0 到 4.0，每个阶段都代表了技术的重大进步和应用扩展。区块链 1.0 聚焦于加密货币的基本应用，解决了去中心化和信任问题，标志着区块链的诞生。区块链 2.0 引入了智能合约和去中心化应用（decentralized application，DApp），使得区块链不仅限于金融交易，还拓展到自动执行合约和复杂的分布式应用场景。区块链 3.0 通过改进共识机制、引入侧链和跨链技术，提高了系统的可扩展性和互操作性，同时加强了隐私保护功能，使区块链技术能够支持更广泛的应用场景和更高的性能需求。区块链 4.0 代表了技术的成熟与融合，注重与人工智能、大数据、物联网等前沿技术的集成，推动了去中心化金融（decentralized finance，DeFi）、非同质化代币（non-fungible token，NFT）、数字身份管理等新兴领域的发展。区块链 4.0 不仅提升了技术的实际应用价值，也为智能社会的构建奠定了基础[5]。

（3）物联网（internet of things，IoT）。物联网的发展历史可以分为两个阶段。在早期阶段，可编程逻辑控制器（programmable logic controller，PLC）的出现为设备之间的互操作性和通信开启了新的可能性。PLC 的引入使得工业自动化系统能够通过编程实现对设备的控制与监控，为后来的物联网技术奠定了基础。随着技术的不断进步和无线通信技术的发展，物联网进入了现代阶段，涵盖了更广泛的应用领域。智能传感器、无线网络和云计算的结合，使得物联网能够实现更复杂的数据采集与分析，推动了智能家居、智能医疗、智能交通等领域的发展。现代物联网不仅仅关注设备间的简单连接，还强调数据的实时处理和智能决策[6]。5G 技术的到来进一步加快了物联网的应用步伐，为高带宽、低延迟的通信需求提供了支持，极大地拓展了物联网的应用场景和市场潜力。

（4）虚拟现实（virtual reality，VR）和增强现实（augmented reality，AR）。VR 起步于 20 世纪 60 年代，当时伊凡・苏泽兰发明了早期的头戴显示器。20 世纪 90 年代，随着计算机性能提升，VR 技术在游戏和培训领域取得突破[7]。2016 年，Oculus Rift 等设备的推出标志着 VR 技术进入实用阶段，并迅速在娱乐、培训和医疗领域普及。AR 的概念最早在 20 世纪 60 年代由伊凡・苏泽兰提出，20 世纪 90 年代，汤姆・考德尔（Tom Caudell）和其他研究者开始探索 AR 在工业和军事中的应用。2015 年左右，AR 技术通过智能手机应用如 Layar 和 Augment 开始进入大众市场。2016 年，Pokémon GO（《宝可梦 GO》）的成功将 AR 技术带入主流，现代 AR 技术在教育、零售和医疗等领域得到了广泛应用，结合了人工智能和计算机视觉技术，提供了更为沉浸的用户体验。VR 技术成熟度曲线如图 1-3 所示。

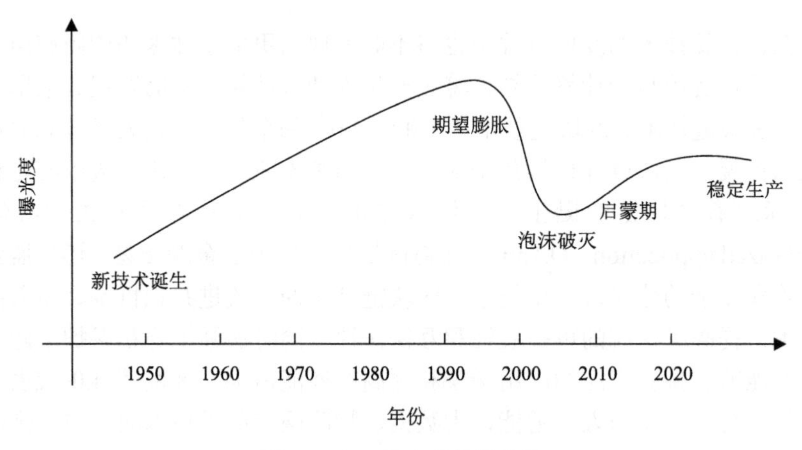

图 1-3　VR 技术成熟度曲线

1.1.3　数智技术的未来

数智技术的未来将继续朝着更加智能化、网络化和集成化的方向发展。技术创新将不再局限于单一领域，而是跨越人工智能、大数据、区块链等多个技术平台，实现深度融合。人工智能的发展不断推进，深度学习和机器学习的算法变得更为精准，能够在医疗、金融、制造等领域实现更高效的数据分析和预测。大数据技术也会为 AI 提供更为丰富的数据支持，使其在模式识别和智能决策方面表现得更加卓越。这种深度融合将极大地提升数据处理和应用能力，从而带来更为个性化和智能化的服务，推动各行业的技术进步和业务创新[8]。

区块链技术和元宇宙等新兴技术也将发挥重要作用。未来，区块链技术将不仅仅局限于金融领域，其安全和透明的特性将延伸至供应链管理、身份验证、智能合约等多个方面，从而为企业和个人带来更可靠的解决方案。随着技术的发展，区块链将支持更为广泛的去中心化应用，增强数据的不可篡改性和交易的安全性。元宇宙技术的进步将推动虚拟现实和增强现实的深度融合，创造出全新的数字互动体验。这些技术会重塑社交、娱乐和商业模式，为用户提供更加沉浸式和具有互动性的虚拟环境。

因此，数智技术的广泛应用将对社会和经济产生深远影响。在经济上，智能化生产和服务不仅显著提升了生产效率和质量，还给传统行业和劳动市场带来了巨大变革。许多传统岗位可能会被自动化和人工智能技术取代，而新兴技术则会催生大量新的职业和岗位[9]。这一转变要求劳动者不断提升技能，进行职业转型和再培训，以适应新的就业市场需求。此外，数智技术将助力创新驱动的高质量发展，促进新兴产业的崛起，激发更多商业机会。企业在引进和应用数智技术时，需要建立完善的技术转移和应用机制，确保新技术能够平稳落地并产生实际效益。

同时还需要重视技术的包容性发展，确保不同规模和发展阶段的企业都能享受到技术进步带来的红利。在社会治理和公共服务领域，数智技术的应用将提升管理效率和服务质量。通过数据分析和人工智能技术，政府能够更精准地进行城市管理和公共安全防控，提供更加智能化和个性化的公共服务。这将使社会治理更加高效和响应迅速，为居民提供更优质的生活环境和服务体验。然而，数智技术也提出了对技术伦理和隐私保护的更高要求。政府、企业和社会各界必须共同努力，制定和遵循相应的伦理规范及隐私保护措施，确保技术的发展不会侵犯个人权利和社会公正[10]。只有在技术伦理和隐私保护得到有效保障的前提下，数智技术才能真正发挥其潜力，为社会进步和经济发展贡献力量。

综上所述，数智技术的未来充满了无限可能，它将在人工智能、大数据、区块链、元宇宙等领域带来深刻的变革，推动技术的广泛应用和社会经济的持续发展。通过政府、企业和社会的共同努力，确保技术的健康发展和公平应用，才能够充分发挥数智技术的优势，迎接未来的挑战和机遇。

1.2　智慧环境服务的特征与需求变化

1.2.1　智慧环境服务的概况

作为环保产业的重要分支，环境服务业是我国战略性新兴产业重要的组成部分。环境服务通过各种技术、管理和政策手段，对环境中的自然资源和生态系统进行管理、保护和改善，保障人类健康和福祉，旨在维持生态系统的平衡，改善环境质量，并促进可持续发展[11-13]。随着数智技术的发展，传统环境服务逐步转向智慧环境服务，即充分利用物联网、移动互联、云计算、大数据等信息技术，采用感知为先、传输为基、计算为要、管理为本的理念，实现海量环境监测数据的安全存储和智能分析，从而实现资源的可持续利用，减少环境污染，改善环境质量，提升人类健康和福祉[14-15]。

1. 智慧环境服务政策法规

当前我国环境服务监管格局已基本形成，新格局下环境服务行业已从政策播种时代进入全面的政策深耕时代，涉及水、土、气、固废处理全方位的政策法规日趋完善，进入了以降碳为重点战略方向、推动减污降碳协同增效、促进经济社会发展全面绿色转型、实现生态环境质量改善由量变到质变的关键时期。据此，有关部门也推出了多项政策，在全国碳排放权交易市场、蓝天保卫战、黑臭水体整治环境保护以及无废城市等领域发力，全面助力环境保护，促进经济社会发展全面绿色转型。近年我国环境服务相关产业主要政策法规如表 1-1 所示。

表 1-1 近年我国环境服务相关产业主要政策法规

颁布时间	颁布部门	政策法规
2024 年 2 月	工业和信息化部、国家发展改革委、财政部等	《关于加快推动制造业绿色化发展的指导意见》
2024 年 2 月	生态环境部办公厅、科学技术部办公厅、工业和信息化部办公厅等	《国家重点低碳技术征集推广实施方案》
2023 年 3 月	生态环境部	《关于做好 2021、2022 年度全国碳排放权交易配额分配相关工作的通知》
2023 年 1 月	生态环境部办公厅	《"十四五"噪声污染防治行动计划》
2022 年 8 月	交通运输部办公厅	《绿色交通标准体系（2022 年）》
2022 年 6 月	中国环境保护产业协会	《加快推进生态环保产业高质量发展 深入打好污染防治攻坚战 全力支撑碳达峰碳中和工作行动纲要（2021—2030 年）》
2022 年 4 月	生态环境部	《"十四五"环境影响评价与排污许可工作实施方案》
2022 年 1 月	国家发展改革委、生态环境部、住房城乡建设部、国家卫生健康委	《关于加快推进城镇环境基础设施建设的指导意见》
2022 年 1 月	工业和信息化部、科学技术部、生态环境部	《环保装备制造业高质量发展行动计划（2022—2025 年）》
2022 年 1 月	生态环境部、国家发展改革委、自然资源部等	《"十四五"海洋生态环境保护规划》
2021 年 12 月	国务院	《"十四五"节能减排综合工作方案》
2021 年 12 月	生态环境部、国家发展改革委、财政部等	《"十四五"土壤、地下水和农村生态环境保护规划》
2021 年 12 月	生态环境部	《"十四五"生态环境监测规划》
2021 年 5 月	生态环境部办公厅	《生态环境保护专项督察办法》
2021 年 4 月	全国人民代表大会常务委员会	《中华人民共和国草原法（2021 修正）》
2021 年 3 月		《中华人民共和国国民经济和社会发展第十四个五年规划和 2035 年远景目标纲要》
2021 年 1 月	国务院	《排污许可管理条例》

2. 智慧环境服务领域

随着社会的发展和技术的进步，智慧环境服务的领域也不断扩展，形成了具有多样性的服务领域群，主要包括水资源管理、废物处理、空气质量监测和改善、自然资源保护、生态恢复和修复、环境监测和预警、环境教育和公众参与[16]，如表 1-2 所示。

表 1-2　智慧环境服务涵盖领域

领域	释义
水资源管理	通过智能监测和管理水资源，确保水质和水量的安全与稳定，防止水污染，保障饮用水安全
废物处理	通过固体废物、液体废物和气体废物的收集、处理和处置，减少对环境的污染和危害
空气质量监测和改善	通过智能监测空气中的污染物，采取措施减少大气污染，改善空气质量，保障公众健康
自然资源保护	保护森林、湿地、草原等自然生态系统，防止资源的过度开发和破坏，维护生态平衡
生态恢复和修复	对受损的生态系统进行修复和恢复，恢复其生态功能和服务能力
环境监测和预警	利用数智监测技术，对环境中的各类污染物和生态变化进行监测，及时预警环境风险
环境教育和公众参与	通过数智宣传和教育，提高公众的环保意识，促进公众参与环境保护和管理

1.2.2　智慧环境服务的特征

智慧环境服务是未来环境服务行业发展的新方向，其依托现代物联网技术，通过对监测地区的环境信息进行感知、分析、整合，同时对环境服务需求进行智能反应，使决策者能够更好地做出契合环境发展需要的各项举措，进而实现环境保护的精细化管理[17]。相较于传统环境服务行业，智慧环境服务行业具有以下几个特征。

1. 技术驱动的智能化

智慧环境服务基于物联网、大数据、人工智能等先进技术，使得环境服务更加智能化和高效化。一方面，通过物联网技术可以实时监测水质、空气质量和噪声等环境数据；另一方面，大数据技术可以对大量环境数据进行分析和预测，揭示环境变化的规律和趋势，为环境管理提供科学依据。此外，利用人工智能技术可实现环境服务的自动化和智能化管理，提高服务效率和精确度。智能化的技术手段使环境服务能够及时响应环境变化，提供精准的解决方案。

2. 数据驱动的精准化

数据驱动的精准化是智慧环境服务的重要特征。通过将环境信息化所涉及的多模态数据进行全面收集和深度分析，建立高精度模型，提高环境服务的精准性和可靠性。在实际应用中，数据驱动的精准化需要高效的数据采集和处理技术支持。例如，通过部署在城市中的传感器网络，实时采集多场景环境数据，通过云计算和大数据技术，对多空间数据进行融合，精准分析模型构建，提供实时的环境监测和预测服务。这种数据驱动的精准化不仅提高了环境服务的科学性和可靠性，还能有效应对环境问题，提升环境管理的效果。

3. 服务范畴的复杂性

环境服务涵盖了广泛的领域，涉及多种自然资源和生态系统，具有高度的多样性和复杂性。不仅涵盖了水资源管理、废物处理、空气质量监测和改善、自然资源保护、生态恢复和修复等领域，每个领域又包含了众多细分项目和复杂的技术操作。同时，智慧环境服务的实施需要多学科、多领域的合作。例如，在水资源管理中，需要水利工程、环境科学、化学等多个学科的专业知识和技术支持；在空气质量监测中，需要大气科学、气象学、环境工程等多个领域的专业人员参与。

4. 需求导向的个性化

智慧环境服务企业在技术研发、工艺流程优化、服务领域拓展、服务模式创新等方面发生了较大转变，由咨询、设计为主，拓展到运营、检测、评估、诊断、培训等领域，提供一站式、全流程、定制化的“管家式”服务成为行业的发展特点。智慧环境服务需要关注用户的个性化需求，提供定制化的服务。例如，在智慧城市中，智能交通系统可以根据用户的出行习惯和偏好，提供个性化的出行建议和服务。用户需求导向的个性化不仅提升了用户的满意度和体验感，还能促进环境服务的广泛应用和推广，实现环境服务的可持续发展。

5. 服务运营的政策法规依赖性

智慧环境服务的有效开展离不开政策和法规的支持。一方面，环境保护法、空气质量标准等环境标准和规范，确保了智慧环境服务的合法性和规范性，推动了社会各界采用清洁能源和节能技术，从而提升了环境服务的质量和效果；另一方面，通过财政支持、税收优惠、补贴等方式，激励企业和社会组织参与环境服务。此外，通过建立健全的环境监管体系，加强对智慧环境服务的监督和管理，确保服务的合法性和规范性，保障公众的环境权益。

6. 服务收益的公益性

智慧环境服务涉及全社会的利益和福祉，并不仅仅为个别群体或地区提供。例如，空气质量监测和改善服务不仅提高了城市居民的生活质量，也为全社会创造了一个更健康的生活环境。公共性和公益性要求政府和社会各界共同参与，通过政策支持、资源投入和公众参与来保障环境服务的顺利开展。通过环境服务，社会可以实现资源的可持续利用，改善环境质量，提升人类的生活质量和福祉，推动可持续发展。

总而言之，智慧环境服务的特征决定了其在现代社会中的重要地位。技术驱动的智能化、数据驱动的精准化、服务范畴的复杂性、需求导向的个性化、服务运营的政策法规依赖性以及服务收益的公益性共同构成了智慧环境服务的核心要素。智慧环境服务不仅推动了社会进步和创新，也为环境的可持续发展提供了重要保障。

1.2.3　智慧环境服务的需求变化

我国生态环境保护法规政策相继颁布实施，使环境服务业市场需求进一步得到释放，产业能力水平得到有效提升。据生态环境部数据，2023 年环保行业整体营业收入达 3609.4 亿元，同比增长 5.4%，实现了产业规模的进一步扩大和产业结构的不断优化。同时，随着环境服务模式不断创新，环境污染第三方治理、环境综合治理托管服务、环保管家、生态环境导向的开发（eco-environment-oriented development，EOD）等模式得到推广应用[18-20]。

具体而言，智慧环境服务具有以下几个需求变化。

1. 从传统服务向数智化创新服务转变

人工智能等新技术的出现，颠覆了传统的环境服务技术，对环境服务技术的数智化提出了新的要求。各类企业进行技术创新，亟须对现有技术进行升级，提高环保设施的自动化和智能化水平。环境服务业跨界融合趋势明显，通过与其他产业交叉融合，催生出新的商业模式。一方面，企业亟须采购智能环保设备，利用传感器和自动化技术实时监测环境参数，以优化资源利用和提高效率；另一方面，政府需制定更有效的环境保护策略和行动计划，提供数智化的环境服务。

2. 从基础服务向高质量服务转变

随着环境信息化水平的进一步提升，企业的节能工作与区域经济发展更加紧密地联系在一起。而构建绿色低碳的区域经济模式，亟须建立全面化、精细化、信息化的数智环境服务平台。通过数智环境服务平台的建设，一方面提高能源信息监测和管理水平，提供全面的环境信息保障；另一方面，企业需通过数智环境服务，构建多元安全的环境监测和评价体系，获得精确的环境和企业协同发展的辅助决策模型支持。

3. 从单一市场向国际化市场转变

当前环境服务业在国际环境保护市场中的份额不断提高，已经逐渐发展成最具发展潜力的环境保护产业领域。环境服务业的主体也从单一的科研设计单位，延伸到环保产业的各个环节。在国家投资和社会资本拉动下，城市供水、污水处理、垃圾处理重点领域的市场需求也不断扩大。

4. 从企业需求向社会需求转变

随着社会的可持续发展成为主流、不断推进，智慧环境服务业为经济发展注入新的动力。同时，公众对环境问题的关注度不断提高，进一步激发了智慧环境服务和产品的市场需求。此外，随着经济的高质量发展、环保监管力度及执法力度的加强，我国生态环境治理市场空间得以进一步释放，智慧环境服务业市场潜力和发展活力得到深度挖掘和激发。

总而言之，随着物联网、大数据等新一代信息技术的发展和应用，智慧化、信息化成为环境服务技术发展的新趋势。智慧环境服务企业必须把握未来技术发展的方向，占领环境友好、资源节约的绿色技术制高点。通过协同创新和合作，推动智慧环境服务的持续发展和进步，实现可持续发展的目标。智慧环境服务的未来发展，将依赖技术的不断进步、政策的有力支持、社会的广泛参与以及用户需求的持续驱动。在这一过程中，政府、企业、科研机构和公众需要共同努力，通过协同创新和合作，推动智慧环境服务的持续发展和进步，实现可持续发展的目标。

1.3 智慧环境服务的现状、问题与发展趋势

1.3.1 智慧环境服务的现状

近年来，我国加速推进生态环境治理，污染防治攻坚战已经取得了关键进展。与此同时，生态环境保护的数字化转型、监测智能和风险防控能力提升仍然存在困难。以新一代信息技术与传统环境服务融合发展为特征的智慧环境服务能实现环境信息全面感知、环保数据迅速传输、应急事件智能决策等功能，是建设现代化生态环境治理体系的必然选择，是改善传统城市环境治理模式和现状的有效途径[21-23]。

我国对智慧环境服务发展的关注度不断提升，相继出台了一系列政策来推动智慧环境服务行业的发展。比如《“十四五”生态环境领域科技创新专项规划》提出环保装备向智能化、模块化方向转变，生产制造和运营过程向自动化、数字化方向发展。《环境基础设施建设水平提升行动（2023—2025年）》提出加快构建集污水、垃圾、固体废弃物、危险废物、医疗废物处理处置设施和监测监管能力于一体的环境基础设施体系，推动提升环境基础设施建设水平。2022～2024年我国智慧环境服务相关产业政策如表1-3所示。

表 1-3　近年我国智慧环境服务相关产业政策

颁布时间	政策名称	主要内容
2024 年 4 月	《关于开展城市更新示范工作的通知》	通过竞争性选拔，确定部分基础条件好、积极性高、特色突出的城市开展典型示范，扎实有序推进城市更新行动。中央财政对示范城市给予定额补助，首批评选 15 个示范城市，重点向超大特大城市和长江经济带沿线大城市倾斜，中央财政补助资金重点支持城市地下管网更新改造和污水管网“厂网一体”建设改造等
2024 年 3 月	《推动大规模设备更新和消费品以旧换新行动方案》	到 2027 年，工业、农业、建筑、交通、教育、文旅、医疗等领域设备投资规模较 2023 年增长 25%以上；重点行业主要用能设备能效基本达到节能水平，环保绩效达到 A 级水平的产能比例大幅提升；报废汽车回收量较 2023 年增加约一倍，废旧家电回收量较 2023 年增长 30%，再生材料在资源供给中的占比进一步提升
2023 年 12 月	《国家鼓励发展的重大环保技术装备目录（2023 年版）》	包括大气污染防治、水污染防治、固废处理处置、环境监测专用仪器仪表、环境污染防治设备专用零部件、噪声与振动控制等类别，为企业等主体研发产品以适应市场需求提供指导
2023 年 7 月	《环境基础设施建设水平提升行动（2023—2025 年）》	加快构建集污水、垃圾、固体废弃物、危险废物、医疗废物处理处置设施和监测监管能力于一体的环境基础设施体系，推动提升环境基础设施建设水平
2022 年 11 月	《环境监管重点单位名录管理办法》	为了加强对环境监管重点单位的监督管理，强化精准治污，根据《中华人民共和国环境保护法》和水、大气、噪声、土壤等污染防治法律，以及地下水管理、排污许可管理等行政法规，制定本办法
2022 年 9 月	《污泥无害化处理和资源化利用实施方案》	鼓励采用厌氧消化、好氧发酵、干化焚烧、土地利用、建材利用等多元化组合方式处理污泥。污泥产生量大、土地资源紧缺、人口聚集程度高、经济条件好的城市，鼓励建设污泥集中焚烧设施
2022 年 9 月	《“十四五”生态环境领域科技创新专项规划》	环保装备向智能化、模块化方向转变，生产制造和运营过程向自动化、数字化方向发展
2022 年 6 月	《国务院关于加强数字政府建设的指导意见》	全面推动生态环境保护数字化转型，提升生态环境承载力、国土空间开发适宜性和资源利用科学性，更好支撑美丽中国建设。提升生态环保协同治理能力。建立一体化生态环境智能感知体系，打造生态环境综合管理信息化平台，强化大气、水、土壤、自然生态、核与辐射、气候变化等数据资源综合开发利用，推进重点流域区域协同治理
2022 年 3 月	《关于推进社会信用体系建设高质量发展促进形成新发展格局的意见》	完善生态环保信用制度。全面实施环保、水土保持等领域信用评价，强化信用评价结果共享运用。深化环境信息依法披露制度改革，推动相关企事业单位依法披露环境信息
2022 年 1 月	《环保装备制造业高质量发展行动计划（2022—2025 年）》	到 2025 年，行业技术水平明显提升，一批制约行业发展的关键短板技术装备取得突破，高效低碳环保技术装备产品供给能力显著提升，充分满足重大环境治理需求。行业综合实力持续增强，核心竞争力稳步提高，打造若干专精特新“小巨人”企业

受益于智慧环境保护相关政策的密集出台及其配套措施的相继实施，智慧环境服务发展领域不断拓宽，市场潜力进一步释放，市场规模总体呈现平稳扩张态势[24]。数据显示，2022 年我国智慧环境服务市场规模达 772 亿元，较上年同比增长 6.6%；2023 年我国智慧环境服务市场规模达 810 亿元，较上年同比增长 4.9%。

智慧环境服务行业参与者不断增多。2018～2020 年相关企业注册量由 2595 家增长至 3455 家，2021 年新增注册量降至 3226 家，2022 年降至 2273 家。尽管近几年智慧环境服务企业的新增注册数量呈现出先增后降的趋势，但是整体企业数量仍在不断增加，反映出智慧环境服务行业的快速发展和市场的不断壮大。由于智慧环境服务市场的竞争激烈，目前并未出现绝对的龙头企业，仅有少数企业规模较大，处于市场领先地位。智慧环境服务属于典型的交叉领域，目前主要的市场竞争对象可分为三类：智慧化转型的传统环境服务型企业、致力于环境服务场景的 IT 软件服务商、专业的智慧环境服务提供商[25]。智慧环境服务提供商一方面通过为客户提供智慧环境服务系统获取收益，另一方面通过智慧环境服务项目的运营持续性取得服务收入。然而，由于存在较高的研发成本和运维费用，近些年上市的智慧环境服务企业的销售净利率保持在较低水平。

在中国致力于加快构建智慧环保体系、推动高质量发展的生态引擎背景下，我国各省份加速推进污染治理的信息化和智能化转型，纷纷投资建设智慧环境服务项目，比如云南省智慧环保项目——环境监管与决策支持系统建设项目、湖南省生态环境公众参与平台、深圳市宝安区域环评“智能选址”服务系统等。

随着国家对环境保护的日益重视，智慧环境服务行业在“双碳”目标背景下，正朝着数字化、智能化的方向加速发展。得益于政策的扶持与市场需求的持续上扬，特别是在大力推进智慧城市建设的背景下，智慧环境服务作为关键一环，展现出了极为广阔的发展前景。

1.3.2 智慧环境服务发展中面临的问题

1. 数据获取难

智慧环境服务的实现需要海量环境数据支撑，包括空气、水、土壤、气象、水文、固废等多源异构数据，其中涉及生态系统的物理、化学、生物特征和环境变量等信息，需要长期性、持续性和覆盖性的数据采集。由于目前采集设备覆盖范围有限，数据获取并不全面，代表性不强，数据采集的规范性、完整性和自动检测的有效性都存在挑战[26]。

2. 技术创新不足

智慧环境服务需要借助先进的技术手段才能充分发挥其效能，尽管目前在技术应用上取得了一定成果，但相关新技术的创新应用和推广还不能与环保事业的快速发展相匹配。在准确、稳定和可靠的数据收集设备外，还需要更优化的数据处理和分析算法，帮助从海量数据中提取有价值的决策信息。与此同时，用来处理和分析环境数据的高性能计算能力也是目前所缺乏的。除此之外，在大数据、5G、AI 等技术与“人工智能+”的融合应用方面，仍存在不足，需要进一步加强技术研发和创新应用。

3. 数据共享与隐私保护问题

由于历史和体制等原因，不同部门之间的数据未能有效整合和共享，制约了环保治理效率的提升。需要加强跨部门协作和信息共享机制建设，打破信息孤岛，实现环境数据的互联互通和共享利用。智慧环境服务涉及大量的数据采集、存储和使用，如何实现数据共享和隐私保护的平衡是一大挑战。需要建立健全的数据共享和隐私保护机制，加强对个人信息的保护和管理，确保公众的隐私权益不受侵犯。

4. 标准化建设滞后

除了环境相关数据外，智慧环境服务还涉及交通、农业、国土等多个部门和机构，不同部门和机构使用不同的数据标准和格式，为数据共享造成了麻烦，直接影响了数据的使用效率。需要加强标准化建设，推动建立完善的行业标准和规范体系，提高数据质量和使用效率，提升治理工作的规范性和科学性。

5. 人才储备不足

智慧环境服务专业人才需要具备丰富的环保知识和专业技能，能够熟练运用数智环保技术和工具，对环境污染和资源利用进行深入分析和研究。智慧环境服务领域的人才储备严重不足，缺乏既懂环保又懂技术的复合型人才，这在一定程度上制约了智慧环境服务的发展速度和质量。更为重要的是，智慧环境服务的普及和应用还需要社会各界的共同努力。

1.3.3 智慧环境服务发展趋势

1. 数智技术融合

技术创新是智慧环境服务发展的核心驱动力，大数据、云计算、物联网、人工智能等技术的深度融合将推动智慧环境服务的创新发展。数智技术将使环境监测、数据分析、污染预警、治理决策等过程更加智能化、精准化。例如，物联网技术使环境监测仪器、遥感卫星传感器和摄像头等设备能够实现实时数据传输和分析，大大提高了环境监测的效率和准确性；人工智能技术则可以帮助环保部门对海量数据进行深度挖掘和分析，发现环境问题的根源，提出具有针对性的解决方案[27]。

2. 服务模式创新

智慧环境服务将更加注重服务模式的创新，提供更加个性化、定制化、综合化的服务方案。现阶段，生态环境治理从单一细分领域向系统性、复合型转变，从单个污染源治理指标向整个环境治理体系效果转变。因此，在生态环境项目覆盖范围综合化、投资规模大型化、绩效要求高标准等趋势日趋显著的情况下，对企业技术实力、项目经验、资本运作能力等方面提出了更高的要求，部分环境服务型企业将向综合化、大型化、集团化方向发展，产业融合步伐加快。环境服务型企业不再局限于某一细分领域，由“小而散”向“大而全”转变，通过整体式设计、模块化建设及一体化运营，提供全方位智慧综合服务将成为环境服务业的主流，打造“智慧综合环境服务商”成为行业追求的目标和方向。

3. 产业链协同

智慧环境服务产业链的协同发展是一个多维度、多层次的过程，需要产业链上的各个环节和企业共同努力，通过技术整合与创新、资源共享与优势互补、市场拓展与品牌建设、服务升级与个性化解决方案以及政策引导与支持等措施，推动整个产业链的健康发展。智慧环境服务产业链上下游企业通过技术整合，将物联网、大数据、云计算、人工智能等现代信息技术深度融合到环境服务领域，实现环境监测、数据分析、污染治理等工作的智能化、高效化和精细化[28]。

4. 国际化拓展

随着全球环境保护意识的提高,智慧环境服务的需求将不再局限于国内市场，而是向国际市场拓展。智慧环境服务企业将通过国际化战略，积极参与国际市场竞争，满足全球市场对高效、智能环保解决方案的需求。

智慧环境服务在技术创新、政策支持和市场需求等多重因素的推动下，正迎来前所未有的发展机遇。目前在技术应用、项目建设、服务模式等方面取得了一些成效，但仍然面临技术创新不足、数据共享与隐私保护问题、标准化建设滞后、跨部门协作问题和人才储备不足等挑战。未来，随着技术的不断进步和市场的不断拓展，智慧环境服务将为实现经济高质量发展和生态环境高水平保护发挥更加重要的作用。

第2章 环境监测设备选址与部署优化

在当今社会，环境污染已成为制约可持续发展的重大挑战之一。环境监测作为环境保护的基石，其准确性和时效性直接关系到环境治理的效果和公众健康的保障。因此，环境监测设备的选址与部署优化显得尤为重要。科学合理的选址与部署不仅能够提高监测数据的准确性和代表性，还能优化资源配置，降低监测成本，为政府决策提供坚实的数据支撑。通过大数据分析和智能优化算法的应用，我们可以更加精准地定位高风险区域，优化监测网络布局，提升环境监测的智能化水平，为构建生态文明、实现绿色发展贡献力量。

本章将深入探讨环境监测设备选址与部署优化的各个方面。首先，我们将介绍污染物传播模型的定义与范围、分类与特点，以及常见的污染物传播模型，如大气污染物扩散模型、水体污染物扩散模型和土壤污染物迁移模型等。这些模型为我们理解污染物在环境中的传播规律提供了重要工具。其次，我们将详细阐述基于数据驱动的环境监测设备选址模型的基本原理、应用价值以及优化算法。通过数据分析与预处理、空间优化算法和预测模型与决策支持的结合，我们可以实现环境监测设备的精准选址和动态调整。最后，本章还将通过实例研究，展示环境监测设备选址与部署优化在实际应用中的效果，为相关领域的研究和实践提供参考。通过持续的技术创新和应用探索，我们有望构建一个更加高效、智能、精准的环境监测与管理体系。

2.1 面向环境监测的污染物传播模型

2.1.1 污染物传播模型的定义与范围

污染物传播模型是一种用来描述和预测污染物在大气、水体或土壤中传播和扩散的数学模型。它通常基于物理、化学和生态学原理，并结合实地监测数据和数值模拟方法，通过建立一系列的方程、参数和假设来模拟污染物在大气、水体或土壤中的传播路径、速度和浓度分布。污染物传播模型对于了解污染物的来源、传播途径和可能的影响具有实际意义，为环境管理和风险评估提供了重要信息。

污染物传播模型的范围涵盖了各种不同类型的污染物，包括但不限于化学物质、微生物和放射性物质。这些污染物来自工业排放、交通尾气、农业活动、城市生活污水等各种途径。污染物传播模型可以应用于大气、水体和土壤等不同环境介质中，用来模拟和预测污染物在这些介质中的传播、扩散和转化过程。例如，在大气环境中，污染物传播模型可以用来模拟大气中的颗粒物、气态污染物和挥发性有机物等的扩散和沉降过程，从而评估空气质量和人群暴露风险；在水体环境中，污染物传播模型可以用来模拟水体中的有机污染物、重金属、营养物质等的传输和浓度分布，帮助评估水质状况和生态系统健康；在土壤环境中，污染物传播模型可以用来研究土壤中污染物的迁移、吸附和降解过程，评估土壤污染程度和潜在风险。

2.1.2 污染物传播模型的分类与特点

1. 污染物传播模型的分类

根据不同的研究对象和模型建立方法，污染物传播模型可以分为以下几类。

1）物理模型

基于流体力学、传热传质等物理原理建立的模型，通过考虑流体的运动规律、热传导过程以及污染物与环境的相互作用等因素，来预测污染物在环境中的运移，可以精确地描述污染物的行为和污染源的位置，为环境管理和污染控制提供科学依据，但是不同的污染物和环境条件可能需要不同的模型进行描述，同时需要精度更高的参数和数据。

2）统计模型

利用统计学原理和数据分析方法对大量观测数据进行分析和建模，从而揭示污染物传播的统计规律和趋势。这类模型主要基于历史监测数据和统计方法，通过分析数据的空间分布和时间变化特征，建立大气污染物的传输规律模式。统计模型注重数据驱动和实证分析，能够有效应对现实环境中的复杂性和不确定性。

3）基于机器学习的模型

利用机器学习算法，通过对已有数据的学习和训练，预测和模拟污染物传播的行为和趋势。基于机器学习的污染物传播模型可以利用各种算法，如支持向量机（support vector machine，SVM）、随机森林（random forest）、神经网络（neural network）[29]等，来对污染物传播过程进行建模和预测。这些模型可以自动从数据中学习复杂的模式和关联，能够适应不同的环境条件和数据特征。相较于传统的物理模型和统计模型，基于机器学习的模型具有更强的灵活性和泛化能力，能够处理大规模、高维度的数据，并且可以不断地通过反馈学习来提升预测性能。

4）系统动力学模型

系统动力学模型是将环境系统看作由一系列相互作用的元件组成的动态系统，通过建立元件之间的关系和反馈机制，模拟和预测污染物传播的过程和结果。系统动力学模型通常包括状态方程、参数方程和反馈机制等元素，通过数学方程组的求解和模拟仿真，可以模拟出系统的演化轨迹和稳定性特征。这种模型能够捕捉系统内部的非线性、时滞和反馈效应，更全面地描述了污染物传播过程。系统动力学模型在构建和应用过程中需要充分考虑数据的可获得性和准确性，以及模型的适用性和局限性。此外，模型的验证和校准也是确保模型预测结果可靠性的重要环节。

2. 污染物传播模型的特点

1）多尺度性

污染物传播模型可以在不同的空间和时间尺度上进行模拟和预测，涉及从微观到宏观的不同层次，更全面地考虑污染物传播过程中的复杂性和多样性。在污染物传播领域，污染物的传播过程通常涉及多个尺度的空间和时间范围，包括局部尺度（如城市区域）、区域尺度（如流域或地区范围）和全球尺度。污染物传播模型需要能够在不同尺度上进行建模和分析，以考虑不同尺度上的影响因素和相互作用。

2）非线性和复杂性

污染物传播过程往往具有非线性和复杂性的特征，模型需要考虑多种影响因素和相互作用。非线性表明污染物传播过程中的影响因素和反馈机制并非简单的线性关系，而可能涉及非线性的相互作用和响应。这意味着当环境条件或输入参数发生变化时，系统的响应不是简单的比例关系，而可能呈现出复杂的非线性行为，如阈值效应、相位转移等。复杂性指的是污染物传播过程中涉及的多个影响因素、相互作用和反馈机制，使系统呈现出复杂的动态特征和行为。这包括空间上的复杂性（如地形、土壤类型等因素的影响）、时间上的复杂性（如季节变化、气候变化等因素的影响）以及污染物本身的复杂性（如化学性质、降解过程等因素的影响）等。污染物传播模型的非线性和复杂性意味着模型建立和分析需要考虑到多个因素的相互作用和复杂动态特征。

3）参数不确定性

模型中的参数值往往受到不确定性的影响，需要进行参数敏感性分析和不确定性传播的研究。在污染物传播模型中，通常涉及许多参数，如污染物的扩散系数、降解速率、环境介质的性质等。这些参数的准确性对模型的预测结果和可靠性有着重要影响。然而，由于参数估计过程中可能存在的误差或数据的不确定性，以及模型对真实环境的简化程度，模型中的参数往往是不完全准确的。参数不确定性会使模型的预测结果也带有一定的不确定性，因此需要进行参数敏感性分析、不确定性传播分析、参数校正等，以评估参数不确定性对模型结果的影响，并提高模型的可靠性和预测精度。

2.1.3 常见的污染物传播模型

污染物传播模型是环境监测和管理中的重要工具，用于模拟和预测污染物在大气、水体、土壤等介质中的扩散、迁移和转化过程。以下是几种常见污染物传播模型的详细描述。

1. *大气污染物扩散模型*

大气污染物扩散模型是模拟大气污染物的输送、扩散、迁移过程，并预测在不同污染源条件、气象条件及下垫面条件下某污染物浓度时空分布的数学模型。这些模型在环境科学、大气科学以及环境管理中具有重要作用。以下是几个常见的大气污染物扩散模型。

（1）高斯烟羽模型：用于模拟连续点源排放的污染物在大气中的扩散。它假设污染物浓度在水平方向和垂直方向都遵循高斯分布。在恒定的气象条件下，高架点源的连续排放可以通过该模型进行模拟。高斯烟羽模型适用于预测连续排放源对下风向区域的影响，尤其在风向、风速、大气稳定度等气象因素相对稳定的情况下。

（2）拉格朗日粒子模型：基于拉格朗日框架，通过跟踪假设污染物粒子的运动路径，模拟污染物在大气中的扩散和沉降过程。该模型将大气中的污染物看作离散的粒子，每个粒子在大气中的运动轨迹由风速场和湍流场决定。模型采用随机游走方法，模拟粒子随时间的迁移和扩散。适用于复杂地形和动态气象条件下的污染物扩散模拟，尤其适合局地风场影响较大的情况，如山谷、城市等地形复杂的区域。

（3）数值模拟模型：这类模型使用计算流体力学（computational fluid dynamics，CFD）方法，模拟大气中污染物的对流、扩散、化学反应等过程，能够处理复杂的三维大气场、城市区域、长程运输中的污染物的扩散预测，广泛应用于区域和全球大气污染的模拟与预测。

2. *水体污染物扩散模型*

水体污染物扩散模型用于模拟污染物在河流、湖泊、海洋等水体中的扩散和迁移过程，这类模型考虑了水动力学、污染物的物理化学性质以及生态效应。常见的模型如下。

（1）对流扩散模型：基于对流扩散方程，描述污染物在水体中由水流对流和分子扩散引起的迁移过程。适用于描述河流、湖泊中污染物的水平扩散和纵向迁移，常用于污染物排放后的初步扩散评估。

（2）水动力学模型：结合水动力学和污染物扩散模型，模拟污染物在水体中的三维扩散和迁移过程。典型的水动力学模型如 MIKE 系列模型，广泛应用于大型水体（如湖泊、河口、海洋）的污染扩散模拟，能够考虑潮汐、密度流等复杂水动力条件。

（3）生态水质模型：在对流扩散模型的基础上，进一步考虑了生物降解、化学反应、沉积和再悬浮等生态过程，模拟污染物在水体中的行为及其对生态系统的影响。通过加入污染物的降解速率、沉积速率等参数，模拟污染物在水体中的多重作用机制。例如，常见的 QUAL2K 模型考虑了溶解氧、营养物质、藻类等多种因子的相互作用。该模型主要用于评估污染物对水体生态系统的长期影响，适用于水质管理和环境影响评估。

3. 土壤污染物迁移模型

土壤污染物迁移模型用于预测污染物在土壤中的扩散、吸附、降解和渗透过程，重点关注污染物对地下水和植物的影响。典型模型如下。

（1）一维对流-弥散模型：该模型用于模拟污染物在土壤中的垂直迁移，适用于研究污染物从地表渗透到地下水的过程。模型中考虑了污染物的对流、弥散和吸附作用。常用于预测农药、重金属等污染物在农田土壤中的渗透过程，以及评估地下水污染风险。

（2）多相流模型：此类模型考虑了土壤中气相、水相和固相的相互作用，适用于模拟污染物在多孔介质中的复杂迁移行为，尤其是挥发性有机物的扩散过程。该模型通过引入多相流动方程，描述土壤中不同相态的污染物如何通过对流、扩散、吸附等过程进行迁移，典型模型如 Richards（理查兹）方程，用于描述水分在非饱和土壤中的运动。主要适合处理多相污染物（如挥发性有机物）在土壤中的迁移问题，尤其在污染场地修复和污染物气态扩散研究中应用广泛。

（3）非饱和带迁移模型：该模型描述污染物在非饱和带（即地表至地下水位之间的土层）中的迁移过程，考虑了土壤湿度、渗透性和污染物降解等因素。利用非饱和土壤水分运动模型［如 van Genuchten（范·格努赫滕）模型］，结合污染物的对流扩散方程，模拟污染物在非饱和带中的迁移行为。广泛应用于农田、废弃地和污染场地的土壤污染评估，尤其是地下水污染风险预测。

4. 综合污染物传播模型

综合污染物传播模型将大气、水体和土壤等介质的传播过程结合起来，模拟污染物在环境中的整体迁移行为。例如，污染物从大气沉降到地面后，可能会通过降水渗入土壤，最终进入地下水系统。这类模型通常需要跨学科的知识，结合大气科学、水文学、土壤科学和生态学等领域的知识，提供更加全面的污染物传播预测。

污染物传播模型的应用范围非常广泛，包括污染源分析、环境影响评估、应急响应和环境管理政策制定等。通过这些模型，环境管理者可以提前预测污染物的扩散趋势，采取针对性的防控措施，减少污染对环境和公众健康的危害。这些模型还能够为政策制定提供科学依据，帮助决策者优化环境保护策略，促进可持续发展。

2.1.4 污染物传播模型与自动监测

在环境保护与污染控制的复杂领域中，污染物传播模型与自动监测技术之间的紧密联系构成了科学决策与高效治理的基石。污染物传播模型，作为一种基于数学和物理原理的科学工具，能够定量描述污染物在空气、水体、土壤等环境介质中的传输、转化、蓄积和损失过程。这一模型不仅揭示了污染物在不同环境条件下的扩散规律，还通过模拟预测为环境风险评估、污染源溯源及治理策略制定提供了科学依据。

自动监测技术，则作为现代环境监测的重要手段，通过高精度传感器、数据采集与传输系统以及智能化分析平台，实现了对环境参数的实时、连续监测。它能够快速捕捉环境中污染物的浓度变化，为污染物传播模型的验证与优化提供了关键数据支持。自动监测技术的应用，极大地提高了环境监测的时效性和准确性，使环境管理部门能够迅速响应环境事件，采取有效措施保护公众健康和生态环境。

在这一背景下，污染物传播模型与自动监测技术的有机结合，为发现污染物传播规律提供了强大动力。通过模型模拟与自动监测数据的比对分析，研究人员能够深入探究污染物的扩散路径、影响范围及变化趋势，从而揭示出污染物传播的内在规律。这些规律的发现，不仅为环境科学研究提供了宝贵资料，也为污染控制策略的制定提供了科学依据。

尤为重要的是，发现污染物传播规律有助于更好地调整监测站点的选址布局。具体来说，包括以下几个对选址优化的作用。

1. 精准定位高风险区域

污染物传播模型的预测能力使我们能够识别出哪些区域可能受到污染物的严

重影响，即高风险区域。精准定位高风险区域对于环境监测至关重要，因为它确保了监测资源能够集中在最需要关注的区域。这样不仅可以提高监测效率，还能在污染事件发生时迅速响应，保障公众健康和环境安全。

在定位高风险区域时，模型会考虑多种因素，如污染源的位置、强度、排放方式，以及环境因素（如风向、风速、地形、水文条件等）对污染物扩散的影响。通过综合分析这些因素，模型能够生成详细的污染物浓度分布图，为环境监测设备的选址提供科学依据。

2. 优化监测网络布局

一旦确定了高风险区域，下一步就是优化监测网络的布局。监测网络布局的优化旨在确保监测站点能够全面覆盖潜在污染源及其影响区域，同时减少不必要的监测点，以降低成本。污染物传播模型在此过程中发挥了关键作用。

首先，模型可以预测污染物的扩散路径和速度，从而指导监测站点的合理分布。例如，在污染源下游或风向下游设置监测站点，可以更有效地捕捉污染物的传播趋势。其次，模型还可以帮助确定监测站点的密度和间距。在高风险区域或污染物浓度梯度变化显著的位置，应适当增加监测站点的密度，以确保数据的准确性和代表性。最后，通过模型模拟不同监测网络布局下的监测效果，可以进行方案比较，选择最优布局方案。

3. 动态调整与优化

环境监测是一个持续的过程，随着污染源的变化、环境条件的波动以及监测技术的进步，监测设备的选址和部署也需要不断调整和优化。自动监测技术的实时性特点为这种动态调整提供了可能。

当自动监测系统捕捉到污染物浓度异常变化时，可以立即触发警报并通知相关人员。通过结合污染物传播模型的预测结果，可以快速判断污染物来源、扩散趋势以及潜在影响区域。在此基础上，可以迅速调整监测站点的位置或增加新的监测点，以跟踪污染物的动态变化并评估其影响。这种动态调整机制有助于保持监测网络的高效运行，提高环境监测的时效性和准确性。

4. 成本效益分析

在环境监测设备的选址与部署过程中，成本效益分析是一个不可忽视的环节。通过综合考虑监测效果、运营成本以及社会经济效益等因素，可以评估不同选址方案的综合表现，并选择最优方案。

污染物传播模型在成本效益分析中发挥了重要作用。模型可以预测不同选址方案下的监测效果，包括污染物浓度分布的准确性、监测数据的代表性以及潜在风险区域的覆盖情况等。同时，结合自动监测系统的运行成本（如设备购置、维护、数据传输等费用）以及监测数据带来的社会经济效益（如污染控制效果、公众健康保护等），可以进行全面的成本效益分析。这种分析有助于在保障监测质量的前提下，选择最为经济合理的监测设备选址方案。

2.2 基于数据驱动的环境监测设备选址模型

2.2.1 环境监测设备选址问题的背景与挑战

环境监测设备选址是指在一个给定的区域内，合理地确定监测设备的位置，以有效地监测环境中的污染物浓度、气象条件等关键指标。这是一个重要且具有挑战性的问题，它直接影响监测数据的可靠性和有效性。在选择监测设备的位置时，需要考虑多种因素，包括但不限于监测目的、环境特征、污染源分布、设备稳定性、资源成本等。通过合理的选址，可以确保监测数据能够准确反映环境状况，为环境管理和决策提供科学依据。

环境监测设备选址问题面临以下挑战。

1. 空间分布均衡性

在选择监测点位置时，需要考虑地形地貌因素，如地势高低、地形起伏等。在地形复杂的区域，可能需要选择更多的监测点来实现空间分布均衡性。另一个重要的考虑因素是污染源的分布情况，需要选择监测点能够覆盖主要污染源的区域，以获取准确的污染物监测数据。

2. 资源限制

环境监测项目需要投入大量的资金、人力和技术资源。在有限的预算下，如何选择最具代表性的监测点位，以获取准确、全面的环境数据，成为一项重要挑战。环境监测设备的安装、运行和维护也需要消耗大量的资源。在选址时，需要考虑设备的可达性、供电和通信条件等因素，以确保设备能够稳定、可靠地运行。在一些偏远或条件恶劣的地区，这些资源的获取可能相对困难，因此需要在选址时进行充分的评估和规划。环境监测设备的选址还需要考虑未来扩展和升级的可能性。随着环境监测技术的不断进步和需求的不断增加，可能需要增加新的监测点位或更新现有设备。

3. 动态性和实时性

环境本身是一个不断变化的系统，各种环境因素如温度、湿度、风速、风向、降水等都在不断地发生变化。这些变化会直接影响污染物的扩散和分布，使得污染物的浓度和分布也呈现出动态性。因此，环境监测设备的选址需要考虑到这种动态性，使监测数据能够真实地反映环境的状况。同时，环境监测需要实时、准确地获取环境数据，以便及时做出应对和决策。这就要求环境监测设备必须具备高度的实时性和稳定性，能够持续、稳定地运行，并实时传输监测数据。

2.2.2　基于数据驱动的环境监测设备选址模型的基本原理

基于数据驱动的环境监测设备选址模型利用历史监测数据、环境参数和预测模型等信息，通过分析数据的空间分布特征和变化趋势，来确定最佳的设备选址方案。

该模型的主要原理如下。

1. 数据分析与预处理

选址模型从多个来源收集大量的数据，这些数据可能包括地理位置信息、环境参数（如温度、湿度、空气质量等）、人口密度、交通状况、地形地貌等。这些数据可以通过各种传感器、公共数据库、互联网资源等方式获取。然后，模型对这些数据进行分析和预处理，包括对数据进行清洗、去噪、转换格式等操作，以及利用统计方法、机器学习算法等技术对数据进行深入挖掘。通过数据分析与预处理，可以从原始数据中提取出更有价值的信息，消除潜在的误差和噪声，为后续的环境监测设备选址模型构建和决策提供更加准确和可靠的数据支持。

2. 空间优化算法

利用空间优化算法[如遗传算法、粒子群算法（particle swarm optimization，PSO）等]结合约束条件，寻找最优的设备选址方案，使得监测点分布均匀且覆盖范围最大化。它可以根据环境指标的空间分布特征，如空气质量、噪声水平、水质等，来确定设备的最佳位置。通过分析和比较不同地点的环境数据，算法可以识别出环境敏感区域和潜在风险区域，从而指导设备的部署，并通过综合考虑地形地貌、交通状况、人口分布等因素，进一步优化设备的选址，确保设备能够有效地覆盖目标区域，便于数据的收集和处理。此外，空间优化算法结合分布式计算技术，利用云计算和大数据平台的优势，进行大规模的数据处理和计算。通过将计算任务分散到多个节点上进行并行处理，显著提高了算法的执行效率，大大缩短了选址决策的时间。

3. 预测模型与决策支持

在环境监测设备选址过程中，预测模型能够展现潜在的环境变化和设备性能变化，从而更加准确地确定设备的最佳位置。预测模型通常会结合多种数据源，包括环境监测数据、气象数据、地理信息数据等，利用统计方法、机器学习算法或深度学习技术来构建。决策支持则是基于预测模型和其他相关信息的分析结果，为决策者提供选址决策的依据和建议。决策支持系统通常包括数据可视化、决策树、优化算法等工具，帮助决策者直观地了解不同选址方案的优劣，评估不同方案的风险和收益，从而做出更加科学、合理的决策。在基于数据驱动的环境监测设备选址模型中，预测模型和决策支持是相互关联的。预测模型提供对未来环境状况和设备状态的预测，而决策支持则基于这些预测结果，结合其他相关信息，为决策者提供选址建议。两者共同构成了选址模型的核心，为环境监测设备的优化布局提供了有力的支持。

2.2.3 基于数据驱动的环境监测设备选址模型的应用价值

基于数据驱动的环境监测设备选址模型的应用广泛且重要，不仅有助于优化环境监测网络的布局，提高监测数据的准确性和有效性，还能为环境管理和决策提供有力支持。同时，随着技术的发展和需求的变化，环境监测设备选址模型也在不断创新。

基于数据驱动的环境监测设备选址模型在智慧环境服务领域具有广泛的应用价值。

1. 优化监测网络布局

通过科学合理的选址，可以最大化利用有限的监测设备资源，覆盖更多关键区域。例如，在一个城市中，污染源的分布可能不均匀，某些工业区、交通密集区或人口聚集区的污染物浓度可能较高，而其他区域则相对较低。选址模型通过分析污染源的分布情况、地理位置和气象条件等因素，优化监测设备的分布位置，使监测网络能够更有效地捕捉到污染物的扩散和变化情况。这种优化不仅能够提高监测的效率，还可以减少资源浪费，避免重复监测。此外，科学的布局可以减少监测盲区，确保所有潜在的污染源都在监控范围内，从而更全面地掌握环境状况。对于大范围的区域监测，如国家级环境监测网络，选址模型可以通过分层分级的方式，建立起一个覆盖面广、监测能力强的监测网络，实现从宏观到微观的全方位监测。

2. 提高监测数据的准确性和代表性

数据的准确性和代表性是环境监测中至关重要的因素。监测数据的不准确会导致对环境状况的误判，进而影响环境管理决策的有效性。环境监测设备选址模型通过科学的选址，确保监测数据更具准确性和代表性。模型可以基于历史数据、实时数据和预测模型，选择在污染物浓度变化显著或污染源集中的区域设置监测设备，监测设备采集的数据能够更真实地反映污染物的时空分布特征，避免由监测点位置不当导致的偏差。通过对数据的有效采集，模型能够更准确地评估污染物扩散趋势，识别污染源的强度和影响范围，提供高质量的数据支持。此外，选址模型还能帮助解决不同监测设备之间的协同工作问题，确保数据的空间一致性和时间连续性，提高整体监测网络的数据精度。例如，在大气监测中，通过选址模型，确保上风向、下风向监测点合理布局，可以更准确地反映区域空气质量的整体变化。

3. 支持环境管理与决策

环境管理与决策的科学性和有效性依赖于准确的数据支持。选址模型能够为环境管理者提供丰富的监测数据，帮助识别污染源的类型、位置和影响范围，为环境治理措施的制定提供决策支持。在环境污染治理中，选址模型可以帮助确定重点监测区域和优先治理区域。例如，在河流污染治理中，模型可以通过分析水体流向、污染源位置和污染物扩散路径，指导监测设备的部署，实时监测治理效果，确保治理措施的科学性和有效性。在城市环境管理中，选址模型可以帮助制定空气质量管理策略，通过合理布局监测设备，动态监测城市空气质量，识别污染高发区域，优化交通管控和工业排放措施。此外，选址模型还能支持长期环境管理规划。例如，在生态保护区、工业区或敏感区域，选址模型可以通过模拟和预测污染物的长时间变化趋势，帮助制订长期监测和治理方案，确保环境管理的持续性和有效性。

4. 提升突发环境事件的应急响应能力

突发环境事件（如化学品泄漏、自然灾害引发的污染事件）对环境和公众健康构成严重威胁。在这种情况下，快速有效的应急响应显得至关重要。选址模型能够显著提升应急响应的效率和效果。在突发事件中，时间是应急响应的关键。选址模型可以利用实时数据和事件预案，快速确定最佳监测设备的部署位置。例如，在化工厂爆炸事件中，选址模型可以帮助确定下风向和污染物扩散路径上最优的监测点，实时监测空气中有毒物质的浓度，指导疏散和应急处置措施。在水体污染事件中，模型可以通过分析水流方向和污染源位置，迅速部署水质监测设备，防止污染物扩散到下游饮用水源。此外，选址模型还可以为应急事件后续的环境恢复工作提供支持。例如，通过持续监测受影响区域的污染物浓度变化，模型可以帮助评估应急处置效果，并为进一步的治理措施提供依据。在应对未来潜在突发事件时，选址模型的经验积累和数据反馈也可以提高应急预案的科学性和可操作性。

2.3 环境监测设备选址与部署优化算法

2.3.1 环境监测设备选址与部署优化问题的描述

环境监测设备选址与部署优化是指在特定条件下，通过合适的优化方法确定最佳的设备选址方案，以实现监测点的覆盖范围最大化、监测数据准确性最优化、设备数量和成本最小化的目标。通过综合考虑监测区域的特点、监测需求和设备性能等因素，优化环境监测设备的选择和布局，以提高监测效率和准确性，从而更好地保护环境和人类健康。

2.3.2 传统优化算法在环境监测设备选址与部署中的应用

传统优化算法如遗传算法、粒子群算法、模拟退火算法等，在环境监测设备选址与部署优化问题中得到广泛应用。

1. 遗传算法

遗传算法是一种模拟自然选择和遗传学机制的搜索算法[30]。在环境监测设备选址问题中，遗传算法通过以下步骤来寻找最佳的设备选址方案。

（1）初始化种群：随机生成一组可能的设备选址方案作为初始种群。每个选址方案被编码为一个染色体（或称为个体），通常使用二进制或整数编码来表示。

（2）适应度评估：定义一个适应度函数来评估每个选址方案的优劣。在环境监测中，适应度函数可能基于监测覆盖范围的广度、监测数据的准确性以及设备成本等多个因素。通过计算每个个体的适应度值，可以评估其作为潜在最优解的质量。

（3）选择操作：根据适应度值，从当前种群中选择一部分个体作为父代，用于产生下一代。选择操作通常遵循“适者生存”的原则，即适应度值高的个体更有可能被选中[31]。

（4）交叉（或称为杂交）操作：将选中的父代个体进行配对，并通过交叉操作交换它们之间的部分基因，以产生新的子代个体。交叉操作模拟了生物进化中的基因重组过程，有助于探索解空间中的新区域。

（5）变异操作：以一定的概率对子代个体的某些基因进行随机改变，以增加种群的多样性。变异操作有助于算法跳出局部最优解，探索更广阔的解空间。

（6）迭代与终止：重复执行选择、交叉和变异操作，直到满足某种终止条件（如达到最大迭代次数、适应度值不再显著提高等）。最终，种群中的最优个体（即适应度值最高的个体）将被视为问题的最优解或近似最优解。

在环境监测设备选址问题中，遗传算法通过不断迭代和优化，能够找到最大化监测覆盖范围和准确性的最佳设备选址方案。

2. 粒子群算法

粒子群算法是一种基于群体智能的优化算法[32]，模拟了鸟群觅食的行为。在环境监测设备部署优化问题中，粒子群算法通过以下步骤来寻找最佳的设备布局。

（1）初始化粒子群：随机生成一群粒子，每个粒子代表一个可能的设备布局方案。每个粒子具有位置（即设备布局）和速度两个属性。

（2）适应度评估：定义一个适应度函数来评估每个粒子所代表的设备布局方案的优劣。在环境监测中，适应度函数可能基于监测成本、设备数量以及监测效果等多个因素。

（3）更新个体最优解：对于每个粒子，将其当前适应度值与其历史最优解（即该粒子迄今为止找到的最佳布局）的适应度值进行比较。如果当前适应度值更高，则更新该粒子的历史最优解。

（4）更新全局最优解：在所有粒子中找出适应度值最高的粒子，并将其作为全局最优解（即整个粒子群迄今为止找到的最佳布局）。

（5）更新粒子速度和位置：根据粒子的历史最优解和全局最优解，以及一定的速度和位置更新规则（如速度惯性项、个体认知项和社会认知项），更新每个粒子的速度和位置。这一步骤模拟了粒子在解空间中向最优解移动的过程。

（6）迭代与终止：重复执行适应度评估、更新个体最优解、更新全局最优解以及更新粒子速度和位置的步骤，直到满足某种终止条件（如达到最大迭代次数、适应度值不再显著提高等）[33]。最终，全局最优解将被视为问题的最优解或近似最优解。

在环境监测设备部署优化问题中，粒子群算法通过不断迭代和优化，能够找到最小化监测成本和设备数量的最佳设备布局方案。

3. 模拟退火算法

模拟退火算法是一种基于物理退火过程的优化算法。在环境监测设备选址问题中，模拟退火算法通过以下步骤来优化设备选址方案。

（1）初始化：随机选择一个初始的设备选址方案作为当前解，并设定一个较高的初始温度。温度是模拟退火算法中的一个重要参数，用于控制算法接受较差解的概率。

（2）邻域生成：在当前解的基础上，通过一定的方式（如随机改变一个或多个设备的位置）生成一个或多个邻域解。这些邻域解构成了当前解的候选集合。

（3）适应度评估与选择：计算每个候选解的适应度值，并与当前解的适应度值进行比较。如果候选解的适应度值更高（即更优），则无条件接受该候选解作为新的当前解；如果候选解的适应度值较低（即较差），则根据当前温度和一定的接受概率（通常与温度成反比）来决定是否接受该候选解。这种机制允许算法在搜索过程中跳出局部最优解，探索更广阔的解空间。

（4）温度下降：按照一定的降温策略（如线性降温、指数降温等）降低当前温度。随着温度的降低，算法接受较差解的概率也逐渐减小，从而逐渐收敛到最优解或近似最优解。

（5）迭代与终止：重复执行邻域生成、适应度评估与选择以及温度下降的步骤，直到满足某种终止条件（如温度降至足够低、达到最大迭代次数等）[34]。最终，当前解将被视为问题的最优解或近似最优解。

在环境监测设备选址问题中，模拟退火算法通过模拟物理退火过程中的温度变化和接受概率调整机制，能够平衡监测点覆盖范围和成本之间的关系，找到一种既满足监测需求又尽可能降低成本的设备选址方案。

2.3.3 智能优化算法在环境监测设备选址与部署中的应用和创新

智能优化算法作为现代计算智能的核心组成部分，以其卓越的适应性和自适应性在众多领域展现出非凡的潜力，尤其在环境监测设备选址与优化部署方面，更是发挥了不可替代的作用。这些算法，包括人工神经网络、深度学习算法以及强化学习，各自具备独特的优势，共同构成了环境监测智能化转型的强大驱动力。

1. 人工神经网络

人工神经网络通过模拟生物神经网络的结构与功能，构建出能够处理复杂数据并学习其中规律的数学模型。在环境监测中，人工神经网络的适应性体现在其能够自动从海量的历史监测数据中学习环境的时空变化规律，无须人工预设复杂的规则或方程。这种自适应学习过程不仅提高了预测的准确性，还使人工神经网络能够应对各种未知或突变的环境状况。此外，人工神经网络的分布式存储和并行处理特性，使其在处理大规模、高维度的环境数据时表现出色，为精确的设备选址与部署提供了坚实的数据支持。

2. 深度学习算法

深度学习作为机器学习的一个分支，通过构建多层非线性网络结构，实现了对复杂数据特征的高级抽象和表示学习。在环境监测领域，深度学习算法能够深入挖掘监测数据中的隐藏信息和潜在模式，如空气质量的变化趋势、水体污染的扩散规律等。这种强大的特征提取能力，使深度学习算法在设备选址优化中能够更准确地评估不同位置的监测价值，从而制订出更加科学合理的部署方案。同时，深度学习算法的自学习能力也使其能够随着监测数据的不断更新而持续优化模型，保持对复杂环境变化的敏锐洞察。

3. 强化学习

强化学习是一种通过试错来学习最优策略的机器学习范式，其核心在于智能体通过与环境进行交互，根据获得的奖励或惩罚信号来优化自身行为。在环境监测设备选址问题中，强化学习将设备选址视为一个决策过程，智能体根据当前的环境状态（如监测数据、地理位置等）选择最佳的部署位置，并根据实际监测效果获得反馈（如监测精度提升、成本降低等）。通过不断地试错和学习，强化学习能够找到在特定约束条件下（如预算限制、监测需求等）的最优设备选址方案。这种基于环境反馈的学习机制，使强化学习在处理动态、不确定的环境监测问题时展现出强大的适应性和灵活性。

综上所述，智能优化算法以其独特的适应性和自适应性，在环境监测设备选址与部署优化中发挥了关键作用。它们不仅能够提升监测的准确性和效率，还能够根据环境的变化和需求的变化做出智能决策，为环境监测和保护提供更加可靠和高效的解决方案。本章针对具体的环境监测设备选址与部署优化的实例，研发了具体的选址与部署优化算法（详见2.4节）。

另外，智能优化算法在环境监测设备选址与部署中的应用和创新体现在以下几个方面。

（1）实时监测与动态调整。智能优化算法在环境监测中的一大亮点是其能够实现实时监测与动态调整的能力。传统的环境监测系统往往依赖于固定的监测站点和预设的监测周期，难以快速响应环境变化。而智能优化算法通过集成先进的传感技术和数据处理算法，能够实时收集并分析环境数据，如空气质量、水质、噪声水平等。一旦发现数据异常或环境状况发生显著变化，算法能够迅速计算出最优的设备调整方案，包括调整监测设备的位置、增加或减少监测点等，以确保监测数据的准确性和时效性。这种动态调整机制不仅提高了监测效率，还增强了环境监测系统的灵活性和响应速度。

（2）多目标优化（multi-objective optimization）。环境监测设备选择往往涉及多个相互冲突的目标，如扩大监测覆盖范围、提高监测精度、降低运营成本等。智能优化算法通过构建多目标优化模型，能够同时考虑这些目标，并在它们之间找到最佳的平衡点。例如，算法可以在保证监测精度的前提下，通过优化设备布局来减少不必要的监测点，从而降低整体运营成本。此外，算法还可以根据不同区域的监测需求和优先级，为不同目标分配不同的权重，以实现更加个性化的优化方案。这种多目标优化能力使环境监测设备选择更加科学、合理，能够更好地满足实际需求。

（3）自适应性与智能决策。智能优化算法具有强大的自适应性和智能决策能力。它们能够根据环境监测数据的变化和需求的变化，自动调整优化策略，以适应复杂多变的环境状况。例如，在空气质量监测中，当某个区域的污染物浓度突然升高时，算法能够迅速识别这一变化，并自动调整监测设备的布局和监测频率，以加强对该区域的监测力度。同时，算法还能够通过学习和迭代不断优化自身的决策能力，提高监测效率和准确性。这种自适应性和智能决策能力使环境监测系统能够更加智能地应对各种挑战，为环境保护提供更有力的支持。

（4）数据融合与预测分析。智能优化算法在环境监测中的应用还体现在数据融合与预测分析方面。它们能够整合不同来源、不同格式的环境监测数据，通过先进的数据处理和分析技术提取有价值的信息和特征。同时，算法还能够利用历史监测数据和环境模型进行预测分析，预测未来的监测需求和环境变化趋势。这种预测能力使环境监测系统能够提前做好准备，优化监测设备的选择和布局，以应对可能的环境风险和挑战。例如，在洪水预警系统中，算法可以通过分析历史降水数据和地形地貌信息，预测未来可能发生的洪水区域和程度，并据此优化监测设备的布局和监测策略，提高预警的准确性和及时性。

智能优化算法在环境监测设备选址与部署中的应用和创新不仅提高了监测效率与准确性，还增强了系统的自适应性和智能决策能力。这些优势使环境监测系统能够更加灵活、高效地应对复杂多变的环境状况，为环境保护和可持续发展提供更有力的支持。

2.4 环境监测设备选址与部署优化的实例分析

2.4.1 实例概况

在本节中，我们将通过如下实例来展示环境监测设备选址与部署优化的应用和效果。

我们利用环境监测数据和城市空气质量模型，通过优化算法确定最佳的监测设备选址方案。考虑城市不同区域的污染源、风向和风速等因素，以及监测点的覆盖范围和数据采集准确性，通过比较不同的优化算法，并结合实际监测需求和约束条件，得出最佳的设备选址结果。

空气污染溯源是空气污染监测领域的基本问题之一[35]。近年来，随着无线传感器网络（wireless sensor network，WSN）的发展，基于无线传感器网络的空气污染溯源方法吸引了众多研究者的关注，空气污染溯源准确率得到较大的提升。然而，上述的大部分溯源方法，不明晰空气污染特性，随意假设部署场景，需投入大量成本和时间部署传感器和采集数据。在突发型大气污染事件中，这类方法并不能适应快速溯源的需求[36]。为此，急需一种能平衡部署成本、响应时间和溯源准确程度的联合优化方法。

空气污染溯源和部署优化的基本假设为：大气流场稳定，可以忽略弥散作用和污染物自身的衰减。基于这个假设，随机生成污染源坐标矩阵，并对其进行 x、y 轴变换，使用最小二乘法筛选污染源坐标并输出；历史采集的空气污染数据包含对当前部署方案有价值的知识，在此基础上，依照地理协变量部署传感器[37]，收集并生成数据矩阵，使用支持向量回归（support vector regression，SVR）方法找到均值和残值最大的位置并输出。因此，考虑空气污染溯源和部署的联合优化方法，必须同时满足上述两种假设，以提升优化方法的性能。为此，本章基于高斯烟羽模型进行实例分析。不同的监测区域，空气污染特性不同，如果历史数据与当前预测数据没有相关性[38]，面向空气污染溯源的优化部署研究将无从谈起。

现阶段空气污染溯源研究大多通过实时、精细的空气监测系统收集并处理数据[39-41]，将定位问题转化为数据处理问题。关于空气污染溯源的数据处理研究可分为简单数据处理[39]和算法清洗数据研究[42-46]。目前虽已提出许多面向空气污染溯源定位的方法，验证了物理扩散模型与人工智能算法结合的有效性，但仍缺少关于空气监测设施选址的研究。研究空气污染溯源和无线传感器网络部署的联合优化问题，不仅能保证溯源成功概率、提高空气污染数据利用效率、减少部署节点数量，更能减少溯源时间，降低突发型大气污染事件的危害。

综上所述，为更好研究空气污染源反演场景下无线传感器网络部署成本优化的问题，将监测区域网格化，网格区域的顶点视为潜在的传感器节点部署位置，基于网格化监测区域，提出一种二维考虑时间变量的空气污染源反演模型，并设计改进粒子群算法对模型求解，且与基本粒子群算法进行对比，验证了改进粒子群算法对空气污染源反演的有效性；构建最小属性约简模型，将部署优化问题转为最小属性约简问题，并提出一种基于相对属性重要度的最小属性约简算法求解部署模型，将改进粒子群算法、最大似然估计（maximum likelihood estimation，MLE）算法、直接三边测量（directly trilateration，DT）算法、最大后验估计（maximum aposteriori estimation，MAP）算法同时应用于最小属性约简模型输出的部署方案与传统部署模型输出的部署方案，并进行结果对比。实验表明最小属性约简模型输出的部署方案在相同定位精度下，优化了部署成本。

2.4.2 模型算法构建与实验对比分析

1. 问题定义

定义 2-1：属性约简问题可用四元组进行描述，记为$\mathrm{IS}=(U,A,V,f)$，其中U表示论域；A表示属性集合；$V=UV_a$，V_a表示属性a值的集合；f表示信息函数，可记为$f:U\times A\to V$。

定义 2-2：根据某种理想状态的等价关系对研究对象集合U进行划分，含有U的子集x的R等价关系类用$[x]_R$表示。假设论域U中存在一个等价关系簇K，若$P\subseteq K$且$P\neq\varnothing$同时成立，则$\bigcap P$的等价关系等价于等价关系簇K，使用$\mathrm{IND}(P)$表示，即为P的不可分辨关系，且存在$[x]_{\mathrm{IND}(P)}=\bigcap[x]_R$。

定义 2-3：在信息系统$\mathrm{IS}=(U,A,V,f)$中，对于给定属性集$B\subseteq C$，如果$\mathrm{IND}(B)=\mathrm{IND}(C)$且$B$是独立的，则$B$是$C$的一个约简。$B$中所有必要关系的集合称为$B$的核，记为core($B$)，则$\mathrm{core}(B)=\bigcap_{\mathrm{rea}}(B)$。

定义 2-4：传感器节点通过模拟污染源生成的污染数据和真实污染数据之差，称为污染总浓度差。

定义 2-5：传感器节点采集污染物数据生成的属性值无法用其他传感器的属性值进行替代的特性，称为数据唯一性。

2. 部署场景描述

存在一个易发生空气污染的大面积区域，该区域的长和宽分别由W_1、W_2个长度为d的网格构成，假设在监测区域内，一共有N个适合部署的位置（$N=(W_1+1)\times(W_2+1)$），均为正方形网格顶点处；污染源位置仅限于网格中心，用r_i表示，使用o_j和g_j分别描述节点部署位置和网格区域，满足$o_j\in\{s_1,s_2,\cdots,s_N\}$，$s_i$为对应节点$i$的传感器；使用$Q$表示节点部署方案，$Q=\{s_i\mid a_i=1\}$，$a_i$是由 0 和 1 构成的集合，表示对应节点$i$是否被部署传感器，部署用 1 表示，反之则用 0 表示；C_r为传感器采集的真实大气污染物浓度值；C_p反演污染源生成的大气浓度值。

3. 实验设置

本模型的数据来源于某省某市某县国控站点 A 在 2019 年 4 月 16 日至 2021 年 7 月 12 日的各类空气质量历史数据，共计 4920 条、822 组，其中包含 SO_2、NO_2、PM_{10}、$PM_{2.5}$、O_3以及 CO 等 6 类空气污染参数浓度。其中，存在部分对求解精度产生影响的异常值。基于 Python 软件将数据可视化并进行预处理，可视化结果如图 2-1 所示，预处理结果如表 2-1 所示。

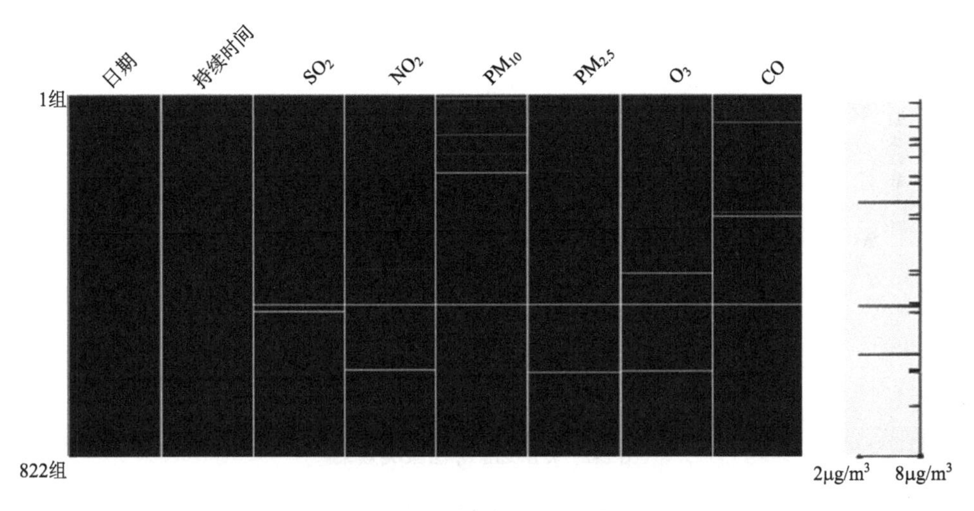

图 2-1　大气污染数据可视化结果

表 2-1　预处理结果

不良数据类型	处理前总组数	处理后总组数
数据内容缺失	3	0
整组数据丢失	15	0
数据异常	0	0

为进一步挖掘数据规律，提升求解精度，利用 *k*-means（*k* 均值）聚类算法对空气污染数据进行进一步处理，具体流程如下。

步骤 1：设定 $k=4$，输入 822 组实际数据，并设置最大迭代次数。

步骤 2：选择 4 个质心 $\{\mu_1,\mu_2,\mu_3,\mu_4\}$，根据式（2-1）计算样本和质心的距离。

$$d_{ij}=\left\|x_{ij}-\mu_j\right\|^2 \tag{2-1}$$

步骤 3：直到 4 个质心向量不发生改变，输出 cluster（聚类）划分 $\{C_1,C_2,C_3,C_4\}$。

聚类效果如图 2-2 所示，部分空气污染数据见表 2-2。

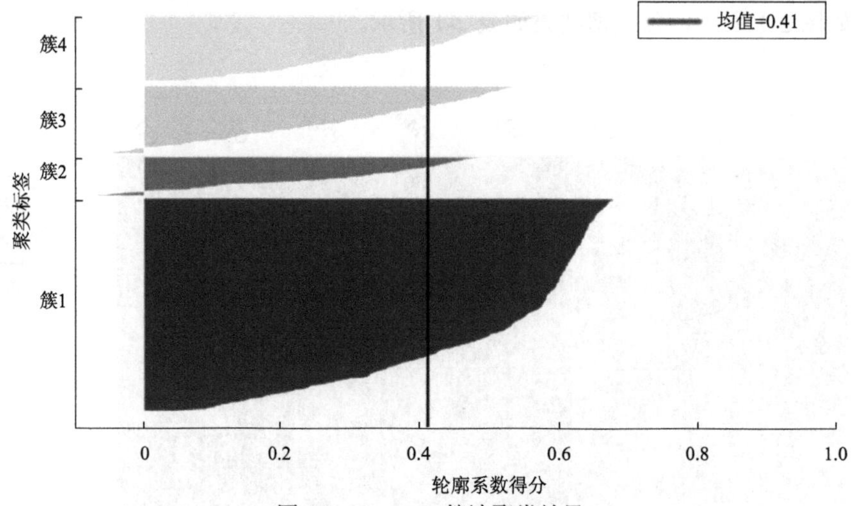

图 2-2 *k*-means 算法聚类效果

表 2-2 部分空气污染数据

日期	AQI	首要污染物（AQI 高于 50）
2019/4/16	70	SO_2
2019/4/17	142	O_3
2019/4/18	47	无
2019/4/19	63	SO_2
2019/4/20	85	SO_2
2019/4/21	67	SO_2
2019/4/22	40	无
2019/4/23	43	无

注：AQI 即 air quality index（空气质量指数）

该地区主要污染源为 SO_2，因此，选取 SO_2 数据作为无线传感器部署的主要依据。

4. 模型构建

1）反演模型

连续、稳定排放的单污染源在大气中的传输扩散方程[46]如下：

$$C(r,y,z,t)=\frac{Q_0^t}{8(\pi r)^{3/2}}\mathrm{e}^{-\frac{(x-ut)^2-y^2}{4r}}[\mathrm{e}^{-\frac{(z-H)^2}{4r}}+\mathrm{e}^{-\frac{(z+H)^2}{4r}}] \tag{2-2}$$

$$r=\frac{\int_0^x k(\xi)\mathrm{d}\xi}{u} \tag{2-3}$$

其中，x、y、z、t 分别表示该点相对于污染源位置的顺风、侧风及水平距离和扩散时间；Q_0^t 表示污染物排放速率；H 表示有效污染物释放高度；u 表示风速；$k(\xi)$ 表示污染物扩散系数（diffusion coefficient）；r 表示污染物从污染源到某一点的水平距离。

本章研究二维空间的空气污染源反演问题，因此，假设 $z = H = 0$，扩散公式变为

$$C(r,y,t)=\begin{cases}0, & x_j<0\\ \dfrac{Q_0^t}{4(\pi r)^{3/2}}\mathrm{e}^{-\frac{(x_j-x-ut)^2-(y_j-y)^2}{4r}}\end{cases} \tag{2-4}$$

$$r=\frac{\int_0^{x_j-x}k(\xi)\mathrm{d}\xi}{u} \tag{2-5}$$

改进扩散模型仿真效果如图 2-3 所示。

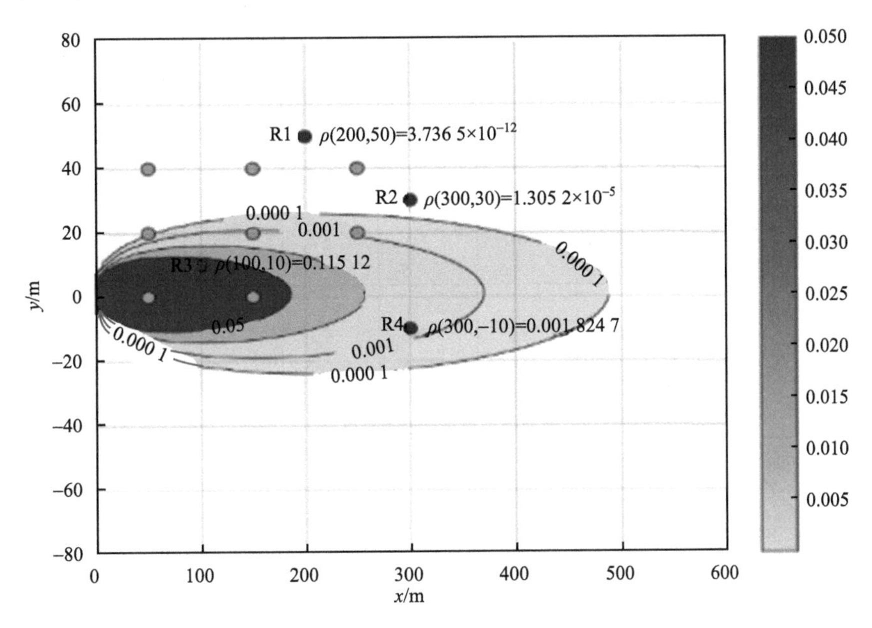

图 2-3　改进扩散模型仿真效果

污染物浓度最大值为 73.93 mg/m³

定理 2-1：存在一个如图 2-4 一般的监测区域，传感器节点部署在网格顶点处，使用 $s_j(x_j,y_j)$ 表示传感器部署位置的坐标，设 Q 为 s_j 的集合，即 Q 为部署方案，传感器节点采集的污染物浓度服从扩散模型，且可由本章推导的公式测算，C_r 为

传感器节点采集的真实污染物浓度值集合，C_p 为模拟污染源生成的浓度值集合，二者皆服从本章提出的扩散模型，S 为部署方案 Q 形成的 C_r 和 C_p 之差。存在两个模拟污染源，位置分别为 $\left(\grave{x},\grave{y}\right)$ 和 $\left(\acute{x},\acute{y}\right)$，$(x,y)$ 为真实污染源位置，$k(\xi)$ 为扩散系数，u 为风速，t 为污染物发生泄漏后的时间，若 $\sqrt{\left(\grave{x}-x\right)^2+\left(\grave{y}-y\right)^2} \leqslant \sqrt{\left(\acute{x}-x\right)^2+\left(\acute{y}-y\right)^2}$，且 $\sqrt{\left(\grave{x}-x\right)^2} \leqslant \sqrt{\left(\acute{x}-x\right)^2}$、$\sqrt{\left(\grave{y}-y\right)^2} \leqslant \sqrt{\left(\acute{y}-y\right)^2}$，则有 $\grave{S} \leqslant \acute{S}$。

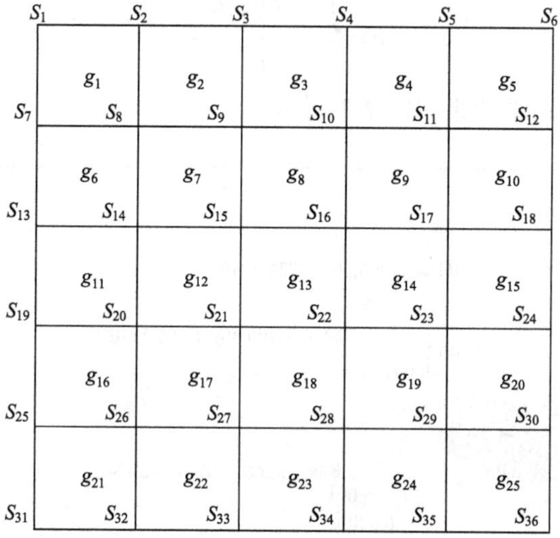

图 2-4　部署场景示意图

证明：

依照定理 2-1 可得

$$\sqrt{\left(\grave{x}-x\right)^2+\left(\grave{y}-y\right)^2} \leqslant \sqrt{\left(\acute{x}-x\right)^2+\left(\acute{y}-y\right)^2} \tag{2-6}$$

$$\left|x-\grave{x}\right|+\left|y-\grave{y}\right| \leqslant \left|x-\acute{x}\right|+\left|y-\acute{y}\right| \tag{2-7}$$

将部署方案 Q 代入扩散公式可得

$$\left|x_1-\grave{x}\right|-\left|x_1-x\right|+\left|y_1-\grave{y}\right|-\left|y_1-y\right| \leqslant \left|x_1-\acute{x}\right|-\left|x_1-x\right|+\left|y_1-\acute{y}\right|-\left|y_1-y\right| \tag{2-8}$$

$$\left(x_1-\grave{x}\right)^2+\left(y_1-\grave{y}\right)^2-\left[\left(x_1-x\right)^2+\left(y_1-y\right)^2\right]$$
$$\leqslant\left(x_1-x'\right)^2+\left(y_1-y'\right)^2-\left[\left(x_1-x\right)^2+\left(y_1-y\right)^2\right] \tag{2-9}$$

$k(\xi)$ 在天气稳定时，为一个固定值：

$$\int_0^{x_1-\grave{x}}k(\xi)\mathrm{d}\xi=\int_0^{x_1-x+x-\grave{x}}k(\xi)\mathrm{d}\xi \tag{2-10}$$

$$\left|\int_{x_1-x}^{x_1-\grave{x}}k(\xi)\mathrm{d}\xi\right|\leqslant\left|\int_{x_1-x}^{x-x'}k(\xi)\mathrm{d}\xi\right| \tag{2-11}$$

$$\left|\int_0^{x_1-\grave{x}}k(\xi)\mathrm{d}\xi-\int_0^{x_1-x}k(\xi)\mathrm{d}\xi\right|\leqslant\left|\int_0^{x_1-x'}k(\xi)\mathrm{d}\xi-\int_0^{x_1-x}k(\xi)\mathrm{d}\xi\right| \tag{2-12}$$

$$\left|\frac{1}{\int_0^{x_1-\grave{x}}k(\xi)\mathrm{d}\xi}-\frac{1}{\int_0^{x_1-x}k(\xi)\mathrm{d}\xi}\right|\leqslant\left|\frac{1}{\int_0^{x_1-x'}k(\xi)\mathrm{d}\xi}-\frac{1}{\int_0^{x_1-x}k(\xi)\mathrm{d}\xi}\right| \tag{2-13}$$

$$f_1=\left|\frac{1}{\int_0^{x_1-\grave{x}}k(\xi)\mathrm{d}\xi}\mathrm{e}^{-\frac{\left(x_1-\grave{x}\right)^2-\left(y_1-\grave{y}\right)^2}{4r}}-\frac{1}{\int_0^{x_1-x}k(\xi)\mathrm{d}\xi}\mathrm{e}^{-\frac{(x_1-x)^2-(y_1-y)^2}{4r}}\right| \tag{2-14}$$

$$f_2=\left|\frac{1}{\int_0^{x_1-x'}k(\xi)\mathrm{d}\xi}\mathrm{e}^{-\frac{\left(x_1-x'\right)^2-\left(y_1-y'\right)^2}{4r}}-\frac{1}{\int_0^{x_1-x}k(\xi)\mathrm{d}\xi}\mathrm{e}^{-\frac{(x_1-x)^2-(y_1-y)^2}{4r}}\right| \tag{2-15}$$

$$f_1\leqslant f_2 \tag{2-16}$$

$$f_3=\left|\frac{1}{\int_0^{x_1-\grave{x}}k(\xi)\mathrm{d}\xi}\mathrm{e}^{-\frac{\left(x_1-\grave{x}-ut\right)^2-\left(y_1-\grave{y}\right)^2}{4r}}-\frac{1}{\int_0^{x_1-x}k(\xi)\mathrm{d}\xi}\mathrm{e}^{-\frac{(x_1-x-ut)^2-(y_1-y)^2}{4r}}\right| \tag{2-17}$$

$$f_4=\left|\frac{1}{\int_0^{x_1-x'}k(\xi)\mathrm{d}\xi}\mathrm{e}^{-\frac{\left(x_1-x'-ut\right)^2-\left(y_1-y'\right)^2}{4r}}-\frac{1}{\int_0^{x_1-x}k(\xi)\mathrm{d}\xi}\mathrm{e}^{-\frac{(x_1-x)^2-(y_1-y)^2}{4r}}\right| \tag{2-18}$$

$$f_3 \leqslant f_4 \tag{2-19}$$

$$\left|\grave{C}_1 - C_1\right| \leqslant \left|\acute{C}_1 - C_1\right| \tag{2-20}$$

可推断得

$$\left|\grave{C}_1 - C_1\right| + \left|\grave{C}_2 - C_2\right| + \cdots + \left|\grave{C}_N - C_N\right| \leqslant \left|\acute{C}_1 - C_1\right| + \left|\acute{C}_2 - C_2\right| + \cdots + \left|\acute{C}_N - C_N\right| \tag{2-21}$$

因此，$\grave{S} \leqslant \acute{S}$，定理 2-1 得证。定理 2-1 显示了污染物浓度误差与大气污染位置存在强联系，因此，建立如下污染源反演模型。

$$\begin{cases} \min \sum \Delta C \\ \grave{x}_j > 0 \\ \Delta C = \left|C_r - C_p\right| \end{cases} \tag{2-22}$$

2）传统部署模型

本章联合优化目标为保证污染源反演精度情况下，优化无线传感器网络部署成本，定义 P_j 为 g_j 区域内发生空气污染使用部署方案 Q 成功反演的概率，M 为监测区域内正方形网格个数，联合优化目标函数为

$$\max \overline{P} = \frac{\sum P_j}{M} \tag{2-23}$$

$$\min N = \sum a_j \tag{2-24}$$

其中，$\overline{P}$ 表示在监测区域内，使用部署方案 Q 成功反演污染源的概率的平均值。

定理 2-1 揭示了污染源反演精度与污染物浓度误差存在强关联，优化目标函数转化为

$$\min \overline{f} = \frac{\sum f\left(Q, g_j\right)}{M} \tag{2-25}$$

$$\min N = \sum a_j$$

其中，$\overline{f}$ 表示在监测区域内，污染物浓度差的函数值的平均值。

需同时满足存在最小溯源概率，采集的污染物浓度值为实数集，传感器节点仅部署在网格顶点处，因此，增加约束条件：

$$P_j = f\left(Q, g_j\right) \tag{2-26}$$

$$\overline{P} \geqslant P_{\mathrm{THR}} \tag{2-27}$$

$$Q = \{s_j \mid a_j = 1\} \tag{2-28}$$

$$\grave{x}_j = x_j - x,\ \grave{x}_j > 0 \tag{2-29}$$

$$o_j=\begin{cases}\big((j-1)d,0\big), & 0<j-1<W_1\\ \big(\big[(j-1)\bmod W_1\big],vd\big), & j-1>W_1\cup j<(v+1)\left(\dfrac{W_1}{d}+1\right)\end{cases}\tag{2-30}$$

$$C(r,y,t)=\begin{cases}0, & x_j<0\\ \dfrac{Q_0^t}{4(\pi r)^{3/2}}\mathrm{e}^{-\frac{(x_j-x-ut)^2-(y_j-y)^2}{4r}}\end{cases}\tag{2-31}$$

$$r=\frac{\int_0^{x_j-x}k(\xi)\mathrm{d}\xi}{u}$$

其中，P_{THR} 表示设定的最低污染源定位概率；o_j 表示无线传感器节点潜在部署位置；v 表示行索引，d 表示列索引；$f\left(Q,g_j\right)$ 表示污染物浓度差函数，表达式如下：

$$f\left(Q,g_j\right)=\frac{\sum\left|C_{pj}-C_{rj}\right|}{a_j}\tag{2-32}$$

3）最小属性约简模型

建立模型前，生成属性为传感器节点和污染物浓度估计值的决策表，将最优部署问题转化为最小属性约简问题。定义 L 为决策表，$L=(U,A,V,f)$，其中 U 为网格区域集合，$U=\left\{g_1,g_2,\cdots,g_{W_1\times W_2}\right\}$；$A$ 为属性集合，$A=\left\{s_1,s_2,\cdots,s_N\right\}$；$V$ 为属性值的集合，$V=\left\{D_1,D_2,\cdots,D_N\right\}$；$f:U\times A\to V$ 为信息函数。污染物浓度值与属性值集合相近，可把它们归为同一类，属性值由式（2-33）计算：

$$f=\begin{cases}D_1, & 0<D_j<\gamma\\ D_j, & (i-1)\gamma<D_j<i\gamma\end{cases}\tag{2-33}$$

其中，γ 表示一个阈值，用于确定污染物浓度值与属性值集合的接近程度；D_j 表示在某一个部署方案中，第 j 个无线传感器节点经过多属性决策方法处理后的污染物浓度值，由于存在 N 个无线传感器节点，因此，无线传感器节点部署方案共有 $N!$ 种，为确定含有无线传感器节点 j 的部署方案所采集的污染物浓度所占权重，基于相关资料，本章提出定理 2-2，从而得到权重确定公式。

定理 2-2：在多属性决策方法处理污染物浓度的过程中，只有一个节点采集的污染物浓度权重占比最大；全面部署所采集的污染物浓度权重占比为零。

在定理 2-2 的基础上，权重确定公式如下：

$$W_j=\frac{N-j}{N!},\quad j\in\{1,2,3,\cdots,N\}\tag{2-34}$$

经过权重处理后的浓度值为

$$D_j = \sum W_j \times f\left(Q, g_j\right) \tag{2-35}$$

假设存在一个监测区域，$W_1 = 10$，$W_2 = 10$，$U = \left\{g_1, g_2, \cdots, g_{100}\right\}$，$A = \left\{s_1, s_2, \cdots, s_{121}\right\}$，$\gamma = 0.01$，可得决策信息如表 2-3 所示。

表 2-3 决策信息

U	s_1	s_2	…	s_{121}
g_1	0	D_1	…	0
g_2	0	D_1	…	0
⋮	⋮	⋮		⋮
g_{100}	0	0	…	D_1

可以得出，节点 s_1 采集的数据对污染源定位的影响较小，可以判定为增加决策系统时间花销的冗余属性，即节点 s_1 可以不部署传感器节点。转化为最小属性约简问题后，优化目标转为约简后集合 B 中含有元素数量少的同时满足定位误差，因此优化目标函数为

$$\min \operatorname{card}(B) \tag{2-36}$$

$$\min f\left(Q, g_i\right) \tag{2-37}$$

需满足属性约简后，不会降低空气污染源反演精度，因此，增加约束条件：

$$B \in A \tag{2-38}$$

$$\frac{U}{\operatorname{IND}(B)} = \frac{U}{\operatorname{IND}(A)} \tag{2-39}$$

$$U = \left\{g_1, g_2, \cdots, g_{W_1 \times W_2}\right\} \tag{2-40}$$

$$A = \left\{s_1, s_2, \cdots, s_N\right\} \tag{2-41}$$

$$V = \left\{D_1, D_2, \cdots, D_N\right\} \tag{2-42}$$

5. 算法构建

1）基本粒子群算法分析

粒子群算法的基本思想是通过模拟鸟群觅食的过程来搜索解空间。在算法中，每个鸟（粒子）表示一个潜在解，其位置在解空间中。在每次迭代中，粒子根据自己的历史最优解和全局最优解更新自己的位置，从而逐步逼近最优解。

设粒子群中有 N 个粒子，解空间为 D 维。第 i 个粒子的位置表示为向量 $x_i = \left(x_{i1}, x_{i2}, \cdots, x_{iD}\right)$，速度表示为向量 $v_i = \left(v_{i1}, v_{i2}, \cdots, v_{iD}\right)$，在每次迭代中，粒子 i 的速度和位置更新如下：

$$v_i(t+1)=\omega v_i(t)+c_1r_1(\text{pbest}_i-x_i(t))+c_2r_2(\text{gbest}-x_i(t)) \tag{2-43}$$

$$x_i(t+1)=x_i(t)+v_i(t+1) \tag{2-44}$$

其中，$v_i(t)$ 和 $x_i(t)$ 分别表示粒子 i 在时刻 t 的速度和位置；ω、c_1、c_2 分别表示惯性权重、个体学习因子以及社会学习因子，它们都是非负的常数，反映粒子的运动惯性、自我认知以及社会（全局）认知对下一步运动的影响大小；r_1 与 r_2 都表示 0 到 1 之间的随机数；pbest_i 表示粒子 i 自身历史最优解；gbest 表示所有粒子中的历史最优解。

粒子群优化算法是一种有效的全局优化算法，其主要优势在于能在解空间中寻找全局最优解，同时避免陷入局部最优解。通过调整惯性权重、学习因子以及粒子群规模，可以进一步优化算法的搜索性能。

2）改进粒子群算法设计

粒子群算法通过调整惯性权重，学习因子优化算法搜索性能，逼近全局最优解，但易出现收敛速度过慢，从而降低污染源反演效率。基于此，提出一种针对空气扩散的权重分配策略，满足如下公式：

$$W_i=\frac{S_{N+1-i}}{\sum S},\ S_1<S_2<\cdots<S_N \tag{2-45}$$

$$\sum W=1 \tag{2-46}$$

基于该权重分配策略，设计改进粒子群算法，使用改进粒子群算法的求解步骤如下。

步骤 1：输入真实浓度值、污染物排放速率、最大污染物总浓度差 $S_{\max}$ 等参数。

步骤 2：在采集的真实污染物浓度值集合中搜索最高值，在其对于传感器位置上风向处，随机生成模拟污染源 R。

步骤 3：计算污染源 R 为模拟污染源时，已部署传感器采集的污染数据，与真实数据做差得到污染物浓度差 S_R。

步骤 4：比较 S_R 和 $S_{\max}$，如 S_R 小于 $S_{\max}$，则输出污染源 R 位置，否则，从 R 位置开始，按照权重分配式，重新搜寻模拟污染源位置，重复上述步骤，直到满足 $S_R<S_{\max}$。

3）部署算法

最小属性约简算法应用于无线传感器网络节点部署优化的目标为求解具有唯一性的无线传感器节点，减少冗余节点部署，优化部署成本。输入为 $L=(U,A,V,f)$；其中 U 为网格区域集合，$U=\{g_1,g_2,\cdots,g_{W_1\times W_2}\}$；$A$ 为属性集合，$A=\{s_1,s_2,\cdots,s_N\}$；V 为属性值的集合，$V=\{D_1,D_2,\cdots,D_N\}$；$f:U\times A\to V$ 为信息函数；输出为核属性集合，即面向空气污染源反演的无线传感器网络的最优部署方案。最小属性约简算法求解无线传感器网络节点部署优化的具体算法步骤如下。

步骤 1：定义空集 B。

步骤 2：计算每个传感器节点属性值，即所采集的空气污染数据相对于决策属性定位误差的核属性 B_0，令 $B = B_0$， $P = C - B_0$。

步骤 3：计算 $R(A)$、$R(B)$，转至步骤 6。

步骤 4：对 $s_i \in P$（$i = 1, \cdots, N$）的每个属性计算属性重要度 $R(s_i)$。

步骤 5：选择使 $R(s_i)$最大的属性值 s_i（如得到计算结果后，发现有若干个属性的属性值同时达到最值，则从这些属性中选择一个与 B 的属性值组合数最少的属性），将 s_i 从 P 中删除，并将 s_i 增加至集合 B 中，同时将属性值为零或者属性值为零较多的属性 s_i 删除。

步骤 6：如果 $R(B) = R(A)$，则转至步骤 7，否则转至步骤 4。

步骤 7：从 B 的后半属性开始，依次判定集合 B 中的属性是否可约，如判定为 $s_i \in B_0$，则为核属性，不可约，反之则将该属性剔除。所有属性判定完毕，算法终止，输出约简后集合 B。

2.4.3 实验结果分析

1. 反演算法结果分析

为验证反演模型和改进粒子群算法的有效性，在设置天气参数后，基于 Matlab R2020a 软件进行仿真实验，并与基本粒子群算法的反演效果进行对比。实验选取的各类天气参数如表 2-4 所示。

表 2-4 天气参数

天气参数	取值
u	1～3
t	1～4
Q	8/311 536
k	0.2

2. 基本粒子群算法和改进粒子群算法对比结果分析

基本粒子群算法和改进粒子群算法对比如图 2-5 所示。

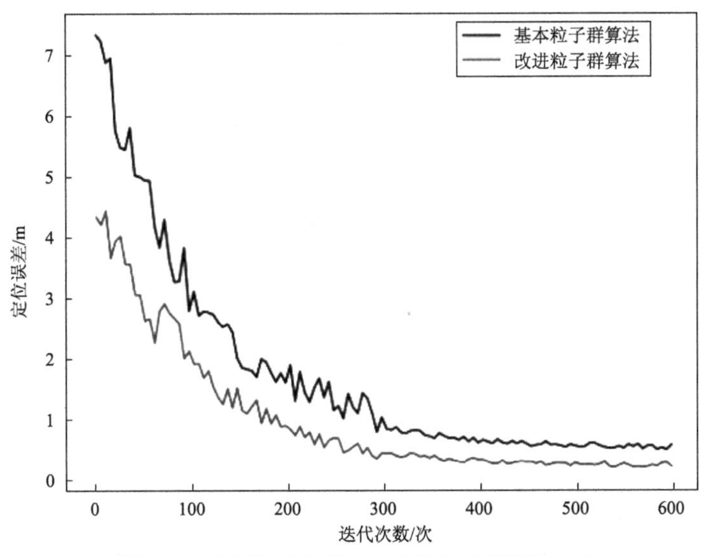

图 2-5　基本粒子群算法和改进粒子群算法对比

从图 2-5 可以看出，改进粒子群算法比基本粒子群算法初始定位误差缩减了 30%左右，且相较于基本粒子群算法起伏较大，改善了搜寻最优解效率过低这一不足，改进粒子群算法稳定性更强，更容易收敛，提升了污染源反演的效率。

3. 部署模型结果分析

实验选取的传感器节点个数为 3、18、33、48、63、78、93。在选取的实际数据中，风向为西风，即从西方吹向东方，当节点个数为 3 时，传统部署模型和最小属性约简模型输出的部署方案如图 2-6 所示。

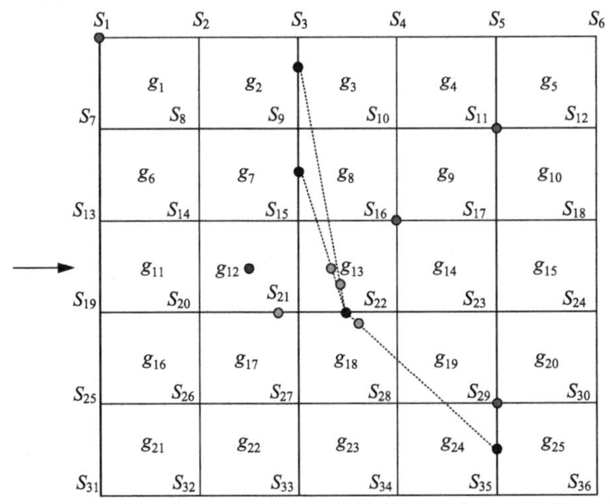

图 2-6　传统部署模型和最小属性约简模型输出的部署方案

黑点代表中心点，灰点代表参考点

传统部署模型输出的部署方案，相较于最小属性约简模型输出的部署方案，有两个传感器节点位置选择在上风向位置且过于集中，若区域中心位置发生污染物泄漏，上风向位置传感器节点采集数据对反演结果影响较小。传统部署模型输出部署方案存在部分节点利用不充分的问题，出现了冗余节点，导致部署成本增加并降低了反演效率。

继续输出 18、33、48、63、78、93 个节点的部署方案，利用本章提出的改进粒子群算法和 MAP-MLE 算法、DT 算法和 MLE 算法对输出方案求解定位误差，最小属性约简模型输出部署方案定位误差对比如图 2-7 所示。然后，利用改进粒子群算法和 MAP-MLE 算法、DT 算法和 MLE 算法对传统部署模型输出方案求解定位误差，定位误差对比如图 2-8 所示。

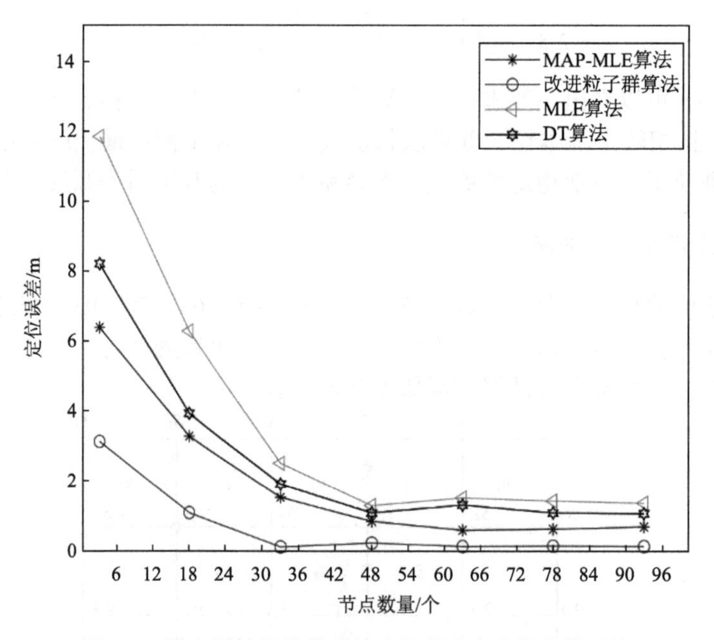

图 2-7 最小属性约简模型输出部署方案定位误差对比

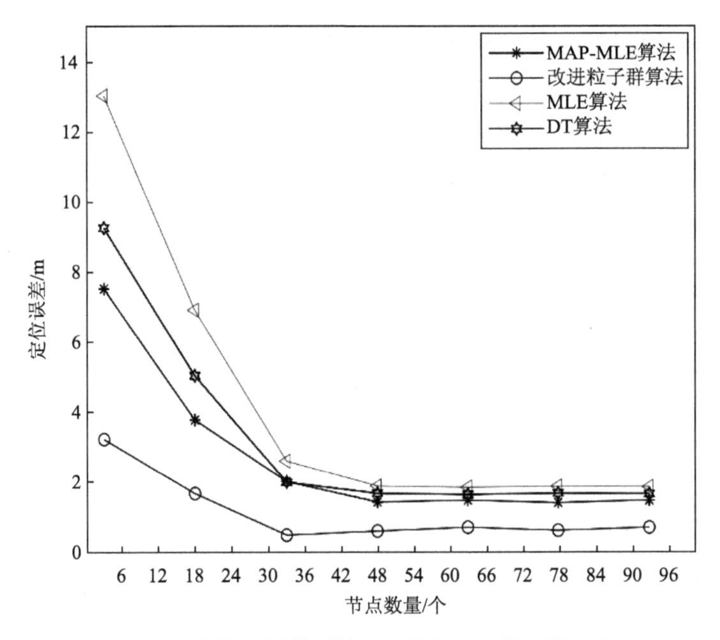

图 2-8　传统部署模型输出部署方案定位误差对比

从图 2-7 和图 2-8 可以看出，经过基于相对分辨度的最小属性约简算法优化得出的无线传感器网络部署方案，在相同节点个数的情况下定位精度明显优于传统部署模型得出的部署方案，并且节点个数为 33 的定位精度甚至能优于需要传统部署方案 48 个传感器节点才能实现的定位精度，优化后的部署模型降低了 45%左右的部署成本。

2.5 小　　结

本章深入探讨了环境监测设备选址与部署优化的关键内容，重点分析了污染物传播模型及其演化规律对设备选址布局的重要影响。首先，阐述了污染物传播模型的构建与分析，这些模型为环境监测设备的合理布局提供了理论基础。随后，介绍了基于数据驱动的动态选址模型，通过实时数据和环境变化的反馈，实现设备选址与部署的动态优化。此外，详细介绍了启发式算法和智能优化算法在环境监测设备选址与部署中的应用，这些算法能够高效地搜索并找到最优解决方案。最后，通过实例研究验证了所提方法的可行性与有效性，并展示了其在不同环境监测场景中的具体应用效果。

尽管本章提出的优化方法和算法在环境监测设备选址与部署中具有显著优势，但仍然存在改进空间。未来的研究方向可以从以下几方面展开：一是进一步改进污染物传播模型和演化规律模型，考虑更多的影响因素以提高模型的精度和适用性；二是优化选址算法，引入更为复杂的算法，提升其搜索效率和鲁棒性，满足大规模环境监测系统的需求；三是引入多目标优化算法，综合考虑覆盖范围、数据准确性和成本效益等指标，实现更具平衡性的优化决策；四是结合实时数据与决策支持系统，动态调整设备选址部署，提升对环境变化和突发事件的应对能力；五是通过引入解释性机器学习技术，增强模型的可解释性，帮助用户理解决策过程。

通过持续的研究和技术创新，环境监测设备选址与部署优化将不断发展完善，为智慧环境服务提供更加可靠、高效和可持续的技术支持。

第3章

环境服务动态定价策略

随着全球经济的持续发展和工业化、城镇化的加速推进，环境问题日益成为制约经济社会可持续发展的重要因素。中国在取得巨大经济成就的同时，也面临着严峻的环境挑战，如空气污染、水体污染以及固体废物处理等。为应对这些挑战，中国政府将生态文明建设纳入国家发展战略，不断推进环境治理体系和治理能力现代化。然而，环境治理的复杂性和多变性对环境服务型企业提出了更高要求，特别是在环境服务产品的定价策略上，亟须引入更加智能化、动态化的方法。

本章聚焦于环境服务的动态定价策略，探讨在大数据和物联网技术快速发展的背景下，环境服务型企业如何借助新技术实现更加精准、科学的定价。通过对环境大数据的深入挖掘和分析，结合统计学习、机器学习和深度学习等算法，本章旨在构建数据驱动的环境服务智能定价模型，并提出相应的动态定价策略。这些策略不仅能有效应对市场需求的变化，还能提高环境服务的资源配置效率，促进生态环境保护与经济社会发展的双赢。

3.1 数据驱动的企业环境服务智能定价理论与方法

随着环境治理逐渐转变为政府推动与市场驱动相结合的实施方式，环境治理市场化加速推进，环境服务型企业作为决策主体的积极性亟须激活，环境服务产品的定价问题必然成为供需双方共同关注的核心问题。不同于传统的同类定价问题，当前经济新常态下内、外部环境以及环境服务产品本身的变化，均对环境服务型企业的定价决策提出更高、更多的智能化、动态化要求。因而，在环境大数据的驱动下，如何从环境服务型企业的视角出发，挖掘当前环境服务市场的主要特征以及供需变化的影响因素，据此改进或重塑现行的定价理论与方法，重新构建数据驱动的环境服务产品智能或动态定价模型，并结合大数据、云计算等技术，提出基于高维统计、深度学习或集成统计学习等的智能算法或高效算法，无疑是环境服务型企业在现实智慧运营决策过程中亟须解决的重要问题，尤其值得学术界予以关注。

3.1.1 企业环境服务智能定价理论与方法研究脉络

近年来，我国环境服务市场上以环境绩效合同服务为特点的第三方综合治理业务发展迅速。然而，作为一个新兴行业，我国的环境绩效合同服务行业市场在绩效考核标准和收费方式的制定等方面尚不健全，对数字经济时代新技术在企业运营中的运用也还不充分，给环境服务型企业的发展带来了一系列困难。此外，部分企业仍然存在隐形排放、数据资源浪费等问题，而且针对不同企业不同类型污染物处理的定价机制没有得到完备的构建。在共享经济、大数据的背景下，传统的根据市场变化及产品生命周期做出相应调整的定价理论不能满足当前经济社会的发展步伐，针对不同企业所排放的污染物进行环境服务智能定价研究才能有效提升居民区以及工业园区的生活、环境质量，提高污染物集中处理的效益。环境服务型企业借助物联网技术以更加精细的方式实现环境管理和决策的智慧化，在保护环境和实现市场资源配置方面都具有显著的影响，但依赖环境数据接收瞬时性的定价策略要求在定价算法上有所创新，需要通过引入不同的定价机制和优化算法，构建合理的匹配模型，实现在不同环境数据情况下，智能地制定价格匹配策略。当前，国内外相关学者已在企业环境服务智能定价的问题上做了一些初步的探索。

大数据的时代背景下，存在大量真实交易信息，新兴的结合统计学习、机器学习与数据驱动的算法模型颇受国内外学者欢迎。俞立平[47]认为数据驱动研究范式可最大限度利用数据所提供的有价值的信息，表现出模型驱动不可比拟的优势。Niyato 等[48]使用机器学习的方法研究了大数据市场模型，建立了基于大数据的通用效用函数并最终制定了最优定价方案。Bertsimas 等[49]提出了一个集成机器学习与优化方法的数据驱动决策框架来解决一般的优化问题。Bertsimas 等[50]指出，在企业积累了丰富数据的情况下，不确定性优化方法有必要做改进，即采用数据驱动的方法，充分利用历史数据，让不确定性优化问题有更好的结果。Ban 和 Rudin[51]将影响需求和供给的特征数据直接引入定价优化问题，结合高维统计学习的方法，构建估计与优化集成的共享经济平台定价模型，然后设计高效算法，得到最优定价策略。Ettl 等[52]构建了一个向在线购物者推荐个性化产品的捆绑折扣定价模型，并且开发了加法和乘法两种近似估计期望收益的启发式算法。

定价相关的算法革新不仅体现在对传统的产品市场进行基于数据驱动的个性化定价方面，也体现在合理定价的基础——对多变的市场需求进行预测方面。例如，Mohan 等[53]利用动态模式分解模型提出了一种基于数据驱动的短期负荷预测模型，该模型能有效识别影响负载数据的因素并进行较为准确的实时预测。Wu 等[54]结合数据处理技术提出了一种非主导的基于排序的多目标布谷鸟搜索算法，该算法较之以往算法可以获得更稳定准确的预测结果。这些新算法的出现对进行数据驱动的企业环境服务智能定价理论与方法的研究很有借鉴意义。相比于丰富多彩的定价与需求预测的算法创新，在环境服务市场中的定价理论的实践与应用相关文献则匮乏得多，不但相对集中于垃圾处理市场，缺少对工业园区污染物集中处理进行合理定价的相关研究，而且其中基于数据驱动的新算法的运用也不够，还有很大的提升空间。在定价研究应用于垃圾处理市场方面：张喆等[55]建立了基于社会福利的分类定价模型并将模型应用于北京市垃圾处理，得出了符合北京市实际情况的垃圾分类定价标准。Kulas[56]探索了如何通过将固体废物收集和处置的费用收取从传统的固定费用的定价结构改为基于变量的模型定价结构以实现减少废物产生的目标的问题，并比较了康涅狄格州 169 个城市的废物利用率和回收率。江玉腾[57]利用阶梯收费模型，制定了具体的垃圾分类收费标准。Chu 等[58]在考虑城市生活垃圾收费目标和原则的基础上设计了一种增量区块定价模型来估算垃圾收费。Weber 等[59]研究了废物管理中单位定价（unit price，UP）计划可以为当地居民提供更加平衡的支付系统，并有助于减少与非法和不当处置行为相关的搭便车行为。

在污染物集中处理的定价方面已有文献少有涉及，如 Li 等[60]的研究。该文作者构建了一个虚构的专业污染物处理企业处理多个中小企业排放的所有污染物的议价博弈模型。此外，一些定价理论运用于具体市场的其他研究虽不涉及环境服务但对我们研究环境服务市场的最优定价很有借鉴意义，如 Dai 和 Zhang[61]以一个发展中国家企业为例，研究了应对政府减少碳排放所采取的不同措施时公司的应对策略，发现当政府通过征收碳关税来保护环境时公司采取差异化定价，当限定排放上限时则会进行绿色工艺创新的结论。Subramanian 等[62]提出了一种由数据驱动的学习模型指导的方法，使用历史数据和模型生成的数据模拟了电网的动态定价和市场的需求响应，构建了基于模拟优化的学习框架来了解电力的最优动态价格。Yan 等[63]研究了如何在电力行业运用定价改变消费者的需求，对于分析环境服务型企业如何利用定价改变排污企业的预处理决策有借鉴意义。

另外，在大气、水和固体废物污染等的治理状况和减排成本方面，国内外学者已经做了颇为详尽的分析，为本章计划进行的研究提供了不少素材和经验。

在废气、废水排放量的预测方面，Long 等[64]介绍了太湖、海河工业园区第三方水污染综合治理的状况，分析了影响污水处理成本的因素。Huang 等[65]结合模糊理论建立大气污染数据预测模型预测空气污染，并模拟了台中市大气污染趋势。在污染物处理的支付意愿及性价比方面，Song 等[66]通过问卷方式调查了居民对固体废物回收处理的态度及支付意愿。Castellet 和 Molinos-Senante[67]根据不同废弃物排入环境造成的可能影响对移出的不同种类废弃物进行了加权，使用数据包络分析（data envelopment analysis，DEA）模型研究了废水处理工程的性价比问题，这在研究如何利用大数据技术估计治污企业成本方面有借鉴意义。

在固体废物的处置方面，Elia 等[68]提出了一个支持有效设计和管理过程的整体框架，定义了支持废物管理者和研究人员的关键流程和有效的组织及技术解决方案，以提高废物管理服务的整体效率。Esmaeilian 等[69]提出了集中废物管理系统的概念框架并强调了产品生命周期数据在减少浪费和提高废物回收率方面的价值以及将废物管理实践与整个产品生命周期联系起来的必要性。

在大数据时代，运用于更科学的定价模式的、基于数据驱动的新算法不断涌现，对于变化的市场需求进行精确估测成为可能。然而将这些新的算法运用于环境服务市场指导科学定价的研究还相对匮乏，现有针对环境服务定价方面的研究大都以城市垃圾处理为主，而且少数的几篇仍停留在构建博弈模型阶段，结合数据对污染物排放进行预测和定价的研究非常少，从专业的环境服务型企业的角度出发开展的污染物集中处理定价的研究更加匮乏。此外，随着消费者及政府对生态环境保护意识的增强以及现行垃圾分类热潮的到来，环境服务型企业在服务价格制定上的改革创新势在必行。当前大数据、物联网等信息技术的快速发展为定价提供了更多有效数据与方法，这些新方法的运用可以有效解决现有研究没有从污染处理企业出发进行集中定价以及企业对历史数据信息的挖掘不充分等的不足，从定价角度更好地调整生态环境保护的供需侧平衡。

3.1.2 企业环境服务智能定价的概念、过程与基本策略

1. 基本概念

智能定价或智能价格策略是指监控、收集和处理公开定价数据，以了解市场、优化定价策略、保持并增加利润的一个过程。当此过程基于有关竞争对手价格的数据时，它被称为竞争性智能定价。而企业环境服务智能定价是基于企业的环境行为（如排放量、资源使用量）和市场状况，利用大数据、人工智能、云计算等现代信息技术手段，通过分析历史数据、预测未来趋势以及模拟不同情境下的定价策略，为企业量身定制的一种动态定价方式。这种动态定价方式在考虑经济效益、环保和社会责任等因素的条件下，对环境服务市场的供需情况、消费者行为、成本结构等关键因素进行实时分析和预测，进而自动调整和优化环境服务的价格，推动企业实现利润最大化的同时，减少对环境的负面影响。

2. 基本过程

企业环境服务智能定价的基本过程大致分为数据获取、市场监测、成本分析、

策略制定以及动态优化等步骤。旨在通过数据分析与算法优化，找到最优的价格，使企业的环境服务行为能够与其经济利益相匹配，从而实现双赢。具体过程如下。

（1）数据获取。企业环境服务智能定价的核心在于利用大数据技术收集、处理和分析市场数据、消费者行为数据、成本数据以及竞争对手信息等。这些数据为定价决策提供了全面、实时和准确的基础，使定价策略能够更加贴近市场实际，反映真实需求。

（2）市场监测。智能定价系统能够实时监测市场动态，包括需求变化、消费者偏好转变、政策法规更新等，并迅速做出反应。这种市场响应性确保了定价策略能够及时调整以适应市场变化，保持企业的竞争力和市场地位。

（3）成本分析。在制定价格时，企业需要综合考虑环境服务的成本结构，包括固定成本和变动成本。通过成本效益分析，企业可以确定环境服务的最低可接受价格，避免定价过低导致亏损，同时确保价格具有一定的市场竞争力。

（4）策略制定。智能定价不仅关注企业内部因素，还充分考虑市场竞争环境。通过对竞争对手的价格策略、市场份额、产品差异等进行深入分析，企业可以制定差异化的定价策略，以吸引消费者并扩大市场份额。这种竞争策略有助于企业在激烈的市场竞争中保持优势。

（5）动态优化。智能定价的最终目标是实现价值最大化的同时保证环境效益。用算法（如机器学习、优化算法等）对不同定价策略进行模拟，同时对企业环境行为进行实时监控，根据实际情况动态调整价格，确保价格始终符合市场和环境需求。

3. 基本策略

随着大数据和人工智能技术的发展，智能定价策略逐渐受到环境服务型企业的青睐。智能定价策略利用人工智能技术，通过分析大量数据、识别市场趋势和消费者行为模式，来自动或半自动地制定和调整价格。这种策略可以实时响应市场变化，提高定价的准确性和灵活性。具体来说，智能定价策略一般包括动态定价、最低广告价格监控和竞争性定价三种。

（1）动态定价是三者中最常见的策略，它是指企业根据各种外部和内部的影响设定灵活价格的做法。内部因素包括运输和生产成本以及可用库存，而外部因素包括需求、竞争对手价格、当前经济状况、季节等。尽管存在困难，但事实证明，这种策略是有利的，因为它与麦肯锡的一项研究中确定的某些行业的收入增加有关。

（2）最低广告价格（minimum advertised price，MAP）监控是指跟踪各种在线市场上的产品价格，以识别不遵守特定产品定价政策的商家。值得注意的是，最低广告价格监控是指卖家和经销商可以展示待售产品的最低价格。鉴于典型市场由多个卖家和经销商组成，最低广告价格定价协议使不同在线市场的价格保持合理统一。

（3）竞争性定价是零售商在提出自己价格的同时也会考虑竞争对手的价格策略。如果卖家仅根据内部因素和他们的目标利润率来设定价格，而目标利润率可能高于其他卖家，那么他们必然会遭受损失。当监控、收集和分析的数据涉及竞争对手的价格时，它旨在为产品或服务提供具有竞争力的价格——这个过程被称为竞争性定价。

3.2 基于大数据的污染物排放量分析及动态定价方法

大数据技术是信息时代的重要产物，逐渐渗透社会经济的各个领域，尤其在环境管理与保护方面展现出巨大的潜力。在环境科学领域，大数据技术能处理多源数据，如卫星遥感、地面监测站、社交媒体和移动应用等的数据，这些数据包含了大气和水质污染物浓度、气候变化参数等重要环境信息。

大数据技术具有强大的数据处理能力，包括数据挖掘、机器学习、深度学习、云计算和人工智能等。其集成先进的深度学习模型和大数据分析技术，可以精准预测特定地区未来空气质量指数，分析污染物在不同季节和天气条件下的传播模式；神经网络技术能够实时监测和识别污染物排放的主要源头，评估其对周边环境的具体影响。在环境监测与管理中，大数据技术的应用极大提高了数据的实时性和准确性，环境管理机构可以快速响应环境事件，如及时发布污染预警，采取措施减少污染物的排放，或者调整现有的环境保护措施。这不仅提升了环境治理效率，也为公众提供了准确和及时的环境信息，增强了社会公众对环境问题的认识和参与。

3.2.1 大数据在污染物排放量分析中的应用优势

（1）大数据技术具有显著的全面性和较高的精准性，能够凭借强大的数据处理能力，实现数据的全面覆盖与精准捕捉，摆脱以往依赖人工调查与抽样监测的束缚，不仅能够实现资源的节约，还能突破由人为因素或样本选择带来的局限性。大数据技术通过智能化的数据采集系统，能够不间断地、全方位地监测各类污染源的排放量，无论是工业排放、交通尾气还是农业活动产生的污染物，都能一一记录在案，确保数据的全面性。同时，大数据技术还通过精细化的数据处理流程，剔除了冗余与错误信息，提高了数据的精准度。借助高级的数据清洗与整合技术，大数据平台能够自动筛选出有效数据，并进行标准化处理，使不同来源、不同格式的数据能够无缝对接，形成一套完整、准确的污染物排放量数据库。

（2）大数据技术具有较强的实时性，污染物排放的实时监测尤为重要，任何延误都可能对生态环境造成不可挽回的损害。大数据技术通过部署在各类污染源周边的传感器、监测装置等智能终端设备，实现了对污染物排放量的即时捕捉与传输。这些设备能够 24 小时不间断地工作，将采集到的数据实时上传至大数据平台进行处理与分析，一旦发现污染物排放量超标或出现异常波动，系统便能立即发出预警信号，为环境保护部门提供及时的决策支持。

（3）大数据技术还具有强有效的深度分析功能，通过运用先进的算法模型与数据挖掘技术，大数据平台能够对海量的污染物排放量数据进行深度剖析与挖掘。这些算法模型能够自动识别数据中的隐藏规律与特征关联，揭示出污染物排放量变化的内在逻辑与趋势走向，基于这些分析结果，环境保护部门能够更加科学地制定环保政策与措施，有针对性地开展污染防控与治理工作。例如，通过分析不同季节、不同天气条件下污染物排放量的变化规律，可以制订出更加精准的减排方案；通过对比不同区域、不同行业污染物排放量的差异情况，可以识别出污染物排放的重点区域与领域，从而实施更加精准的监管与治理。

3.2.2　污染物排放量数据的收集与分析

1. 数据来源与收集方法

在现代环境监测与管理领域，数据是研究的基石，其获取通常有两大来源：直接监测和间接估算。直接监测数据依赖于环境监测站点分布于各地的空气质量监测仪器，而间接估算数据则基于排放因子和相关活动水平数据，如车辆的行驶里程数、工业单位的生产量等，通过已建立的排放因子模型计算得出污染物的大致排放量。

2. 数据预处理与清洗

大数据背景下，数据预处理尤为关键，不仅要处理传统数据问题，还需解决大规模数据存储、快速处理以及多样化数据整合的挑战。首先，高效的数据清洗需要采用分布式计算框架，如 Apache Hadoop 或 Apache Spark，来并行处理数据清洗任务。例如，可以利用 Spark 的分布式特性快速识别和处理重复记录，或者使用其强大的数据转换功能来纠正数据格式和错误。其次，需要创新的预处理方法，如针对大数据集的缺失值，除了传统的删除或填补方法外，可以考虑采用机器学习算法预测缺失值，随机森林和梯度提升树等算法是处理大规模数据集中缺失值的不错的选择。最后还要进行异常值检测，聚类分析、孤立森林（isolation forest，iForest）和局部异常因子（local outlier factor，LOF）算法等方法能够在大规模数据集中有效识别异常模式。此外，采用语义技术和知识图谱也可以帮助实现数据之间的关联和语义整合，为复杂的数据分析提供支持。

3. 污染物排放量的分析方法

污染物排放量的分析不仅是实现动态定价策略的基础，也是应用大数据技术实现环境服务的首要问题。可通过融合统计分析与机器学习、深度学习等方法，把握污染物排放的内在模式和变化趋势，从而实现对污染物排放量的预测。

首先，通过特征选择技术识别对污染物排放量影响显著的因素，包括工业活动强度、交通流量、气象条件等多维数据。在模型选择阶段，根据数据的特性和预测目标选择合适的模型框架，其中，LSTM、GRU（gated recurrent unit，门控循环单元）、CRNN（convolutional recurrent neural network，卷积循环神经网络）等深度学习模型在处理时间序列数据时具有很大的优势，各模型结构如图 3-1 所示。

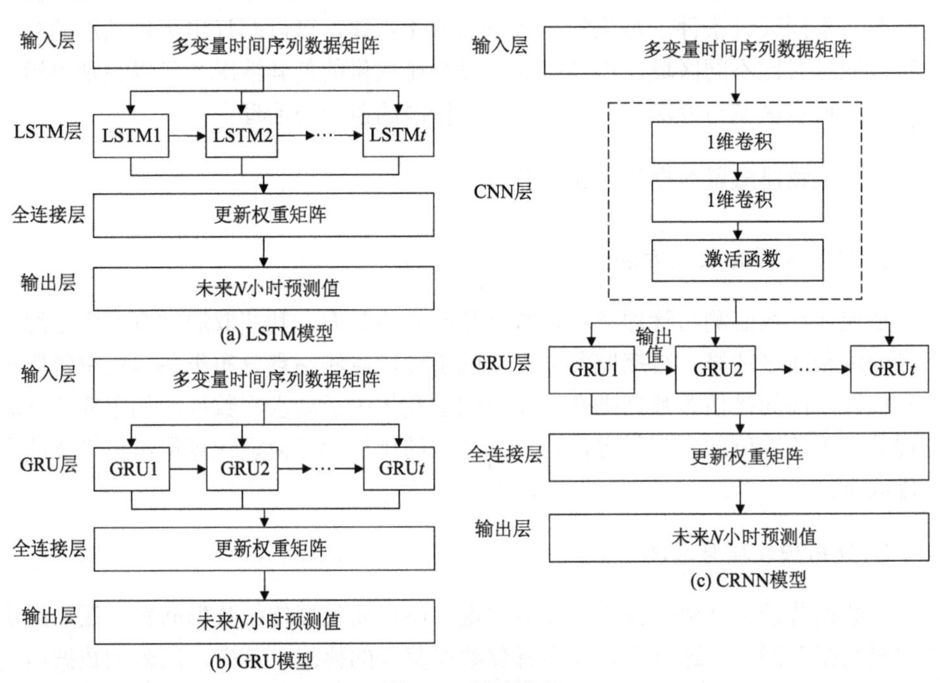

图 3-1 预测模型

基于 LSTM、GRU、CRNN 算法，在 Python 中使用 PyTorch 神经网络框架搭建了 4 个深度神经网络模型，对污染物排放量进行预测。在模型训练过程中，对模型中的隐藏层节点数、优化器学习率、训练次数等因子进行设置。隐藏层节点数一般以 2 的幂次方进行调节，考虑本章的数据量，将隐藏层节点数设置为 32 或 64，优化器选择 Adam 算法，学习率设置为 0.001，训练次数设置为 30 次，以防止训练次数过多影响模型效率。将训练集输入模型进行训练，并保存模型参数，本章将气象因子与监测因子作为输入变量，将需要预测的污染物因子作为输出变量。考虑到污染物每日排放量数值与前几日同时刻的数值有一定关联。因此将输入数据的时间序列长度设置为 24、48 或 96，通过比较训练后的模型性能确定不同因子预测模型最佳的前序时间长度。采用可决系数（R^2）、平均绝对误差（mean absolute error，MAE）、均方根误差（root-mean-square error，RMSE）对不同深度学习模型的预测能力进行评估。随着预测时长的增加，不同因子预测模型在预测未来不同时间段时的准确性逐渐下降。

预测时长为 6 h 时，全部因子预测模型的预测精准度均高于更高预测时长下预测模型的预测精准度，因此选取模型性能表现较好的 6 h 进行后续研究。受监测因子数据规律的影响，深度学习模型在不同因子测试集上的表现略有不同。总体而言，GRU 模型在大部分监测因子上预测精准度均保持在 0.7 以上，预测性能优于 LSTM 模型和 CRNN 模型，相较于 LSTM 模型，GRU 模型的网络更简单，支持更高的重采样率，也更不受梯度爆炸或消失问题的影响，因此，它可以在更大的配置范围内学习，在小数据集上的表现也更为优越。

3.2.3 污染监测与治理服务的动态定价

污染监测与治理服务的动态定价流程如图 3-2 所示。

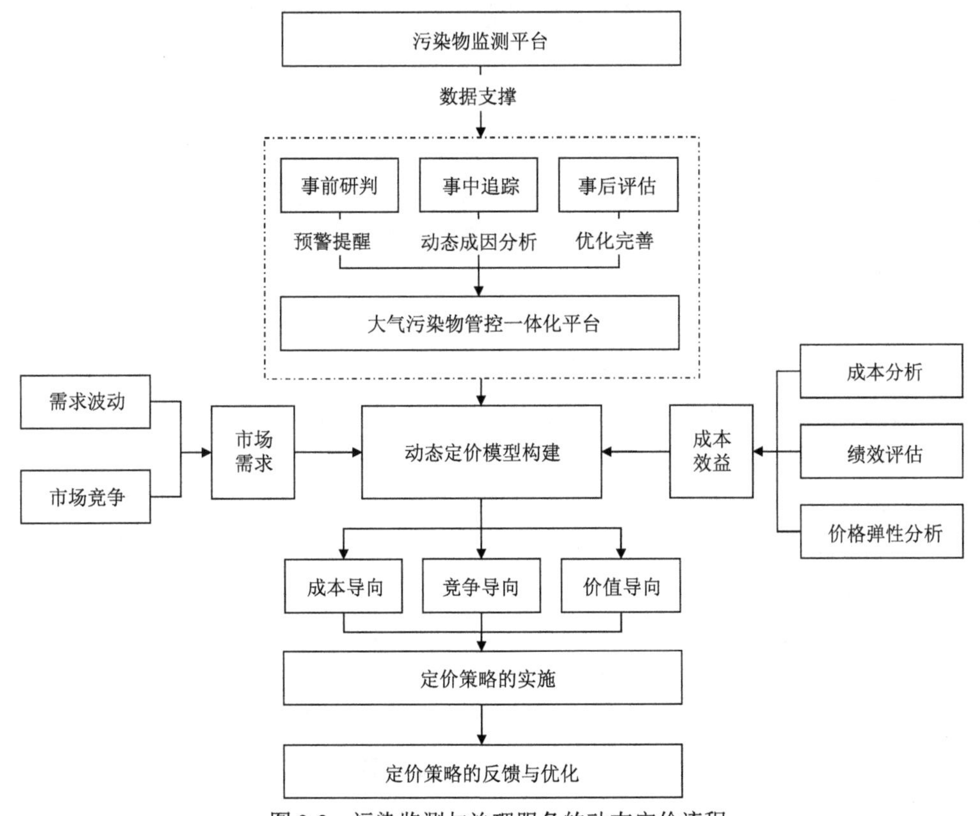

图 3-2 污染监测与治理服务的动态定价流程

搭建污染物监测平台：确定需要监测的污染物种类（如空气污染物、水污染物等）和监测区域。根据监测目标，设定具体的监测指标，如 $PM_{2.5}$ 浓度、COD（chemical oxygen demand，化学需氧量）等。分析动态定价过程中对数据实时性、准确性、完整性的要求，为后续定价提供数据支撑。

构建大气污染物管控一体化平台：建立以 GIS 地图为基础的大气污染物管控一体化平台，接入企业大气污染物排放自动监测数据、门禁系统数据、视频监控、无组织在线监测数据等各类数据，具备任意历史监测监控数据追溯、查询的功能，实现污染事件从自动告警到派单到处置的闭环管理，形成切实有效的环境管理体系。在传统日常管控的基础上，建立针对重污染天气应对的事前研判、事中追踪、事后评估体系。在重污染来临前，通过空气质量预测手段提前发现问题并进行预警提醒。在重污染期间，开展动态成因分析，研判污染物来源贡献。在解除重污染预警后，及时对措施落实情况及减排效果进行分析，并根据评估结果不断优化完善应急预案和管理流程。

市场需求分析：分析市场对环境服务的需求变化，评估不同季节、地区和产业的需求波动情况。考虑市场上其他环境服务提供者的定价策略和服务特点，以制定有竞争力的价格。

成本效益分析：详细分析污染治理的各项成本，包括直接成本（如治理技术、设备）和间接成本（如管理成本、维护成本）。评估治理措施带来的环境效益和社会效益，确保定价能够覆盖成本并带来合理的利润。进行价格弹性分析，研究不同价格对需求的影响，以优化定价策略，确保价格既能刺激市场需求，又能保证企业收益。

动态定价模型构建：构建开源大模型框架，利用历史数据以及实时数据，进行全参数微调，在大模型训练集群上训练出合适的大模型，根据市场上污染物排放权的供求状况，平衡污染治理成本与市场接受度，动态调整排放权的价格，最终形成数据驱动的动态定价模型。当市场需求大于供应时，价格上升，反之则下降。并根据不同季节或时段的环境承载能力和污染治理需求，对污染物价格进行季节性或时段性的调整。针对不同客户群体、不同污染物种类、不同服务内容等，制定差异化的定价策略。

定价策略的实施：根据不同区域、不同污染物类型，以及实时监测数据的变化，实施灵活的定价策略。根据不同问题导向，灵活定价，充分考虑成本导向定价、竞争导向定价、价值导向定价，通过价格手段，激励企业减少排放，超标排放者将面临更高的排放成本，而达标排放者可以享受优惠政策。确保定价策略的透明度和公正性，增加企业对定价机制的信任度，从而促进定价策略的顺利实施。

定价策略的反馈与优化：构建多渠道的市场信息收集体系，包括客户反馈、销售数据、行业报告、社交媒体舆情等，确保信息的全面性和时效性。通过定期的市场调研和数据分析，深入了解客户需求、竞争对手动态及行业趋势。实施项目后评价机制，对已完成的环境治理项目进行效果评估。通过量化指标（如污染物排放减少量、生态环境改善程度等）和客户满意度调查，客观评价治理效果，为定价策略调整提供依据。建立跨部门沟通机制，确保市场部门、服务部门、财务部门等关键部门之间的信息畅通。通过定期会议、工作汇报等方式，分享市场反馈、治理效果及财务表现等信息，共同讨论并制订调整方案。

3.3　基于物联网技术的固体废物处理服务定价策略

固体废物的分类管理是当今社会面临的重要环境问题之一，随着城市化和工业化的加速发展，废物产生量不断增加，对环境和人类健康造成了严重威胁。固体废物的不合理处理不仅会对环境造成污染，还会浪费资源，加剧资源紧缺和环境问题。因此，如何有效管理和处理固体废物成为亟须解决的问题。而目前各项新兴技术蓬勃发展，基于物联网技术的固体废物处理服务定价策略为解决固体废物管理难题提供了一种新的思路和方法。

3.3.1　物联网技术基本原理

物联网技术作为一种现代化的信息技术，将激光扫描、射频识别、二维码、红外感应器、卫星导航系统等信息传感设备与互联网结合起来形成一个巨大网络，将得到的覆盖全面、数量庞大的数据通过大数据处理提供给人工智能进行分析，实现人、机、物不限时间、不限地点的互联互通，并形成智能应用，将结果反馈到现实世界的物体中，从而实现从信息化到智能化的转变。物联网的价值在于让物体拥有了“智慧”，其特征在于感知、互联和智能的叠加，物联网技术的应用通过实现信息的实时交互，进而实现人与物、物与物之间的沟通。目前在业界物联网体系架构大致被公认为感知控制层、网络传输层和应用服务层这三个层次，底层是用来感知数据的感知控制层，中间层是数据传输的网络传输层，最上面则是内容应用服务层，如图 3-3 所示。在物联网体系架构中，三层的关系可以这样理解：感知控制层相当于人体的皮肤和五官；网络传输层相当于人体的神经中枢和大脑；应用服务层相当于人的社会分工，具体描述如下。

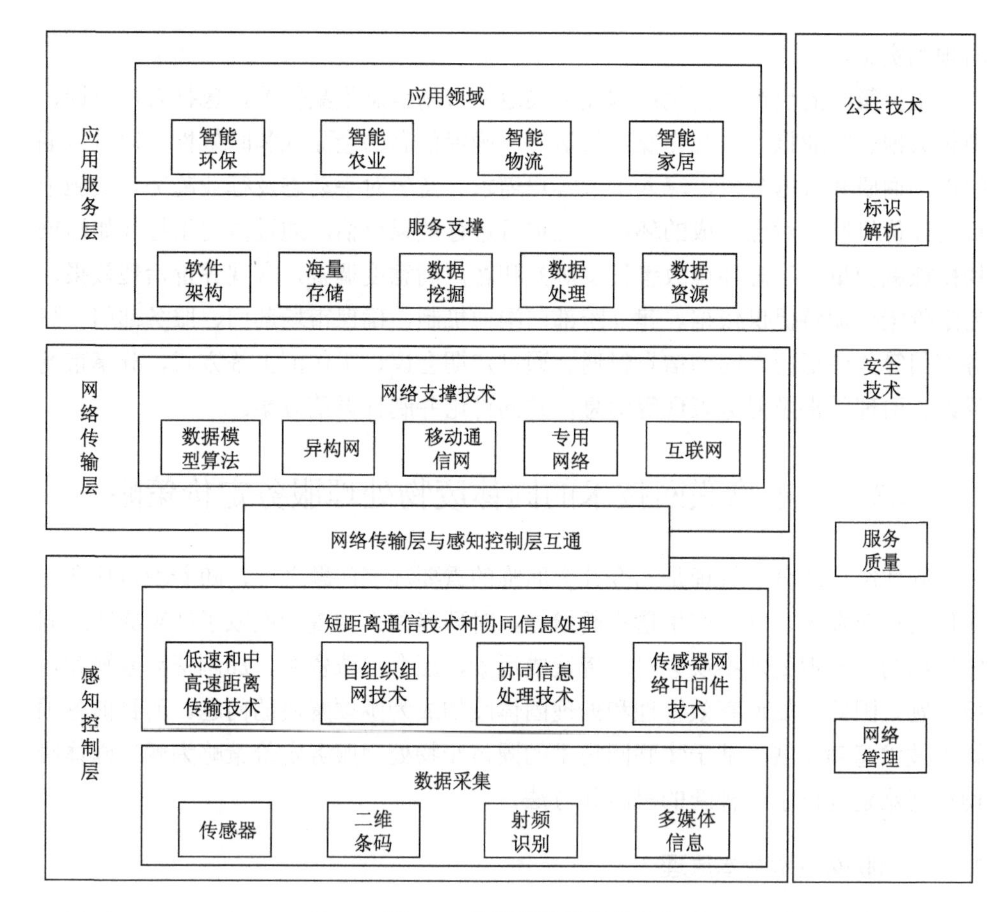

图 3-3　物联网体系框架

感知控制层是物联网的皮肤和五官，主要进行物体的识别和信息的采集。感知控制层包括二维码标签和识读器、射频识别标签和读写器、摄像头、GPS 等，主要作用是实现对“物”的识别，实现物体识别和数据信息采集的功能，主要由各种各样的传感器以及网关构成。

网络传输层是物联网的神经中枢和大脑，主要进行信息传递和处理。网络传输层包括通信与互联网的融合网络、网络管理中心和信息处理中心等，通过现有的互联网、广电网络、通信网络等实现信息交互，将感知控制层收集的数据进行传输。

应用服务层是物联网中的社会分工，主要与行业需求相结合，实现广泛智能化。应用服务层是物联网与行业专业技术的深度融合，利用云计算、数据挖掘、中间件等技术实现对物品的自动控制与智能管理。这类似于人的社会分工，最终构成人类社会。主要通过响应行业信息化的相关需求，与用户实现对接，实现物联网的多角度应用。

在各层之间，信息并不局限于单向传递，信息等也在各层级之中进行交互与控制，层级内以及层级间所传递的信息多种多样，其中关键是物品的信息，包括在特定应用系统范围内能对物品进行唯一标识的识别码和物品的静态与动态信息。

3.3.2 物联网技术在固体废物处理服务定价中的运用

有效的废物管理需要综合考虑废物的分类、收集、处理和回收利用等环节，而基于物联网技术的分类定价策略为废物管理提供了新的解决方案，本节将探讨关于设计、实施和评估基于物联网技术的固体废物处理服务定价策略的关键步骤。

基于物联网技术的固体废物处理服务定价策略可以通过智能化监测和管理，提高废物分类的准确性和效率，从而实现废物减量化和资源化利用，促进环境保护和可持续发展。而物联网技术在固体废物处理服务定价中的运用大概可以分为以下几个步骤：废物监测与数据采集、废物识别与分类、差异化定价策略制定、实施与监督管理、效果评估与结果优化，如图3-4所示。

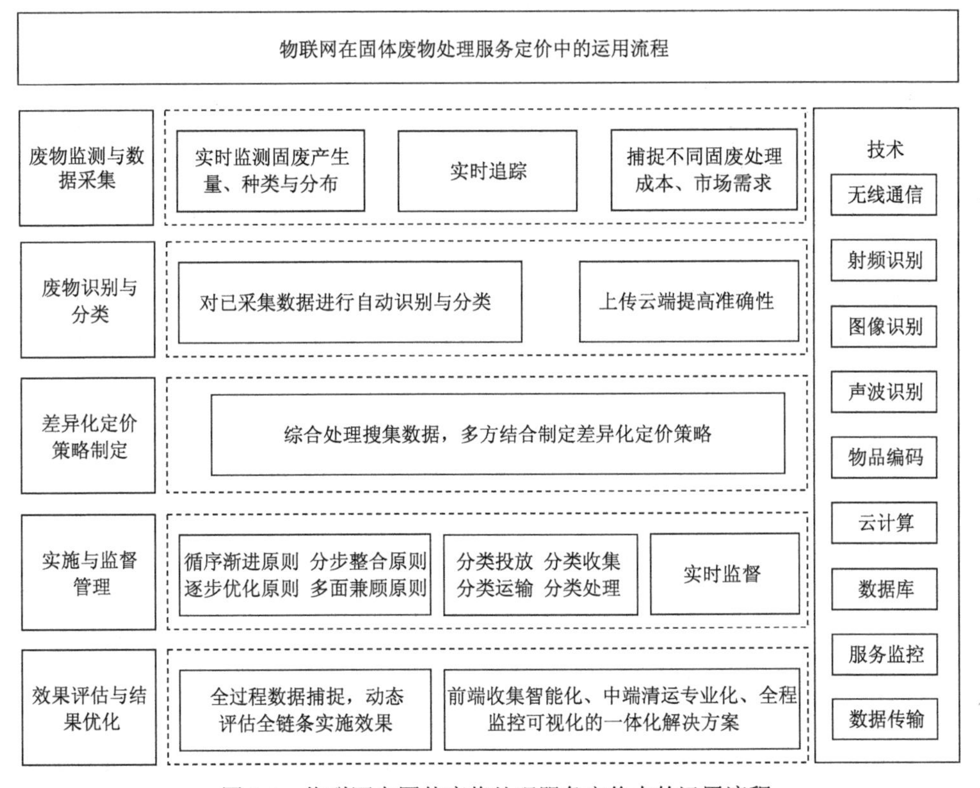

图3-4 物联网在固体废物处理服务定价中的运用流程

废物监测与数据采集：利用物联网技术建立智能化的固体废物监测设施，包括传感器、智能垃圾箱等，实时监测废物产生量、种类、分布等信息，通过传感器、射频识别等技术实现对废物的追踪和管理。监测设施结合图像识别算法在对数据采集和分析的基础上进行综合分析，通过内置的物联网模块将数据实时传输到云端服务器，并确定不同固体废物类目下的处理服务定价依据。捕捉不同类型固体废物的处理成本、市场需求等核心定价因素，例如，可回收材料（如金属、塑料等）通常具有较高的价值，而不可回收或有害废物则可能需要额外的处理费用。

废物识别与分类：利用图像识别、声波识别等技术，物联网技术可以实现对固体废物的自动识别和分类，将所收集到的废物数据上传至云端平台，使用大数据分析技术处理和存储数据来提高对固体废物进行分类的准确性和效率。

差异化定价策略制定：首先是定价标准制定，在公平合理、差异化定价、环境友好和经济可行等原则的基础上，同时考虑固体废物产生量、种类、回收难度等因素，系统通过固定废物的已知因素（如废物处理的经营成本、垃圾处理企业的营收、废物处理的环境补偿以及对居民可支配收入的影响等）来自动计算相应的处理费用，对不同类型的固体废物在不同的影响因素下核算出不同的处理成本总和，制定差异化的固体废物处理服务定价标准，并经过相关部门的审议和确认，确保定价公平合理。

其次是动态定价机制，对用物联网技术收集的固体废物数据进行综合分析，确定不同类型废物的定价标准和依据，科学合理地制定差异化的定价策略，激励固体废物产生者进行分类和资源回收。动态定价一般基于市场需求和差异化收费两个方面进行定价确定，基于市场需求的废物定价不仅参考其处理成本，还会参考市场的需求和供需关系。例如，对于可回收物品，在市场需求高时，用户可能获得更高的回收价；而对于不可回收或有害垃圾，系统可以设置更高的处理费用，以此鼓励减少此类废物的产生。

实施与监督管理：遵照“循序渐进、分步整合、逐步优化、多面兼顾”的原则，通过投放可返利、可积分、可分类、可互动、可宣传的带有物联网功能的智能回收机，借助物联网和互联网技术，研发涉及前端收集、中端清运及后端分选的全环节垃圾分类智能软硬件平台。将网络运营监控和管理功能充分运用到整个智能化的回收环节中，使固体废物从源头到末端实现“分类投放、分类收集、分类运输、分类处理”，确保全流程可查、可控、可管，信息流、物资流、资金流全程闭环流转，实现物资的全程分类管理。特别地，在固体废物的处理过程中，收集、运输、处理和处置等各环节的成本也是重要的定价依据，对这部分也要着重进行监督管理，这也是完善动态定价策略的重要部分。在此基础上落实符合实际的定价策略，建立相应的动态定价机制，加强对固体废物分类和回收工作的监督管理，及时发现和解决问题，确保策略的顺利实施。

效果评估与结果优化：不断利用物联网技术对固体废物的收集处理过程进行数据捕捉，动态监测评估定价策略全链条的实施效果，根据评估结果对定价策略进行实时动态调整和优化，才能不断提高固体废物管理的效率和质量。按照垃圾分类四分法原则，遵循前端收集智能化、中端清运专业化、全程监控可视化原则制定固体废物处理服务动态定价的一体化解决方案，通过对现有环卫设备进行智能化改造，打造适应国情的固体废物分类方式。通过互联网、物联网技术的导入及平台的搭建，对现有回收设备进行智能化改造，使固体废物分类更加便捷、可操作性更强。

3.3.3 物联网技术在固体废物分类回收服务定价中的运用

当前物联网技术在固体废物分类回收服务定价中的应用呈现出日益增强和优化的趋势，物联网技术在固体废物分类回收中的嵌入实现了对固体废物处理的实时监控和精准分类，在提高定价精准性的同时优化了定价流程，形成了更加公平、合理的信息共享定价机制，这种创新性的服务定价机制不仅提高了回收效率，还降低了回收成本，为定价提供了更多的灵活性和竞争力。然而，尽管物联网技术在固体废物分类回收服务定价中展现出巨大的潜力，但其应用仍面临一些挑战。例如，技术成熟度有待提高，需要进一步完善数据采集、传输和处理等环节的稳定性和安全性；同时，数据安全和隐私保护问题也需要引起足够的重视。然而，随着技术的不断进步和政策的持续支持，物联网技术在固体废物分类回收服务定价中的应用前景仍然广阔。

为了更好地了解物联网技术在固体废物分类回收服务定价中的运用，本章以盈创回收为案例来阐述物联网技术下的固体废物分类回收服务定价。盈创回收作为中国领先的“智能固废回收机具及物联网回收系统整体解决方案”运营商和提供商，通过物联网技术革新了传统城市废物回收系统，实现了固体废物处理服务的差异化定价机制。

1. 案例背景

盈创回收以生产者责任制为指导思想，结合中国实际国情，打造从垃圾产生源头到回收的整套解决方案。该方案适应中国垃圾分类现实特点，高效实现垃圾分类，并在尽可能降低用户分类习惯改变成本的前提下进行，以提升垃圾分类的参与度。盈创回收利用物联网技术实现固体废物处理服务的动态定价主要包括智能硬件部署与识别分类、固体废物分类回收服务定价机制、用户行为引导与后台优化、实践效果与推广四大部分。

2. 案例详情

1）智能硬件部署与识别分类

盈创回收开发了 iSmart 和 iPhoenix 两个系列的智能垃圾分类设备及系统，涵盖前端收集、中端清运及后端分选的全环节。这些设备结合了智能硬件和软件管理平台，实现了垃圾分类的智能化管理。iSmart 系列主要借鉴国外先进经验，结合中国垃圾分类工作实际，在现有硬件设施上，加入智能化感应模块，依托综合管理平台，对垃圾分类收集、清运环节的分散式工作模式实施集中式统一管理。iSmart 系列包含智能垃圾桶产品线、智能回收站产品线、互联网上门回收服务系统、逆向物流管理系统及综合管理平台五大部分，涵盖前端收集、中端清运及智能化物流管理全流程，可覆盖社区、公共场所、学校、餐厅、购物中心等不同使用场景。iPhoenix 系列则利用“互联网+”技术，重构安全、高效、便捷的再生资源回收渠道。利用先进传感技术，实现对混合垃圾的精准识别和高效分选，解决了再生资源回收体系难以融合、后端分选处理手段缺失的难点。

智能回收机：盈创回收在社区、商场等地点部署了智能回收机，这些设备配备有传感器、摄像头和射频识别等技术，能够识别和分类用户投放的废品。

物联网连接：这些智能回收机通过物联网技术与云端系统连接，实时上传回收数据，如废品类型、重量、时间等。

传感器与视觉识别：通过传感器和计算机视觉技术，智能回收机能够自动识别用户投放的废品种类，如塑料瓶、金属罐、纸张等，并将其分类存储在不同的隔间中。

数据收集：在识别和分类的同时，系统会收集相关数据，并上传到云端进行处理和分析。

2）固体废物分类回收服务定价机制

盈创回收的智能回收机不仅是对回收行为予以奖励的人性化、智能化的新型绿色互动平台，还通过积分兑换、环保课堂、环保商品等多种立体的宣传方式，激发更多人参与垃圾分类。用户通过智能回收机便捷地投放可再生资源废品，并根据废品的种类、重量或数量获得相应的积分或返利。这种分类定价机制不仅提升了用户的参与度，还确保了再生资源的流向可控和城市固体废物资源得到最大程度的循环利用。

实时数据分析：云端系统利用大数据和 AI 技术，分析废品的市场价格、回收成本、环境影响等因素，动态调整废品的回收价格。

分类定价：根据不同废品的种类和质量，系统会自动计算出每种废品的回收价格。例如，金属类废品可能价格较高，而普通塑料的价格则相对较低。

动态定价：回收价格可能根据市场需求、回收量、物流成本等因素进行动态调整，确保回收过程的经济效益最大化。

3）用户行为引导与后台优化

第一，智能推送。系统可以根据用户的回收历史，智能推送相关信息，如提醒用户投放特定类型废物，或在垃圾价格上涨时提醒他们尽快投放，从而引导用户行为。第二，积分与奖励。用户在使用智能回收机投放废品后，可以通过手机 App 或其他方式查看其回收贡献，并获得相应的积分或现金奖励，这些奖励可以用于兑换商品或提现。第三，环保贡献可视化。系统还会展示用户的环保贡献，比如节约了多少资源、减少了多少碳排放等，增强用户的参与感和环保意识。第四，实时监控与维护。通过物联网平台，盈创回收可以实时监控各个智能回收机的运行状态、废品存量等信息，及时进行维护和优化。第五，数据驱动的决策。基于收集的海量数据，盈创回收可以进行趋势分析、市场预测，并不断优化其分类和定价策略。

4）实践效果与推广

盈创回收的垃圾分类一体化解决方案已经在广东中山等地落地实施，助力环卫运营商实现垃圾分类智能化。同时，该方案还在中央宣传部、中央党校等中央机关及其直属机构率先实施，取得了显著的成效。盈创回收还自主研发了多款多品类回收机，如手机回收机、旧衣物回收机等，并在北京市等地分批次铺设。这些回收机通过不断换代升级，提高了分类的准确性和回收的效率。

3. 案例总结

盈创回收通过物联网技术将传统的垃圾分类和回收变得智能化和动态化，其分类定价机制基于实时数据和市场动态，结合智能垃圾桶、动态定价、积分奖励和大数据分析，极大地提高了垃圾回收的效率和用户参与的积极性。不仅提升了垃圾分类的参与度和准确性，还促进了再生资源的循环利用。该案例为其他城市和企业提供了可借鉴的经验和模式，有助于推动城市固体废物管理的智能化和精细化发展。未来，随着技术的进一步成熟和应用的深化，物联网将在固体废物分类回收服务定价中发挥更加重要的作用。

3.4　基于机器学习的流域生态环境服务定价

由于生态环境服务无法在市场上进行交易，因此如何通过现有技术对其准确定价一直是困扰社会的难题。自 1950 年以来，国外一直在探索如何让社会显示对公共物品的需求偏好的方法，意图克服公共物品投入存在的搭便车问题，其中关于生态环境服务需求偏好显示技术的研究始于 20 世纪 70 年代，这些技术可细分为间接显示技术、直接显示技术以及实验技术，目前相对成熟的是选择试验方法。

伴随大数据以及人工智能技术的兴起，越来越多的研究者尝试通过机器学习这样一种更接近于人类思维的智能方法来解决定价问题，通过不断试错的方式进行算法自身的迭代优化。由于其具有“适应性”“准确性”的特点，在定价中得到了广泛的应用，本节将重点探讨机器学习在流域生态环境服务定价中的具体应用场景，以及一些对应的应用过程。

3.4.1 流域生态环境服务及其定价

1. 流域生态环境服务

流域生态环境服务是一个综合性的概念，它指的是江河流域生态系统与生态过程所形成及所维持的人类赖以生存的自然环境条件与效用。这一服务不仅涵盖了生态系统本身的能量流动、物质循环和信息传递等基本功能，还强调了生态系统为人类提供产品和服务的能力。具体来说，流域生态环境服务主要包括以下七个方面，其中水源涵养、水土保持以及水质净化为当前研究的主流方面。

第一，水源涵养。流域生态系统通过植被覆盖、水土保持等措施，对降水进行截留、吸收、蓄渗和蒸发，从而调节径流、涵养水源，为人类社会提供稳定的水源供应。第二，水土保持。流域内的植被和土壤结构有助于防止水土流失，保持土壤肥力，维护土地资源的可持续利用。第三，水质净化。水体和湿地等自然系统具有强大的净化能力，能够去除水体中的污染物，改善水质，为人类社会提供清洁的水资源。第四，生物保护。流域生态系统是众多生物物种的栖息地，它提供了丰富的食物链和生态位，对于维护生物多样性具有重要意义。第五，气候调节。流域内的植被和水体能够调节局部气候，如通过蒸腾作用增加空气湿度，降低温度，改善人居环境。第六，景观休闲。流域内的自然景观和人文景观为人们提供了休闲娱乐的场所，有助于提升人们的生活质量和精神享受。第七，经济支持。流域生态系统还为农业、渔业、航运、发电等产业提供了重要的支持，促进了区域经济的发展。在评估流域生态环境服务时，通常会采用量化方法，如利用自然环境数据、区位数据等作为评价的主要信息，通过层次分析法等方法确定各评价因子的权重，得出流域生态环境服务功能的量化结果。这些结果有助于更好地了解流域生态系统的价值，为流域的生态保护、资源开发和可持续发展提供科学依据。综合来看，流域生态环境服务是一个复杂而重要的概念，它涵盖了多个方面的功能和效用，对于维护人类社会的生存和发展具有重要意义。

2. 流域生态环境服务定价

流域生态环境服务定价是指对流域内生态系统提供的各种服务和功能进行经济价值评估，并据此确定相应的价格或费用。这个过程涉及对流域生态环境服务的识别、量化、评估、定价和监督等多个环节，如图 3-5 所示。

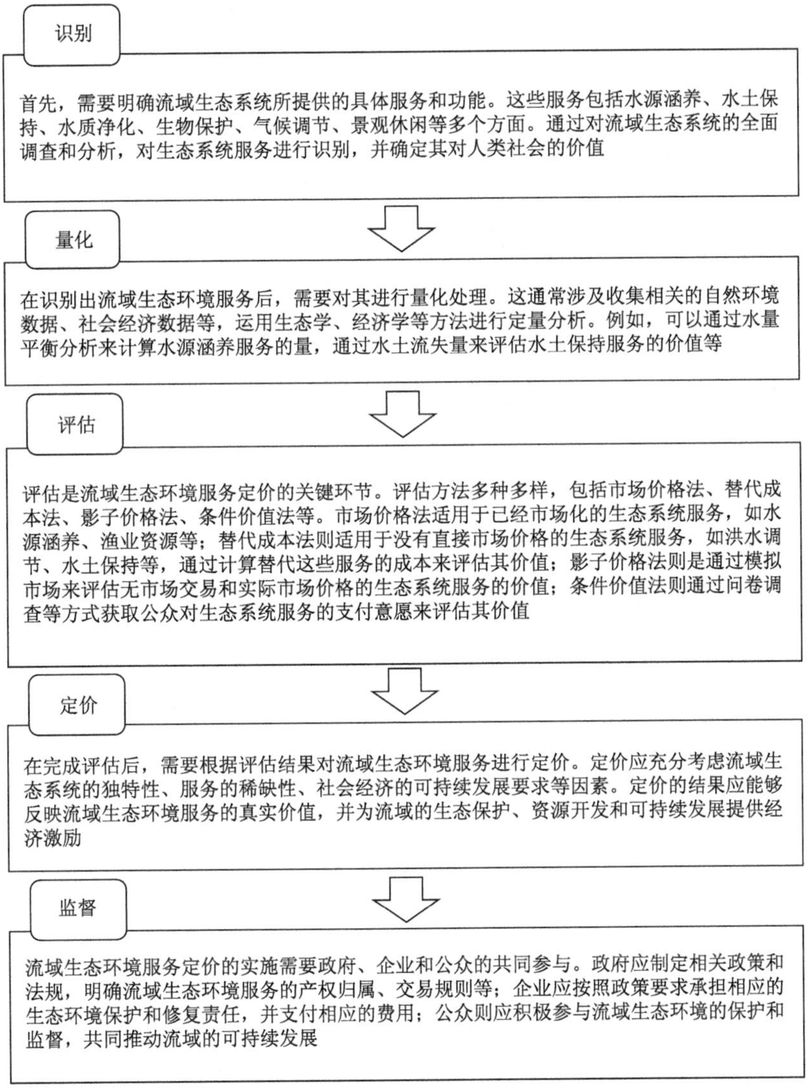

识别

首先，需要明确流域生态系统所提供的具体服务和功能。这些服务包括水源涵养、水土保持、水质净化、生物保护、气候调节、景观休闲等多个方面。通过对流域生态系统的全面调查和分析，对生态系统服务进行识别，并确定其对人类社会的价值

量化

在识别出流域生态环境服务后，需要对其进行量化处理。这通常涉及收集相关的自然环境数据、社会经济数据等，运用生态学、经济学等方法进行定量分析。例如，可以通过水量平衡分析来计算水源涵养服务的量，通过水土流失量来评估水土保持服务的价值等

评估

评估是流域生态环境服务定价的关键环节。评估方法多种多样，包括市场价格法、替代成本法、影子价格法、条件价值法等。市场价格法适用于已经市场化的生态系统服务，如水源涵养、渔业资源等；替代成本法则适用于没有直接市场价格的生态系统服务，如洪水调节、水土保持等，通过计算替代这些服务的成本来评估其价值；影子价格法则是通过模拟市场来评估无市场交易和实际市场价格的生态系统服务的价值；条件价值法则通过问卷调查等方式获取公众对生态系统服务的支付意愿来评估其价值

定价

在完成评估后，需要根据评估结果对流域生态环境服务进行定价。定价应充分考虑流域生态系统的独特性、服务的稀缺性、社会经济的可持续发展要求等因素。定价的结果应能够反映流域生态环境服务的真实价值，并为流域的生态保护、资源开发和可持续发展提供经济激励

监督

流域生态环境服务定价的实施需要政府、企业和公众的共同参与。政府应制定相关政策和法规，明确流域生态环境服务的产权归属、交易规则等；企业应按照政策要求承担相应的生态环境保护和修复责任，并支付相应的费用；公众则应积极参与流域生态环境的保护和监督，共同推动流域的可持续发展

图 3-5　流域生态环境服务定价流程图

目前，流域生态环境服务的定价主要体现在维度分析、属性分析以及空间分析三个方面，如图 3-6 所示。

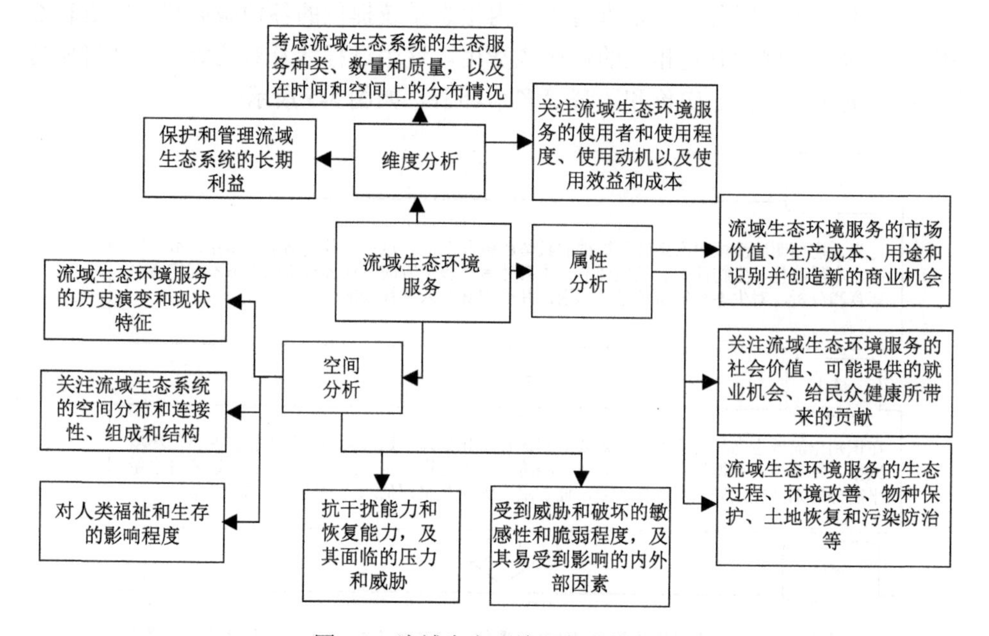

图 3-6　流域生态环境服务定价分析

3. 流域生态环境服务定价缺陷

当前流域生态环境服务定价在多个方面存在显著的缺陷，这些缺陷主要体现在参数不易量化、计算过程受人为干扰大以及计算结果不易推广应用三个方面。

1）参数不易量化

流域生态环境服务的复杂性：流域生态环境服务涉及多个自然和社会经济系统，这些系统之间的交互作用复杂且难以准确描述。例如，水源涵养、水土保持、水质净化、生物保护、气候调节等生态服务，其量化过程需要综合考虑多种因素，如气候、地形、植被覆盖、人类活动强度等。这些因素之间的相互作用关系复杂，难以用单一的量化指标来全面反映。

数据获取与处理的局限性：尽管遥感、地理信息系统、生态系统监测网络等技术的发展为生态数据的获取提供了有力支持，但数据的全面性和准确性仍受到诸多限制。例如，遥感数据可能受到云层覆盖、传感器精度等因素的影响，导致数据质量参差不齐；地面监测数据则可能因站点分布不均、监测频率不足等问题而难以全面反映流域生态环境状况。

生态系统服务价值的多样性：流域生态环境服务具有多种价值形态，包括直接使用价值（如水资源利用）、间接使用价值（如气候调节、生物多样性保护）和非使用价值（如存在价值、遗产价值等）。这些价值形态在量化过程中需要采用不同的方法和标准，增加了量化的难度。

2）计算过程受人为干扰大

主观判断与偏好：在流域生态环境服务定价的计算过程中，往往涉及大量的主观判断和偏好选择。例如，在评估某项生态服务的价值时，需要确定评估范围、评估方法、评估参数等，这些选择往往受到评估者专业知识、经验背景、价值取向等因素的影响，导致评估结果存在较大的主观性。

政策导向与利益驱动：政策导向和利益驱动也是影响计算过程的重要因素。在流域生态环境服务定价过程中，政府、企业、公众等各方利益主体可能出于不同的目的和利益诉求，对评估结果施加影响，导致评估结果偏离客观实际。

技术与方法的不完善：目前，流域生态环境服务定价的技术和方法尚不完善，存在诸多不确定性和争议。例如，在评估生态服务价值时，常用的方法包括市场价值法、替代成本法、条件价值法等，但这些方法在实际应用中往往存在诸多限制和缺陷，难以准确反映生态服务的真实价值。

3）计算结果不易推广应用

地域差异性与特殊性：流域生态环境服务具有显著的地域差异性和特殊性，不同流域的生态环境状况、社会经济条件、政策环境等因素均存在差异。因此，基于某一流域的生态环境服务定价结果往往难以直接应用于其他流域，导致计算结果的推广应用受到限制。

政策与制度障碍：在政策与制度层面，流域生态环境服务定价的推广应用也面临诸多障碍。例如，缺乏统一的评估标准和规范、政策执行力度不够、监管机制不健全等问题，都可能导致评估结果难以得到有效应用和推广。

公众认知与接受度：公众对流域生态环境服务价值的认知程度和接受度也是影响计算结果推广应用的重要因素。由于长期以来对生态环境价值的忽视和低估，公众对生态环境服务定价的重要性和必要性认识不足，导致评估结果难以得到广泛认可和应用。

综合来看，当前流域生态环境服务定价在参数不易量化、计算过程受人为干扰大以及计算结果不易推广应用等方面存在显著的缺陷。为了克服这些缺陷，尝试将机器学习运用到流域生态环境服务定价中，以提高流域生态环境服务定价的参数准确性、计算过程客观性以及可推广性。

3.4.2　机器学习在流域生态环境服务定价中的应用

机器学习是当前人工智能的核心研究领域之一，旨在让计算机器拥有人的学习能力从而实现人工智能。机器学习的工作原理和人类相似，当前机器在完成某项工作后得到了来自环境的正反馈，那么机器的这个动作就会得到相应的强化；相反，如果机器最终收获的是一个负反馈的结果，以后就会降低对应动作的强度。机器学习主要是通过对研究问题进行模型假设，利用计算机从训练数据中不断学习从而得到模型参数，并在此基础上对数据进行预测和分析。

1. 数据预处理

机器学习可以对大量的生态数据进行自动化处理和分析，分析出不同水质、水量以及生物类型的分布情况和变化趋势，进而估算出相应的生态系统服务价值。具体可采用卷积神经网络的方法，在这个过程中，特征的选择是通过对图像像素点进行处理、汇集和组成多个层次来完成的。当被应用于识别统计任务时，它可以处理大量高清真实环境下的图像数据，并利用先进的图像识别模型来识别不同物体。神经网络的层次结构可以通过重复的特征提取过程，越来越针对特定的对象或事物进行识别。当它获取到足够的数据时，计算机将能够识别更加微小的细节。

卷积层的主要作用是提取图像特征，其中包含多个特征通道。为了降低模型参数数量，同一特征图上的神经元共享卷积核的权重。每个卷积核可以提取不同的特征和细节，而它输出的结果就是前一层多个特征图抽象组合的结果。公式如下：

$$x_i^l = f\left(\sum_{j\in N_i} x_j^{l-1} \times K_{ij}^l + b_i^l\right) \tag{3-1}$$

其中，x_j^{l-1} 表示第 1 层的输入；x_i^l 表示第 1 层的第 i 个特征图；f 表示非线性激活函数；K_{ij}^l 表示卷积核类型；b_i^l 表示卷积层的偏置项。卷积后数据特征图大小的计算公式为

$$C = \frac{N - F + 2P}{S} + 1 \tag{3-2}$$

其中，C 表示卷积后数据特征图大小；N 表示输入特征图的尺寸信息；F 表示卷积核的尺寸信息；S 表示步长；P 表示填充大小。

2. 生态系统服务实物量评估

生态系统服务实物量评估主要从水源涵养、土壤保持和水质净化三方面进行。使用 InVEST（integrated valuation of ecosystem services and trade-offs，生态系统服务和权衡的综合评估）模型评估流域相关生态系统服务实物量，通过机会成本法和替代成本法等方法计算新增或减少的生态系统服务供给量价值。

（1）水源涵养主要指的是植被、土壤及枯枝落叶等在生态系统中的蓄水作用，

通常以降水量减去蒸发量和径流量表示。其中 InVEST 模型基于水量平衡原理使用 Budyko 水热耦合平衡假设公式估算了每栅格单元降水量减去实际蒸发量后的产水量。计算公式为

$$Q_{\mathrm{wr}} = Y(x) - S \tag{3-3}$$

$$Y(x) = \left[1 - \frac{\mathrm{AET}(x)}{P(x)}\right] \times P(x) \tag{3-4}$$

$$S = P(x) \times S_c \tag{3-5}$$

其中，Q_{wr} 表示水源涵养量；$Y(x)$ 表示栅格单元的产水量（mm）；$\mathrm{AET}(x)$ 表示栅格单元 x 的年实际蒸发量（mm）；$P(x)$ 表示栅格单元 x 的年均降水量（mm）；S 表示径流量；S_c 表示径流系数。

（2）InVEST-SDR（sediment delivery ratio，泥沙输移比例）模型是一种基于生态系统服务功能和权衡关系的综合评估模型，基于修正的通用土壤流失方程（revised universal soil loss equation，RUSLE）计算流域的年度土壤流失和泥沙输出。土壤保持量由该地块对其上坡来沙的保留量与植被覆盖和水土保持措施减少的土壤侵蚀量构成，计算公式为

$$Q_{\mathrm{sr}} = \mathrm{RKLS}_x - \mathrm{USLE}_x + \mathrm{SEDR}_x \tag{3-6}$$

其中，Q_{sr} 表示土壤保持量（t/a）；RKLS_x 表示潜在土壤侵蚀量（t/a）；USLE_x 表示实际土壤侵蚀量（t/a）；SEDR_x 表示泥沙保留量（t/a）。

（3）InVEST 模型以径流中养分污染物的清除能力来估算植被和土壤对水质净化的贡献。模型中主要对氮、磷两种营养物质进行模拟评估，其计算公式为

$$\mathrm{ALV}_x = \mathrm{HSS}_x \times \mathrm{pol}_x \tag{3-7}$$

其中，ALV_x 表示栅格单元 x 的调整后输出量；HSS_x 表示栅格单元 x 的水文敏感性得分；pol_x 表示栅格单元 x 的输出系数。

3. 生态系统服务价值量评估

$$V = \sum V_{\mathrm{wrb}} + V_{\mathrm{srb}} + V_{\mathrm{wpb}} \tag{3-8}$$

其中，V 表示流域生态环境服务价值（元/a）；V_{wrb} 表示水源涵养变化量价值（元/a）；V_{srb} 表示土壤保持变化量价值（元/a）；V_{wpb} 表示水质净化变化量价值（元/a）。

水源涵养价值指的是地表植被拦截降水，地下土壤层吸水储水，补充地下水存量和维持河流流量的价值。水源涵养价值功能表现与水库水利工程相似，因此本章以水库单位库容造价成本计算水源涵养价值，计算公式为

$$V_{\mathrm{wr}} = Q_{\mathrm{wr}} \times c \tag{3-9}$$

其中，V_{wr} 表示水源涵养价值（元/a）；Q_{wr} 表示水源涵养量（m^3/a）；c 表示水库

单位库容造价成本。

土壤保持价值涵盖减少泥沙淤积价值和减少面源污染价值。本章使用影子价格法和替代成本法计算，计算公式为

$$V_{\mathrm{sr}} = V_{\mathrm{sd}} + V_{\mathrm{dp}} \tag{3-10}$$

$$V_{\mathrm{sd}} = 0.24 \times \left(\frac{Q_{\mathrm{sr}}}{\rho} \right) \times c_{\mathrm{rd}} \tag{3-11}$$

$$V_{\mathrm{dp}} = \sum_{i=1}^{n} Q_{\mathrm{sr}} \times C_i \times P_i \tag{3-12}$$

其中，V_{sr} 表示土壤保持总价值（元/a）；V_{sd} 表示减少泥沙淤积价值（元/a）；V_{dp} 表示减少面源污染价值（元/a）；ρ 表示土壤容重，取 1.24 t/m^3；c_{rd} 表示水库清淤工程费用，参考《森林生态系统服务功能评估规范》指南，取 12.6 元/m^3；Q_{sr} 表示土壤保持量（t/a）；C_i 表示土壤中氮、磷营养物质的纯含量；P_i 表示处理氮、磷废水成本。

水质净化价值量计算采用替代成本法，通过工业治理水污染物成本核算生态系统水质净化价值，计算公式为

$$V_{\mathrm{wp}} = \sum_{i=1}^{n} Q_i \times P_i \tag{3-13}$$

其中，V_{wp} 表示生态系统水质净化价值（元/a）；Q_i 表示氮、磷废水污染物的净化量（t/a）；P_i 表示处理氮、磷废水成本。

智能代理（定价系统）通过与环境（市场、消费者、生态环境等）的交互，学习得出最优的定价策略，以最大化企业的收益或实现其他业务目标。机器学习通过深度神经网络来近似机器学习中的值函数或策略函数，从而处理高维状态空间和复杂环境中的决策问题。由于直接将机器学习系统部署到线上与真实环境进行交互训练存在风险，因此需要对流域生态环境服务进行线下的环境仿真。基于历史数据仿真环境是一种可行的方法，通过积累的历史数据来模拟真实环境的状态转移和奖励机制。

3.4.3 模型评价

运用机器学习解决流域生态环境服务定价问题具有诸多优势，机器学习模型能够根据市场环境的变化自动调整定价策略，提高定价的灵活性和准确性。通过深度神经网络的学习，模型能够处理高维状态和复杂环境中的决策问题，为流域生态环境服务提供更加科学合理的定价方案。定价有助于实现生态环境服务资源的优化配置，提高资源利用效率，促进流域生态环境的可持续发展。具体表现在以下几个方面。

1. 数据处理与分析能力

多源数据整合：流域生态环境涉及的因素众多，如水质、生态多样性、气候变化、人类活动等。机器学习可以整合多源数据，包括时间序列数据、空间数据、环境传感器数据等，提供全面的分析视角。

大规模数据处理：流域生态环境数据量通常较大，且数据维度复杂。机器学习算法能够高效处理这些大规模数据，提取关键特征，并从中发现潜在的规律和模式。

2. 需求预测与建模能力

精准需求预测：机器学习擅长时间序列预测，可以基于历史数据准确预测未来的环境服务需求，如水资源需求、污染物排放趋势等。这为制定科学合理的定价策略提供了坚实的基础。

复杂关系建模：流域生态系统是一个高度复杂的系统，包含了多维度、多层次的相互作用。机器学习算法能够构建出环境因素与服务需求、生态健康与经济价值之间的复杂关系模型，从而更好地理解和预测生态系统的动态变化。

3. 动态调整与优化能力

实时调整定价策略：流域生态环境条件和市场需求常常变化，机器学习可以通过实时数据输入，动态调整定价策略，使定价更为灵活，适应性更强。

优化定价策略：通过强化学习等优化算法，机器学习能够根据不同情境（如不同的环境政策、市场变化）模拟和优化定价策略，确保定价方案在复杂多变的环境下依然有效。

4. 决策支持与定价自动化

辅助决策：机器学习可以提供数据驱动的决策支持，帮助决策者在面对复杂的生态环境问题时，制定更为科学、合理的定价策略。它可以量化不同决策对生态环境和经济的影响，提供多种情景分析结果。

自动化定价系统：基于机器学习的定价模型可以自动化运行，在减少人为干预的同时提高效率。这对需要频繁调整定价的场景尤为重要。

5. 提升环境与经济效益

促进环境保护：通过精准定价，机器学习有助于制定有效的激励机制，引导企业和公众采取环保措施，如减少污染排放、保护水资源等。

经济效益最大化：机器学习通过优化定价策略，能够在保护生态环境的同时，帮助流域管理者和相关企业最大化其经济效益，实现环境效益与经济效益的双赢。

但与此同时机器学习在流域生态环境服务定价中的运用也存在一些困难，首先，流域生态环境服务的数据获取和处理难度较大，需要建立完善的数据监测和收集系统；其次，机器学习模型的构建和优化需要专业的技术和人才支持，且模型训练过程复杂耗时；最后，定价在流域生态环境服务领域的应用可能受到政策和法规的限制与约束。

随着人工智能技术的不断发展和环境政策的逐步完善，基于机器学习的流域生态环境服务定价有望在未来得到广泛应用和推广。通过不断优化模型算法和数据处理技术，提高定价的精准度和效率，为流域生态环境的保护和可持续发展提供更加有力的支持。

第4章

环境智能服务契约设计

随着信息技术的迅猛发展和环境保护意识的日益增强，环境智能服务已成为推动可持续发展的重要力量。由于环境服务的智能化是智慧环境的基础，环境智能服务的有效实施不仅依赖先进的技术手段，还需要建立健全的服务契约机制，以确保各供需主体之间的协同合作与利益共享。因此，本章致力于探讨环境智能服务的契约设计问题，旨在通过优化契约关系，提升环境服务供应链的整体效能，促进环境智能服务的广泛应用与深入发展。

本章将围绕环境智能服务的契约设计展开深入研究。首先，分析环境智能服务的供需主体契约关系，明确各主体在契约中的角色与定位。接着，从契约目标与范围、参与主体和责任分配、技术方案与平台选择、数据收集与共享机制、数据隐私与安全保护、奖惩机制与激励措施等多个维度，对环境智能服务契约的设计要素进行全面剖析。在此基础上，进一步探讨环境服务供应链智能合约激励机制，包括环境服务供应链的结构关系、智能合约的特点、智能合约优化环境服务供应链的可行性分析、基于智能合约的环境服务供应链契约类型，以及考虑区块链嵌入的环境服务供应链激励机制。最后，本章还将关注基于智能合约的环境服务供应链风险管控问题，分析系统风险的表现与成因，并提出相应的风险预测和规避策略。

4.1 环境智能服务供需主体契约关系

党的二十大报告中提出要实现“人与自然和谐共生的现代化”[①]，在我国绿

① 《习近平：高举中国特色社会主义伟大旗帜 为全面建设社会主义现代化国家而团结奋斗——在中国共产党第二十次全国代表大会上的报告》，https://www.gov.cn/xinwen/2022-10/25/content_5721685.htm[2022-10-25]。

色生态文明建设滚石上山、闯关夺隘的关键时期，环境监控与污染防治成为各方关注的焦点。与此同时，随着物联网、新一代互联网、传感器、地理信息系统、云计算、大数据等信息技术的发展与持续变革，以及环境信息采集量的不断加大，环保监测服务体系建设正在逐渐向“智能服务”演进，环境智能服务是在改善环境质量、加强环境管理、保障公众知情权等环境保护工作中，充分利用智能化技术对区域环境质量、排污收费、污染源在线监控、视频监控、环境执法、排污许可、环境应急、环境预警、污染减排、环境投诉、建设项目审批等复杂系统实施数字化、网络化、智能化认知与管理，将环境管理各部门、各领域的各种数字信息及信息资源加以整合并充分利用，建设智能化应用体系，用数字化、智能化的手段来处理、分析和管理环境。采用大数据分析、人工智能、物联网等数智化技术，逐步解决当前环保与监测数据采集系统智能化和集成度不高、环保与监测数据实时通信能力弱、由环保与监测数据共享程度不足产生的信息孤岛、海量环保与监测数据存储和分析等一系列问题[70-71]。

然而随着环境智能服务的发展，在环境监测设备智能水平提高的同时，社会大众对环境监测服务的智能需求也在增加。环境智能服务提供商需要更多考虑如何智能地将包罗万象的环境监测结果及时、准确地传递给大众、上级单位、执法部门和社会企业等不同环境智能服务需求主体。这不仅要求环境智能服务提供商在环境质量数据采集监测、执行环保标准和法规、环境质量统计分析、环境评价与环境预测、总量控制管理、危险废物转移联单管理、现场执法管理、“12369”投诉与信访管理、应急监测管理、环境事件与事故处理、应急指挥管理、环境评价与环境预警、监测设备有关数据、环保专题基础地理数据、污染源属性数据、监控点属性数据、监控数据等环境业务方面达到更高水平，还对环境监测信息发布等环境智能服务的计算量和业务逻辑提出了更高、更复杂的要求[72]。例如，将专业性很强的原始结果转换成易理解的报告，如图表，评估、说明等；分析用户的疑问，智能地对历史相关的监测数据进行反馈答复；根据当前大众的焦点诉求，智能地调整环境监测活动的策略和编排。

如何有效地协调环境智能服务供需主体之间的关系，离不开供需主体契约的支撑。在政府为主导、企业为主体、社会组织和公众共同参与的环境治理格局下，环境智能服务供需主体以可计量的环境效果作为服务标的构建契约关系，契约服务涉及污染治理、环境修复等不同领域，是环境智能服务产业发展过程中的一种创新，随着政府环境管理战略转变下采购内容的变化，以及环境服务提供企业自身发展与市场竞争的加剧，环境智能服务契约能够在服务质量、效率、资金等诸多方面满足各方要求，有助于更好地匹配不同参与主体的供求。

对于政府及相关决策部门而言，环境智能服务能够为宏观决策提供支持，也是调整产业结构、发展环境产业的可行途径，推动环境智能服务，能够促进环境产业的转型，成为环境产业新的增长点。此外，环境智能服务契约是引入市场机制的手段，同时也是解决短期资金不足的一种措施。它可以把短期、大规模的一次性投入，转化为长期、稳定的服务采购，在一定程度上解决政府资金困境。同时，日益严峻的环境问题正迫使政府的环境管理方式发生转变，由先前相对简单的污染物排放管理，转向更加综合的环境整体质量的改善，不再仅限于污染防治和环境改善等具体的公共服务工作，还包括很多由此产生的环境保护管理责任，比如环境监测、环境审核、宣传教育等。政府通过对环境保护工作的监督和管理，保障公民不受环境污染的伤害，公众利益不被环境污染侵害。政府在履行环境保护管理责任时，一方面，可以通过设立专门的部门来完成这些管理职责；另一方面，也可以通过政府环境智能服务采购、政府投资等方式，聘请外部专业服务提供企业协助完成这些工作，由此也产生了一部分环境智能服务需求。在这一趋势下，政府对环境智能服务的采购需求也将随之更加综合化、持续化，政府成为环境智能服务的采购者和服务效果的监管者，在不改变自己的环境责任和环境设施产权最终所有的前提下，将一定区域、一定期限的环境智能服务，以一定的服务价格，通过竞争模式选择专业化的运营企业进行经营。

企业作为环境治理主体之一，面对一系列改善生态环境、保障生态文明建设的环境政策，受到的环境规制压力越来越大，这迫使其调整自身的生产经营方式，激发企业的环境保护行为，从而符合相应的法律制度规范和社会道德标准。因此企业倾向于与环境智能服务提供商缔结契约关系，以环境服务外包等形式，委托专业服务提供企业完成环境监管与治理工作，即企业在不改变自己的环境责任和环境设施产权的前提下，将一定期限、一定内容的环境服务，以一定的服务价格，通过协议或契约选择专业化的环境智能服务提供商进行经营。企业通过环境智能服务契约能够获得由环境智能服务提供商提供的集成化环保服务和完整解决方案，为客户整合先进、成熟的环保技术和设备；为企业实施环保项目提供经过优选的各种资源集成的工程设施及其良好的运行服务，以实现与企业约定的环保效果；环境智能服务提供商还可以为企业的项目引入巨额资金，企业不需要全部承担环保项目实施的前期资金，解决了企业为达到环境治理标准而开展环境监测与治理行为过程中的环保研发投入成本过高、绿色创新风险性高、投入回报不确定性高、环境治理动力不足、短期资金不足等问题，同时也为社会资本流入开辟了新的通道。相较于直接对环境效果负责，这一比传统方式更先进、更彻底的责任承担方式，有利于企业在市场上形成更强的竞争力，是企业在商业模式上的一种创新，并能在这一模式下获得更加广阔、灵活的操作空间，在整合资源、提高效率的同时获得更高收益。

对于金融机构来说，环境智能服务契约成为市场资金参与环境服务的投资渠道。一方面，环境智能服务契约项目的规模不断扩大，有利于投资金额起点较高的金融机构进入；另一方面，随着环境智能服务契约模式的逐渐成熟和推广，将带动整个环境智能服务产业的快速增长。在合理的收益保障、风险控制下，前一阶段关注环境智能服务产业而难以大规模参与其中的社会资本，其进入环境智能服务领域的渠道将拓宽，体量将增大，期限将延长，有助于其在政府的支持政策下，为环境智能服务提供商、环境智能服务契约项目提供与其特性更加匹配的、成本适当的资金。

由此可见，在环境智能服务契约模式下，环境智能服务的提供商、政府、客户企业和金融机构等都能从中分享到相应的收益，形成多赢局面。环境智能服务提供商可以按照既定标准，为政府和客户企业提供可持续、达标的环境服务，获得合理收益；并在传统模式上加以创新、优化，通过对项目结构的优化，实现成本节约，获得更高利润，满足金融机构的风险控制和收益要求，并获得融资。政府通过采购环境服务，履行环境治理的公共责任，在明确服务标准的情况下，确保对环境企业稳定、足额的服务采购支付。与此同时，政府还可以通过补贴、贴息等鼓励政策，引导商业银行以更低的利率贷款给环境企业，实现政府资金的杠杆放大；客户企业借助环境智能服务项目实施，既能避免由建设、运营经验不足导致的技术风险，又能在提高资金使用效率、降低前期资金投入的同时，获得环境治理效果的保障；金融机构可以在风险可控的情况下获得符合预期的投资收益。

然而，环境智能服务提供商需要对环境智能服务契约项目进行投资，并向环境服务需求方承诺环境改善效果，而环境智能服务契约模式意味着往往环境智能服务提供商承接的不是单个契约项目，而是一个周期长达数年甚至数十年的契约项目群。这就需要环境智能服务提供商既要具有强大的资金实力和融资能力，还要具备整合产业链、提供整体解决方案的集成能力。因此，环境智能服务提供商在一定程度上承担了契约项目的大多数风险，实际环境智能服务交易体系中涉及的参与方众多，各方需要在各个节点的交互作用中达到风险收益的平衡，才能使整个交易系统顺畅运转。化解风险需要系统的结构设计，要成功实现各方需求与供给的对接，使交易的各个节点上风险与收益相互匹配，这不仅需要环境智能服务提供商自身具有较强的风险控制能力，政策、规划、监管、法律、标准等方面的配套和契约设计也至关重要。

因此在环境智能服务的交易体系契约设计中，政府除了作为采购方参与交易外，还在市场机制不能完全发挥作用的环节起到引导作用，而不是简单地干预市场，打乱市场自身的调节机制。在环境智能服务模式的培育初期，应通过国家政策手段，使市场失灵的环节得到补充，让整个交易契约体系流畅运转。对于供需双方能够通过市场直接对接的环节，政府则应尽到监管职责，维护好市场秩序，不宜采取过多行政干预。在环境智能服务项目执行期间，政府各部门应统一协调，与环境智能服务提供商相互配合，避免多头管理。这就要求政府在具体参与方式上，一是尽到自身应尽的公共环境治理责任，并对污染企业严格执法，加强监管，将潜在的环境治理需求转化为实际需求；二是完善服务标准，使服务能够得到量化，形成可度量的付费依据；三是帮助企业完成项目融资，通过财政补贴等制度，保障环境服务项目的合理收益，通过贴息等鼓励政策，弥补金融机构风险、收益要求与环境项目间的空隙，使项目融资能够长期化、低成本化；四是保证政府采购支付的稳定性，形成付费长效机制，这也是降低企业风险、融资成本和难度的关键；五是改变政府支付方式，不仅要采购工程、采购设备，更多是要采购服务[73]。

通过政府等多方环境智能服务主体的契约设计，实现环境智能服务“综合办公自动化、业务管理一体化、环境监管可视化、绩效评估规范化、环境决策科学化、企业服务网络化”，构建“广泛感知、海量聚集、智能处理、及时响应”局面。同时，不仅能在经济上、社会上提供大力支持，也能让社会公众进一步感知环境、关注环境，实现环境智能化管理的联防联控，为建设幸福家园提供有力的保障。

4.2 环境智能服务契约设计要素分析

设计环境智能服务契约时，需要考虑多个关键因素，以确保契约能够实现环境保护目标并在各方利益之间达成平衡。以下是一些设计环境智能服务契约时需要考虑的关键因素。

4.2.1 契约目标与范围

首先需要明确契约的主要目标和范围。这可能涉及特定的环境问题解决、环境监测、数据分析、环境风险评估等。确定清晰的目标有助于指导契约的设计和实施。

（1）解决特定环境问题：契约可以专注于解决空气、水质或土壤污染等特定问题。针对不同问题，制定相应目标和措施，确保有效解决方案的实施。

（2）环境监测与数据分析：设定监测环境数据的目标，包括建立监测网络、提高监测覆盖范围和频率等。同时，制定数据分析目标，利用收集到的数据进行趋势分析和预测模型构建，为环境保护决策提供科学依据。

（3）环境风险评估与预警机制：设定环境风险评估目标，包括对潜在环境风险的识别、评估和管理。建立环境风险预警机制，及时发现并应对可能的环境风险事件，是保护生态环境和公众健康的重要举措。

（4）生态保护与可持续利用：关注生态保护和可持续利用，如保护自然生态系统、促进生物多样性和资源的可持续利用。这些目标旨在实现生态环境的长期健康和人与自然的和谐共生。

（5）社会责任与可持续发展：设定企业和组织在社会责任和可持续发展方面的目标，包括减少碳排放、降低能源消耗和生产环境友好型产品。这有助于企业实现可持续发展，并为社会和环境做出积极贡献。

（6）跨界合作与国际交流：部分契约可能设定跨界合作与国际交流的目标，促进国际环境保护合作，共同应对全球性的环境挑战，推动全球环境治理体系的建设和完善。

通过明确契约的目标和范围，可以为契约的设计和实施提供明确的方向和指导，有助于确保契约的有效性和可持续性，进而实现环境保护和可持续发展的目标。

4.2.2 参与主体和责任分配

确定参与契约的主体，包括政府、企业、非政府组织、社区等。同时需要明确各方的责任和义务，以及合作关系和协作机制。这有助于确保契约的有效执行和责任追究。

（1）政府角色：政府作为公共管理主体，在制定环境政策、监管法规执行和提供资金支持等方面扮演重要角色。其责任包括监督、协调和促进环境保护行动，以确保契约顺利执行。

（2）企业参与：企业作为主要的环境影响者之一，需要积极采取措施降低环境污染、提高资源利用效率等。其责任可能包括自主监测和报告环境数据、减少碳排放、采用环保技术等。

（3）非政府组织（non-governmental organization，NGO）参与：非政府组织在环境保护领域通过监督、倡导及推动公众参与等方式发挥重要作用。它们可能提供专业的环境保护意见、监督契约执行情况等，推动政策变革。

（4）社区参与：社区是直接受到环境影响的群体，它们的参与对契约的成功至关重要。社区可能通过参与环境保护项目、监督环境污染源等方式参与契约。

（5）责任分配与协作机制：明确各参与主体的责任和义务，并建立有效的协作机制是契约的基础。这包括制订工作计划、建立定期沟通机制等，并建立监督和追责机制。

（6）利益平衡与协商：在责任分配过程中，需要考虑各参与主体的利益平衡和协商，确保契约的公平性和可持续性，平衡环境保护、经济发展和社会公正的关系。

通过明确参与主体的责任和义务，并建立有效的协作机制，有助于环境智能服务契约的有效执行和责任追究，实现环境保护目标并维护各方利益。

4.2.3　技术方案与平台选择

由于技术方案和平台决定了软件系统的稳定性、可靠性、开发效率、可维护性、安全性和合规性，同时促进团队协作和沟通，因此选择适合的技术方案和平台是契约设计的关键一步。这可能涉及数据采集、传输、存储、处理和分析等技术选择，以及相关硬件和软件的部署。

（1）数据采集技术：确定适用于环境数据采集的技术方案，包括传感器网络、遥感技术和移动应用程序等，以实现数据的准确、及时采集。

（2）数据传输与存储：选择可靠的数据传输和存储方案，包括云计算平台、物联网通信技术和数据中心等，以确保环境数据安全、高效地传输与存储。

（3）数据处理与分析：确定适用于环境数据处理与分析的技术工具和算法，如数据挖掘、机器学习和人工智能等，以提取有用的环境信息并支持决策制定。

（4）硬件与软件部署：根据需求选择合适的硬件设备和软件平台进行部署，包括传感器、服务器、数据库和应用程序等，以满足数据采集、传输、存储和分析的需求。

（5）实时监测与响应能力：确保所选择的技术方案具备实时监测和响应能力，能够及时发现环境异常和问题，并采取相应的措施进行处理。

（6）可扩展性与适应性：考虑技术方案和平台的可扩展性与适应性，能够适应不同规模和复杂度的环境监测需求，并支持未来的技术升级和扩展。

（7）成本效益与可持续发展：综合考虑技术方案和平台的成本效益与可持续发展，选择符合预算和长期发展规划的方案，包括对初期投资成本、运维成本和技术更新换代等因素的评估和权衡。

通过综合考虑以上内容，可以选择适合的技术方案与平台，支持环境智能服务契约的设计和实施，提高环境监测和保护的效率与效果。

4.2.4　数据收集与共享机制

确定数据收集的方式和来源，包括传感器、监测设备、卫星遥感等。同时需要考虑数据的共享机制，确保各方可以合法、安全地获取和使用环境数据。

（1）数据收集方式和来源：确定数据收集的方式和来源至关重要，可以使用各种类型的传感器和监测设备，也可以利用卫星遥感技术获取广域范围内的环境信息。

（2）数据质量和准确性保障：确保所收集的环境数据具有高质量和准确性是必要的。这可能需要采取一系列措施，如校准监测设备、维护传感器设备、定期数据校核等。

（3）数据共享机制：合适的数据共享机制是环境智能服务契约设计的重要一

环，可以建立开放式的数据平台或数据库，并制定数据共享的权限管理规则。

（4）共享数据的标准化与格式规范：共享数据的标准化与格式规范有助于提高数据的互操作性和可用性，可以制定统一的数据格式和交换协议。

（5）隐私保护和数据安全：在数据共享过程中，必须重视隐私保护和数据安全，可以采用加密传输、权限访问控制、数据脱敏等技术手段。

（6）数据共享协议和合作机制：制定明确的数据共享协议和合作机制，明确各方的权利和义务，建立数据共享的联合工作组织或委员会。

（7）监测和评估机制：建立有效的监测和评估机制，跟踪数据共享的执行情况和效果，定期进行数据共享的评估和审查。

通过建立健全的数据收集与共享机制，可以充分利用环境数据资源，支持环境智能服务契约的实施和环境保护目标的实现。

4.2.5 数据隐私与安全保护

保护环境数据的隐私和安全是至关重要的。设计契约时需要考虑数据的采集、存储、传输和处理过程中的隐私保护措施，以及防范数据泄露和滥用的安全措施。

（1）数据加密技术：使用数据加密技术对环境数据进行加密，确保数据在传输和存储过程中的安全性。采用强加密算法对敏感数据进行加密处理，防止数据在传输过程中被窃取或篡改。

（2）访问控制和权限管理：设计严格的访问控制和权限管理机制，限制对环境数据的访问和使用权限。只有经过授权的用户才能访问和处理数据，确保数据的合法使用和保护。

（3）数据脱敏和匿名化：在数据处理和共享过程中，采用数据脱敏和匿名化技术，隐藏或模糊数据中的个人身份和敏感信息。通过去标识化和匿名化处理，保护用户的隐私和数据安全。

（4）安全审计和监控：建立安全审计和监控机制，监测环境数据的访问和使用情况，及时发现异常行为和安全威胁。通过日志记录、行为分析等技术手段，实时监控数据操作行为，防止未经授权的访问和滥用。

（5）安全培训和意识提升：加强安全培训和意识提升活动，提高相关人员对数据隐私和安全保护的重视和意识。指导用户和管理员正确使用安全工具和技术，防范社会工程攻击和信息泄露风险。

（6）合规性与法律保护：遵循相关的法律法规和隐私保护法规，确保环境数据的合规性和合法性。制定隐私政策和数据安全标准，明确数据收集、处理和共享的规范，避免违反相关法律法规而产生的法律风险。

（7）安全漏洞修补和更新：定期对系统和应用程序进行安全漏洞扫描和修补，及时更新安全补丁和防护措施。确保系统和设备的安全性和稳定性，防止黑客攻击和恶意软件感染。

通过采取上述安全措施和技术手段，可以有效保护环境数据的隐私和安全，确保环境智能服务契约的执行安全可靠，最大限度地减少数据泄露和滥用的风险。

4.2.6　奖惩机制与激励措施

设计契约时可以考虑建立奖惩机制和激励措施，以鼓励各方遵守契约规定并积极履行责任。这可能涉及奖励环保行为、惩罚违约行为等。

（1）奖励环保行为：设计奖励机制，对积极采取环保措施和行为的主体进行奖励，以激励其持续参与环境智能服务契约。奖励可以采取多种形式，如财政奖励、税收优惠、荣誉称号等，根据实际贡献程度进行评定和发放。

（2）惩罚违约行为：设计惩罚机制，对违反契约规定和环保法律法规的行为进行惩罚，以强化契约的执行力度和法律约束力。惩罚措施包括罚款、行政处罚、停止服务资格等，对违规主体进行惩戒和警示。

（3）性能评价与排名制度：设立性能评价与排名制度，定期对参与契约的主体进行绩效评估和排名，根据环保行为和绩效指标进行评定和排名，对表现突出者给予额外激励和奖励，对表现差的主体进行警示和督促改进。

（4）合作伙伴激励计划：制订合作伙伴激励计划，对与政府、企业、非政府组织等合作伙伴开展良好合作的主体进行激励和奖励。建立共享利益机制，鼓励各方积极合作，共同推动环保工作的开展和落实。

（5）创新和技术发展奖励：设立创新和技术发展奖励，对在环境智能服务领域取得突破性创新和技术进展的组织与个人给予奖励和认可。激励创新创业，促进环境智能服务技术的不断创新和进步。

（6）社会参与和公众奖励：开展社会参与和公众奖励活动，鼓励广大公众参与到环境保护行动中来。通过评选优秀环保志愿者、举办环保创意大赛等方式，激励公众积极参与环保活动，共同推动环保事业的发展。

（7）契约期限内绩效考核：设立契约期限内的绩效考核机制，对各方在契约期限内的环保行为和成效进行评估，对达成或超越环保目标的主体给予相应奖励，对未达标或违约的主体进行相应惩罚和督促改进。

（8）知识产权保护和技术转化激励：加强知识产权保护，对环保技术和创新成果进行保护和激励。通过技术转化和产业化奖励机制，鼓励科研机构和企业将环保技术转化为实际生产力，推动环保产业的发展和壮大。

这些奖惩机制与激励措施的实施将有助于促进环境智能服务契约的执行，推动各方主体积极参与环保行动，为环境保护和可持续发展目标的实现做出积极贡献。

综上所述，设计环境智能服务契约需要综合考虑技术、法律、经济、社会等多方面因素，并建立有效的机制和措施，以实现环境保护和可持续发展目标。

4.3 环境服务供应链智能合约激励机制

4.3.1 环境服务供应链的结构关系

党的二十大报告提出深入推进环境污染防治，积极稳妥推进碳达峰碳中和[①]。在此背景下，企业积极响应，通过设备改造、绿色技术自主研发、产品迭代升级等，提升碳排放限额交易下产品绿色化水平。然而许多制造企业由于减排技术匮乏、投资成本巨大、核心业务分散等，难以通过自我技术升级实现降碳减排，而第三方环境服务提供商参与到减排企业的生产运作中，以更成熟的技术和经验、较低的减排投资成本开展合作减排，能够获得显著的降碳减排效果。例如，2015年，衡水市高新区以入选全国首批“环境污染第三方治理试点单位”为契机，选聘航天凯天环保科技股份有限公司作为“环保管家”，将园区环境治理项目以整体打包模式委托给第三方开展治理，10多个“子项目”中包含环境规划、监测、治理、运营等多方面治理内容。2017年12月，国家发展改革委办公厅印发《关于印发环境污染第三方治理典型案例（第一批）的通知》，衡水工业新区环境污染第三方治理成功入选为首批典型案例。

在第三方治理模式下，排污企业与环境服务提供商基于治污服务构成环境服务供应链，结构关系如图4-1所示。具体而言，排污企业生产过程中会排放超标的污水（或废气），需经过专业处理，达到国家要求的排放标准后才能进行排放。鉴于环境服务提供商在减排技术和成本上的显著优势，排污企业更倾向于将治污工作外包给这些专业机构。通过签订环境服务合同，排污企业委托环境服务提供商提供定制化的减排技术方案，并进行全面的污染治理，以确保排放合规。

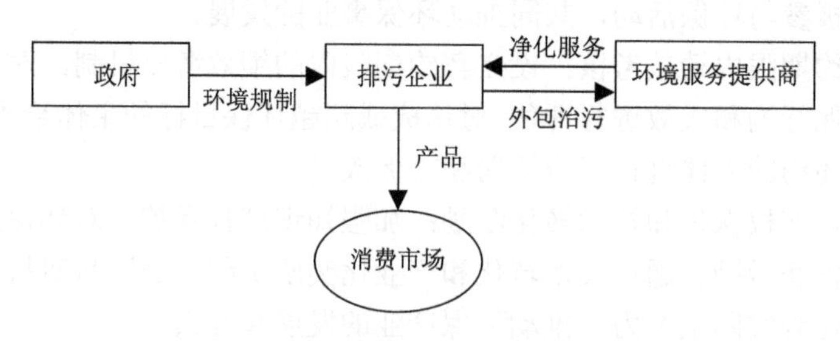

图4-1 环境服务供应链结构关系图

① 《习近平：高举中国特色社会主义伟大旗帜 为全面建设社会主义现代化国家而团结奋斗——在中国共产党第二十次全国代表大会上的报告》，https://www.gov.cn/xinwen/2022-10/25/content_5721685.htm[2022-10-25]。

排污企业与环境服务提供商进行博弈时，在不同情形下决策顺序有所差异。情形一，当排污企业处于“强势”地位，拥有优先决策权时，排污企业根据自身利益最大化决定工厂的产能（产量），并提出自己愿意支付的治污费用，再选择愿意接受的环境服务提供商进行合作。环境服务提供商在自身利益最大化原则下决定治污服务的净化努力水平。此时，排污企业和环境服务提供商的博弈顺序为：第一阶段，排污企业决定产量，并确定愿意支付的单位治污费用，随后环境服务提供商决定是否接受该契约，若不接受，则合作关系结束，否则进入博弈第二阶段；第二阶段，环境服务提供商为排污企业提供治污服务，并根据自身利益最大化决定净化努力水平。情形二，当环境服务提供商处于“强势”地位，拥有优先决策权时，环境服务提供商根据自身利益最大化决定净化努力水平，并提出单位治污费用，再选择愿意接受的排污企业进行合作。排污企业在自身利益最大化原则下决定企业产量。决策顺序与第一种情形相反。

4.3.2　智能合约的特点

智能合约是一种自动执行的计算机程序，依托区块链技术实现，能够在满足特定条件时自动执行合约条款，无须第三方介入。智能合约以数字化形式定义了合约参与方的权利和义务，通常存储在区块链上，确保其透明性和安全性。它的本质在于可以将履行或者违反合约的结果都以代码的方式表示出来，再由计算机来进行自动执行操作[74]。在区块链网络中，智能合约可以在没有第三方的情况下进行安全交易，让互相不信任的双方可以没有忧虑，在智能合约中提前设置好满足合约交易执行的条件，然后当满足合约所设定的要求之后就会执行相关的交易操作。进行交易的双方可以通过区块链达成交易协议，双方对合约进行确认统一后，当满足合约提前设置好的条件时，交易就会自动执行。此外，智能合约不用双方建立信用就可自动进行交易，进而有效地降低运行中产生的成本。整体而言，智能合约具有以下特点。

（1）高效实时、准确执行。智能合约可以随时响应客户的需求，并且不需要人为参与，能够有效地提高服务效率。同时智能合约不需要找第三方参与就可以进行安全的交易，让互相不信任的双方可以没有忧虑。此外，区块链技术可确保数据准确无误，所以智能合约会输出正确的结果，这是传统模式下纸质合约无法实现的。

（2）去中心化。智能合约在区块链网络的所有节点中被复制和执行，基于中心化的合约交易则只在中心服务器中执行相应代码。智能合约可以将所要执行的合同条款和即将执行的交易过程提前设计在程序中，当合约开始运行时，合约中的各方都不能对合同进行干预和修改。同时，由于已经提前在计算机中设置好满足的运行条件，因此会极大地降低由人为干预造成的后果和损失。参与合约的各方都会互相监督，从而保证了合约的公平性。

（3）运行成本低。在传统合约中，由于各方对合同条款的理解不同，可能产生分歧进而形成纠纷，但因为智能合约是计算机中自动执行的一串代码，它可以有效减少分歧，也就会降低由分歧带来的各种纠纷，进而双方统一意见的成本也随之降低很多，而且结果一旦出来，就会立即执行，能够降低传统合约执行过程中所产生的人力、物力以及财力成本。因此智能合约与传统合约相比有很大的优势，它能够有效降低运行成本，降低成本风险。

（4）自动化。智能合约是一串在计算机中运行的代码，提前将满足自动执行任务的条件设计在计算机中，在各个节点上都布置好代码，一旦满足执行的条件，智能合约将会自动进行合约交易的执行，并且无论在哪个节点上执行，所得到的结果都是一致的，不需要人工操作维护，也不能进行人工干预。

4.3.3 智能合约优化环境服务供应链的可行性分析

在第三方治理合作减排中，排污企业除了可以获知必要的减排设备参数、降碳减排技术指标外，对环境服务提供商的减排技术研发努力程度、技术创新过程等相关信息都无法准确获知，而且消费者对产品的碳排放信息也无法完全信任。区块链作为一项分布式记账技术，具有去中心化、不可篡改、公开透明以及可追溯等特性[75]。在环境服务供应链中，区块链能够通过智能合约等技术有效降低监管成本和交易风险，提升信息记录的可信度，这使其在碳排放监测、产品碳足迹和透明化管理等领域备受瞩目，能够为环境服务供应链决策提供创新性解决方案。

区块链背景下智能合约的内容就是将排污企业污染治理需求和服务分配给环境服务提供商并在智能合约中监控完成，然后将信息存储为区块链结构。区块链是网络供应链中反映环境服务供应链操作完成情况的信息服务链，区块链将登记操作执行的开始和完成。环境服务提供商将实体操作的信息上传给区块链进行存储。智能合约可以解释为环境服务集成商将操作服务分配给环境服务提供商，并将操作开始和完成的时间信息存储在区块链驱动的网络空间中。智能合约设计中，状态变更机制是整合环境服务供应链和智能合约信息的一个核心机制，本质上需要参与者进行数据传递来更新合约内容和状态，与实际业务同步。环境服务供应链智能合约设计时内置“状态”属性，与治污服务的各个环节相匹配，合约状态信息伴随服务状态进行对应的更新。环境服务供应链中智能合约变更状态流程如图 4-2 所示。

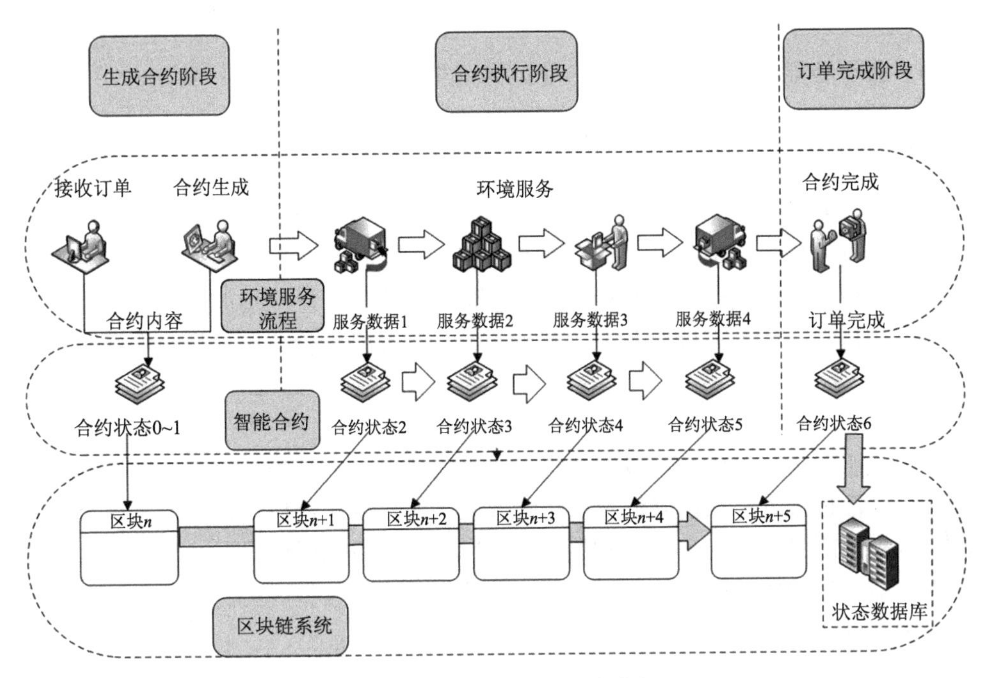

图 4-2　智能合约变更状态流程

区块链下的智能合约对于解决环境服务供应链管理问题具有以下优势。

（1）智能合约有利于简化订单交易过程。环境服务供应链主体众多，利用模型及优化算法进行最优决策信息收集等前期工作比较烦琐，且每次订单决策之前都需要重新整合可供选择的环境服务提供商以及有排污治理需求的污染企业信息，人力成本较高。区块链下的智能合约可实现企业自行上传信息并存储于区块链中，简化信息准备工作，并在接收订单之后自动触发执行机制进行订单调度，提高订单调度效率。

（2）智能合约模型有利于实现对合同契约方案的执行监督。若只采用传统的供应链模型，只能求解出最优决策方案；而智能合约模型可通过企业上传信息更新合约状态，实现最优决策方案执行情况的实时监督，增强环境服务供应链的追溯能力。同时，无须额外寻找第三方权威机构进行监督，各合约参与方共同承担监督职责，可有效解决因参与方诚信和污染数据信息离散产生的纠纷问题。

（3）智能合约制定完成后，任何参与方都无法因为追求自身利益而修改合约。智能合约大大减少人为因素影响，保证最优决策方案和契约公平科学。由于区块链数据具有安全性，智能合约上代码的强制执行降低了赖账和毁约发生的可能性。

4.3.4 基于智能合约的环境服务供应链契约类型

1. 智能批发价合约

智能批发价合约是在采用区块链的情况下，由区块链系统智能地算出一个最优的产品批发价或服务收费定价（即环境服务供应链中污染治理收费），此时批发价为外生变量且不固定（类似于第三方定价或市场定价），环境服务供应链中各参与主体（排污企业和环境服务提供商）不参与产品批发价或服务收费定价。

2. 智能成本共担合约

环境服务供应链中智能成本共担合约是指排污企业分担环境服务提供商的一部分污染治理成本，从而降低双重边际效应，实现供应链协调。但是传统合同的制定过程烦琐且效率低下，在区块链技术下，可以通过计算最优的成本分担比例，作为智能合约程序算法中的函数规则，设计智能成本共担合约，从而降低供应链企业的合同成本，提高效率，助推企业数字化转型。

3. 智能收益共享合约

与智能成本共担合约类似，环境服务供应链中智能收益共享合约是指排污企业主动分享部分收益给环境服务提供商以激励环境服务提供商积极开展治污服务，提高净化努力水平。在区块链技术下，通过计算最优的收益共享比例，作为智能合约程序算法中的函数规则，设计智能收益共享合约，从而促使排污企业和环境服务提供商实现“双重帕累托改善”。

除了上述三种常见的智能合约类型之外，还可以根据供应链实际情况，设计智能混合式契约，实现供应链有效协调。需要注意的是，在设计智能合约时，还需要考虑供应链不同权力结构给最优决策以及协调契约带来的影响。

4.3.5 考虑区块链嵌入的环境服务供应链激励机制

1. 问题描述与假设

本节建立由一个制造商（排污企业）和一个环境服务提供商组成的两级环境服务型供应链智能合约决策模型。其中，制造商将减排净化业务外包给第三方环境服务提供商，提升产品低碳水平，同时还实施区块链技术，以监测和追踪碳排放量、减排净化努力和绿色产品销售情况。第三方环境服务提供商向制造商收取净化治理费用，并按照签订的合同开展减排净化工作。

假设 4-1：制造商将减排净化业务外包给环境服务提供商，并支付相应的减排费用，假设单位产品减排定价为 f 。同时，环境服务提供商的碳减排成本与单位产品碳减排量和成本系数有关。参考文献[76-77]的处理方式，假设环境服务提供商的碳减排成本为 $C_{(e)}=\frac{k}{2}e^2$，其中，k 为环境服务提供商碳减排成本系数；e 为环境服务提供商减排净化努力投入，表示单位产品的减排量。

假设 4-2：制造商采用区块链，监测获取产品碳排放、碳足迹以及消费者购买情况等信息，产生运营成本。借鉴相关文献[78-79]的处理方式，假设制造商实施区块链技术的溯源成本为 $C_{(h)}=\frac{\mu}{2}h^2$，其中，μ 为制造商实施区块链技术的信息溯源成本弹性系数；h 为区块链信息溯源投入。

假设 4-3：由于市场竞争日趋激烈，产品之间的竞争已经由传统的价格间的竞争转向质量竞争，而随着消费者低碳偏好的增加，产品的低碳性成为产品质量的重要标志之一。消费者具有低碳偏好，倾向于购买碳排放量少的产品。同时，实施区块链技术还会提高消费者对低碳产品的信任水平，且信息溯源等级越高，市场需求量越大[80]。因此，假设低碳产品的市场价格趋于完全竞争，其销售价格固定为 p 。在该价格下，市场需求 $D=a+\beta e+\theta h$，并且该产品可以在市场上全部销售出去，其中，a 为市场基础需求量；β 为消费者低碳偏好系数；θ 为消费者溯源信任系数。

不考虑制造商的生产成本、销售成本和环境服务提供商运营成本，记制造商和环境服务提供商的经济利润分别为 π_M 和 π_E 。

2. 模型构建与激励分析

该决策情形与传统供应链批发价契约类似，制造商和环境服务提供商构成两阶段 Stackelberg（斯塔克尔伯格）非合作博弈。第一阶段，制造商作为领导者，以自身利润最大化为目标，决定减排净化外包价格 p 和区块链信息溯源投入 h；第二阶段，第三方环境服务提供商作为追随者，在制造商最优决策的基础上，以自身利润最大化为目标，决定减排净化努力投入 e。决策模型为

$$\begin{cases}\max\limits_{f,h}\pi_M=(p-f)(a+\beta e+\theta h)-\dfrac{\mu}{2}h^2\\ \max\limits_{e}\pi_E=f(a+\beta e+\theta h)-\dfrac{k}{2}e^2\end{cases}\tag{4-1}$$

命题 4-1：制造商最优单位产品减排定价以及区块链信息溯源投入和环境服务提供商最优净化努力投入均衡结果为

$$\begin{cases} f^* = \dfrac{p\left(\mu\beta^2 - k\theta^2\right) - \mu ka}{2\mu\beta^2 - k\theta^2} \\ h^* = \dfrac{\theta\left(p\beta^2 + ka\right)}{2\mu\beta^2 - k\theta^2} \\ e^* = \dfrac{\beta\left[p\left(\mu\beta^2 - k\theta^2\right) - \mu ka\right]}{k\left(2\mu\beta^2 - k\theta^2\right)} \end{cases} \tag{4-2}$$

证明：采用逆向归纳法求解。首先，明确环境服务提供商最优减排净化努力投入。结合式（4-1）中环境服务提供商的目标函数 π_E，由一阶条件为零可求得

$$e = \frac{f\beta}{k} \tag{4-3}$$

将式（4-3）代入式（4-1）制造商的目标函数 π_M 中，并进一步联立 π_M 关于 f 和 h 的一阶最优条件，可求得制造商的最优区块链信息溯源投入 h^* 和单位产品减排定价 f^*，再将 h^* 和 f^* 代入式（4-3），求得环境服务提供商最优减排净化努力投入为 e^*，如式（4-2）所示。需要注意的是，为了确保供应链最优均衡结果均为非负，需满足 $k\theta^2 - 2\mu\beta^2 < 0$ 且 $p(\mu\beta^2 - k\theta^2) - \mu ka \geqslant 0$。

根据命题 4-1，可求得产品市场需求 D^*、制造商和环境服务提供商的均衡经济利润 π_M^* 和 π_E^* 分别为

$$\begin{cases} D^* = \dfrac{\mu\beta^2\left(p\beta^2 + ka\right)}{k\left(2\mu\beta^2 - k\theta^2\right)} \\ \pi_M^* = \dfrac{\mu\left(p\beta^2 + ka\right)^2}{2k\left(2\mu\beta^2 - k\theta^2\right)} \\ \pi_E^* = \dfrac{\beta^2\left[p\left(\mu\beta^2 - k\theta^2\right) - \mu ka\right]\left[p\left(\mu\beta^2 + k\theta^2\right) + 3\mu ka\right]}{2k(2\mu\beta^2 - k\theta^2)^2} \end{cases} \tag{4-4}$$

性质 4-1：消费者低碳偏好系数 β 正向影响制造商的最优单位产品减排定价和环境服务提供商的最优净化努力投入，负向影响制造商的最优区块链信息溯源投入。但是消费者低碳偏好系数 β 对市场需求的影响与 β 的取值有关。具体而言，当消费者低碳偏好系数较低时（$\beta \in \left[0, \sqrt{x_1}\right)$），$\beta$ 负向影响产品市场需求；当消费者低碳偏好系数较高时（$\beta \in \left[\sqrt{x_1}, \infty\right)$），$\beta$ 正向影响产品市场需求。其中，x_1 为函数 $f(x) = 2px\left(\mu x - k\theta^2\right) - k^2\theta^2 a$ 在 $x \in [0, \infty)$ 区间的唯一零点。

证明：根据计算，有

$$\frac{\partial f^*}{\partial \beta}=\frac{2\mu k\beta\left(p\theta^2+2\mu a\right)}{\Delta^2}>0，\ \frac{\partial h^*}{\partial \beta}=\frac{-2k\theta\beta\left(p\theta^2+2\mu a\right)}{\Delta^2}<0$$

$$\frac{\partial e^*}{\partial \beta}=\frac{f^*}{k}+\frac{\beta}{k}\times\frac{\partial f^*}{\partial \beta}>0，\ \frac{\partial D^*}{\partial \beta}=\frac{\mu\left[2p\beta^2\left(\mu\beta^2-k\theta^2\right)-k^2\theta^2 a\right]}{k\Delta^2}$$

进一步令 $f(x)=2px\left(\mu x-k\theta^2\right)-k^2\theta^2 a$（$x\geqslant 0$），故 $f(x)$ 的符号方向与 $\frac{\partial D^*}{\partial \beta}$ 的符号方向一致。根据二次函数基础知识，在 $x\geqslant 0$ 区间内，存在唯一零根 x_1 使得 $f(x_1)=0$ 存在。而且，当 $x\in\left[0,x_1\right)$ 时，$f(x)\leqslant 0$；当 $x\in\left[x_1,\infty\right)$ 时，$f(x)\geqslant 0$。性质 4-1 得证。

性质 4-1 表明，伴随着消费者低碳偏好系数 β 的增加，制造商期望通过环境服务提供商进行减排净化，从而提高产品低碳度的意愿更加强烈，并愿意为此支付更高的净化价格。同时，随着单位产品减排定价的提高，环境服务提供商也更愿意提高净化努力投入，进一步提高产品低碳度。而制造商由于向环境服务提供商支付了更多的减排净化费用，基于成本考虑，将会选择降低区块链信息溯源投入，以保留更多利润。于是，当消费者低碳偏好处于较低水平时（$\beta\in\left[0,\sqrt{x_1}\right)$），尽管环境服务提供商净化努力投入的增加会带来市场需求的增加，但却无法抵消制造商降低区块链信息溯源投入而导致的市场需求减少，两者叠加后，市场需求整体反而会随着消费者低碳偏好系数的增加而减少。当消费者低碳偏好处于较高水平时（$\beta\in\left[\sqrt{x_1},\infty\right)$），环境服务提供商净化努力投入的增加会带来市场需求的大幅增加，甚至可以抵消制造商降低区块链信息溯源投入给市场需求带来的负向影响，两者叠加后，市场需求整体会随着消费者低碳偏好的增加而增加。

性质 4-2：消费者溯源信任系数 θ 正向影响制造商的最优区块链信息溯源投入和最优产品市场需求，负向影响制造商的最优单位产品减排定价和环境服务提供商的最优净化努力投入。

证明：同理，根据计算有 $\frac{\partial h^*}{\partial \theta}>0$，$\frac{\partial D^*}{\partial \theta}>0$，$\frac{\partial f^*}{\partial \theta}=\frac{-2k^2\theta\left(p\theta^2+2\mu a\right)}{\Delta^2}<0$，$\frac{\partial e^*}{\partial \theta}=\frac{\beta}{k}\times\frac{\partial f}{\partial \theta}<0$。

值得注意的是，本节构建的是考虑区块链嵌入的环境服务供应链基础模型，还可以结合不同权力结构和契约场景，并进一步将碳排放税、碳排放权交易、碳限额、减排补贴等政府环境规制纳入统一分析框架，构建不同激励模型进行分析。

4.4 基于智能合约的环境服务供应链风险管控

对智能合约技术的风险问题进行研究，不仅可以发现已知的风险隐患，还可以探索新的技术风险，如应用、监管等方面的风险，识别智能合约技术的弱点和漏洞，提高对其潜在风险的认识和警惕，强化技术的安全性和稳定性，促进技术的发展。研究的结论还能为监管政策的制定提供参考，帮助政府和机构更好地应对智能合约技术的风险和不确定性。最后，从用户利益的角度出发，智能合约技术涉及诸多交易数据和个人信息，对技术风险问题的深入研究可以帮助保护用户的利益和隐私，防止相关数据被篡改或泄露。

4.4.1 基于智能合约的环境服务供应链系统风险表现

在当今环境保护和可持续发展的背景下，基于智能合约的环境服务供应链系统成为一种前瞻性的解决方案，它能够利用区块链技术实现环境数据的实时监测、资源的高效利用以及供应链的透明化和可追溯性。然而，尽管智能合约技术带来了许多优势，但是在实际应用中也面临着各种潜在的风险和挑战。这些风险可能会对系统的安全性、稳定性和可靠性产生影响[81]。

1. 智能合约技术的自然性风险

智能合约技术的自然性风险指的是由于技术本身的特性或者系统设计的缺陷而产生的风险。虽然智能合约技术有很多优势，比如自动化执行、去中心化等，但是也存在一些自然性风险，目前常见的自然性风险包括以下几种。

1）智能合约漏洞

智能合约是由代码编写的，必定有存在漏洞的可能性。这些漏洞可能由于编程错误、不完整的逻辑或者未考虑的边界条件而产生。这些漏洞可能导致环境数据被篡改、环境监测设备被控制或供应链信息被窃取。例如，恶意用户可能利用漏洞篡改环境数据，误导决策者采取错误的环境保护措施。

2）不准确的外部数据源

智能合约通常需要与外部数据源交互，如天气数据、环境监测数据等。然而，这些数据源可能不可靠或者容易受到篡改。如果外部数据源提供的数据不准确或者被篡改，智能合约可能基于错误的数据做出决策，影响环境服务供应链的正常运行。例如，错误的天气预测数据可能导致不正确的资源调配和环境风险管理。

3）网络拥堵和延迟

区块链网络可能会因为交易量过大或者网络拥堵而延迟，影响智能合约的执行速度和可靠性。可能导致环境服务供应链中的数据同步和交易处理延迟，影响实时监测和响应能力。例如，环境监测数据的延迟可能导致错过重要的环境变化，影响环境保护措施的及时性。

4）法律和监管风险

由于智能合约的法律地位尚未明确界定，且缺乏清晰的监管框架，其应用可能面临监管干预或法律限制的风险。不明确的法律地位和监管环境可能导致环境服务供应链系统的合规性受到质疑，可能需要面对监管部门的审查和调整。例如，一些国家或地区可能会对环境数据的处理和存储提出特定的法律要求，而智能合约技术可能需要符合这些要求。

2. 智能合约技术的社会性风险

除了上述提到的自然性风险以外，智能合约技术也存在一些社会性风险，这些风险可能影响到社会、经济和环境的可持续发展。社会性风险包括以下几种。

1）数字鸿沟加剧

智能合约技术需要使用数字化设备和网络进行操作，而一些地区的数字化基础设施可能不足，导致数字鸿沟的加剧。数字鸿沟可能导致部分地区无法充分利用智能合约技术，无法享受到环境服务供应链带来的好处，进而加剧了该地区的环境问题。

2）数据隐私和安全问题

智能合约技术涉及大量的数据交换和存储，虽然大数据有助于提高决策分析能力，但是也面临数据泄露、隐私侵犯等安全问题。环境服务供应链中涉及大量的环境数据，包括个人隐私数据和环境监测数据等。如果这些数据泄露或被滥用，可能导致用户信任度下降，妨碍环境数据的收集和共享。

3）数字权益和透明度问题

智能合约技术可能会影响到数字权益和透明度，使一些群体的利益受到损害。如果智能合约技术的应用过程中缺乏透明度和公平性，可能导致某些参与方受到不公平的待遇，从而损害其利益。例如，环境服务供应链中可能存在不公平的资源分配或决策，导致一些地区或群体的环境权益受损。

4）数字化孤立问题

部分社会群体可能由于文化、教育、经济等因素而无法充分利用智能合约技术，导致数字化孤立。数字化孤立可能导致一些地区或群体无法充分参与环境服务供应链，无法享受到环境保护和资源管理带来的好处，从而产生不公平现象和环境问题。

4.4.2　风险成因分析

在智能合约技术的发展过程中，尽管其带来了许多创新和便利，但也伴随着一系列风险和挑战。这些风险来源广泛，成因复杂多样，但大致可归为两类，即智能合约技术自身因素和智能合约技术主体与社会因素[82]。

1. 客观形成：智能合约技术自身因素

1）代码漏洞和错误

智能合约的编写涉及复杂的逻辑和数据处理，开发人员可能会犯错或者遗漏一些边界条件。这可能导致合约中存在安全漏洞，如溢出、重入攻击等。更深入地讲，这些漏洞可能在合约的实际执行过程中被利用，导致资金损失或者合约无法按预期执行。

2）智能合约的安全性问题

智能合约的安全性直接影响到合约中涉及的数据和资产的安全。例如，如果智能合约未经充分测试或者审计，可能会存在漏洞或者缺陷，导致合约的资金被盗取或者合约无法正常执行。智能合约中的安全性问题还可能涉及身份验证、访问控制等方面，如果这些方面设计不当，可能会导致非法访问或者数据泄露。

3）智能合约平台存在不稳定性

智能合约通常运行在区块链平台上，如果平台本身存在故障或者不稳定性，可能会影响到合约的执行。例如，如果区块链网络遭受到拒绝服务攻击或者共识算法出现问题，可能会导致合约无法正常执行或者执行速度变慢。此外，区块链平台的升级和更新也可能对合约的执行产生影响，特别是在合约的智能合约编程语言或者虚拟机等进行了变更的情况下。

4）合约依赖性

智能合约可能依赖外部数据源或者其他智能合约的功能。如果这些外部依赖不可靠或者容易受到攻击，可能会影响到智能合约的执行。例如，如果智能合约依赖外部的价格数据或者天气数据，而这些数据源被篡改或者提供错误的数据，可能会导致合约的决策出现偏差。此外，如果其他智能合约存在漏洞或者安全问题，可能会影响到当前合约的执行。

5）智能合约的可追溯性和透明度

智能合约执行过程的可追溯性和透明度可能受到区块链技术本身的限制。虽然区块链技术确保了数据的不可篡改性和分布式存储，但是智能合约的执行过程可能并不总是完全透明的。例如，智能合约中涉及的隐私数据可能无法完全公开，导致合约的执行过程缺乏透明度。此外，智能合约的执行过程可能会受到区块链网络拥堵或者延迟的影响，进而影响到合约的执行效率和实时性。

2. 主观构建：智能合约技术主体与社会因素

1）技术主体的技术水平和诚信度

智能合约技术的开发者和执行者的技术水平对合约的安全性和稳定性至关重要。技术水平高的开发者能编写出更具鲁棒性、安全性的智能合约，而技术水平低的开发者则可能在编写合约时犯下错误或遗漏重要的安全措施。此外，技术水平低或诚信度低的技术主体可能故意编写有缺陷的合约或者违背合约规定，或者故意利用合约漏洞采取欺诈行为，从而损害合约的可信度和稳定性。这可能导致用户的资金损失、合约执行的不公正性，甚至合约的失败。

2）技术主体的经济利益驱动

智能合约技术主体可能会受到经济利益的驱动，他们可能会为了获取更多的经济利益而采取不正当的行为，如操纵合约执行结果、滥用合约权限或者故意违反合约规定。经济利益驱动可能导致智能合约执行的不公平性和不稳定性。技术主体可能会为了获取更多的收益而违背合约规定或者采取欺诈行为，导致合约的执行结果不准确或者用户的利益受损。

3）技术主体的道德和社会责任感

智能合约技术主体的道德和社会责任感对合约的合法性和公正性具有重要影响。如果技术主体缺乏道德和社会责任感，可能会违背合约规定或者滥用合约权限，使合约在执行过程中产生一系列违规违约的现象，导致合约执行得不公平和不透明。

4）技术主体的社会背景和文化因素

智能合约技术主体的社会背景和文化因素可能影响他们对智能合约的理解、态度和行为。不同文化背景和社会环境下的人们可能对智能合约的认知和使用方式存在差异，从而影响智能合约的实际运行效果。相同社会背景和文化因素下的技术主体也可能对智能合约的应用方式和规则产生不同的理解和看法，导致合约执行的不一致性和不稳定性。这可能会增加合约的风险和不确定性，降低合约的可靠性和透明度。

4.4.3 面向智能合约的环境服务供应链系统风险预测

机器学习具有程序简短、易于维护、准确性更高等优势，其中 BP（back propagation，反向传播）神经网络具有自适应、自主学习能力，具有构建非线性复杂关系模型的能力及较强的泛化能力，但该方法无法保证所寻值为全局最优，具有较大概率陷入局部最优[83]。为了提高算法效率，可将具有全局搜索能力的粒子群算法与 BP 神经网络结合，提高风险预测的准度[84]。

本节将简要介绍 IIWPSO-BP（improved inertia weight particle swarm

optimization-BP，改进惯性权重粒子群优化-反向传播）神经网络算法。在该模型中，存在以下定义。

定义 4-1：训练集函数为$D=\{(x_1,y_1),(x_2,y_2),\cdots,(x_t,y_t)\}$，其中$x_i\in\mathbb{R}^m$，为输入数据集，表示输入$m$个风险属性描述，即影响环境服务供应链系统风险的安全指标；$y_i\in\mathbb{R}^m$，为输出数据集，表示输出为m维实值向量，表示安全风险。

定义 4-2：对于隐藏层的神经元数可通过下列公式获得。

$$\text{hiddennum}=\sqrt{\text{indim}+\text{outdim}} \tag{4-5}$$

其中，indim 表示输入层神经元数；outdim 表示输出层神经元数。

定义 4-3：w_{ij}表示第i个输入层与第j个隐藏层之间的权值系数，v_{jz}表示第j个隐藏层与第z个输出层之间的权值系数。

定义 4-4：激活函数包含以下几种。

（1）阶跃函数：

$$f(x)=\begin{cases}1, & x\geqslant 0\\ 0, & x<0\end{cases} \tag{4-6}$$

（2）线性函数：

$$f(x)=kx \tag{4-7}$$

（3）tanh 函数：

$$f(x)=\frac{e^x-e^{-x}}{e^x+e^{-x}} \tag{4-8}$$

（4）sigmoid 函数：

$$f(x)=\frac{1}{1+e^{-x}} \tag{4-9}$$

选择 sigmoid 函数作为激活函数可以将较大范围内变化的输入值挤压到$(0,1)$输出范围内。

定义 4-5：给定d维空间中有N个粒子，第i个粒子位置集和速度集分别为$x_i=(x_{i1},x_{i2},\cdots,x_{id})$、$v_i=(v_{i1},v_{i2},\cdots,v_{id})$，第$i$个粒子的位置及速度变化被限定在$[x_{\min,i},x_{\max,i}]$以及$[v_{\min,i},v_{\max,i}]$内，若超出边界，则被限制为边界位置或最大速度。

定义 4-6：粒子群算法中的加速系数为c_1、c_2，用以调节步长，[0,1]区间的随机数为r_1、r_2，以增加搜索随机性，避免陷入局部最优。

定义 4-7：通过采集实际输入值和 IIWPSO-BP 预测值来计算粒子适应度。M为训练样本个数，O_i、Y_i分别为实际安全风险预测和安全风险标准值，第i次迭代时，适应度函数用下列公式获得。

$$\text{fit}(i)=\frac{1}{M}\sum(O_i-Y_i)^2 \tag{4-10}$$

IIWPSO-BP 算法的核心思想是：使用改进粒子群算法的最优解作为 BP 神经网络初始权值和偏置变量进行训练与预测，用改进粒子群算法的迭代代替 BP 神经网络算法中的反向传播修正权值和偏置变量，以此缩短神经网络训练时间，提高算法收敛速度，跳出局部极小值，得到更优的结果。构建 IIWPSO-BP 安全风险预测模型的具体过程如图 4-3 所示。

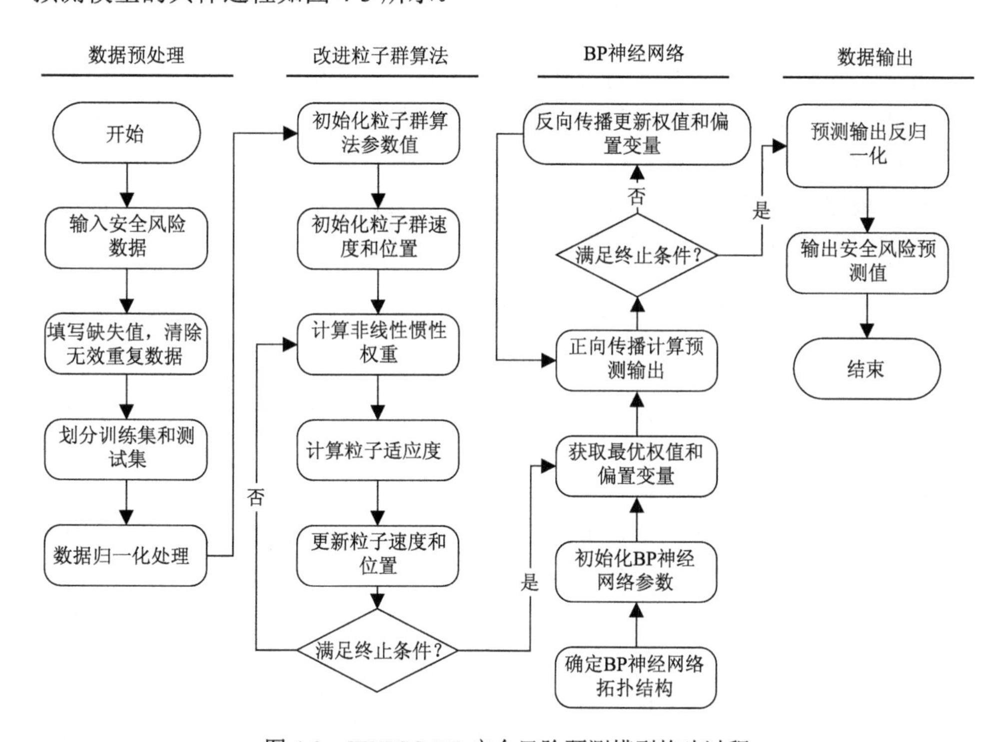

图 4-3　IIWPSO-BP 安全风险预测模型构建过程

4.4.4　面向智能合约的环境服务供应链系统风险规避

在构建面向智能合约的环境服务供应链系统时，充分认识和理解可能存在的风险是至关重要的。智能合约技术的应用为环境服务供应链带来了许多潜在的优势，但同时也伴随着一系列潜在的风险和挑战[85]。因此，在构建智能合约的环境服务供应链系统时，需要认真对待风险问题，并采取相应的措施进行风险规避和管理。在此过程中，我们应该充分利用智能合约技术的优势，同时也要认真对待其潜在的风险，以确保系统的安全性、稳定性和可信度。

1. 规避智能合约技术风险的负责任创新

负责任的创新在规避智能合约技术风险方面至关重要，进行充分的市场调研和技术分析是必不可少的。通过评估当前智能合约技术的成熟度、稳定性以及潜在的风险和挑战，可以为后续的项目实施提供有力支撑。

项目实施前需要进行全面的风险评估和管理。建立有效的风险评估框架，识别可能的风险来源，并采取相应的措施进行规避和管理，以确保项目的可持续发展和安全性。

此外，加强智能合约技术的安全措施至关重要。采用最佳的安全实践和加密技术，进行代码审查和漏洞修复，定期更新和升级系统，及时响应安全漏洞和威胁，保障智能合约的安全性和稳定性。同时，提高智能合约执行过程的透明度和追溯性，遵守当地法律法规和监管要求，以及注重社会责任和道德约束，都是有效规避智能合约技术风险的关键步骤。

2. 规避智能合约技术风险的多主体责任共建

规避智能合约技术风险需要多主体的责任共建。

首先，所有参与方都应该充分了解智能合约技术的特点和潜在风险，并在项目实施之前进行全面的风险评估和管理。智能合约技术的开发者和执行者需要具备足够的技术能力和专业知识，编写稳健、安全的智能合约，并及时修复可能存在的漏洞和排查安全隐患。用户也需要对智能合约技术有清晰的认识，并在使用之前进行充分的尽职调查，评估合约的风险和收益。

其次，监管机构和行业协会应该加强监管和监督，建立相关的法律法规和行业标准，确保智能合约技术的合法合规使用，保护用户的权益和利益。它们还应提供培训和指导，帮助各方更好地理解和应用智能合约技术。

最后，社会各界也应积极参与智能合约技术的发展和应用。它们可以通过宣传智能合约技术的优势和潜力，促进其广泛应用和推广。同时，需要监督和监测智能合约技术的运行情况。

3. 智能合约技术风险规避的全过程负责任创新

在全过程负责任创新方面，开发者应该充分了解智能合约技术的特点和潜在风险，在设计和编写合约时采用最佳的安全实践和加密技术，确保合约的安全性和稳定性。同时，定期进行代码审查和漏洞修复，及时更新和升级系统，以应对新出现的安全漏洞和威胁。

需要在合约执行阶段加强风险管理和监控。智能合约技术的执行者应该对合约执行过程进行全面监控，并及时发现和处理可能存在的问题和风险。同时，通过区块链技术确保数据的不可篡改性和公开透明性，让参与方能够随时监控合约执行情况，并且可以追溯到每一笔交易的来源和去向。

在合约应用阶段，需要加强社会责任和道德约束，推动智能合约技术的健康发展和应用。各方应该积极参与智能合约技术的发展和应用，提出建设性意见和建议，推动智能合约技术的持续改进和发展。通过全过程负责任创新，才能有效规避智能合约技术的风险，保障用户的权益和利益，促进智能合约技术的健康发展和应用。

第5章

数智驱动的环境服务模式创新

在数字化与智能化高速发展的时代，环境服务模式通过与物联网、大数据、云计算、人工智能等先进技术的深度融合与应用，正以更加智慧的方式引领环境服务行业的转型升级，从而为公众提供更加个性化、高效化、可持续化的服务体验，重塑我们的生活方式与社会治理体系。

本章将重点探讨环境服务模式创新的相关内容，首先介绍了环境服务模式创新的定义、类型、演变与影响因素等内容；其次介绍了数智技术对环境服务模式创新的影响，主要包括环境服务模式创新维度、数智技术对环境服务模式创新的影响效果与作用机理等内容；最后介绍了三种智慧环境服务模式创新的绩效精准评价方法，并进行了比较分析，提出了相应的应用建议。

5.1 环境服务模式创新的定义、类型、演变与影响因素

随着服务化（servitization）进程的加快，世界经济由产品主导逐步向服务主导转化，环境服务业因高附加价值、创新的服务模式和技术进步等特点，成为环保产业优化升级的必然趋势。政府对环境服务业的重视程度也越来越高，从《环境保护部关于环保系统进一步推动环保产业发展的指导意见》（环发〔2011〕36号）规定首次在我国开展综合环境服务试点；到《国务院关于印发服务业发展“十二五”规划的通知》（国发〔2012〕62号）指出“重点发展集研发、设计、制造、工程总承包、运营及投融资于一体的综合环境服务，着力培育综合环境服务龙头企业”；再到《国务院关于印发“十三五”生态环境保护规划的通知》（国发〔2016〕65号）强调“大力发展环境服务业”；在市场需求扩大和政策红利的释放下，我国环境服务业现呈现出规模稳步增长，行业利润空间扩大的趋势[86]，环境服务业的战略地位加速提升。因此，培育环境治理和绿色循环发展的市场主体，尤其是

环境服务型企业，成为我国壮大绿色环保产业、培植新经济增长点的必然选择。

5.1.1　环境服务模式创新的定义

环境服务型企业这一概念最早在《2000 年全国环境保护相关产业状况公报》中被提出，该文件将环境保护服务定义为与环境相关的服务贸易活动。2012 年《环境服务业“十二五”发展规划（征求意见稿）》（以下简称《规划》）对环境服务型企业的概念进行了更具体的阐述，《规划》将我国环境服务业定义为：“与环境相关的服务贸易活动”，对其范畴描述为：“主要包括环境工程设计、施工与运营，环境评价、规划、决策、管理等咨询，环境技术研究与开发，环境监测与检测，环境贸易、金融服务，环境信息、教育与培训及其它与环境相关的服务活动。”由于《规划》对环境服务业的概念进行了更明确的描述，且该规划文件具有一定权威性。因此，本章对环境服务型企业的定义主要基于该《规划》，即环境服务型企业是指：“为环境保护、污染防治等提供与环境相关服务活动和产品的企业。”

作为环境治理和生态保护的市场主体，环境服务型企业的服务模式创新对企业的发展和区域生态环境质量至关重要。服务模式创新的概念与服务化密切相关。服务化一词最早由 Vandermerwe 和 Rada[87]提出，他们认为“服务化”是指企业由一开始纯粹提供产品逐渐向“产品+服务包”转变，这个转变过程以顾客为中心，服务在整个“包”中居于主导地位，是企业利润的主要来源。这意味着服务化通常被视为从纯产品到纯服务的一种连续体，即服务相对于产品的重要性稳步上升。企业最开始直接对客户提供与产品有关的服务，如产品的维修、保养和监测等；然后逐渐增加与客户有关的服务，如融资、租赁、保险、培训和咨询。因此，从服务逻辑的理论视角看，服务化的轨迹始于“仅有产品”的商业模式，或仅基于产品和提供强制性保修的商业模式；随着企业的业务逐步重视“与产品相关的服务”和“与客户相关的服务”，企业迎来了服务化转型和升级，其对应的服务模式也分别转变为“产品主导的服务模式”和“客户主导的服务模式”[88]。基于此，本章认为服务化是在先进制造的基础上提供高附加值的生产性服务，是由单纯提供“产品”转向提供“产品+服务”，是制造业的升级而非降级，更不是所谓的“去制造业”。

服务化的实质就是企业服务模式的创新[89]。服务模式是指企业在特定的价值网络中为用户提供产品和服务，并创造价值的一种模式。然而，企业不可能一直依靠某种特定的模式获利，需要不断适应外部环境改变其获利方式，这种获利方式的改变是服务模式创新的本质。基于此，本章认为服务模式创新是基于服务模式概念形成的，它指的是通过提供服务企业创造价值的模式发生了根本性的变化，简单来说，就是企业以一种新的方式获取利润。服务模式创新是服务化战略的产物，产品制造商将其提供的服务扩展到与其产品相关的领域，从仅提供“纯产品”

的商业模式转变为“面向服务”的商业模式[90]。企业为其产品系列增加配套服务所采用的策略，也就是服务化转型战略，一直是制造业发展的趋势，也将是节能环保业升级的趋势。

5.1.2 新型环境服务模式的介绍

新型环境服务模式在近年来得到了显著的发展和推广，其核心在于提供更加全面、专业、高效的环保服务，以满足日益增长的环境保护需求。下面介绍一些新型环境服务模式。

1. 环境医院服务模式

环境医院服务模式通过组建专业的“环境医院”联合体或平台，汇聚环保产业人才、技术、资金等资源要素，聚焦环境治理过程中的“诊断问题—治理问题—回访服务”三大环节，提供“看病”“治病”“体检”“医疗保险”等一体化综合环境服务，系统解决企业环保问题。这种模式旨在推动环境治理服务迈向精细化、高端化，建立一个综合型环境类服务联盟，成为为企业解决各种环境问题的权威平台。例如，烟台市生态环境局黄渤海新区分局就依托中国（山东）自由贸易试验区烟台片区改革开放窗口、创新高地优势地位，组建了“环境医院”联合体，并创新推出环保问题治理“一站式”服务新模式，为区域环境治理改善和产业绿色发展提供了有力支持。

2. 智慧环卫模式

智慧环卫模式通过引入“智慧+”管理系统，利用物联网、云计算、大数据等先进技术，实现对环卫管理所涉及的人、车、物、事的全过程实时管理。包括智慧环卫、智慧市政、智慧照明等多个子平台，通过集中展示环卫资源、市政道路、照明设施的实时作业和运转情况，为管理者提供准确、及时的数据支持。这种模式不仅大幅提高了环卫作业的效率，还降低了运营成本，目前已经在多个城市得到实践应用，并取得显著成效。例如，苏州高新区引入了无人驾驶机扫车，通过可视化智慧环卫系统，实现自主规划路线，高效完成精细化机扫作业。这种新型设备不仅提高了保洁作业效率，还降低了工人在非机动车道与混合车道作业的风险。

3. 环保管家模式

“环保管家”即“合同环境服务”，是一种新兴的治理环境污染的商业模式，是指环保服务企业为政府或企业提供合同式综合环保服务，并视最终取得的污染治理成效或收益来收费，其基本运作方式如图 5-1 所示。“环保管家”作为一项综合性的环保技术服务工作，可协助企业从环保角度完成企业产业定位、政策符合分析、区域产业布局、循环产业链构建、环保咨询、环保决策指导、污染治理、环保设施运营、环境风险隐患排查等工作，并完善企业环保管理体系建设、企业环保规划工作方案制订、污染物排放合规性服务、环保程序合法性服务、污染物治理专项服务，最终实现企业持续、稳定、健康发展。

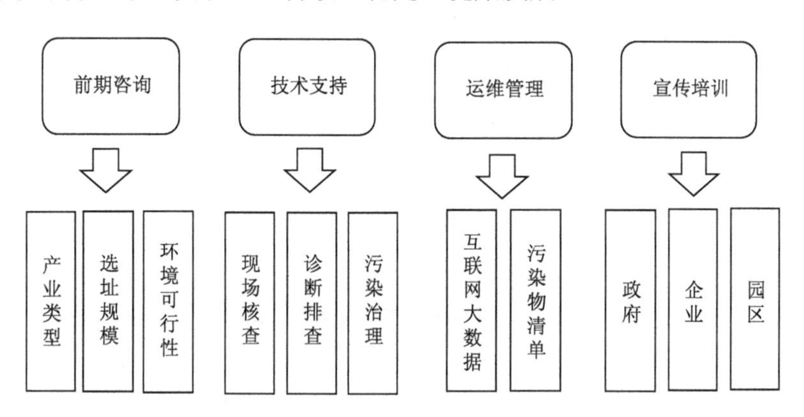

图 5-1 环保管家模式基本运作方式

4. EOD 模式

EOD（environment-oriented development，环境导向型发展）模式即以生态环境为导向的开发模式，以特色产业运营作为支撑，将生态环境融入经济社会发展建设中，以综合开发为载体，推动资源的合理利用和可持续发展，其基本运作方式如图 5-2 所示。由于生态环境类项目收入有限，需要政府给予一定的补贴。EOD 模式通过叠加产业运营，能够促使收益较差的环境治理类项目与收益较好的关联产业融合，政府与项目公司分享土地、产业增值收益，有效破解了生态环境治理与产业发展的瓶颈，是“绿水青山”与“金山银山”的相互统筹。

5. ABO 模式

ABO（authorize-build-operate，授权-建设-运营）模式即由地方政府通过竞争性程序或直接授权相关企业作为项目业主，由其向地方政府提供项目投融资、建设及运营服务，合作期满将项目设施移交给地方政府，地方政府按约定给予一定财政资金支持的合作方式，其基本运作方式如图 5-3 所示。ABO 模式的被授权主体包括地方国有企业和脱离政府融资职能的平台公司，ABO 模式的资金来源为建设单位自有资金及融资、上级政府补助、本级财政奖励或补贴等，其回报机制包括使用者付费、政府付费或者政府提供可行性缺口补助等。

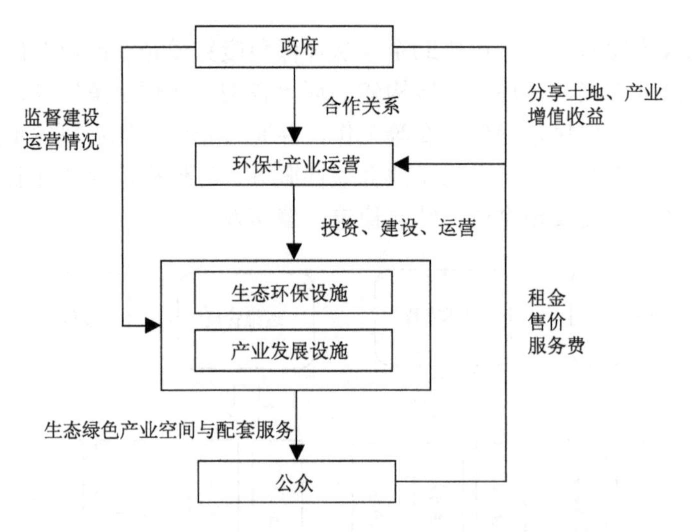

图 5-2 EOD 模式基本运作方式

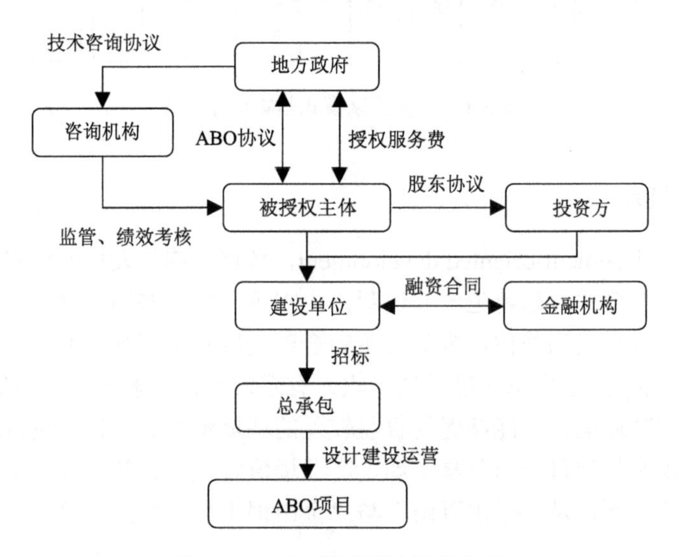

图 5-3 ABO 模式基本运作方式

5.1.3 环境服务模式创新逻辑的演变历程

迄今为止，企业的创新战略在很大程度上受产品主导逻辑的影响。在该逻辑指导下，企业的经营重心围绕产品展开。通过专业化的劳动分工使企业能够对标准化的产品生产进行有效控制，并根据顾客的需求指导产品的研发和销售策略。然而，在供给大于需求的时代，传统的产品主导逻辑逐渐转向服务主导逻辑，促使企业的经营重点从产品转移到服务上，并使企业意识到有形产品只是构成服务的部分内容，服务才是市场交易中的本质内容。该逻辑思想的内涵体现为行动主体使用技能、知识等为其自身和其他主体创造收益。按照服务主导逻辑理论，价值是由客户决定的，能否满足客户的需求是价值创造的关键。基于服务相对于产品的重要性水平，环境服务模式创新逻辑的演变经历了如下过程：仅提供产品的服务模式（product-only service model）→产品主导的服务模式（product-oriented service model）→客户主导的服务模式（customer-oriented service model）→整体解决方案服务模式（total solution service model）。

1. 仅提供产品的服务模式

服务化进程的起点通常被认为是仅提供产品的服务模式，这种模式只为客户提供基于合同义务的一些产品零部件。企业仅专注于生产和销售有形产品，而不提供或极少提供与产品相关的附加服务。在这种模式下，企业的核心竞争力通常体现在产品的设计、质量、功能和价格上，企业的所有资源和努力都集中在产品的开发、生产和市场推广上，以确保产品的质量和市场竞争力。而与产品相关的服务（如售后服务、技术支持、客户咨询等）可能被视为次要或成本中心，忽略服务体验或客户关系管理。该模式通常适用于价格敏感型市场，或那些对产品功能和质量有较高要求但不太关注服务体验的消费者群体。

2. 产品主导的服务模式

产品主导的服务模式是指企业在提供有形产品的同时，通过附加一系列与产品紧密相关的服务，以满足客户的多元化需求，提升客户满意度和忠诚度。在这种模式下，产品不仅是交易的标的物，更是服务的载体，服务则成为产品差异化竞争的关键要素，但产品仍然是价值创造的核心，服务元素被巧妙地融入产品的设计、生产、交付和后续支持中，以增强客户体验、提升产品附加值，并构建长期的客户关系。

3. 客户主导的服务模式

客户主导的服务模式是指企业以满足客户需求为出发点，通过深入了解客户的行为习惯、信息环境特点、信息需求特征等，设计和提供个性化的服务解决方案，以提升客户满意度和忠诚度，并最终实现企业的可持续发展。客户主导的服务模式体现了价值共创的理念。企业与客户在互动过程中共同创造价值，客户的参与和贡献成为企业价值创造的重要来源。客户主导的服务模式对客户关系管理提出了更高的要求。企业需要建立完善的客户关系管理系统，以便更好地了解客户需求、分析客户行为、评估客户满意度，并据此制定有效的服务策略。

4. 整体解决方案服务模式

整体解决方案服务模式是现代商业服务的高级形态，它以满足客户的复杂需求为核心，通过整合企业内部和外部的各类资源（包括产品、技术、服务、人员等），为客户提供一揽子、定制化的解决方案。这种模式的出现，是产品高度同质化背景下企业寻求差异化竞争、提升服务附加值的重要手段。它强调以客户需求为导向，提供从咨询、设计、实施到后期运维的全方位服务，帮助客户实现业务目标和价值最大化。本章提出的以环保管家为代表的整体解决方案旨在为客户提供全方位“一站式”的个性化服务，是一种高度服务化的模式，被普遍认为是企业服务化转型和升级的新趋势。它以客户的核心需求为出发点，通过“一站式”服务为客户提供包含产品、技术、服务、培训等在内的综合性解决方案，客户通过单一接口即可获得所需的所有服务和支持，可以实现特定目标或解决复杂问题。从创新程度看，四种服务模式中，仅提供产品的服务模式是服务模式创新的起点，随着提供服务的附加值和复杂度提升，服务模式的创新程度也相应提高，对企业核心资源和能力的要求也逐步提高，同时，所产生的服务附加值也更高，具体见图 5-4。

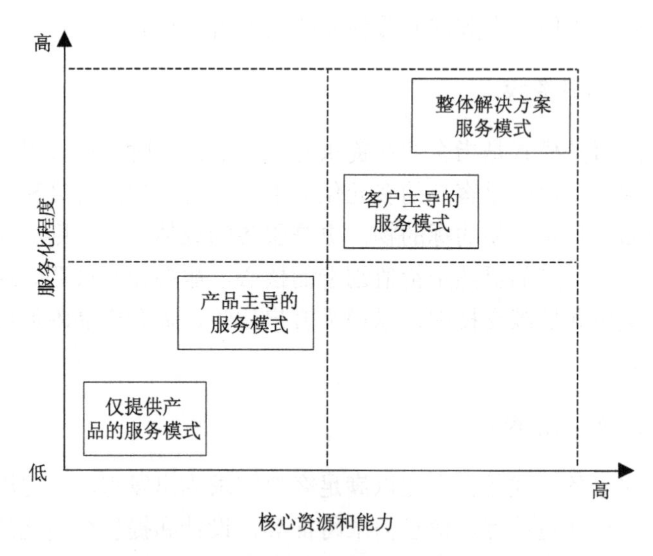

图 5-4　环境服务模式创新逻辑的演变历程

5.1.4　环境服务模式创新的影响因素

环境服务模式包含需求分析、服务流程、收益模式、运营模式、服务范围等多个关键要素，同时各要素又包含多个子要素，因此针对不同环境服务模式，挖掘出不同阶段的关键要素是实现环境服务模式创新的基础。同时，环境服务型企业面临市场、技术、制度、资源等多重因素制约，如何实现关键要素的创新与组合创新，是催生新的环境服务模式的重要基础。

1. 环境服务模式创新的制约因素

随着经济环境的快速发展，企业原先成功的商业模式与新的环境无法匹配，无法提供原有的价值创造，企业面临环境改变以及企业内部惯性所带来的风险与挑战。这些因素既制约企业发展，也诱导企业进行商业模式创新。

1）对原有商业模式的依赖

商业模式创新在很大程度上受到原有商业模式的制约。企业长期经营过程中产生的路径依赖行为会对这种新商业模式的发展产生影响，在战略认知上限制企业寻找新的价值创造方式，因为它们更倾向于接近熟悉的事物，并依赖于过去成功的延续。另外，企业的资产会受到原有商业模式的影响，进而制约新商业模式的建立。

2）市场的不确定性

新的市场环境与商业模式创新机会往往具有不可预测性。尽管新的商业模式能做到同时兼顾新颖和效率，但这并不意味着可以被市场接受。巨大的市场不确定性限制企业商业模式的发展轨迹，商业环境的变化会影响本地公司的商业模式以及它们在全球生产网络和国际市场中的定位；而且不同国家市场的复杂程度和消费者习惯不同，也会对一个成功商业模式在不同国家市场内的有效性造成影响。

3）行业进入壁垒

我国环境服务业市场的进入壁垒主要体现在资金与技术两方面。环保设施建设的前期投资较大，回报周期较长，这就要求环保企业自身具备一定的资本存量和融资能力。由于技术水平有限，目前我国污染治理过程中所购买的治理设施、配备的技术人员、项目运营和维护等方面的专业化层次较低，最终治理效果并不理想。

2. 环境服务模式创新的驱动因素

1）政策驱动

环境服务业作为国家重点培育的战略性新兴产业，是打赢污染防治攻坚战的重要支撑力量，也是推动我国经济发展的绿色动能。环境服务业作为保障绿色发展的重要力量，势必将在实现“双碳”目标的过程中起到关键作用。由于环境服务具有“公共属性”和“正外部性”特征，相较于其他行业，环境服务业更需要政府发挥引导资源配置、调动市场积极性的作用。从现有的相关政策看，政府补贴、设立专项资金、免税和减税等是政府鼓励环境服务型企业发展的主要手段。政府的补贴政策是环境服务型企业收入的重要来源；此外，政府也是多数环境服务型企业最主要的客户之一。

2）技术进步

商业模式从根本上与技术创新密不可分，一个企业的技术革新会带动该企业进行商业模式创新，技术创新产生了把技术推向市场的需要。以大数据、5G、人工智能、物联网等为代表的新一代信息技术正在渗透到社会经济的各个方面，推动新技术、新产业、新业态、新模式的不断形成。环境服务模式也因新技术的使用不断发生变革，将全面步入治污形式集约化、企业产权股份化、投资渠道多元化、服务模式个性化、运行机制企业化、服务队伍专业化、服务质量标准化的新时代。

3）企业领导者认知

作为企业商业模式最大的影响者和设计者，领导者具备的能力对商业模式创新是否成功有着举足轻重的影响。在管理文献中，有充分的证据表明个人对于组织变革的重要性、企业领导者对外部环境的认知，直接决定企业是否会针对外部环境的变化加快做出商业模式创新的决策。

5.2 数智技术对环境服务模式创新的影响

在数字经济时代，环境服务模式创新对推动我国环境服务产业发展和加速生态文明建设至关重要[91-92]。然而，目前缺乏系统性理论支撑，难以有效推广以环保管家为代表的新兴服务模式。我国正处于服务化转型和实现“双碳”目标的关键时期[93]，深入研究数智技术对环境服务模式创新的影响机制，对促进生态经济可持续发展具有重大战略意义[94]。

在大数据、物联网、人工智能、云计算、区块链等新兴信息技术的驱动下，推动新一代信息技术与环境领域的深度融合，以及加速环境服务向智慧化（信息化、精准化、自动化、智能化等）转型的需求日益迫切[95]。因此，针对环境服务型企业的服务模式创新探索显得尤为重要。创新理论的相关研究表明，技术进步作为重要的外部因素，对企业创新具有显著影响[96]。然而，目前关于数智技术与环境服务模式创新的因果关系及其作用机制的研究仍较为缺乏。为了填补这一研究空白，可利用机器学习的方法测度环境服务模式的创新程度，建立计量模型研究数智技术对环境服务模式创新的影响。研究结果表明，数智技术对环境服务模式创新具有显著的积极影响，通过一系列稳健性检验，结果依然稳健可信[97]。此外，数智技术的不同维度对环境服务模式创新的影响各不相同。在机制方面，数智技术主要通过影响企业的动态能力来促进环境服务模式创新[98]。具体而言，数智技术通过提升信息处理能力、优化决策过程和增强应变能力等途径，增强了企业动态能力，从而推动了环境服务模式创新。相关结论为政府制定智慧环保相关政策以及环境服务型企业实施服务模式创新的战略方向提供了科学依据[99]。这不仅有助于理论研究的深入发展，也为实践提供了可操作性的指导。未来，随着数智技术的不断进步，其在环境服务领域中的应用将越来越广泛，进一步促进环境服务的智慧化转型。

5.2.1　环境服务模式创新维度

环境服务业的数字化创新维度不是简单地将数字技术应用到环境服务业中，而是实现数字技术与企业定位、企业运营、盈利模式等要素全方位融合，进而实现微观层面的企业目标与宏观层面的社会目标[100]。具体来说，在企业定位层面，数智技术能够促使企业革新产品定位，创新市场定位[101]；在企业运营层面，数智技术帮助企业重组产业链，构建网络生态系统[102]；在盈利模式层面，数智技术协助企业在定位创新与运营创新的基础上优化成本、提高收入、拓展客户，从而有效提高环境服务型企业的盈利水平，其逻辑关系见图 5-5。

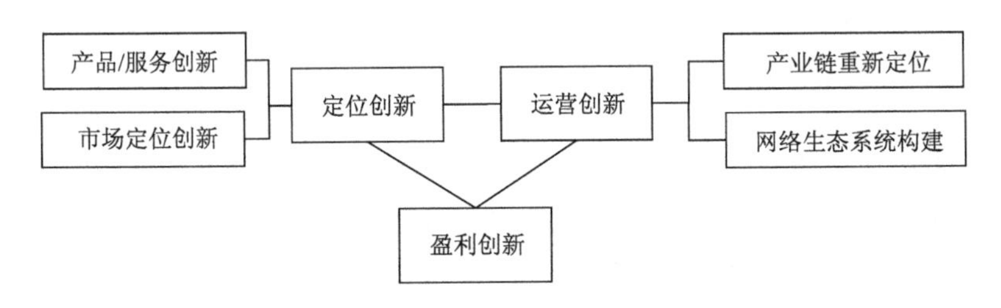

图 5-5　环境服务模式创新维度

1. 定位创新

前文对环境服务模式创新的维度划分中，将环境服务模式创新路径总结为定位创新、运营创新和盈利创新三方面。具体到定位创新，数智技术的运用促使产品服务、市场地位转变，如表 5-1 所示，与传统环境服务业相比，数字化环境服务业表现在产品服务由生产要素集中、产业结构单一、产品服务功能落后的传统模式向信息化、精准化、自动化、智能化的数智化模式转变[103]，市场地位由大型国有企业主导的模式向层次化、区域化的模式转变。所有制特征是决定企业行为的重要因素，而这种特征的异质性也会在环境服务型企业数字化转型中体现。一方面，由于环境服务具有公共属性，环境服务型企业与政府的关系相对紧密，拥有相对丰富政府资源的国有企业处在有利地位，改革和创新意愿不强烈；而非国有企业为了提高自身竞争力，实施数字化转型战略以获得差异化竞争优势的动机往往更强。

表 5-1　传统环境服务业与数字化环境服务业的定位对比

定位	传统环境服务业	数字化环境服务业
产品服务	生产要素集中、产业结构单一、产品服务功能落后	信息化、精准化、自动化、智能化
市场地位	大型国有企业主导	层次化、区域化

1）产品/服务创新

信息化：近年来，我国环境服务业的数智化建设取得了显著进展，成功建立了环境监测、环境监管以及重大环境灾害预警防治等多个信息系统，有效满足了环境信息采集、管理、分析和决策等多方面需求。然而，从发展趋势来看，信息化服务仍存在巨大的创新空间。目前的信息化建设主要聚焦于解决具体问题、服务特定企业和项目，导致各业务系统之间缺乏有机联系，系统内部数据也缺乏统一的标准化规范。因此，未来环境服务业信息化的重要目标将聚焦于实现数据共享、建立统一监管机制、促进部门联动以及提升应急指挥能力。通过这些方面的持续创新和完善，环境服务业的信息化水平将得到全面提升，为环境保护和可持续发展提供更加有力的技术支撑。

精准化：我国环境服务业提供的产品、服务仍是标准化居多，精准化较少。数智化技术的运用能帮助相关企业有效聚焦具体问题，精准匹配客户需求。

自动化：自动化在我国环境服务业的应用已越来越广泛，可实现在无人操作的情况下对外部数据信息进行收集、分析、处理，具体应用包括自动污水处理设备、自动空气除尘设备、自动固废处理设备、自动环境监测设备等，自动化的应用显著提高产品的运行效率，降低人力成本。但相较于发达国家，当前我国环境服务产品自动化的深度和广度仍有待创新，包括建立自主控制系统、智能优化决策系统和智能优化决策与控制一体化系统等。

智能化：信息技术的迅猛发展为环境服务产品的创新带来了新的机遇。在环境监测和治理过程中，利用物联网技术和人工智能等技术手段，能够实现设备的智能监控与管理，优化生产效率并提升智能化水平。通过这些数智技术的应用，不仅提高了环境服务产品的性能和可靠性，还为精细化管理和实时响应提供了强大的技术支撑，从而推动了环境保护和可持续发展的进程。

2）市场定位创新

市场层次化：层次化是市场体系自发形成的一种分层结构，不同层次的市场对应不同的市场规模。目前，我国环境服务业的高端市场份额较大，少数几家头部企业占据主导地位，进入该市场的技术壁垒较高。相对而言，低端市场份额较小，进入壁垒低，对技术的要求也较低，但竞争者众多。在这种市场层次中，明确自身定位成为市场定位创新的重要一环。通过精准定位，企业可以更有效地发挥自身优势，提升市场竞争力和品牌影响力。

市场区域化：区域化是改变传统市场经营管理的一种创新策略。这种方法针对不同区域的特点，充分发挥区域优势，构建基于区域生态体系的数智化服务平台。一方面，市场区域化可以实现经济互补、取长补短，有利于提升企业效益和促进行业发展，形成双赢效应；另一方面，区域市场内的互相开放和市场规模的扩大，有助于形成规模效应，提升不同地区的品牌影响力。实现市场区域化，企业不仅能够更好地适应区域市场需求，还能在更大范围内提升竞争力和市场地位。

2. 运营创新

在运营创新的具体实践中，数智技术的应用推动了产业链的重新定位，从而形成了网络生态系统。相比传统环境服务业，数字化环境服务业呈现出显著的转变，不再仅仅提供单一的环保产品，而是转向提供“产品+服务”的综合模式。这一转变通过集成上下游产业资源，构建了更加紧密和有机的网络生态系统。

1）产业链重新定位

向上游延伸需要开发应用软件或增值服务。与环保设备、材料供应商开展合作，加入技术研发、产品设计、生产制造等上游环节，打造与之匹配的应用软件或增值服务，实现全流程信息互通，进一步提高钢铁、有色金属、电子、电力与化工等污染性较强行业的产品质量、企业盈利水平。

向下游延伸需要开发基础平台。通过整合废弃物处理、水源管理、土壤污染治理等领域资源，在污染防治、新能源利用、节能减排等领域结合长期的优势资源进行全面布局，拓展相关基础应用平台，打造“互联网+环境服务”体系，这一产业链逻辑关系如图 5-6 所示。

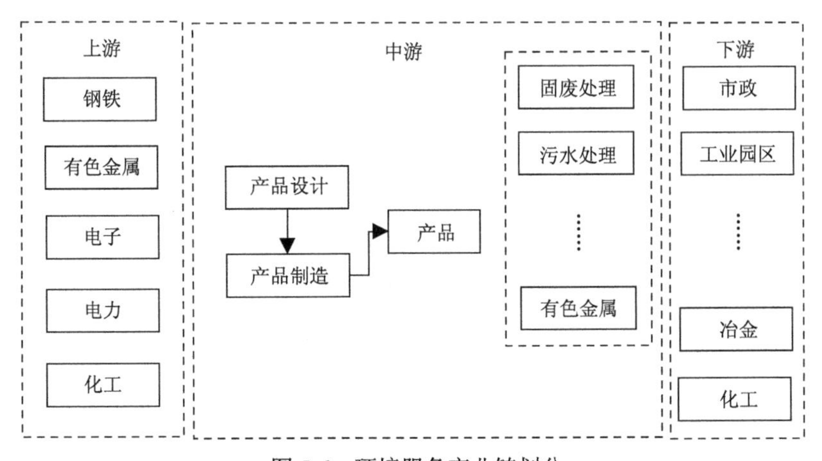

图 5-6　环境服务产业链划分

2）网络生态系统构建

信息技术创新已由“线性范式”向“网络范式”转变，并由此构建网络生态体系。基于熊彼特创新理论形成的“线性范式”局限于单个企业内部的技术过程，认为技术创新一般需要经历发明—开发—设计—中试—生产—销售，是一项相对简单的线性过程。“网络范式”在“线性范式”的基础上进行了显著的扩展，强调企业外部的信息交流与协调。这种范式转变认为，通过外部知识的获取与合作，企业能够克服其在技术创新过程中的能力限制，降低创新过程中面临的技术和市场不确定性，从而显著促进创新活动的成功。“线性范式”向“网络范式”的转变，标志着技术创新视野从单一企业内部的封闭发展模式，转向企业与其外部环境之间的互动。这一转变凸显了网络生态系统的显著优势，使得技术创新活动更加高效和具备更大的弹性。

网络生态体系的构建在促进生态联动、集成产业资源和共享产业信息方面具有重要意义，并能加速技术创新的进程。在产业资源集成方面，通过网络协作，可以有效整合环境服务产业链的上下游企业，包括提供设备制造、技术服务与环境服务等的供给主体与需求主体，以及政府、用户、媒体、供应商等各方的相关资源，打造一个多元、和谐的生态系统，其逻辑关系如图 5-7 所示。这不仅有助于优化生态资源的配置，还能提高资源利用效率和转换效率。

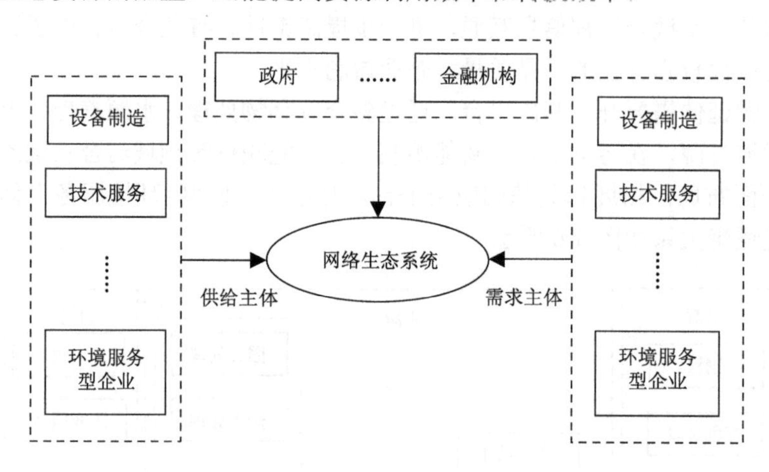

图 5-7 网络生态系统

在产业信息共享方面，依托云计算和大数据等先进技术，建设完善的网络基础设施，实现信息互通、数据共享和协同合作。通过实时发布行业信息、年度报告和主题论坛等活动信息，可以引导市场和公众的注意力，吸引各领域的技术人才和社会公众为行业的快速发展提供创新思想和支持。这样一个信息透明、资源整合的网络生态体系，能够为整个产业的可持续发展提供坚实的基础和动力。

3. 盈利创新

1）成本优化与降低

面对新的发展机遇，环境服务型企业不断发展，成本管理也日益受到重视。在整个发展过程中，当前阶段的环境服务型企业在成本管理方面面临诸多挑战。传统的成本管理方法已难以满足现代发展的需求，因此对成本优化与降低提出了更高的要求。为适应这一需求，企业必须创新成本管理模式，具体包括以下几个方面。

生产方式升级：建立以市场需求为导向的数字化和智能化制造体系，根据市场反馈及时调整生产决策。采用节能环保和智能化的新技术和设备，实施“绿色、智能、共享”的生产升级方案，以减少能源消耗、提高运行效率并提升原材料利用率。

供应链优化：与供应商和客户构建关键合作网络，建立信息化互通平台，实现上下游供应链的信息共享与紧密协作，从而降低采购成本和库存成本。通过供应链的优化，促进资源的合理配置和运用，提高整体供应链的运作效率。

人力资源优化：构建现代化的人力资源管理体系，重视人才队伍的建设，注重培养复合型人才。特别要加强关键技术岗位员工在数智技术方面的学习、应用和创新能力。通过优化人力资源管理，提高员工的专业素质和创新能力，以适应企业发展的需求。

2）收入来源拓展

在当前竞争日益激烈的市场环境中，环境服务型企业面临拓展收入来源、创造盈利机会、规避突发风险以及提升适应能力的紧迫需求。这些企业需要在市场竞争中占据有利地位，以确保可持续发展。数智技术的应用为收入来源的多样化提供了广泛的可能性。通过利用数智技术，环境服务型企业可以针对特定市场需求，开发出多样化且智能化的产品和服务，满足地方环境突发事件的应对、政策要求的实施以及特定项目的监测和治理需求。这种针对性的产品和服务能够拓宽销售渠道，并显著提升企业的市场竞争力。

面对国内市场的激烈竞争，环境服务型企业应立足国内市场，积极拓展国际市场。通过参与国际工程投资，以技术输出的形式实现全球布局，推动海外市场业务的发展，开辟新的业务增长点。这种国际化战略有助于显著提升企业的全球竞争力，同时也为未来发展提供了更加广阔的蓝海市场。

3）目标客户锁定

在当前环境服务业中，目标客户主要包括政府机构、排污企业和居民社区，这与城市管理和公共服务密切相关。数智技术在精准定位客户方面具有显著优势[26]，需要根据市场需求和客户特征进行深度细分，分析其需求偏好与特点。政府机构在环境治理和保护方面承担领导责任，其需求集中于污染治理与监测和环境影响评价，环境服务型企业应提供定制化方案和先进技术。排污企业则需实现资源节约和排放降低，需提升环境管理咨询及技术支持效果，服务企业应优化生产流程，提供可持续技术。居民社区需求包括垃圾清理、污染防治和水质检测，服务企业应提供多元化、定制化解决方案，优化社区环境。环境服务型企业需制定精细化营销策略，提供全生命周期的数智增值服务，以实现精准客户锁定，提高客户满意度与企业竞争力。

5.2.2 数智技术对环境服务模式创新的影响效果

数智技术对环境服务模式创新的影响涵盖企业和社会两个维度。在企业影响方面，它能提高环境服务型企业的经营绩效；在社会影响方面，它能改善环境服务质量，增进社会效益，并促进可持续发展。

1. 企业影响

在数智技术广泛应用之前，环境服务模式创新主要集中在企业层面，技术水平不足以支持社会层面的创新。大数据、物联网、人工智能、云计算和区块链等数智技术的应用，为环境服务模式创新提供了新的支持，直接提升了环境服务型企业的经营绩效。这种提升通过定位创新、运营创新和盈利创新，使企业更具竞争力，并为社会提供正向影响，实现环境服务绩效和社会效益的双重提升。

2. 社会影响

数智技术对环境服务模式创新的间接影响主要体现在通过提供更高效、可持续的环保服务，从而提升环境服务绩效、社会效益，并实现可持续发展。在保证企业利益的基础上，深入挖掘数智技术的潜在应用场景至关重要。这不仅能推动资源的合理利用，还能促进生态环境的改善和保护。通过减少污染物排放，提高环境质量，数智技术的应用有助于实现经济、社会和环境的协同发展，为人类社会的可持续发展做出重要贡献。这种间接影响凸显了数智技术在环境服务创新中的深远意义，超越了单纯的企业利益，延伸到更广泛的社会和生态效益。

5.2.3 数智技术对环境服务模式创新的作用机制

数智技术对环境服务模式创新的作用机制表现在四个方面，其作用机制逻辑流程图如图 5-8 所示。一是借助数智技术供应商的资源，从客户需求和自身转型需要出发，研发针对性技术，实现数智化应用，构建数智化基础设施；二是通过实施数智化管理体系，实现数智化运营；三是利用数智技术整合企业内部资源，拓展产品服务类型，实现数智化商业模式转变；四是通过数智技术深挖行业价值链，构建数智化产业链，实现环境服务产业链升级。

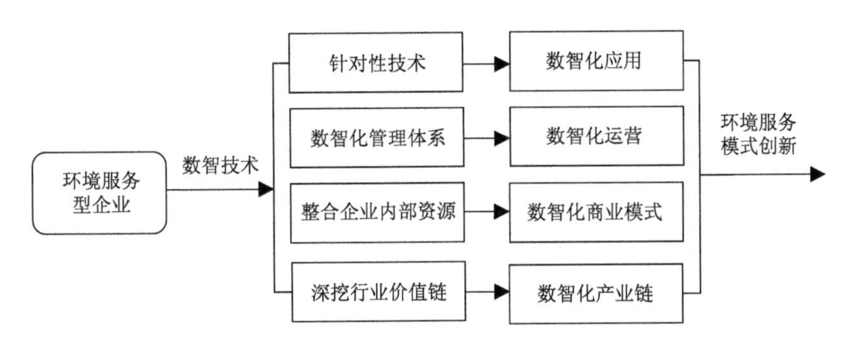

图5-8 数智技术对环境服务模式创新的作用机制逻辑流程图

1. 针对性技术

随着科技的迅猛发展，诸多新型智能化与数字化技术不断涌现，这些技术为环境服务型企业提升服务质量和运营效率提供了全新的路径。例如，新能源技术的应用显著减少了对传统能源的依赖，从而提升了服务的可持续性；智能化设备的应用则使环境监测过程实现了自动化、精准化和实时化，显著提高了环境监测数据的准确性和可靠性。此外，机器学习和人工智能技术的融合应用使环境服务提供商能够更加深入地理解客户需求，从而提供更加个性化和高精度的服务。

环境服务型企业可以通过与数字化技术供应商的密切合作，明确表达需求，并将下游客户的具体需求痛点纳入企业自身的发展战略，进而推动新技术和新设备的开发与应用。这不仅能够实现项目的智能化与数字化创新，还能显著提高服务的全面性和高效性。通过这种双向互动与协作创新，企业不仅能提升竞争力，还能为客户提供更为优质的环境服务，实现经济效益与社会效益的双赢。

2. 数智化管理体系

数字化管理是指利用数字技术和信息化手段对企业或组织的管理进行全面的数字化改造和优化。核心是将管理过程中的各种信息、数据和业务流程数字化，通过信息化手段实现信息共享、流程协同和数据分析。

数智技术为数字化管理提供了技术基础，并开拓了以下数字化管理渠道。

一是以数据共享、云计算为基础，将管理过程中的各种信息、数据和流程等转为数字化形式，通过信息共享和协同工作，提高工作效率和质量。

二是以人工智能、物联网技术为基础，进行管理信息的自动化处理，以实现更高效、更精准、更协同的管理方式。

三是以数据分析和挖掘技术为基础，提供决策支持和决策参考，帮助企业或组织更加准确地判断市场趋势、客户需求和内部状况，从而提高决策水平。

环境服务型企业通过技术供应商的技术支持实现了企业内部管理的数字化，数智化运营成为接下来的发展目标。传统的垂直层级组织结构中，存在效率过低的劣势，而数智化运营具有网络化、扁平化的组织结构。环境服务型企业通过创新运营体系，打破企业内部各部门间的信息壁垒，解决以往因部门间信息壁垒的存在导致的业务流程延期问题，实现环境服务模式创新。

3. 整合企业内部资源

数智技术与环境服务型企业的深度融合可以催化企业商业模式的革新。在传统商业模式下，环境服务型企业主要依靠单一的服务项目或简单的服务组合来获取收益。然而，随着环保意识的普及和政府对环境保护重视程度的提升，环境服务市场的需求呈现出多样化和个性化的趋势，传统商业模式已难以满足市场需求。面对环境服务行业的发展态势和市场需求的转变，环境服务型企业必须整合资源，不断探索和创新商业模式，以提升服务质量与效能，从而满足不同客户的需求。这些创新努力主要体现在以下两个方面。

（1）构建“数字化产品+环保治理方案”组合：环境服务型企业应立足于客户需求，加强环保技术的研发与创新，致力于开发高效、低成本、低排放的环保产品与技术，并设计出与之相匹配的环境治理方案。通过将数字化产品与先进的环保治理策略相结合，企业能够更灵活地应对复杂的环境问题，为客户提供更具针对性的解决方案。例如，利用物联网技术实时监测环境数据，通过大数据分析提供精准的环境治理建议，并结合人工智能优化治理方案的实施效果，从而实现环境治理的数字化和智能化。

（2）提供“一站式”综合服务：随着环保服务的个性化需求日益增加，企业应向客户提供全方位的环保服务，包括环保咨询、环境监测、环境治理等，以满足客户各个阶段的需求。这种“一站式”综合服务模式不仅提升了客户体验，还增强了企业竞争力和市场适应能力。通过整合各种资源，企业可以为客户提供从问题诊断、方案设计、实施到后续维护的全流程服务，确保每一个环节都能高效运作，最大化客户价值。例如，企业可以利用云计算平台整合各类环保服务资源，提供统一的服务接口和数据支持，实现服务的高效协同和资源共享。

通过上述策略，环境服务型企业能够在数智技术的赋能下，创新商业模式，提高服务水平和竞争优势，从而更好地应对行业的发展和市场的变化。数智技术不仅为企业提供了强大的技术支撑，还为企业开辟了新的业务增长点和市场空间，使企业能够在激烈的市场竞争中脱颖而出，持续保持领先地位。

4. 深挖行业价值链

数智技术在环境服务型企业深挖行业价值链并构建数智化产业链方面确实起到了关键作用。行业价值链涵盖了从原材料采购到最终产品销售的所有环节，由一系列相互关联的参与者和价值创造活动构成。现有的数智技术，如大数据、云计算和人工智能等，在行业价值链挖掘方面发挥着重要作用，主要体现在以下几个方面。

（1）供应链数字化管理：数智技术使环境服务型企业能够实现供应链的数字化管理，实现对供应链的实时监测和分析。这种数字化转型不仅提高了供应链的效率和可靠性，还增强了企业对市场变化的响应能力。通过物联网技术和大数据分析，企业可以优化库存管理，预测需求波动，并实现供应链各环节的无缝衔接，从而降低运营成本，提高资源利用效率。

（2）产品设计与生产智能化：数智技术在产品设计和生产过程中的应用，显著提升了环境服务型企业的创新能力和生产效率。计算机辅助设计（computer-aided design，CAD）和虚拟仿真技术使产品设计和测试过程更加数字化和智能化，缩短了产品开发周期，降低了试错成本。同时，工业机器人和自动化生产线的应用实现了生产过程的自动化和智能化控制，不仅提高了产品质量和一致性，还大大提升了生产效率。

（3）营销与销售的数字化转型：在营销与销售环节，数智技术的应用使环境服务型企业能够更精准地把握客户需求，提供个性化服务。通过大数据分析和数据挖掘技术，企业可以深入洞察客户行为和偏好，实现精准营销和定制化服务。这不仅提高了营销和销售的效率与效果，还增强了客户满意度和忠诚度。此外，数字化营销渠道的拓展，如社交媒体营销和在线客户服务，进一步扩大了企业的市场覆盖范围。

（4）生态系统协同与价值共创：数智技术还促进了环境服务行业生态系统的形成和发展。通过区块链等技术，企业可以与上下游合作伙伴建立更加透明和高效的协作关系，实现资源共享和价值共创。这种生态系统的协同不仅优化了整个行业的资源配置，还推动了创新和可持续发展。

（5）环境监测与风险预警：在环境服务领域，数智技术的应用还体现在环境监测与风险预警方面。通过物联网传感器和人工智能算法，企业可以实时监测环境指标，预测潜在风险，并及时采取预防措施。这不仅提高了环境服务的质量和效率，还为政府决策和公众参与提供了重要支持。

通过深挖行业价值链，环境服务型企业可以更好地了解行业内各个环节的重要性和关联性，识别出价值创造的机会、潜在的竞争对手和潜在的合作伙伴，并通过改进自身的业务流程和战略决策组建数智化产业链，优化自身的产业结构，进而提高竞争力和盈利能力。数智技术在环境服务型企业价值链挖掘和产业链构建中发挥着多方面的作用，推动了整个行业向更加智能、高效和可持续的方向发展。数智化转型是一个复杂的系统工程，需要企业在技术应用、组织变革和人才培养等方面进行全方位的布局和投入，才能真正实现数智化带来的价值创造和竞争优势。

5.3 智慧环境服务模式创新的绩效精准评价方法

在环境服务的绩效评估方面，现有评价方法主要包括环境绩效的测量和物质平衡条件的评价以及其他一些应用于环境效果评估的方法，包括评价理论、DEA、PSR（pressure-state-response，压力-状态-响应）模型及其扩展、生命周期评价和生态足迹评价等。为精准评价智慧环境服务模式创新绩效，本章提出以下方法。

5.3.1 三阶段 DEA-Malmquist 模型

对于服务模式创新的评价，相比其他测算方法，三阶段 DEA-Malmquist（数据包络分析与马尔姆奎斯特指数）模型不需要考虑投入和产出的函数形态，在研究中受到的约束相对较少，测算结果更加科学客观；另外，该方法还可以对服务模式创新进行分解分析，深度挖掘模式创新背后的原因。传统的 DEA 方法测算出的效率值易受到环境因素和随机因素的影响。三阶段 DEA-Malmquist 模型可以剔除企业所处环境和随机因素对生产率的影响，得到仅反映经营管理水平的更纯粹的生产率。由于企业更容易控制生产经营中的投入要素，此处采用以投入为导向的 BCC 模型（规模报酬可变模型）。

1. DEA-Malmquist 模型

Malmquist 指数模型最早由瑞典经济学家斯滕·马尔姆奎斯特（Sten Malmquist）提出，现已广泛运用到生产率的测算分析中。

假设存在决策单元（decision making unit，DMU），在 t 时期给定的投入向量 $X^t \in \mathbb{R}_+^N$ 能够生产产出向量 $Y^t \in R_+^M$ 的所有可能的生产技术合集 S^t，即

$$S^t = \left\{ \left(X^t, Y^t \right) : X^t \text{can produce} Y^t \right\} \tag{5-1}$$

以 s 时期和 t 时期的技术条件为参照，DMU 在 s 时期和 t 时期的 Malmquist 指数可分别表示为

$$M_o^s = D_o^s\left(X^t, Y^t\right) \Big/ D_o^s\left(X^s, Y^s\right) \tag{5-2}$$

$$M_o^t = D_o^t\left(X^t, Y^t\right) \Big/ D_o^t\left(X^s, Y^s\right) \tag{5-3}$$

其中，$\left(X^s, Y^s\right)$ 和 $\left(X^t, Y^t\right)$ 分别表示 DMU 在 s 时期和 t 时期的总投入与总产出；$D_o^s\left(X^t, Y^t\right)$ 和 $D_o^s\left(X^s, Y^s\right)$ 分别表示以 s 时期的技术条件为参照，DMU 在 s 时期和 t 时期之间的距离函数；$D_o^t\left(X^t, Y^t\right)$ 和 $D_o^t\left(X^s, Y^s\right)$ 也有相似的定义。

为避免时期选择随意性的影响，将 s 时期和 t 时期 Malmquist 指数的几何平均值作为生产率变化的测度指标，具体表示为

$$
\begin{aligned}
M_o\left(X^t, Y^t, X^s, Y^s\right) &= \left(\frac{D_o^s\left(X^t, Y^t\right)}{D_o^s\left(X^s, Y^s\right)} \times \frac{D_o^t\left(X^t, Y^t\right)}{D_o^t\left(X^s, Y^s\right)}\right)^{\frac{1}{2}} \\
&= \frac{D_o^t\left(X^t, Y^t\right)}{D_o^s\left(X^s, Y^s\right)} \times \left(\frac{D_o^s\left(X^t, Y^t\right)}{D_o^t\left(X^t, Y^t\right)} \times \frac{D_o^s\left(X^s, Y^s\right)}{D_o^t\left(X^s, Y^s\right)}\right)^{\frac{1}{2}} \\
&= \mathrm{TECH} \times \mathrm{TCH}
\end{aligned}
\tag{5-4}
$$

其中，$\dfrac{D_o^t\left(X^t, Y^t\right)}{D_o^s\left(X^s, Y^s\right)}$ 表示 s 时期和 t 时期可观察到的生产与潜在最优生产之间的距离，即技术效率变化（technical efficiency change，TECH）；括号内的式子反映 s 时期和 t 时期实现的技术边界的移动。另外，在规模报酬可变（variable returns to scale，VRS）的假设下，技术效率变化可进一步分解为纯技术效率变化（pure technical efficiency change，PTEC）和规模效率变化（scale efficiency change，SECH）。

2. 类 SFA 模型

为了分离环境因素和随机因素对生产率的影响，参考弗里德（Fried）等学者的研究，构建一种类随机前沿方法（stochastic frontier approach，SFA）模型来解决该问题。以投入松弛变量为被解释变量，环境变量为解释变量，类 SFA 模型如下：

$$
S_{ni} = f\left(Z_i; \beta_n\right) + \nu_{ni} + \mu_{ni},\ i = 1, \cdots, I; n = 1, \cdots, N \tag{5-5}
$$

其中，S_{ni} 表示第 i 个 DMU 的第 n 项投入的松弛值；$f\left(Z_i; \beta_n\right)$ 表示确定可行的松弛前沿，依照主流做法将其取线性形式，即 $f\left(Z_i; \beta_n\right) = Z_i \beta_n$，表示环境因素对投入松弛变量的影响；$Z_i$ 表示外生环境变量；β_n 表示环境变量系数；$\nu_{ni} + \mu_{ni}$ 表示混合误差项；ν_{ni} 表示随机干扰项，$\nu \sim N\left(0, \sigma_\nu{}^2\right)$；$\mu_{ni}$ 表示管理无效率，假设其服从截断正态分布，即 $\mu \sim N^+\left(\mu_\mu, \sigma_\mu{}^2\right)$，$\mu_{ni}$ 与 ν_{ni} 独立不相关。

以类 SFA 模型的实证结果为基础，对其他环境服务型企业的投入进行调整，

具体调整方式如下：

$$X_{ni}^{A} = X_{ni} + \left[\max\left(f\left(Z_i;\hat{\beta}_n\right)\right) - f\left(Z_i;\hat{\beta}_n\right)\right] + \left[\max\left(v_{nt}\right) - v_{ni}\right] \tag{5-6}$$
$$i = 1,\cdots,I; n = 1,\cdots,N$$

其中，X_{ni}^{A}表示调整后的投入；X_{ni}表示调整前的投入；$\max\left(f\left(Z_i;\hat{\beta}_n\right)\right) - f\left(Z_i;\hat{\beta}_n\right)$表示对环境因素的调整；$\max\left(v_{nt}\right) - v_{ni}$表示将所有DMU调整至相同的环境水平。

3. 调整后的DEA-Malmquist模型

利用初始产出和调整后的投入数据，重新进行第一阶段DEA-Malmquist模型测算，得到剔除环境因素和随机因素的环境服务创新绩效。

5.3.2 BSC-GEVA评价模型

1992年初，哈佛大学罗伯特·卡普兰（Robert Kaplan）与大卫·诺顿（David Norton）教授结合自身的战略咨询实践首次提出了平衡记分卡（balanced score card，BSC）的概念，从财务、客户、内部运营、学习与成长四个角度，将组织的战略落实为可操作的衡量指标和目标值的一种新型绩效管理体系。BSC是常见的绩效考核方式之一，但BSC评价系统中存在大量财务以及非财务指标，计算较为烦琐，且BSC各个维度指标的重要程度因行业而异。绿色经济增加值（green economic value-added，GEVA）是指企业在可持续发展战略下，全面考虑环境收益与环境成本，在将短期的财务收益调整为经济收益即经济增加值的基础上，考虑企业经营管理活动对环境的影响后的企业价值。

为了克服BSC在环境绩效评价中存在的一系列问题，构建以绿色经济增加值为核心的BSC环境绩效评价模型，在已有的理论基础上进行融合创新，以期提升BSC-GEVA绩效评价体系在环境服务模式创新绩效评价中的适用性。

首先，在BSC的四维度框架下，依照我国工业企业环境管理的现实状况及相关法律法规，并参考国际标准化组织（International Organization for Standardization，ISO）提出的ISO 14031环境绩效评估标准，设计环境服务型企业业绩评价指标体系。由于企业环境信息使用者的身份和目的不同，对环境绩效评价指标体系的设置也会有不同的要求。分属不同行业的企业，其环境绩效评价的标准也会存在一定差异。

其次，采用主成分分析（principal component analysis，PCA）法建立综合评价模型，结合环境服务对象的财务报告、环境统计资料等，对适度性指标和反向指标进行正向化处理，并对数据进行标准化处理，可得到环境服务绩效评价指标的标准化数据。

5.3.3　PSR 模型

PSR 模型是环境质量评价学科中生态系统健康评价子学科中常用的一种评价模型。该模型在描述人类与环境相互作用产生的影响方面较为系统全面，因而被广泛应用于环境系统研究中。其中，人类活动对自然环境可能产生的压力反映在压力指标中；外在压力下特定环境所呈现出的状态反映于状态指标层；响应层指标则反映为应对自然环境状态人类所采取的有效行动。

由于 PSR 概念框架在环境研究领域具有实际利用价值与具体可操作性，可以将其引入环境服务绩效评价指标体系中，从压力、状态、响应三个准则层出发，构建涉及经济效益、环境效益、社会效益等多方面的绩效评价指标体系，并依据各指标的联系和影响效果，确定环境服务模式创新评价要素并对指标赋权，结合熵权法、灰色关联度模型分析得出评价结果。

1. 构建评价指标体系

基于 PSR 模型原则，选取压力指标、状态指标、响应指标若干，建立环境服务绩效评价指标体系。

2. 确定指标权重

在指标权重的确认上，选取能够根据同一指标下各个样本观测值差异程度反映重要程度的熵权法，使指标赋权结果更为客观。具体运用步骤如下。

1）构建样本矩阵

$$X-(x_{ij})_{m\times n},\quad i=1,2,\cdots,m;j=1,2,\cdots,n \tag{5-7}$$

其中，x_{ij} 表示第 j 年的第 i 个指标的值。

2）数据预处理

考虑到选取的指标中存在正、逆不同属性的指标，因此分别对正、逆向数据进行正向标准化处理，指标正向标准化公式为

$$y_{ij}=\frac{x_{ij}-\max x_{ij}}{\max x_{ij}-\min x_{ij}} \tag{5-8}$$

指标逆向标准化公式为

$$y_{ij}=\frac{\max x_{ij}-x_{ij}}{\max x_{ij}-\min x_{ij}} \tag{5-9}$$

通过对指标进行标准化，得到指标的标准化矩阵：

$$Y=(y_{ij})_{m\times n}$$

3）计算熵值

根据标准化矩阵 Y，计算各个评价指标的熵值：

$$e_j = -\frac{1}{\ln m}\sum_{i=1}^{m} y_{ij} - \ln y_{ij} \tag{5-10}$$

4）计算各个评价指标的权重

$$w_i = \frac{1-e_j}{\sum_{j=1}^{m}\left(1-e_j\right)}, \quad w_i \in \left[0,1\right] \tag{5-11}$$

3. *以灰色关联度模型进行评价*

1）收集评价指标数据，构造指标特征值矩阵

以 n 表示评价年份，m 表示绩效评价指标个数，构成 $m\times n$ 阶指标特征值矩阵：

$$X = (x_{ij})_{m\times n} \tag{5-12}$$

其中，x_{ij}（i=1,2,…,m; j=1,2,…,n）表示第 j 年第 i 个评价指标的特征值。

2）评价指标数值标准化，得到标准化矩阵

以 x_{i0} 表示第 i 个评价指标的最优值，U_{ij} 表示对应指标标准化后的值。

对于正向指标 U_{ij}^{+} 及负向指标 U_{ij}^{-}，其标准化过程为

$$\begin{cases} U_{ij}^{+} = x_{ij} / x_{i0} \\ U_{ij}^{-} = x_{i0} / x_{ij} \end{cases} \tag{5-13}$$

从而可得标准化后的最优样本矩阵：

$$(U_{ij})_{(m+1)\times n}, \quad i = 1,2,\cdots,m; j = 1,2,\cdots,n \tag{5-14}$$

3）计算各评价指标关联系数

以 r_{ij} 表示第 j 年第 i 个评价指标与最优样本的关联系数，则有

$$r_{ij} = \frac{\min\limits_{i}\min\limits_{j}\left|U_{ij} - U_{i0}\right| + \lambda\max\limits_{i}\max\limits_{j}\left|U_{ij} - U_{i0}\right|}{\left|U_{ij} - U_{i0}\right| + \lambda\max\limits_{i}\max\limits_{j}\left|U_{ij} - U_{i0}\right|} \tag{5-15}$$

其中，U_{i0} 表示最优样本；λ 表示在(0,1)内取值的分辨系数，在此取 λ=0.5。

4）计算各比较年份综合评价指数

此前已计算得到各指标在综合评价体系中的权重，结合计算出的关联系数，即可得各评价年份的综合评价指数：

$$S_j = \sum_{i=1}^{n} w_i r_{ij} \tag{5-16}$$

其中，w_i 表示第 i 个评价指标的权重。

5.3.4　评价方法的比较分析与应用建议

本节旨在对前述三种评价方法进行系统性的比较分析，并基于案例研究提出具有实践指导意义的应用建议。三阶段 DEA-Malmquist 模型、BSC-GEVA 评价模型和 PSR 模型各具特色，适用于不同的评价情境和目标。

三阶段DEA-Malmquist模型的主要优势在于其能够有效剔除环境和随机因素的影响，特别适合进行纵向比较分析。该模型能够更精确地反映企业经营管理效率的动态变化，为评估智慧环境服务模式创新的长期效果提供了可靠的分析工具。例如，在某大型环保技术公司的纵向案例研究中，该模型成功剔除了区域经济发展水平和政策支持等外生因素的影响，揭示了公司在引入智能监测系统后，全要素生产率年均增长率达到显著提升。这一结果不仅验证了模型的有效性，也为企业制定长期发展战略提供了重要的实证依据。

BSC-GEVA 评价模型通过整合平衡计分卡和绿色经济增加值的概念，为企业提供了一个全面评估绩效的分析框架。该模型特别适用于那些注重可持续发展和环境影响的组织，能够有效平衡经济效益和环境效益。在某城市环境管理部门应用该模型评估智慧环境监测平台绩效的案例中，该模型不仅量化了平台的经济效益，还精确测算了其对空气质量改善的贡献。这一案例充分展示了 BSC-GEVA 评价模型在综合评估环境服务项目社会、经济和环境效益方面的优势。

PSR 模型考虑了压力-状态-响应的系统关系，特别适用于环境系统的整体评价。该模型能够有效反映人类活动、环境状态和社会响应之间的复杂互动关系。在一项跨区域水环境治理项目的评估中，PSR 模型成功识别采用智能化联动治理策略的地区在相同投入下取得了更显著的水质改善效果。这一发现不仅验证了模型的有效性，也为制定区域环境治理策略提供了重要的决策参考。

在实际应用中，评价方法的选择应基于评价目的、数据可获得性以及企业或项目的具体特征。对于需要进行长期绩效追踪的企业，三阶段 DEA-Malmquist 模型可能更为适用；如果组织希望全面评估其经济和环境绩效，BSC-GEVA 评价模型可能是更优选择；而对于那些需要评估环境政策或项目整体效果的情境，PSR 模型可能更为合适。在复杂的评价场景中，结合使用多种方法可能会获得更全面和准确的评价结果。无论采用何种评价方法，指标选择和数据收集的质量都是至关重要的。准确、全面的数据是进行有效评价的基础。同时，在解释评价结果时，也需要充分考虑每种方法的局限性和适用条件。例如，DEA 模型对极端值敏感，BSC-GEVA 评价模型在不同维度权重设置上可能存在主观性，而 PSR 模型在指标选择上需要特别注意指标间的独立性。

智慧环境服务模式创新的研究方向应集中在进一步改进和创新这些评价方

法，以及深入研究智慧环境服务的特性，优化相应的指标体系。未来可以探索将区块链技术引入数据收集和验证过程，以提高数据的可靠性和透明度。随着人工智能技术的快速发展，将机器学习算法融入评价模型，提高模型的预测能力和适应性也是一个值得探索的方向。随着智慧环境服务模式的不断演进，评价方法也需要与时俱进。未来可能需要开发更加综合和动态的评价方法，以适应智慧环境服务的快速变化和复杂性。

第二篇

技术平台篇

第6章

多源异构环境大数据融合技术

随着信息技术的飞速发展，大数据时代已经来临。在智慧环境服务领域，环境大数据已成为国家、企业和个人决策的重要依据。然而，现实世界中的环境数据呈现出多源异构的特点，即数据来源多样、数据类型繁多、数据结构差异显著。这种多源异构环境给大数据的处理和分析带来了极大的挑战。因此，多源异构环境大数据融合技术应运而生，成为当前大数据研究领域的一个热点问题。

多源异构环境大数据融合技术旨在解决以下背景问题：一是多源异构大数据结构和格式不同，不同格式和结构的数据难以统一存储；二是数据孤岛现象严重，不同来源、格式和结构的数据难以实现有效整合，难以构成统一视图；三是环境数据有较强的安全需求，需要在数据不出域的情况下实现数据分析结果的准确和可靠。为了克服这些挑战，多源异构环境大数据融合技术通过大数据混合存储系统实现高效存储，通过构建多源异构环境大数据虚拟视图实现数据统一视图，通过联邦学习实现多源异构环境大数据协同，实现多源异构环境大数据的高效整合与利用，为各类应用场景提供有力支持。

6.1　多源异构环境大数据混合存储系统

6.1.1　多源异构环境大数据混合存储方法

多源异构环境大数据混合存储主要用于在集成平台中应用所需的数据管理及数据运维，在数据中台功能（包括数据集成、数据共享与协同、多方安全计算、联邦学习）的基础上进行集成与封装，形成功能完善的统一数据资源管理，包含数据建模管理、元数据管理、数据集成管理、数据质量管理、数据存储管理、数据链路监控，见图 6-1。

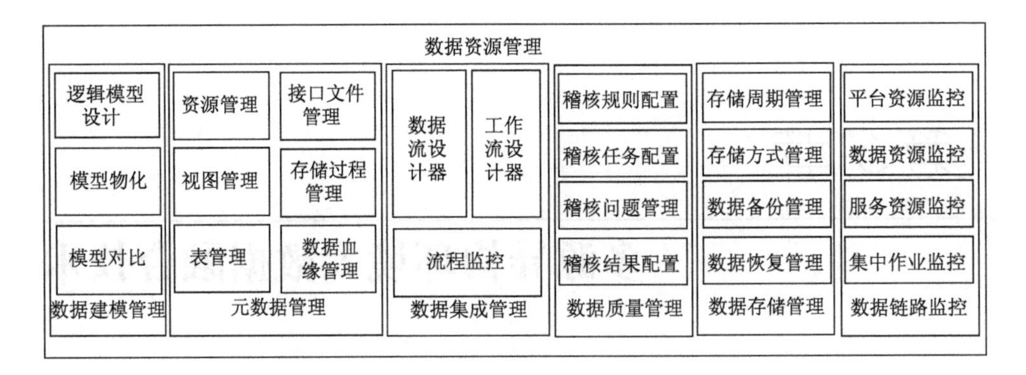

图 6-1　多源异构环境大数据混合存储架构图

其中，数据建模管理包括逻辑模型设计、模型物化和模型对比等功能。逻辑模型设计提供规则管理、模型设计、模型导入和逻辑模型管理等功能。模型物化包括数据字典生成、分区管理、模型构建以及物理模型管理等功能，支持 Hive、MySQL、Oracle 等大数据平台的相关数据库类型，可以管理数据字典及分区信息，可以将逻辑模型物化到指定的数据库中，并且可以查看每次变更的版本信息[104]。模型对比是为了保障数据模型的质量和安全有效，以物理模型和仓库模型为基础，校验数据库物理结构与物理模型的一致性和规范性。

元数据管理包括资源管理、视图管理、表管理、接口文件管理、存储过程管理等。元数据管理对各数据的实体定义和流程管控管理两方面的元数据进行管理，并提供相应的对外服务。从数据源到后续的逐层加工以及稽核，元数据对各类的数据实体进行定义、约束；元数据管理贯穿整个流程，提供相应的服务，并与各环节有效地互动。

数据集成管理提供数据集成工具，实现分布式的数据 ETL（extract-transform-load，抽取-转换-加载）服务，支持分布式计算、抽取及加载，快速处理来自多个平台的多种同构、异构数据。支持通过可视化组件进行任务及调度配置，支持数据的导入、转换、加载，具备快速开发部署能力，有效降低操作门槛，提升工作效率。

数据质量管理面向数据质量管理和数据质量维护人员，提供规则标准、规则配置、逻辑监控、问题管理、质量报告评估等从无到有的可视化平台管理，完成基于异构混搭数据架构的数据质量一体化管控。结合集成应用业务，围绕数据质量评估合理性、一致性、及时性、完整性、唯一性、准确性六要素，进行数据质量稽核规则的梳理和系统配置，数据质量保障环节覆盖数据入口（采集）、数据整合（加工）、数据出口（服务）三大环节，保障数据的可用性，实现数据质量端到端的管控。

数据存储管理是信息系统不可或缺的基石，它通过集成存储周期管理、存储方式管理、数据备份管理以及数据恢复管理等多个关键部分，实现了对数据全生命周期的精细化控制。在存储周期管理中，通过规划数据生命周期和制定保留策略，确保数据的实时归档与清理；存储方式管理则根据数据的特性和访问需求，灵活选择存储介质和设计存储架构，以实现性能与成本的最佳平衡；数据备份管理通过制定周密的备份策略，自动化执行备份任务，并采用加密技术保障备份数据的安全；而数据恢复管理则依靠快速恢复机制和定期的灾难恢复演练，确保在数据丢失或损坏时能够迅速恢复业务运行。这一综合管理体系不仅提升了数据存储的效率和安全性，还为业务的连续性和合规性提供了有力支持。

数据链路监控包括平台资源监控、数据资源监控、服务资源监控等。平台资源监控对平台的资源使用情况进行监控，并可查看平台使用资源情况、部署情况、全部资源、可用资源、已用资源、服务情况、账号情况等，可显示具体信息，对异常情况可预警。实现的主要功能有资源性能监控和监控信息的导出，通过图形、表格等方式进行展现。数据资源监控及服务资源监控主要对数据采集、数据加工、数据服务、数据发布、数据稽核五个环节进行监控。需要对接数据加工处理的各分层进行数据日志的采集，最终形成数据全过程监控功能，监控需要以实时的方式进行展现，用户可以实时查看数据加工过程的信息，也可以按照日、月等维度查看数据资产监控报表[105]。

6.1.2　多源异构环境大数据共享服务

在数据中台功能中多方安全计算、联邦学习等数据开放共享模块的基础上，整合目前数据中台的数据查询读取服务、联邦学习开发环境等各方面资源，并在数据存储系统的全量数据基础上，通过加工整合，形成标准化数据服务，以实时、非实时的方式统一对外提供数据共享服务。数据共享服务系统可实现资源申请、定义、审核、发布流程化管理，满足用户对数据提取的定制化需求[106]，架构图如图 6-2 所示。

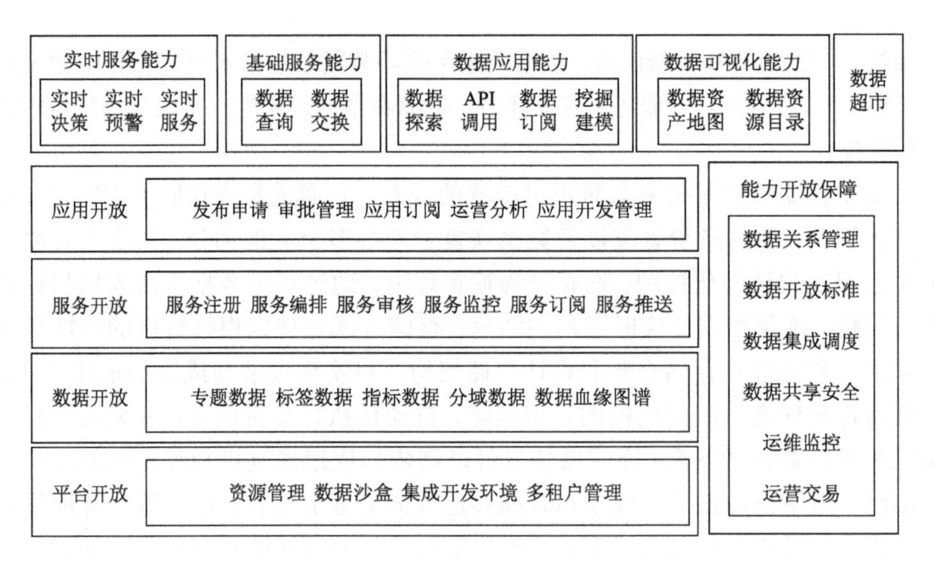

图 6-2 应用数据共享服务架构图

其中，基础服务包括明细数据的高频海量数据查询功能和系统间及内外部的数据交换功能。

数据应用服务提供数据探索、统一数据接口服务［API（application program interface，应用程序接口）调用形式］、数据订阅以及数据挖掘建模等能力。

数据可视化服务为大数据平台用户提供便于查看和检索的数据资源目录，并在此基础上，以地图的形式提供数据资产全景展示能力。

数据超市向用户提供可读、易用的共享数据资源目录以及更加便捷的数据资源检索功能，提供集成统一数据访问接口、集成在线数据可视化分析工具，实现自助式报表分析、指标报表组合、订阅和共享等功能。

运营交易服务通过对大数据平台数据资源、系统资源、数据产品和数据服务进行定价，为资源和数据的服务提供方和使用方提供一个交易平台。

6.2 多源异构环境大数据虚拟视图技术

多源异构环境大数据采用分布式混合存储方式，在应用层需要形成统一的视图，为此采用数据虚拟视图技术。数据虚拟化在原有的混合存储系统上新增数据虚拟层，将所有数据源抽象或者映射后，形成一个面向领域的统一数据访问层，屏蔽了传统数据库、分布式云、大数据等多元异构数据源的多样性和复杂性，使用户能够像访问单一数据源的数据表一样访问所有数据，在不迁移数据、不复制数据、不通过 ETL 加工数据或者不需要额外的存储需求的情况下就可以实时查看和分析，这样提供了数据处理的便捷性，可以为环境大数据分析和可视化带来便利，有助于管理者更快速响应和做出相应的决策[107]。

6.2.1　大数据虚拟视图架构

多源异构环境大数据虚拟视图技术框架包括元数据管理模块、虚拟视图 SQL（structure query language，结构查询语言）引擎、数据 ETL 模块、数据缓存模块、数据服务处理模块等部分，如图 6-3 所示。

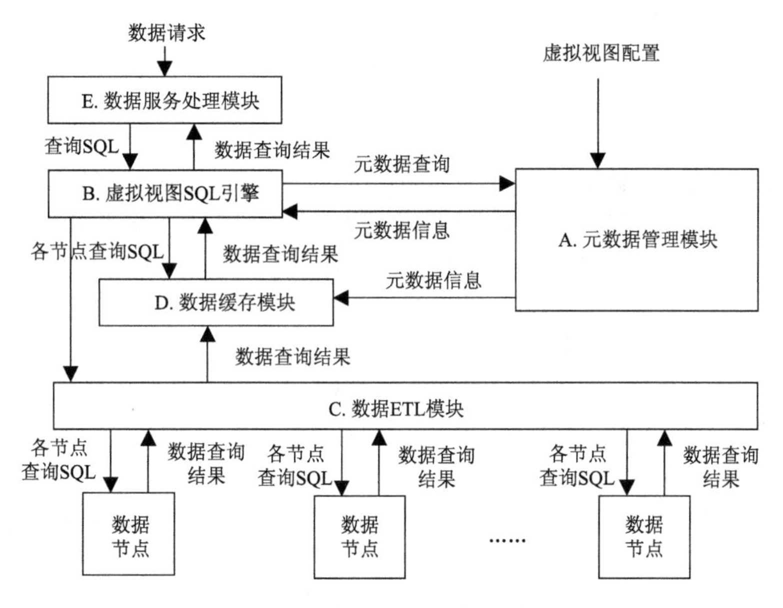

图 6-3　数据虚拟化系统架构

元数据管理模块根据用户设置实现数据虚拟视图的元数据配置，并管理维护元数据关系，采用图方式组织元数据关系；虚拟视图 SQL 引擎实现 SQL 语句解析，根据元数据关系图构建各个数据源的子查询 SQL，获得其他数据读取参数；数据 ETL 模块根据子查询 SQL 或者其他数据读取参数进行数据提取，为减少数据传输，首先比对数据查询结果的 Hash（哈希），该子模块同时负责数据查询结果 Hash 的获取与传输；数据缓存模块对各查询结果进行数据缓存，提升数据查询速度，减少数据传输资源消耗，根据数据查询结果更新数据缓存，并在每次查询中首先对缓存数据进行查询；数据服务处理模块接收数据查询、统计请求，并经过其他模块处理后将提取的数据组合成虚拟视图。

元数据管理模块采用图方式组织元数据关系，用 $G(V,E)$ 表示。

顶点 V 包含数据源 V_{source}、表 V_{table}、字段 V_{field}、规则 V_{rule}、用户组 V_{group} 等五

种实体。数据源V_{source}表示待集成的数据库或者数据 API，其属性包括数据库或数据 API 名字、数据库或数据 API 地址、数据库或数据 API 类型、数据库或数据 API 地址用户名、数据库或数据 API 地址密码或 Token（令牌）等。表V_{table}表示虚拟视图表或者数据源中的数据表，其属性包括数据表名等。字段V_{field}表示虚拟视图表或者数据表所包含的数据字段，其属性包括数据字段名等。规则V_{rule}表示多个数据表合并成虚拟视图表的规则。用户组V_{group}表示虚拟视图访问用户组，其属性包括用户组名等。本章所列属性为实现数据虚拟化需要的必要属性，在具体实现中，可根据需求扩展属性[108]。

E表示元数据关系图的边，主要包含映射E_{map}、所属$E_{affiliation}$、集成E_{inte}、读权限E_{read}等四种关系。映射E_{map}链接两个字段V_{field}，表示不同字段间的映射关系。所属$E_{affiliation}$可以链接表V_{table}与字段V_{field}以及数据源V_{source}与表V_{table}，表示表V_{table}与字段V_{field}、数据源V_{source}与表V_{table}的所属关系。集成E_{inte}链接字段V_{field}与规则V_{rule}，表示按照相应规则集成数据字段V_{field}。读权限E_{read}链接用户组V_{group}与另外三种实体，表示用户组对数据源、表、字段的读权限，若用户组对数据源有读权限，则对数据源所属的表和字段均有读权限；若用户组对表有读权限，则对表所属的字段均有读权限[109]。

规则V_{rule}一般是一个条件运算等式，其参数是集成E_{inte}链接的各个字段，如 r1 为 T1｜aa==T2｜da，表示 T1 表 aa 字段和 T2 表 da 字段相同的数据条目整合为虚拟视图的一个数据条目，当字段数据出现冲突时使用 T1 表的数据。

其中，VT1 和 VT2 为两个虚拟视图表，S1 和 S2 为两个数据源，数据源 S1 含有表 T1，数据源 S2 含有表 T2、T3、T4，虚拟视图表 VT1 由表 T1、T2、T3 组合映射而成，虚拟视图表 VT2 由表 T4 映射而成。r1 和 r2 为集成规则，表 T1 和表 T2 数据通过字段 aa 和 da 根据 r1 规则集成，表 T1 和表 T3 数据通过字段 ab 和 cb 根据 r2 规则集成。G为用户组，分别对虚拟视图表 VT1 和 VT2、源 S2、表 T1 有读权限。

此外，虚拟视图 SQL 引擎根据元数据管理模块的元数据关系实现虚拟视图 SQL 的分解，实现对查询 SQL 进行操作。

6.2.2 虚拟视图 SQL 分解

在对虚拟视图 SQL 进行分解时，采用了栈和 SQL 上下文（本质是 Map 数据结构）对分解结果进行组织，并在后续数据映射中使用[110]。栈用于记录执行动作，主要包括 AGGREGATE、JOIN、SQL、DATAINTE、SOURCESQL 五种，格式如下。

AGGREGATE (Function, Col, Cond), Out, In1

JOIN (Cond), Out, In1, In2, ⋯

SQL (Sql), Out, In1, In2, …

DATAINTE (Rule), Out, In1, In2, …

SOURCESQL (Sql, Source), Out

其中，Function 表示聚合函数；Col 表示列名；Cond 表示 SQL 语句条件，如 group by（分组）、join on（连接）等；Sql 表示虚拟数据查询；Rule 表示集成规则；Source 表示数据源信息；Out 表示输出；In1, In2,…表示输入。执行动作的输出 Out 存储于 SQL 上下文中，输入 In1, In2,…来源于 SQL 上下文。

虚拟视图 SQL 分解算法的具体步骤如下［在分解中运用到 FIFO（first in first out，先入先出）队列 SqlQueue，该队列存储在 SQL 上下文中］。

步骤 H1：根据元数据关系图将查询 SQL 中的字段加上表域描述符，生成的 SQL 入队列 SqlQueue。

步骤 H2：读取 SqlQueue 队列首的 SQL，若包含聚合函数，则将 SQL 中的分组函数和聚合函数进行拆解变换，并形成 AGGREGATE 执行动作入栈，将变换后的 SQL 入队列 SqlQueue。拆解变换是将聚类函数查询拆解成完整数据查询和数据聚合两部分；否则原 SQL 重入队列 SqlQueue，跳转至步骤 H3。

步骤 H3：读取 SqlQueue 队列首的 SQL，若包含联合查询，则将 SQL 分解为多个 SQL，并形成 JOIN 执行动作入栈，将分解后的多个 SQL 依次入队列 SqlQueue；否则原 SQL 重入队列 SqlQueue，跳转至步骤 H4。

步骤 H4：读取 SqlQueue 队列首的 SQL，若包含内嵌查询 SQL 语句，则将 SQL 分解为多个 SQL 查询语句，将分解后的多个 SQL 依次入队列 SqlQueue；否则原 SQL 重入队列 SqlQueue，跳转至步骤 H5。

步骤 H5：读取 SqlQueue 队列首的 SQL，并进行如下操作。

子步骤 H5.1：提取读取的 SQL 所涉及的虚拟视图表和字段，形成[VTable, Field, Cond]的三元组列表。

子步骤 H5.2：根据元数据关系图，将[VTable（虚函数表）, Field（字段）, Cond（条件）]三元组列表映射成物理表与字段[Source（来源）, Table（表单）, Field（字段）, Cond（条件）]，根据映射关系形成 DATAINTE 执行动作入栈。

子步骤 H5.3：将[Source, Table, Field, Cond]四元组列表根据 Source 和 Table 进行分类，并根据分类重组查询语句，形成 SOURCESQL 执行动作入栈。

步骤 H6：检查 SqlQueue 队列是否为空，为空则结束；否则跳转至步骤 H2。

现在以解析 SELECT SUM(bb), aa FROM (SELECT VT1.id, VT1.aa FROM VT1) AS T2 JOIN VT2 ON T2.id == VT2.id GROUP BY T2.aa 语句为例。

经过步骤 H1，字段加入表域：

```
[SqlQueue为:
```

```
    SELECT SUM(bb), aa FROM (SELECT VT1.id, VT1.aa FROM VT1) AS T2 JOIN
    VT2 ON T2.id == VT2.id GROUP BY T2.aa
]
```

经过步骤 H2，提取语句中的 SUM 操作，去除 Group 条件：

```
[SqlQueue为:
    SELECT VT2.bb, T2.aa FROM (SELECT VT1.id, VT1.aa FROM VT1) AS T2 JOIN
    VT2 ON T2.id == VT2.id
栈内容为:
    AGGREGATE (SUM, VT2.bb, "GROUP BY T2.aa"), FOut, TComb
]
```

经过步骤 H3，将语句中的联合查询（join）分解为多个 SQL 查询语句：

```
[SqlQueue为:
    SELECT T2.id, T2.aa FROM (SELECT VT1.id, VT1.sa FROM VT1) AS T2
    SELECT VT2.id, VT2.bb FROM VT2
栈内容为:
    JOIN ("T2.id == VT2.id"), TComb, T2, VT2
    AGGREGATE (SUM, VT2.bb, "GROUP BY T2.aa"), FOut, TComb
]
```

经过步骤 H4，读取 SqlQueue 中的 SQL 语句，并分解内嵌语句：

```
[SqlQueue为:
    SELECT VT2.id, VT2.bb FROM VT2
    SELECT VT1.id, VT1.sa FROM VT1
栈内容为:
    SQL ("SELECT T2.id, T2.aa FROM VT1 AS T2"), T2, VT1
    JOIN ("T2.id == VT2.id"), TComb, T2, VT2
    AGGREGATE (SUM, VT2.bb, "GROUP BY T2.aa"), FOut, TComb
]
```

经过步骤 H5，读取 SqlQueue 中的 SQL 语句，解析为查询数据源的 SQL 语句。

经过步骤 H5.1、H5.2，根据映射关系形成 DATAINTE 执行动作入栈：

```
[SqlQueue为:
    SELECT VT1.id, VT1.sa FROM VT1
栈内容为:
    DATAINTE (), VT2, S2T4
    SQL ("SELECT T2.id, T2.aa FROM VT1 AS T2"), T2, VT1
```

```
    JOIN ("T2.id == VT2.id"), TComb, T2, VT2
    AGGREGATE (SUM, VT2.bb, "GROUP BY T2.aa"), FOut, TComb
]
```

经过步骤 H5.3，根据分类重组查询语句，形成 SOURCESQL 执行动作入栈：

```
[SqlQueue为:
    SELECT VT1.id, VT1.sa FROM VT1
栈内容为:
    SOURCESQL ("SELECT S2T4.id, S2T4.db FROM S2T4", S2), S2T4
    DATAINTE (), VT2, S2T4
    SQL ("SELECT T2.id, T2.aa FROM VT1 AS T2"), T2, VT1
    JOIN ("T2.id == VT2.id"), TComb, T2, VT2
    AGGREGATE (SUM, VT2.bb, "GROUP BY T2.aa"), FOut, TComb
]
```

由于 SqlQueue 不为空，再经过步骤 H5，读取 SqlQueue 中的 SQL 语句，解析为查询数据源的 SQL 语句：

```
[SqlQueue为:
    Null
栈内容为:
    SOURCESQL ("SELECT S1T1.id, S1T1.aa FROM S1T1", S1), S1T1
    SOURCESQL ("SELECT S2T2.id, S2T2.aa FROM S2T2", S2), S2T2
    DATAINTE (r1), VT1, S1T1, S2T2
    SOURCESQL ("SELECT S2T4.id, S2T4.db FROM S2T4", S2), S2T4
    DATAINTE (), VT2, S2T4
    SQL ("SELECT T2.id, T2.aa FROM VT1 AS T2"), T2, VT1
    JOIN ("T2.id == VT2.id"), TComb, T2, VT2
    AGGREGATE (SUM, VT2.bb, "GROUP BY T2.aa"), FOut, TComb
]
```

6.2.3 大数据虚拟视图系统模块功能

元数据管理模块、虚拟视图 SQL 引擎、数据 ETL 模块、数据缓存模块、数据服务处理模块等部分的功能如下。

1. 元数据管理模块的功能

（1）元数据关系图存储功能。通过图数据库实现元数据关系图的存储，采用图数据库 Neo4j 实现。

（2）元数据关系图配置功能。用于接收用户元数据关系图配置请求，并根据用户配置请求形成元数据关系图，具体地，用户请求使用 Neo4j 数据库的写操作实现。

（3）元数据关系图查询功能。用于响应虚拟视图 SQL 引擎和数据缓存模块的元数据关系图查询，具体地，使用 Neo4j 数据库的查询操作实现。

2. 虚拟视图 SQL 引擎的功能

（1）查询 SQL 解析功能。用于将虚拟视图 SQL 查询语句转化为可在各物理源上执行的 SQL 查询语句，其转化方法为上述的虚拟视图 SQL 分解算法。

（2）任务管理功能。用于查询 SQL 解析中的 SqlQueue 队列、栈和 SQL 上下文。

3. 数据 ETL 模块的功能

（1）数据 ETL 执行。用于向各数据节点的物理源发起数据读取请求，并接收数据结果。

（2）数据 Hash 计算。根据返回的数据结果计算 Hash。

4. 数据缓存模块的功能

（1）持久化缓存。通过关系型数据库持久化缓存数据源的数据请求结果，本章采用 MySQL 数据库实现。

（2）缓存数据表初始化。本模块根据元数据管理模块管理的元数据关系图对缓存数据表进行构建。

（3）缓存更新。本模块根据数据 ETL 模块获取的返回数据结果更新缓存数据。

（4）缓存查询。本模块响应虚拟视图 SQL 引擎的数据读取请求，并返回缓存表中的数据。

（5）数据 Hash 比对。根据请求的数据缓存结果计算 Hash，并与数据 ETL 模块计算的数据 Hash 进行比对。

5. 数据服务处理模块的功能

（1）请求接收。用于接收用户的虚拟视图查询请求，解析请求参数，并发起数据查询。

（2）数据集合。根据虚拟视图 SQL 引擎的任务，获取各数据源的数据，并根据任务管理部分的栈和 SQL 上下文对数据进行集合，形成虚拟视图返回用户。

6.2.4 数据查询流程

数据虚拟视图查询的详细步骤如下。

1. 步骤一

（1）用户通过元数据关系图配置部分配置元数据关系图，元数据管理模块通过元数据关系图进行存储。

（2）元数据关系图配置部分在完成元数据关系图配置后，将元数据关系图信息发送给缓存数据表初始化部分，缓存数据表初始化部分根据数据源 V_{source} 节点创建数据库，而后根据数据源 V_{source} 节点所属 $E_{\text{affiliation}}$ 边链接的表 V_{table} 节点及其所属 $E_{\text{affiliation}}$ 边链接的字段 V_{field} 节点创建数据表。

2. 步骤二

（1）请求接收部分接收用户虚拟视图查询请求，并解析请求参数，主要获取虚拟视图 SQL 查询语句、一致性要求（是否容忍缓存数据）。

（2）请求接收部分将用户请求参数发送给任务管理部分。

3. 步骤三

任务管理部分收到请求接收部分发送的用户请求参数后，初始化任务，构建 SqlQueue 队列、栈和 SQL 上下文，并调用查询 SQL 解析部分将虚拟视图 SQL 查询语句转化为可在各物理源上执行的 SQL 查询语句，其转化方法为本章所阐述的虚拟视图 SQL 分解算法。

4. 步骤四

（1）任务管理部分依次弹出栈顶执行动作，若为执行动作 SOURCESQL，跳转至步骤（2）；若为执行动作 DATAINTE，跳转至步骤（6）；若为执行动作 SQL，跳转至步骤（8）；若为执行动作 JOIN，跳转至步骤（10）；若为执行动作 AGGREGATE，跳转至步骤（12）；若栈中无执行动作，则结束数据集合操作。

（2）将 SOURCESQL 中的参数 SQL 发送给缓存查询部分执行 SQL 获取数据；同时判断一致性要求，若一致性要求高（即不容忍缓存数据），则数据 ETL 执行部分在 Source 数据源上执行 SQL 获取数据。

（3）若一致性要求高，数据 ETL 执行部分在获取数据结果后，由数据 Hash 计算部分根据返回结果计算 Hash，并将该 Hash 发送给数据 Hash 比对部分，该部分计算缓存查询结果的 Hash，并比对两部分 Hash。若相同，则跳转至步骤（5）；否则，跳转至步骤（4）。

（4）数据 Hash 比对部分获取数据 ETL 执行部分的数据源返回结果，并调用缓存更新部分进行缓存的更新。由于 SOURCESQL 执行动作仅对单一表进行操作，所以更新操作也对单一缓存表进行。

缓存更新部分将缓存查询部分执行 SQL 获取的数据全部删除。

缓存更新部分将数据 ETL 执行部分的数据源返回结果添加到缓存表中。

缓存更新部分通知缓存查询部分重新执行 SQL 获取数据。

（5）将数据结果以<Out, Meta, 数据结果>的格式存储到 SQL 上下文中，其中 Out 为 SOURCESQL 执行动作的输出名，Meta 为数据的元数据。跳转至步骤（1）。

（6）任务管理部分根据 DATAINTE 执行动作和 Rule 参数将输入 In1, In2,…进行整合，比较简单的方法是简单嵌套循环连接，即利用循环嵌套对连接的所有表逐一去遍历。

任务管理部分以 In1 作为驱动表，遍历到元素 a 时，依次从被驱动表 In2, In3,…中匹配 rule 中与 a 相关的行进行连接，得到新数据条目。

（7）将数据结果以<Out, Meta, 数据结果>的格式存储到 SQL 上下文中，其中 Out 为 DATAINTE 执行动作的输出名，Meta 为数据的元数据。跳转至步骤（1）。

（8）根据 SQL 执行动作的输入参数 In1, In2,…在 SQL 上下文中获取相应数据，其操作是将输入 In1, In2,…以数据表形式组织起来，任务管理部分在这些数据表上执行动作中的 SQL 语句。

（9）将数据结果以<Out, Meta, 数据结果>的格式存储到 SQL 上下文中，其中 Out 为 SQL 执行动作的输出名，Meta 为数据的元数据。跳转至步骤（1）。

（10）根据 JOIN 执行动作的 Cond 参数获取 join 操作所需的字段名，并按 join 条件进行整合，比较简单的方法是简单嵌套循环连接，即利用循环嵌套对 join 的所有表逐一去遍历。

任务管理部分以 In1 作为驱动表，遍历到元素 a 时，从被驱动表 In2 中匹配与 a 相等的行进行连接，得到新数据条目。

（11）将数据结果以<Out, Meta, 数据结果>的格式存储到 SQL 上下文中，其中 Out 为 JOIN 执行动作的输出名，Meta 为数据的元数据。跳转至步骤（1）。

（12）任务管理部分根据 AGGREGATE 执行动作的输入参数 In1，在 SQL 上下文中获取相应数据，并将数据根据 Cond 进行分组。根据 Function 和 Col 参数计算分组中的数据。将各分组数据运算后的结果合并形成新数据集合。

（13）将数据结果以<Out, Meta, 数据结果>的格式存储到 SQL 上下文中，其中 Out 为 AGGREGATE 执行动作的输出名，Meta 为数据的元数据。跳转至步骤（1）。

5. 步骤五

任务管理部分将 SQL 上下文中最后的结果返回数据集合部分，数据集合部分形成虚拟视图返回用户。

6.3　联邦学习与多源异构环境大数据协同

6.3.1　联邦学习概念

联邦学习（federated learning，FL）的概念由谷歌于 2016 年提出，其设计目的是基于分布在多个设备上的数据集构建机器学习模型并同时避免数据泄露。因此，联邦学习允许各参与方在不共享数据的前提下完成多中心协同模型的分布式训练，从而利用各参与方的协同合作解决数据孤岛的问题。由于各参与方用于训练机器学习模型的数据仍然保留在本地，与第三方服务器仅仅交换模型参数，并不需要将大量的本地数据上传至第三方服务器[111]，因此，相比于共享原始数据的传统集中式多中心模型训练，这种分布式的模型构建方法也在一定程度上保护了各参与方中用户的隐私。同时，由于节约了各参与方数据上传等环节的时间，联邦学习具有延迟低、通信代价低的特点，因此在面对大规模样本时具有更高的可扩展性。

典型的联邦学习框架通常由分布于各地的医疗机构作为参与方与一个中央服务器共同构成。这些参与方拥有相同的训练目标。例如，假定在联邦学习中有 N 个参与方具有相同的训练目标。在接收训练请求后，中央服务器开始初始化模型参数，并分发给 N 个参与方；N 个参与方将全局模型参数下载至本地，并利用本地数据完成模型更新；更新后的本地模型参数将被发送回中央服务器中，中央服务器聚合（aggregate）所有接收到的各本地模型参数（如局部梯度等）来更新全局模型，并将全局型的参数反馈给各本地医疗中心[112]；经过多次“中央服务器-参与方”之间的“全局-本地”模型的更新迭代，最终将训练出可以用于在外部医疗机构中执行相应预测任务的全局模型。

6.3.2　联邦学习分类

设 D_i 表示数据持有者 F_i 的本地训练数据，通常 D_i 以矩阵的形式存在，D_i 的每一行表示一条训练样本数据，将特征空间设为 I；每一列表示一个具体的数据特征，将特征空间设为 X。同时，数据集包含标签数据，将标签空间设为 Y。特征空间 X、标签空间 Y 和样本 ID 的空间 I 组成了一个训练数据集 $D_i=(I,X,Y)$。

横向联邦学习也被称为样本划分的联邦学习。假设参与方 A 拥有样本 u_1、u_2

和 u_3，参与方 B 拥有样本 u_4、u_5 和 u_6，如表 6-1 所示。表中 $u_1.X_1$ 的含义为样本 u_1 拥有数据特征 X_1，其他同理。从表中可以看出，参与方 A 和 B 分别拥有三个不同的样本，但是每个样本都拥有数据特征 X_1、X_2 和 X_3。简而言之，不同参与方拥有不同的数据样本，但是拥有相同的数据特征。例如，两家在不同地区的银行提供的服务大致类似，客户的数据可能因为相似的业务而有相似的特征，尽管客户的用户集合重叠部分较少。换句话说，虽然不同参与方的数据集合有差异，但数据特征却有较大的重叠部分[113]。

表 6-1 横向联邦学习

参与方	ID	X_1	X_2	X_3	Y
参与方 A	u_1	$u_1.X_1$	$u_1.X_2$	$u_1.X_3$	Y_1
	u_2	$u_2.X_1$	$u_2.X_2$	$u_2.X_3$	Y_2
	u_3	$u_3.X_1$	$u_3.X_2$	$u_3.X_3$	Y_3
参与方 B	u_4	$u_4.X_1$	$u_4.X_2$	$u_4.X_3$	Y_4
	u_5	$u_5.X_1$	$u_5.X_2$	$u_5.X_3$	Y_5
	u_6	$u_6.X_1$	$u_6.X_2$	$u_6.X_3$	Y_6

纵向联邦学习也被称为特征划分的联邦学习。假设参与方 A 拥有样本 u_1、u_2 和 u_3，参与方 B 拥有样本 u_2、u_3 和 u_4，如表 6-2 所示。从表中可以看出，参与方 A 和 B 有两个相同的样本，样本之间的数据特征都不相同。简而言之，不同参与方拥有不同的数据特征，但数据样本高度重叠。例如，两家不同公司的业务不同，但目标客户集合十分相似。电子商务公司需要预测消费者购买商品的概率，而金融机构拥有这些消费者的资产数据，可以很好地反映消费者的消费水平。如果能够将这两种数据结合起来，就可以极大地提高模型预测的准确性。

表 6-2 纵向联邦学习

参与方 A			Y	参与方 B		
ID	X_1	X_2		X_3	X_4	ID
u_1	$u_1.X_1$	$u_1.X_2$	Y_1			
u_2	$u_2.X_1$	$u_2.X_2$	Y_2	$u_2.X_3$	$u_2.X_4$	u_2
u_3	$u_3.X_1$	$u_3.X_2$	Y_3	$u_3.X_3$	$u_3.X_4$	u_3
			Y_4	$u_4.X_3$	$u_4.X_4$	u_4

联邦迁移学习是指参与方的数据样本和数据特征都很少重叠的情况，如表 6-3 所示，参与方 A 和 B 的样本和数据特征都没有重叠。

表 6-3 联邦迁移学习

参与方 A			Y	参与方 B		
ID	X_1	X_2		X_3	X_4	ID
u_1	$u_1.X_1$	$u_1.X_2$	Y_1			
u_2	$u_2.X_1$	$u_2.X_2$	Y_2			
			Y_3	$u_3.X_3$	$u_3.X_4$	u_3
			Y_4	$u_4.X_3$	$u_4.X_4$	u_4

6.3.3 联邦学习与环境数据共享

随着许多 AI 应用开始在环境领域进行应用，环保行业中的数据保护也越发受到重视。针对环保机构的数据对于隐私和安全问题特别敏感，直接将这些数据收集在一起是不可行的；另外，因为环保涉及的机构众多，很难收集到足够数量的、具有丰富特征的、可以用来全面描述患者症状的数据[114]。

在智能环境分析与监管系统中，监测数据、GIS 数据、卫星影像数据、专家知识、突发事件记录等，都是重要的数据，但因为数据隐私或数据安全，数据无法直接使用。

另外，环境相关的数据可能是多源异构数据，含监测数据、GIS 数据、卫星影像数据等，只有使用联邦学习技术，才能融合这些数据，更好地进行场景应用。

利用联邦学习技术，可以帮助扩展训练数据的样本和特征空间，并且降低各环保机构之间样本分布的差异性，进而改善共享模型的性能，发挥其重要作用。如果未来有相当数量的环保机构能够通过联邦学习参与到数据联邦的构建中来，环保 AI 将能为更多的环境企业和应用带来更多的益处[115]，如图 6-4 所示。

6.3.4 面向联邦学习的环境数据优化方法

由于多源异构环境大数据由不同数据源（如不同监测设备、不同监测点）生成，所以本地设备中储存的数据大多是非独立同分布数据，而非独立同分布数据集会影响联邦学习训练时的性能，使其收敛变慢甚至不能收敛。对于非独立同分布数据集的处理也有许多解决方法。例如，联合增强方法采用带有最大平均差异（maximum mean discrepancy，MMD）约束的双流模型或具有特征融合的联邦学习方法。联合增强方法是通过生成对抗网络（generative adversarial networks，GAN）的判别器和生成器生成新的数据，使原来的非独立同分布数据扩展成独立同分布数据集。缺陷在于所有设备均共享一个共同训练的生成器，且需要用到原始数据。虽然这种方法提高了模型训练精度，减少了训练的轮数，但也对数据的隐私性产生了影响，可能造成数据泄露的问题。采用 MMD 约束的双流模型方法是将联邦

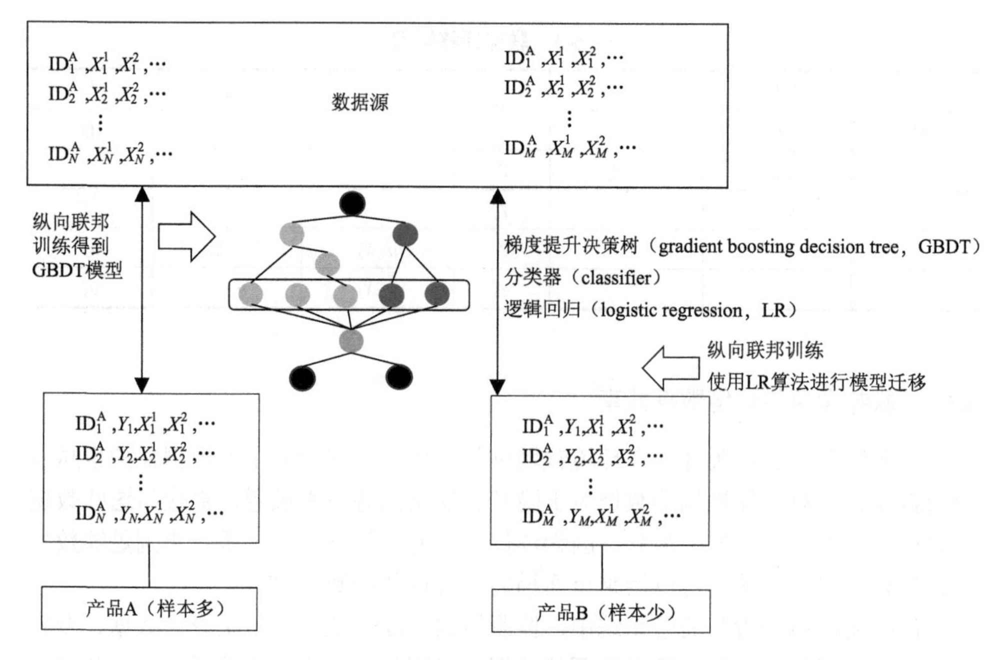

图 6-4 基于模型的联邦迁移学习应用

学习环境中对客户端进行训练的单一模型替换为由全局和局部模型组成的双流模型。具有特征融合的联邦学习方法是通过聚合本地与全局模型特征来提高精度和减少通信轮数[116]。

针对以上问题，可通过联邦预训练模型和扩散模型生成新的数据集，来扩展非独立同分布数据集，使其变成独立同分布数据集，该方法不会造成数据泄露问题，只是在本地设备上进行预训练模型的训练，然后在中央服务器上部署扩散模型，用预训练模型提取出来的特征指导扩散模型，使其生成一个新的数据集。例如，在环境服务场景中，可以通过该技术方案减少该场景中的隐私数据在联邦学习平台中使用时由不同来源数据的异构性带来的模型退化影响，从而提高模型的训练精度，使其在进行环境数据分析时得到更准确的结果，提升了环保企业的智能化水平和准确性。同时，通过扩散网络生成的新的数据集，在一定程度上缓解了环境服务场景中存在的数据不平衡问题，由此可以说明该方法具有广阔的应用场景[117-118]。环境数据优化整体流程如图 6-5 所示，本章提供了一种基于预训练模型和扩散网络的联邦学习训练优化方法。该方法步骤如下。

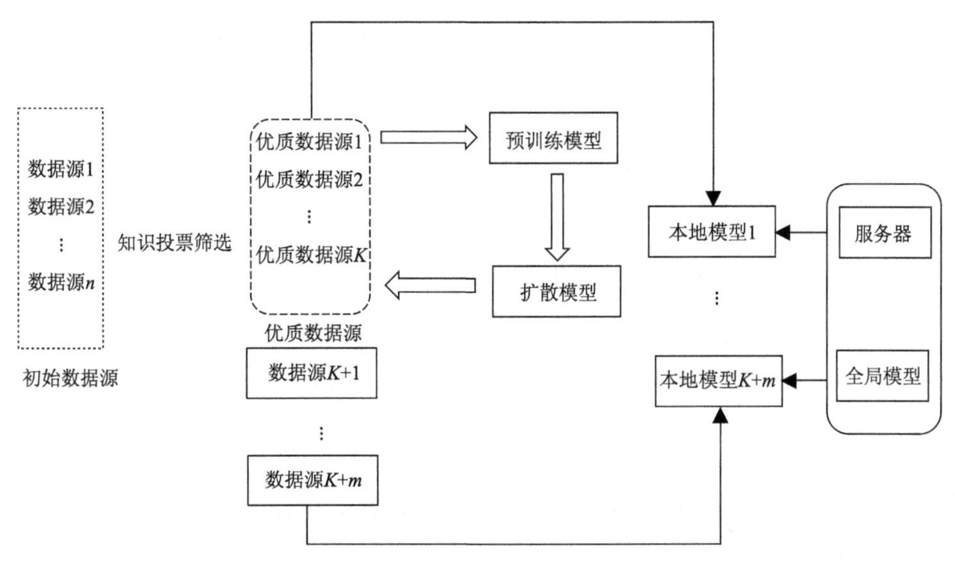

图 6-5　环境数据优化整体流程

步骤 1：先在本地设备上进行常规的联邦学习本地训练，上传服务器聚合后评判出初代优质数据源。在训练过程中根据本地设备的计算能力和上传的本地模型等首先筛选出初代优质数据源。

步骤 2：对于步骤 1 选出的初代优质数据源，通过知识投票的方法再次过滤掉一些不太合规的数据源后选出最终的优质数据源。通过知识投票中的信任门和集体投票方法从初代优质数据源中筛掉一些“不自信的模型”和与大众投票相悖的模型从而选出最终的优质数据源。

步骤 3：用最终的优质数据源来训练预训练模型以提取多设备的特征。将前面选择的每一个优质数据源作为一部分来训练出一个联邦预训练模型，也就是用优质数据源做普通的联邦学习训练，然后从服务器聚合后生成的全局模型中提取优质数据源的特征。

步骤 4：将步骤 3 得到的特征限定条件下发给每一个客户端。将预训练模型得到的特征知识下发给每一个客户端为下一步做好指导准备。

步骤 5：在每一个参与客户端中，以本地原有的数据为基础，部署扩散模型。在每一个客户端上部署扩散模型，并以本地数据为基础进行扩散网络中的加噪过程。

步骤 6：每个客户端都在预训练模型的特征限定条件的指导下训练扩散网络的降噪过程。本地客户端上的扩散网络在经过加噪后以联邦预训练模型下发的特征知识作为指导来进行扩散模型的降噪过程。

步骤 7：通过扩散网络的降噪过程生成新的数据集，并在每一个设备上使用新生成的数据集训练本地模型，然后与其他的本地模型进行后续的聚合操作，完成联邦学习的迭代训练。使用新生成的数据集训练本地模型进一步缓解了非独立同分布数据集带来的性能退化的影响。

每个客户端通过扩散网络的逐步降噪生成了自己的新数据集。新数据集可以用来协助后续的联邦学习训练。

1. 选择初代优质数据源的具体方法

$$g = \alpha \times q + \beta \times d + \gamma \times s + \delta \times I$$

其中，g表示设备的最终得分；q表示性能指标；d表示可靠性指标；s表示安全性指标；I表示网络情况指标；α、β、γ、δ表示权重系数，用于平衡不同指标的重要性，即设备指标=α×性能指标+β×可靠性指标+γ×安全性指标+δ×网络情况指标。当设备的最终得分低于一定值的时候则被过滤掉，只留下得分合格的设备参与后续的训练。

2. 选择最终优质数据源的具体方法

传统的集成策略（如最大和平均集成）在获得共识方面存在局限性，因为它们无法充分考虑个体学习器的差异性和多样性[119-120]。因此，我们提出知识投票，以提供高质量的共识。知识投票的主要思想是，如果某个共识知识被更多高置信度的数据源支持（如梯度＞0.9），那么它就有可能是高质量数据源。其中，“知识”指的是由多个基本模型（也称为基分类器或基模型）产生的预测结果[121-122]。这些基本模型可以是不同算法，或使用相同算法但采用不同的训练集或参数设置训练的模型。例如，在智能制造的设备诊断中，共识知识指的是大多数设备都认同的设备正常运行时应有的相关数据，标签指的是设备正常运行时的一些相关数据[123-124]。

假设经过设备自身能力筛选后共有K个设备，即有K个数据源，其中每个数据源有N_k个标签例子$D_k := \{X_i^k, y_i^k\}_{i=1}^{N_k}$，为了不失一般性，考虑使用$c$路分类任务（将数据集中的样本分为$c$个不同的类别），并假定所有的客户端都是相同的任务。

K个数据源有K个完全训练的模型，用$\{h_k\}_{k=1}^{K}$表示，$q_k(X)$表示每个类的置信度，并使用具有最大置信度的类作为标签，即$h_k(X) = \arg_c \max[q_k(X)]_c$。

知识投票三个步骤的具体过程如下。

（1）信任门：对于每一个数据域X_i，使用一个高阶置信门来过滤模型的预测$\{q_k(X_i)\}_{k=1}^{K}$，并消除非置信模型。

（2）集体投票：对剩下的模型，将预测相加，得到具有最大值的共识类，然后放弃与共识类不一致的模型。

（3）均值集合：通过集体投票，我们得到了一组支持共识的模型。最后，通过对这些支持模型进行均值集成，得到共识知识 $p_i = \frac{1}{K}\sum_{k=1}^{K} q_k\left(X_i\right)$，然后进一步过滤掉和共识知识相悖的模型。

经过知识投票的信任门、集体投票和均值集合的过程，从初代优质数据源中选出最终的优质数据源，而被过滤掉的数据源则不参与后续的工作。

当应用于实际场景时，数据源可能还会出现一些动态的变化，则将新加入的数据源和通过知识投票选出的最终优质数据源一起作为联邦学习平台客户端的本地数据共同参与训练。

扩散网络中在预训练模型特征指导下降噪生成数据的计算方法为

$$p\theta\left(X_{t-1}|X_t\right) = \mathcal{N}\left(X_{t-1}; \mu_\theta\left(X_t\right), \sigma_\theta^2\left(X_t\right)I\right) \tag{6-1}$$

为了简单起见，$p\theta\left(X_{t-1}|X_t\right) = \mathcal{N}\left(\mu_\theta, \sigma_\theta^2 I\right)$。为了学习扩散网络的反向过程，训练神经网络预测 μ_θ 和 σ_θ^2。

$$p\theta,\phi\left(X_{t-1}|X_t, y\right) = Z \cdot p\theta(X_{t-1} \mid X_t) \cdot p\phi(y \mid X_{t-1}) \tag{6-2}$$

其中，Z 表示标准化常数，引入制导后的新分布可近似为均值偏移的高斯分布：

$$p\theta\left(X_{t-1}|X_t\right) \cdot p\phi\left(y|X_{t-1}\right) = \mathcal{N}\left(\mu + \alpha\Sigma g, \Sigma\right) \tag{6-3}$$

其中，$\mu = \mu_\theta$，$\Sigma = \sigma_\theta^2 I$，$g = \nabla_{X_t} F_\Phi\left(X_t, y, t\right)$，此处 $F_\Phi\left(X_t, y, t\right) = \log(p\phi(y \mid X_t))$，表示制导函数；$\alpha$ 表示制导的缩放因子，这是用户控制的超参数，决定制导的强度。

式（6-3）中的逆向过程和制导模型是时变的，并以噪声图像作为输入。这意味着图像编码器需要合并时间步长 t 作为输入，并在不同时间步长的噪声图像上进行进一步的训练。我们将这种噪声图像的时变图像编码器表示为 E_I'。

本方法的制导函数为

$$F_{\phi 1}\left(X_t, X_t', t\right) = -\sum_i \frac{1}{\mathrm{CHW}} \left\| E_I'(X_t, t)_j - E_I'(X_t', t)_j \right\|_2^2 \tag{6-4}$$

$$F_{\phi 2}\left(X_t, X_t', t\right) = -\sum_i \left\| G_I'(X_t, t)_j - G_I'(X_t', t)_j \right\|_2^2 \tag{6-5}$$

其中，$F_{\phi 1}$ 表示对图片内容的引导；$F_{\phi 2}$ 表示对图片风格的引导。根据当前逆向过程的 t 获得原图片 X_t 对应程度的加噪图片 X_t'；$E_I'()_j \in \mathbb{R}^{h \times w \times c}$ 表示图像编码器 E_I' 的第 j 层的空间特征图；$G_I'()_j$ 表示 $E_I'()_j$ 的第 j 层特征的格拉姆矩阵（Gram matrix）；CHW 表示索引文件。

总制导函数为

$$F_{\phi0}\left(X_t, X_t', t\right) = \alpha F_{\phi1}\left(X_t, X_t', t\right) + \beta F_{\phi2}\left(X_t, X_t', t\right) \tag{6-6}$$

通过调整各模态的权重因子,用户可以在内容引导和风格引导之间取得平衡。

损失函数为

$$\mathcal{L} = \left\| F - r\left(F_S\right) \right\|_2^2 \tag{6-7}$$

其中，$F \in \mathbb{R}^{h \times w \times c}$ 表示最后一个网络块的输出；$r(\cdot)$表示对齐扩散网络和预训练模型特征维度的函数。损失函数作为中间特征的距离度量。只使用最后一个网络块的输出特征，可以避免产生过多的计算开销。

第7章

环境污染及环境风险智能态势感知技术

环境污染已成为全球关注的热点问题之一，而实时监测技术是解决此问题的关键手段之一[119-120]。环境监测的历史可追溯至 18 世纪和 19 世纪，当时主要依靠人工手段进行监测，缺乏统一标准与科学方法，尽管这些方法不具备充分的科学性，但为后续环境保护技术的发展奠定了基础。19 世纪末，随着工业化加剧，环境污染问题日益严重，加强环境监测和管理成为当时的重要任务[121-122]。进入 20 世纪中后期，计算机技术、传感技术和通信技术的进步推动了环境监测向自动化和数字化转变，气象站、水质分析仪、空气质量监测仪和土壤采样仪等成为主流设备[123]。这些设备能在现场采样和监测，同时自动将数据转换为电子信号并通过通信网络传输至数据中心进行分析，显著提高了监测的精度和可靠性。20 世纪 90 年代后期，随着互联网、数据库技术和地理信息系统的发展，环境监测技术进一步实现了数字化、自动化和可视化，提高了环境监测的效率、精确度和智能化水平，为环境保护和管理提供了更科学、快速和精准的手段[124]。

7.1　环境污染实时监测技术

7.1.1　环境污染实时监测技术概况

环境污染实时监测技术在环境治理中扮演着日益重要的角色。这些技术能够实时监测环境参数，为环境治理提供精确、及时且有效的数据支持。在多个环境污染治理领域中，实时监测技术已成为关键的治理手段。我国的环境监测技术虽起步较晚，但发展迅速，目前主要表现为以下几个特点[125]。首先，监测方式从单一的分析手段扩展到多种技术的综合应用；其次，监测模式从间断性监测过渡至全自动监测；再次，环境监测已经建立了完整的方法、制度和体系；最后，监测技术和手段正在向现代化、系统化及自动化方向演进。如今，我国环境监测领域主要采用的技术包括生物检测技术、物理监测技术及信息监测技术[126]。

1. 生物检测技术

生物检测技术是现代生命科学研究和应用中的重要工具，广泛用于疾病诊断、基因分析、环境监测、食品安全检测等领域。随着科学技术的发展，生物检测技术也在不断演进，覆盖了从传统的光学、化学方法到现代的分子生物学等广泛范围。

（1）分子标记技术是生物检测技术中的核心，特别是在基因分析和疾病诊断中具有重要作用。核酸分子的损伤检测和报告基因的标记是目前广泛应用的技术。例如，通过报告基因的标记，可以实时观察基因表达情况，追踪细胞内的生物过程。此外，DNA 芯片（微阵列技术）的应用也大大提升了高通量基因检测的效率，能够同时分析数千甚至数万个基因的表达情况。这种技术被广泛用于基因组研究、癌症诊断、药物筛选和个性化医疗等领域。

（2）聚合酶链式反应（polymerase chain reaction，PCR）技术[127]是分子生物学中最具影响力的技术之一，极大地推动了生物检测方法的革新。PCR 通过体外扩增特定的 DNA 片段，使对微量的 DNA 样本进行分析成为可能。这一技术广泛应用于基因突变检测、病原体检测、遗传多态性分析和法医鉴定等领域。PCR 技术的高灵敏度使其在传染病的快速诊断中尤为重要。

（3）二代测序（next-generation sequencing，NGS）技术逐渐成为生物检测的重要工具。NGS 能够对基因组进行大规模、高通量的测序，提供更加全面和精确的遗传信息。这一技术在癌症研究、遗传疾病诊断和个性化医疗中得到了广泛应用。与传统的 Sanger 测序相比，NGS 的高通量和低成本优势使其在临床和科研中占据了越来越重要的位置。

通过这些技术的不断革新和应用，生物检测技术已经从传统的单一检测手段发展到如今的多技术融合，大大提升了检测的灵敏度、准确性和效率。未来，随着新兴技术的不断涌现，生物检测将迎来更广阔的发展前景。

2. 物理监测技术

物理监测技术是环境监测中的重要组成部分，涉及对物理参数如温度、压力、湿度、噪声、振动、电磁辐射等的测量。随着科技的不断进步，物理监测技术在精度、实时性、自动化水平等方面取得了显著发展。

（1）高精度传感器的发展是现代物理监测技术的关键支撑。这些传感器能够在极端环境条件下准确地测量物理参数，如温度、湿度、压力等。微机电系统（micro-electro-mechanical system，MEMS）技术的发展使传感器的体积更小、能耗更低、精度更高、应用范围更广。

（2）可移动监测设备是便携式和移动监测设备的发展，使物理监测技术能够在更广泛的场景中应用。无人机、无人船等移动平台集成了多种物理监测传感器，能够在复杂、危险或难以接近的环境中进行监测，如灾后环境评估、海洋污染监测等。

随着新材料、微纳米技术、人工智能、物联网和大数据分析技术的进一步发展，物理监测技术将继续向更加智能化、集成化、网络化的方向演进。尤其是在环境监测、工业控制、智慧城市建设等领域，物理监测技术将发挥更大的作用，推动环境管理和工业生产的优化升级。

3. 信息监测技术

信息监测技术是通过对数据和信息的采集、传输、处理和分析，实现对各类环境、系统或过程的实时监控和管理。随着信息技术的快速发展，信息监测技术在各行各业中的应用越来越广泛，涵盖了环境监测、工业生产、公共安全、交通管理、医疗健康等多个领域[128]。

（1）3S 技术涵盖了地理信息系统（geographic information system，GIS）、遥感（remote sensing，RS）和全球定位系统（global positioning system，GPS）。3S 技术广泛应用于水资源的调查评价和水环境的监测[129]。在水资源调查和评价中，GIS 技术主要应用于模拟流域水文、评估水资源以及分析基于 GIS 的土地使用情况；在水环境监测中，3S 技术依托 GIS 作为信息处理平台，能够监测水域分布的变化、水体沼泽化和富营养化等问题。此外，3S 技术的应用实现了湿地资源变化的动态监控。它依托多时相和多平台的遥感技术，迅速捕捉湿地的最新情况，并通过 GIS 进行有效的空间分析与数据整合，实现对湿地变化的实时跟踪。

（2）无线传感器网络是一种分层的异构网络结构，从实际监测环境中的传感器节点到基站，最终连接至互联网，构成了一个完整的监测系统。每个传感器节点由传感器、处理器、无线通信和能量供应四个模块构成。

（3）可编程逻辑控制器（programmable logic controller，PLC）技术集成了自动化、计算机和通信技术，特别适合在恶劣的户外和工业环境中应用，对农业生产中的雨水远程监控以及防洪抗旱具有重要作用。

信息监测技术在当前已经成为各行各业的重要工具，推动了管理和决策过程的数字化和智能化。尽管在数据隐私、系统集成和成本控制等方面仍面临挑战，但随着技术的不断进步，信息监测技术的应用前景将更加广阔，为各领域的智能管理和可持续发展提供有力支持。

7.1.2 基于物联网的智能水质自动监测系统

基于物联网的智能水质自动监测系统是以在线自动分析仪器为核心，应用物联化技术、传感技术、自动测量技术、自动控制技术以及预警监测技术等构建的在线自动监测体系，水质自动监测系统装置如图 7-1 所示。该系统围绕当前水质自动监测系统建设存在的监测参数可扩展性差、数据可靠性和可溯源性差、海量数据分析与应用能力不足、智能化程度不高共四大瓶颈问题，对水质自动监测仪器设计、系统集成、软件应用平台进行技术集成创新；具有响应时间快、监测频次高、数据量大、自动化程度高等特点，可实现实时连续监测和远程监控，能及时掌握水质状况，预警预报流域水质污染事故，并及时通报相关部门，迅速启动应急预案，做到防范、应对突发水污染事故，确保水质安全。

图 7-1 水质自动监测系统装置

系统对仪器控制、通信、检测、流路、采样等各功能单元进行模块化、小型化设计，如图 7-2 所示。该模块化、小型化水质自动监测仪器包括采样、控制、驱动、预处理和检测等模块。为了改进传统水站监测参数可扩展性差的问题，该设计对仪器的各个功能单元进行了模块化和小型化设计。各模块的详细描述如下。

（1）采样/计量模块：负责从环境中收集水样，并将其适当计量以供后续处理使用。

（2）试剂储存模块：用于储存所需的试剂，这些试剂会在预处理和检测过程中使用。

（3）预处理模块：对采集到的水样进行必要的预处理操作，为后续的检测模块提供合适的样品条件。

（4）控制模块：该模块是整个系统的核心，负责接收控制信号，协调各个模块的工作，确保系统的有序运行。

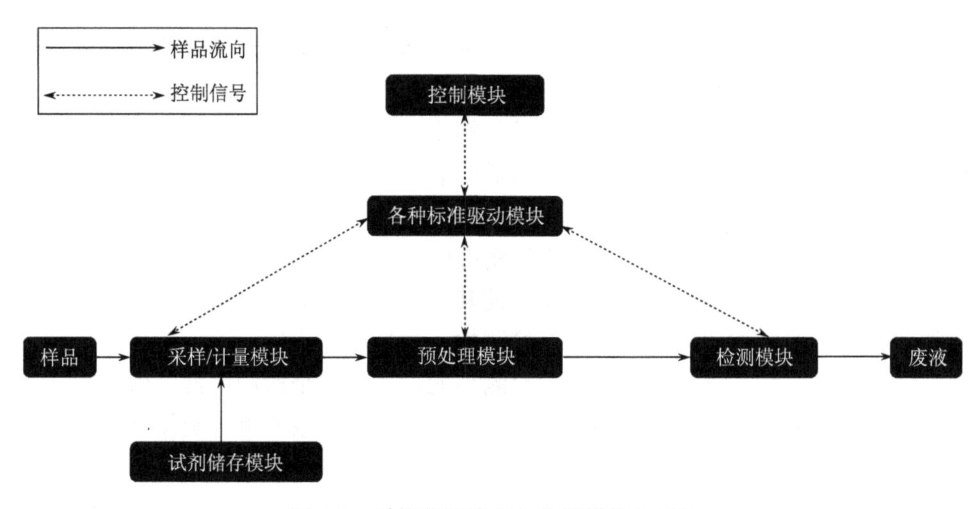

图 7-2　系统监测流程与仪器模块化设计

（5）各种标准驱动模块：该模块用于驱动不同的标准和样品，通过与控制模块的交互，确保各模块的精确操作。

（6）检测模块：该模块是最终的检测单元，进行水质指标的检测，并将废液排出。

系统自动监测数据质量控制技术，实现了系统、仪器运行的详细过程记录，标准样品核查，加标回收率自动测定等多种数据质量控制功能，有效解决了数据可靠性和可溯源性差的问题；智能水质自动监测系统集成化流路设计图如图 7-3 所示。该系统旨在提升现有水站的智能化程度，并解决数据可靠性和可溯源性差的问题。系统模块设计与功能具体描述如下。

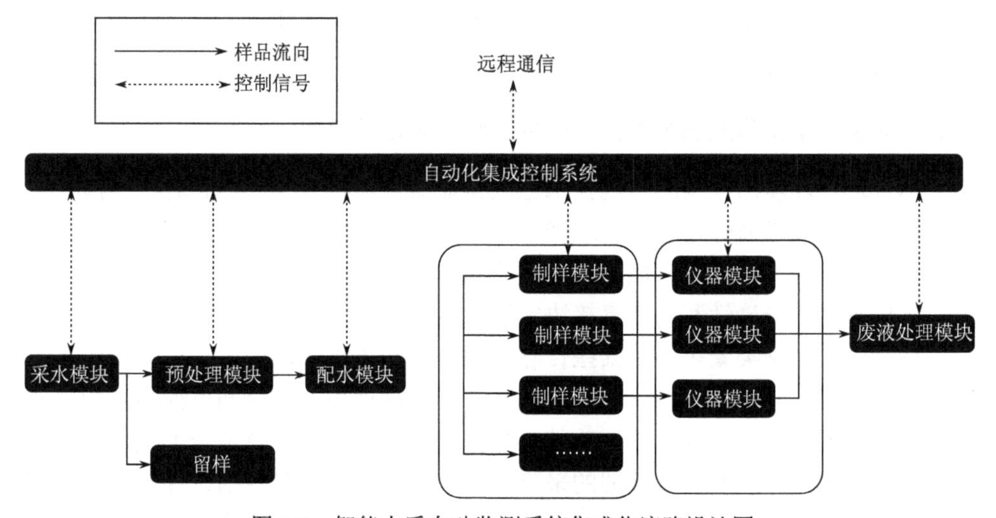

图 7-3　智能水质自动监测系统集成化流路设计图

（1）采水模块：从目标水体中自动采集水样，并将其传送至预处理模块。该模块是整个系统的起点，确保采集的水样具有代表性。

（2）预处理模块：对采集的水样进行初步处理，包括过滤、稀释、混合等操作，去除干扰物质，并调整水样状态以适应后续检测。

（3）配水模块：根据检测需求，将预处理后的水样分配至不同的制样模块。该模块可根据不同检测项目的需要进行精准的样品分配。

（4）制样模块：进一步准备样品，使其达到检测仪器所需的状态。这一模块可能包括样品的标准化处理，以确保检测的一致性和准确性。

（5）仪器模块：该模块是核心的检测单元，包含多个检测仪器，用于执行各种水质参数的监测任务。不同的仪器可以同时进行多参数检测，确保全面的水质分析。

（6）废液处理模块：处理检测过程中产生的废液，确保系统的环保性和安全性。

（7）自动化集成控制系统：通过远程通信技术实现对整个系统的自动化控制，支持多种运行模式集成，包括常规实验室检测、水质自动监测和应急监测。该系统还提供详细过程记录、标准样品核查、加标回收率自动测定等多种数据质量控制功能，极大提升了数据的可靠性和可溯源性。

智能水质自动监测系统通过对各功能单元的智能化设计与集成开发，实现了系统的高度自动化和智能化，解决了现有水站智能化程度低的问题。系统内置多种数据质量控制技术，确保检测数据的准确性和可靠性，并提供详细的过程记录以保证数据的可追溯性。此外，系统支持多种运行模式，既能够进行常规的水质自动监测，又可以在应急情况下快速切换到应急监测模式，提供灵活的解决方案。这一技术的研发与集成标志着智能水质自动监测系统在智能化、可靠性和多功能性方面取得了重要突破，为水环境管理提供了更高效、更精准的工具。

7.1.3 环境污染实时监测技术面临的挑战和未来发展趋势

尽管现代环境污染实时监测技术已取得显著进展，但在其应用和推广过程中，仍然存在一些技术瓶颈，这些瓶颈严重影响了环境治理的效果和效率[130]。

传感技术的局限性是环境污染实时监测技术发展的一大障碍[131]。作为技术的核心，传感器的准确性和精度直接决定了监测结果的真实性和可靠性。然而，尽管市场上传感器种类繁多，但某些传感器的检测结果不够精确，无法满足实际监测的需求。此外，传感器的使用寿命限制了其长期运用，需定期更换和维护，从而增加了监测的成本和复杂性。此外，数据处理能力的不足也是一大技术瓶颈。环境污染实时监测涉及大量数据的采集与处理，在数据质量控制、存储、传输和分析等方面面临巨大挑战。目前技术的数据处理能力尚不能满足高效的数据管理和精确分析的要求，进而影响环境治理的成效。特别是在海洋环境监测方面，尽管基于水下网络的监测技术能实现远程遥控和实时监测，但在大规模部署上仍然存在技术难题。环境污染实时监测技术的推广和应用还受到硬件设备质量和稳定性的制约。在无线传感器网络中，节点的高稳定性和耐用性对硬件的研发和生产提出了更高要求。

解决这些技术瓶颈需要加强技术研发和创新，包括提升传感器的精度和准确度、增强数据处理和分析能力以及提高数据传输和存储效率。此外，运用新型材料、新型器件和前沿技术，可开发出更稳定、可靠、精确的环境监测设备。在此基础上，应建立完善的智能环境监测系统，实现数据的自动采集、传输和处理，并结合人工智能、大数据、云计算等现代技术，提升环境污染实时监测技术的智能化和自动化水平。总之，环境污染实时监测技术在环境治理中起着不可忽视的作用，面临的技术挑战和瓶颈仍需通过持续的技术研发和创新来克服，以便为环境治理提供更有效的技术支持和保障。

7.2 环境污染时空分布可视化技术

环境污染是全球面临的重大问题之一，随着工业化和城市化的快速推进，环境污染对生态系统和人类健康的威胁日益严重。为了有效监测和管理环境污染，研究人员和决策者越来越依赖于环境污染时空分布可视化技术。

环境污染可视化方法最早可追溯到 20 世纪 70 年代，当时的可视化方法主要依赖于固定监测站，通过人工采样和实验室分析获取的数据。这种方法虽然在一定程度上提供了污染物的基本信息，但由于监测点数量有限，空间覆盖不足，难以全面反映环境污染的实际情况。

20 世纪 80 年代，GIS 技术开始应用于环境科学，研究人员利用 GIS 技术进行空间数据的存储、管理和分析，但当时的计算机性能限制了其在大规模环境数据处理上的应用。进入 90 年代，随着计算机技术的发展，GIS 技术在环境监测和管理中的应用逐渐普及，研究人员开始尝试将污染物数据与地理空间数据相结合，初步实现了污染分布的空间可视化。

进入 21 世纪，遥感技术取得了显著进步，卫星遥感和航空遥感为大范围、高分辨率的环境监测提供了可能[132]。

随着一系列环境卫星的发射，研究人员可以获取全球范围内的环境数据，这为环境污染的时空分布研究提供了丰富的数据来源。与此同时，大数据技术的发展使处理和分析海量环境数据成为可能。由于互联网和信息技术的飞速发展带动了大数据技术的应用，研究人员开始利用大数据技术对环境监测数据进行挖掘和分析，提取出有价值的信息，进而提升环境污染时空分布的可视化效果。

21 世纪 10 年代以来，人工智能和机器学习技术的迅猛发展，为环境污染时空分布的预测和模拟提供了新的方法。研究人员利用机器学习算法对历史环境数据进行训练，建立预测模型，能够更准确地预测污染物的时空分布变化。这一阶段，可视化技术不再局限于静态图形，还发展出动态、交互式的可视化工具，提升了用户体验和数据展示效果。同时，无人机技术的应用使环境监测的空间分辨率进一步提高。无人机可以在低空进行高精度的数据采集，补充了卫星遥感和地面监测的不足，提供了更为细致的污染物分布数据。结合多源数据融合技术，研究人员能够将不同来源的数据进行整合，提高监测结果的准确性和可靠性。

7.2.1 环境污染时空分布

环境污染涵盖了空气、水、土壤、噪声、光和放射性等多个方面，每一种污染形式都对人类的生存与发展、生态系统和财产造成不同程度的影响，其影响程度可通过时间和空间两个维度进行可视化。本节以环境污染中的空气和水环境污染为例进行说明。

1. 时间分布

空气污染存在显著的日变化和季节变化特征。在一天中，交通高峰期（早晨和傍晚）往往是空气污染物浓度最高的时段，因为此时车辆尾气排放量最大。同时，工业排放也会在工作时间内达到高峰。此外，夜间由于逆温效应，污染物易于积累，早晨污染物浓度也会较高。而冬季通常是空气污染最严重的季节，尤其在北方地区。低温和逆温现象使污染物难以扩散，同时冬季取暖增加了燃煤量，导致 SO_2 和 $PM_{2.5}$ 等污染物浓度升高。夏季虽有较强的光化学反应生成臭氧（O_3），但整体上污染物易于扩散，空气质量相对较好。

水污染在降水、农业活动和工业排放的影响下也存在明显的季节变化和长期变化趋势。在雨季，降水会冲刷地表污染物进入水体，导致污染物浓度短期内升高。这种情况在农业区尤为明显，农药和化肥随雨水流入河流和湖泊，造成富营养化和其他污染问题。在旱季，水量减少，水体稀释能力减弱，污染物浓度也相对较高，特别是在水资源稀缺地区。另外，工业排放和城市污水处理设施的运作对水污染的长期趋势有显著影响。随着环保法规的加强和污水处理技术的改进，某些地区的水质逐渐改善，但在发展中国家和一些欠发达地区，工业排放仍是主要污染源。

2. 空间分布

空气污染在空间上的分布主要受城市化程度、工业布局、地形和交通密度等因素的影响。城市地区的空气污染通常比农村地区严重。这是因为城市人口密集，交通流量大，工业企业集中，排放的污染物更多。特别是在大城市的中心区和交通干道周边，$PM_{2.5}$、氮氧化物（NO_x）等污染物浓度较高。地形也影响空气污染的空间分布。在盆地和山谷地带，由于空气流动性差，容易形成污染物积聚。曾有学者研究了四川盆地地形特征对霾污染的影响，发现四川盆地四面环山的地形使该区域风速降低、温度和湿度增加以及边界层高度降低，这些由地形导致的不利的气象条件会加重该区域霾污染。而且在不同的海拔高度，颗粒物污染程度也有所不同，盆地底部污染较重，斜坡次之，边缘区域较轻。

水污染的空间分布与地理位置、污染源分布、流域特征和人类活动等密切相关。河流上游通常污染较轻，因为这里人类活动相对较少，污染源较少。下游地区，特别是接近城市和工业区的河段，污染程度较高。工业废水、农业径流和城市生活污水在下游汇聚，导致污染物浓度增加。另外，河流的干流污染通常较支流严重，因为干流汇集了多个支流的污染物。干流往往经过人口稠密、工业发达的地区，污染源更多。而且一个流域内的污染分布与该流域的土地利用模式密切相关。农村地区的水污染主要来自农业径流，特别是在农药和化肥使用量大的地区。雨季时，农业径流携带的污染物进入河流和湖泊，导致水体富营养化和有毒物质积累，而工业区则主要受到工业废水污染。

7.2.2 可视化技术

环境污染时空分布可视化技术是一种将环境污染数据进行可视化展示的技术，可帮助人们更直观地了解环境污染的时空分布情况。常用的可视化技术包括热力图、GIS 技术、空间分析技术等。

1. 热力图

热力图（heatmap）是一种通过对色块着色来显示数据的统计图表。通常用来呈现大量数据集中的位置和密度，突出显示高频率区域和低频率区域。热力图通常用颜色渐变的方式显示数据的变化，在区域密集的部分会用更加明亮或者鲜艳的颜色表示，以此突出显示数据的分布规律。热力图在环境领域有着广泛的应用，可以用来呈现不同地区或不同时间序列的大气环境质量的浓度变化，还可以显示不同区域的生态状况，如植被分布、动物分布等，以帮助决策者了解生态环境的分布情况，从而保护生态环境，促进可持续发展。通过热力图，可以帮助政府部门和公众更直观地了解空气污染的分布和变化趋势，从而采取相应措施来改善空气质量。

2. GIS 技术

GIS 技术是指利用计算机等现代信息技术手段对地理信息（包括地球表面和

地下资料）进行采集、处理、存储、分析、可视化和管理的一种系统工具。GIS 技术可以将图像、文本、表格和数字数据整合在一起，通过空间分析、模型分析和决策支持系统等工具，向用户展示地理空间信息和相关属性，帮助人们更深入地研究和理解地球的自然和人文环境。

在环境污染问题上，GIS 技术可以对地理空间信息进行数据分析和可视化，将空间位置信息和污染数据相结合，并将其他层面的环境信息融合起来，展示环境污染数据在地理空间上的分布。

3. 空间分析技术

空间分析技术可以计算污染源、监测站和污染数据之间的距离和空间关系，并从空间的角度来分析和探究环境污染的影响和传播规律，如缓冲区分析。缓冲区分析通过确定某个区域范围内环境污染源的周围区域的特征和属性，以确定影响范围。常见的缓冲区模型是圆形缓冲区和半圆形缓冲区，通过缓冲区内土地利用类型变量与空气质量的相关性来评估影响空气质量的关键要素。

应用案例：在分析土地利用类型、道路长度、道路密度以及车流量等信息对长沙市大气 NO_2 污染的影响时，为了量化这些影响要素，可设置半圆形缓冲区模型。该模型通过引入城市主导风向，在一定的半径区域内，将圆形缓冲区分割为上风向和下风向两个半圆形缓冲区，然后分别提取该缓冲区内土地利用类型、道路长度、道路密度及车流量等有效特征。进而评估半圆形缓冲区内特征变量与空气质量的关系，识别影响空气质量的关键要素，如图 7-4 所示。

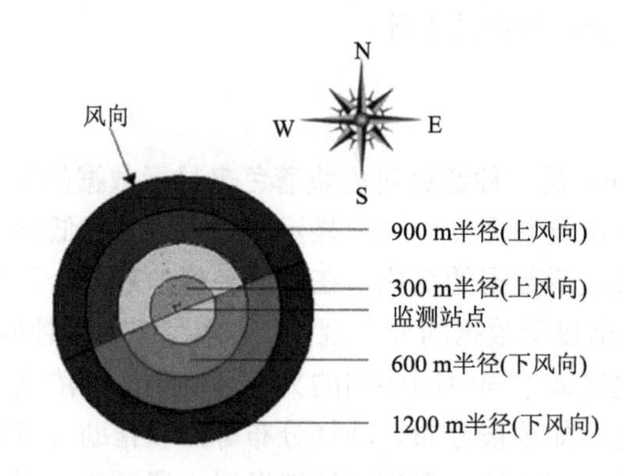

图 7-4　基于主导风向的半圆形缓冲区划分示意图[133]

7.3　环境污染风险预测技术

环境污染风险预测是指通过对环境状况和污染物情况进行监测、分析和评估，预测环境污染物的扩散和影响，判断污染物对环境和健康的危害性和影响程度，以及预测未来可能发生的污染风险，从而采取相应的措施，减少污染风险和损失。涉及的技术主要包括传统的统计分析预测技术、人工智能预测技术以及物理/化学模型模拟预测技术。

7.3.1　统计分析预测技术

在环境污染风险分析预测领域，传统的统计分析预测技术指的是利用统计学方法，对获取的环境历史数据进行分析，发现趋势和规律，提供未来的预测信息的一种方法。主要包括时间序列分析、回归分析等技术。

时间序列分析是一种基于时间序列数据预测未来数值的方法。通过对时间序列数据进行拟合，建立历史模型，并通过模型预测未来数值，包括灰色预测模型、傅里叶模型以及指数平滑模型等。其中，灰色预测模型是一种对有限的数据进行预测的方法，该方法通用性较强，在一般的时间序列场合（如小数据集）有很好的预测效果，缺点是对原始数据序列的光滑度要求很高。

回归分析是一种分析自变量与因变量之间关系的方法，主要用来分析自变量与因变量之间的线性回归关系，以此来预测未来的因变量值，包括线性回归、多元回归等。同时，该方法还能初步分析各自变量对因变量时间序列变化的贡献。

应用案例：如图 7-5 所示，运用归一化多元回归分析方法分离了人为活动和气候变化在空气质量长期变化中的相对贡献（即引起的光学消光的变化情况），发现 1980～2015 年人类活动对加剧的大气污染趋势起主导性的作用，但气候条件的改变对大气污染长时间序列年际变化的影响不容忽视，气候条件对大气污染的影响在 2005 年出现突变。

7.3.2　人工智能预测技术

人工智能预测技术涉及多学科交叉，涵盖计算机科学、概率论、统计学、近似理论和复杂算法等知识，它的本质是基于大量的数据和一定的算法规则，使计算机可以自主模拟人类的学习过程，通过不断地数据“学习”提高性能并做出智能决策的行为。在环境预测中，人工智能预测技术有着广泛的应用。本节以人工神经网络算法和随机森林算法这两种典型的机器学习算法为例进行说明。

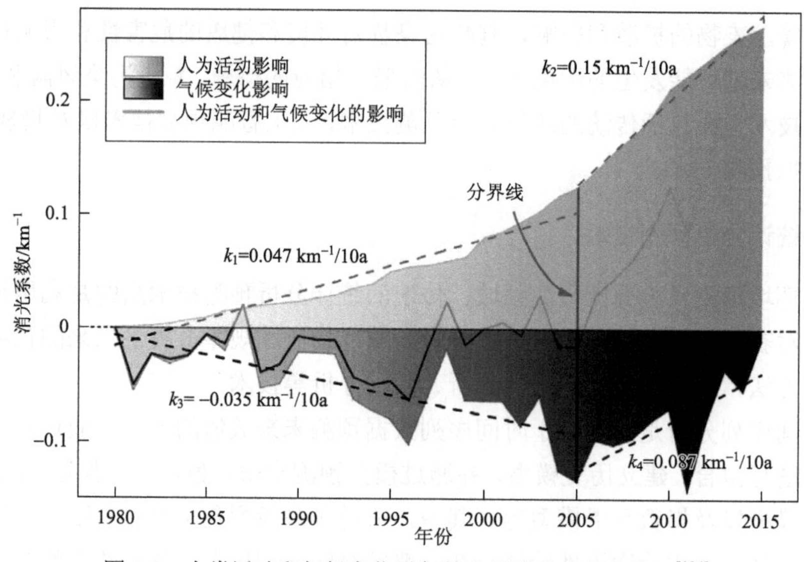

图 7-5　人类活动和气候变化引起的光学消光的变化情况[134]

k_1、k_2、k_3、k_4 指拟合线斜率

1. 人工神经网络算法

人工神经网络算法是一种模仿人脑神经网络实现学习的算法，常用于模式识别和分类问题。在环境预测中，可以使用人工神经网络算法来预测洪水、飓风等自然灾害，也可以预测大气环境质量。图 7-6 是利用人工神经网络算法预测大气环境质量时的模型结构示意图。

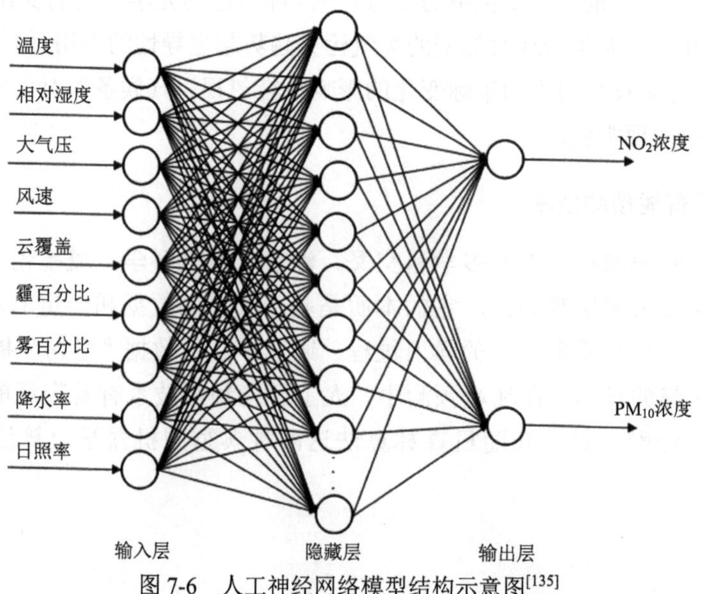

图 7-6　人工神经网络模型结构示意图[135]

该算法包括输入层、隐藏层和输出层。其中，输入层包括温度、相对湿度、大气压、风速、云覆盖、霾百分比、雾百分比、降水率、日照率等共计9个预测因子；而隐藏层则负责捕捉输入数据的特征和复杂关系，通过非线性变换，将原始输入映射到更高维度的特征空间；输出层在隐藏层之后，表示模型输出的结果，在此示意图中，输出层包括 NO_2、PM_{10} 两种大气污染物浓度。

2. 随机森林算法

随机森林算法是目前比较流行的一种高度灵活的机器学习算法，由数量庞大的决策树组成，每个决策树都是一个独立的基评估量。其核心思想是将若干个相互独立的弱评估器组成强集成评估器，并采用平均或多数表决原则来决定集成评估器的结果。随机森林算法在环境预测中的应用非常广泛，如在气象领域，可以预测未来一段时间内的温度、降水量等，也可以预测未来一段时间内的空气质量水平。

随机森林根据应用场景的不同分为随机森林分类（random forest classification，RFC）和随机森林回归（random forest regression，RFR），基本流程如图7-7所示。对于随机森林分类，其预测结果由所有决策树模型分类结果的众数决定；对于随机森林回归，其预测结果取决于所有决策树模型回归结果的平均数。随机森林的随机性体现在两个方面：一是样本的随机性，为得到每棵决策树的根节点样本，采用随机抽取的方式从训练数据集中抽取一定数目的样本量；二是属性的随机性，在建立每棵决策树的过程中，为了找到最合适的属性作为分裂节点，采用随机抽取的方式选择一定数量的候选属性。

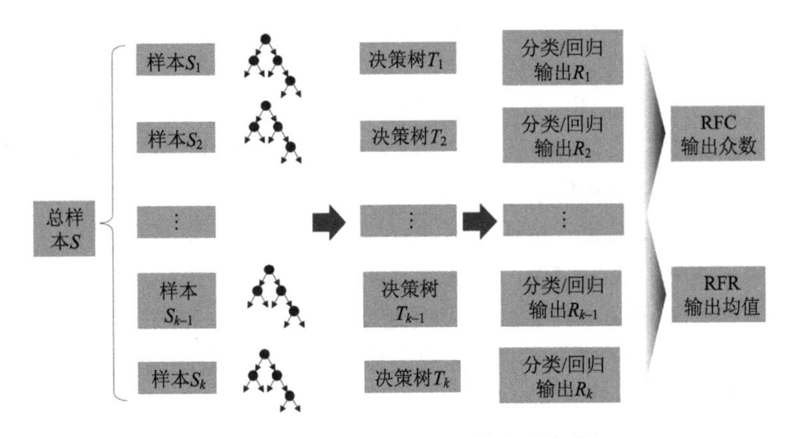

图7-7 随机森林分类/回归算法基本流程

以使用随机森林回归方法预测气溶胶消光系数为例进行说明，将影响气溶胶消光系数的空气质量数据、气象数据、土地利用类型数据等作为自变量，以气溶胶消光系数作为因变量输入模型中进行建模模拟。在使用该模型时，常利用匹配好的自变量与因变量网格点建立随机森林模型，而未匹配的网格点用于对因变量进行预测。

7.3.3 物理/化学模型模拟预测技术

物理/化学模型模拟预测技术在环境预测中的应用主要是当实验数据不足或无法获取时，基于已知的物理原理和化学反应机理构建数学模型，对环境中的物理和化学过程进行模拟和预测。这些模型能够预测输入参数的变化对环境因素的影响，在大气质量预测、水质预测、气候变化预测、土壤污染预测、生态系统响应预测等方面皆有涉及，能对环境治理和保护工作提供有价值的判定参考。下面以大气质量模拟预测为例进行说明。

大气质量模拟预测是用数学方法来模拟大气污染物的扩散和反应的物理和化学过程。自 1970 年至今，随着技术的发展，共开发了三代大气质量模型，在最新的第三代大气质量模型中，设计者基于“一个大气”理念，突破了传统模式针对单一物种的模拟，考虑了实际大气中不同物种之间的相互转换和互相影响，使模拟越来越接近真实世界。特别是美国国家大气研究中心开发的 WRF-Chem（Weather Research and Forecasting Model with Chemistry，大气化学-气象耦合模式）由于考虑了气象和大气污染的双向反馈过程，在一定程度上代表了区域大气模式未来发展的主流方向。

该模型运行前需要预先准备数据资料，包括用于数据同化的观测资料、地形资料、气象场资料、土壤资料、人为源及自然源排放资料等。其运行的主要模块包括 WPS（WRF preprocessing system，WRF 预处理系统）模块和 WRF-ARW（advanced research WRF，高级研究 WRF）主积分模块。WPS 模块主要用于定义 WRF 网格，产生空间地图、高程和土地利用信息，对气象场资料进行预处理并插值到 WRF 三维网格中。WRF-ARW 主积分模块则是 WRF-Chem 的核心模块，在此模块中实现气象过程和化学过程的实时双向反馈。

案例分析：以模拟某一时期我国 $PM_{2.5}$ 浓度变化为例，设置模拟区域覆盖东亚范围，水平网格步长 30 km，并输入气象场以及化学初始和边界条件。另外，收集来自农业、工业、电力、生活及交通等五个部门的 MEIC（Multi-resolution Emission Inventory for China，中国多尺度排放清单）污染源排放数据作为排放清单，通过运行 WPS 模块和 WRF-ARW 主积分模块实现大气 $PM_{2.5}$ 污染形势的再现。该模型在环境预测中与机器学习模型一样起到了关键作用，能够帮助人们更好地了解环境变化趋势，并为环境管理和保护提供有效的信息和决策支持。

第8章

环境服务大数据智能分析技术

环境大数据的快速积累和分析需求日益增加，推动了智能分析技术在环境保护中的广泛应用。环境服务大数据智能分析技术通过整合大数据分析、机器学习和时空建模，为环境监测、预测和风险评估提供了新方法。本章首先介绍了环境服务时序缺失数据填补技术，包括统计、机器学习和神经网络等多种方法，并评估其适用性。随后，探讨了环境服务大数据时空特征分析技术，如时空聚类、异常检测和关联分析，揭示了环境数据的时空分布特征。最后，对环境服务多源遥感影像数据的分析技术进行了介绍，包括框架组成、算法描述等方面内容。本章旨在为环境大数据的智能分析提供理论支撑和实践指导，助力环境管理决策的科学化和智能化。

8.1 环境服务时序缺失数据填补技术

2017 年，我国已经达成“大气十条”第一阶段目标，但是大气污染问题仍然很严重。在一些特定时段和区域，某些污染物的浓度会变高，对人们的生产和生活造成了很大的影响。此外，空气污染问题还给城市的可持续发展带来了严峻挑战。环境服务时序缺失数据填补指的是在时间序列数据中出现了缺失值的情况下，使用一定的方法对这些缺失值进行估计或填充。该过程可以提高数据的完整性、增强数据的可用性、保持数据的连续性、改善模型的性能、恢复数据的统计特性，从而为后续的分析和应用提供更准确、可靠的数据基础，使数据趋于真实和完整，具有一定的研究价值和现实意义。

8.1.1 基于统计的填补方法

1. 基于矩阵分解填充法

矩阵补全是一项通过已知数据来推测未知数据的技术，常用于推荐系统和图像处理等领域。Fan 和 Chow[136]提出了基于最小二乘、低秩和稀疏自表示的矩阵补全方法。该技术利用矩阵分解和低秩近似等方法，对缺失元素进行推断，从而提升在缺失数据上进行预测的鲁棒性。此类方法也可广泛应用于推荐系统、图像处理、信号处理等领域。

2. 基于统计方法的填充技术

均值填充是一种通过计算该特征在其他非缺失数据上的平均值来填充缺失值的方法。具体而言，针对某个特征的缺失值，可以使用该特征的非缺失值的平均值进行替代。例如，一组成员的成绩分布为 99.0、100、NULL、91.0、95.0，采用均值填充的结果为 96.25。中位数填充是用该特征缺失的值的中位数来填补缺失值。该方法与均值填充类似，只是用中位数代替平均值。例如，一组成员的成绩分布为 99.0、100、NULL、99.0、95.0，采用均值填充的结果为 99.0。

3. 基于插值方法的填充技术

线性插值是通过已知数据点之间的线性关系来填充缺失值。例如，可以使用两个已知数据点之间的线性方程来估计缺失值。拉格朗日插值是利用拉格朗日插值多项式来估计缺失值。该方法假设数据点之间存在一个多项式函数，并使用多项式来填充缺失值。

8.1.2 基于机器学习的填充技术

回归填充是使用回归模型预测缺失值。通过将已知数据作为因变量，其他特征作为自变量，构建回归模型对缺失值进行预测。

随机森林填充是利用随机森林模型对缺失值进行估计。随机森林填充示例图如图 8-1 所示，该方法基于已知数据的其他特征，使用随机森林算法预测缺失值。

8.1.3 基于神经网络的缺失值填充算法

自编码器（autoencoder，AE）是一种用于无监督学习的神经网络结构，主要用于数据的压缩表示。在处理数据缺失时，自编码器可以通过特征学习和数据重建来填补空缺。通过训练，自编码器能够将输入数据映射到一个潜在空间，并从该空间解码出输出。在填充缺失数据时，可以将不完整数据输入自编码器，利用其生成的输出数据来填补缺失值。

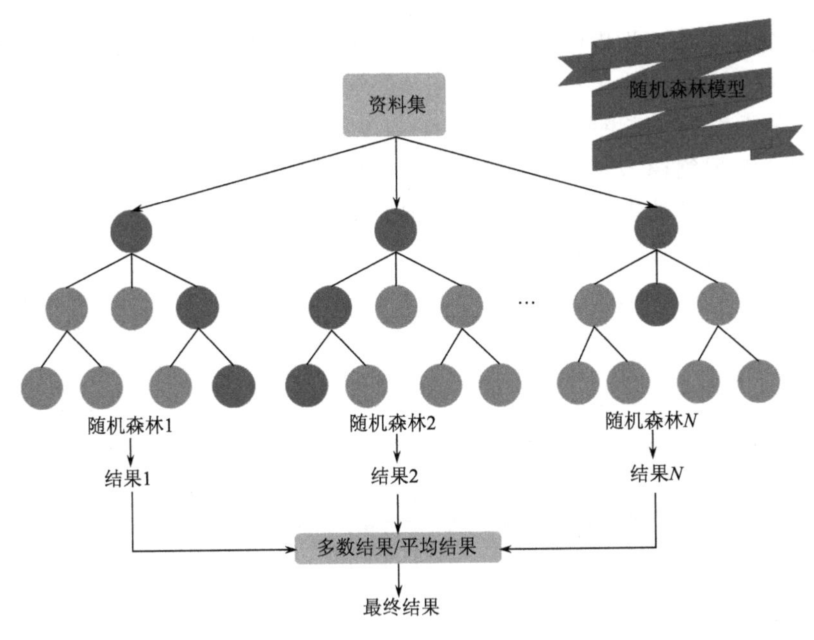

图 8-1　随机森林填充示例图

生成对抗网络由生成器和判别器两部分构成，适用于生成新数据样本。在处理缺失数据时，生成对抗网络可用于生成缺失值。生成器负责生成这些缺失值，而判别器则用于评估生成结果与真实数据之间的差异。经过训练，生成对抗网络能够生成高逼真的填充值来填补数据中的空缺。

Shang 等[137]提出了一种基于生成对抗网络的多模态数据缺失值填充算法。该算法首先将多模态数据集分为两部分，即已知数据和未知数据。在每个模态中，将缺失值填充为该模态的平均值，并进行归一化。然后使用生成对抗网络对每个模态分别进行训练。判别器用于区分完整数据和通过估计得到的缺失值，以判断它们是真实的数据还是生成的数据。再在未知数据集中，使用生成器生成每个模态的估计缺失值，并与已知数据一起形成完整的数据集。该方法的优点是能够对多个模态的数据进行缺失值填充，并且考虑了模态之间的关联性；缺点是在现实生活中很难找到多模态数据集且需要训练多个生成器和判别器，计算复杂度较高。

8.1.4　基于生成对抗网络的空气缺失值填充算法

考虑一个城市的空气质量监测网络，监测各个地区的空气质量指标，如 $PM_{2.5}$、PM_{10}、SO_2 等。然而，由于设备故障、通信问题或其他原因，监测数据中可能会存在缺失值，影响对空气质量的评估和预测。本节将利用生成对抗网络来填补缺失的空气质量数据，具体步骤如下。

（1）数据准备。收集城市不同地区的历史空气质量监测数据，包括完整数据和缺失数据。同时，收集与空气质量相关的气象数据、地理数据等作为特征。

（2）基于生成对抗网络的G-WGAN（G-Wasserstein GAN）模型构建（图8-2）。构建生成对抗网络模型时，需要设计生成器和判别器。生成器用于估算缺失值，而判别器则用于评估生成的值与真实数据的差异。通过反复训练，使生成器生成的缺失值逐步逼近真实数据。

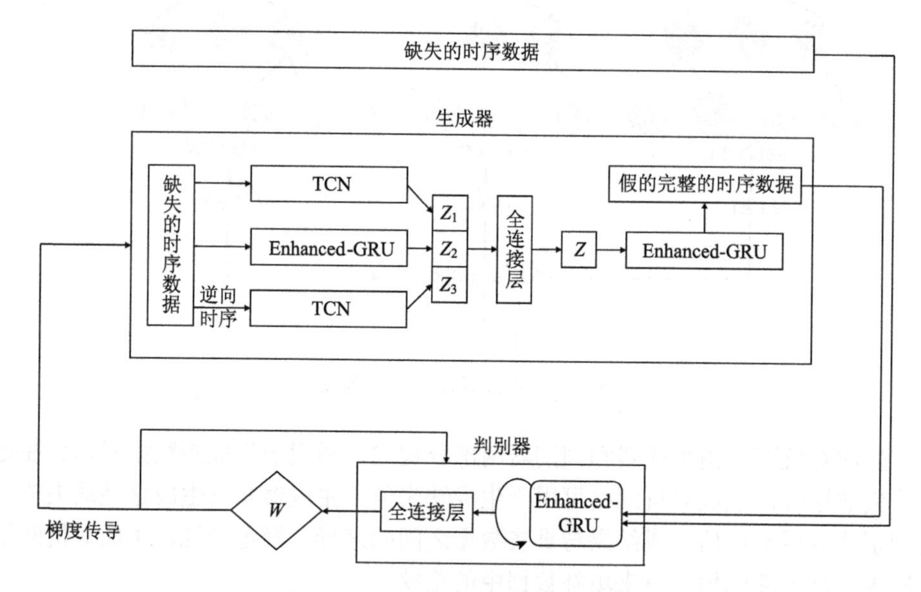

图8-2 模型G-WGAN结构示意图

TCN全称为temporal convolutional network（时域卷积网络）；Enhanced-GRU全称为enhanced gated recurrent unit（增强型门控循环单元）；Z、Z_1、Z_2、Z_3分别表示模型的输出；W表示权重

（3）模型训练。利用历史数据进行生成对抗网络模型的训练。可以采用已有的完整数据来训练模型，使生成的缺失值与真实数据的尽可能一致。

（4）数据填补。利用训练好的生成对抗网络模型，对缺失的空气质量数据进行填补。通过训练生成对抗网络，可以生成逼真的填补值以填补缺失数据。

（5）效果评估。表8-1比较了填补前后的数据集，评估生成对抗网络模型的填补效果。可以使用均方误差（mean square error，MSE）等指标来衡量填补结果与真实值之间的差异，以及模型的预测准确性。

表8-1 结果示意图

缺失率	最近填充	均值	K最近邻	线性回归	自动编码器	自适应生成对抗网络	门控循环单元
10%	0.463	0.996	**0.019**	0.259	0.234	0.122	0.089
20%	0.498	0.989	0.189	0.286	0.245	0.126	**0.097**

续表

缺失率	最近填充	均值	*K* 最近邻	线性回归	自动编码器	自适应生成对抗网络	门控循环单元
30%	0.540	1.017	0.438	0.309	0.277	0.140	**0.116**
40%	0.595	1.003	0.612	0.343	0.291	0.165	**0.139**
50%	0.650	0.999	0.707	0.377	0.340	0.197	**0.153**
60%	0.728	0.996	0.737	0.434	0.382	0.254	**0.191**
70%	0.811	0.997	0.785	0.503	0.460	0.348	**0.275**
80%	0.939	1.001	0.826	0.601	0.610	0.366	**0.314**

注：单位用 MSE 值度量，MSE 值越小越好；加粗表示最优

8.2　环境服务大数据时空特征分析技术

环境服务大数据时空特征分析技术是指利用数学、统计、机器学习等方法，对时空数据的时间、空间、属性等多方面的特征进行提取、描述、挖掘和预测的技术。时空数据是指具有时间和空间属性的数据，如气象数据、人口分布、交通流量等。该技术在环境保护领域具有重要的研究意义，能帮助人们更加全面、准确地深入了解环境大数据的特征，根据大数据的分析结果对环境进行预测，从而有效改善和提高环境。

8.2.1　常用的环境服务大数据时空特征分析技术

环境大数据时空特征分析技术是指利用时空数据挖掘的方法，对环境相关的时空数据进行分析和预测，以揭示环境问题的时空分布特征、影响因素和演变趋势，为环境保护和管理提供科学依据。常用的技术有时空聚类分析、时空异常分析、时空关联分析。

1. 时空聚类分析

时空聚类分析的目标是从时空数据库中识别具有相似特征的时空实体组合，即时空簇。相比传统聚类分析，时空聚类分析是在空间维度基础上向时空维度延伸。它在全球气候变化、公共卫生安全、地震监测分析等领域有着重要的应用价值，有助于深入探索和理解地理现象的演变趋势、规律及其本质特征。

2. 时空异常分析

时空异常分析是一种探测时空数据中与正常模式或预期值有显著偏差的观测值或事件的方法。时空异常分析可用于发现空气污染数据中的异常现象，如突发

的污染源、周期性的污染变化或与邻域不一致的污染水平，常用的方法是基于可视分析，即利用可视化技术和交互式操作来探索时空数据中的模式和异常。可视分析方法可以提高空气污染感知效率，实现交互式挖掘数据中蕴含的知识和空气污染现象，可以实时地观察空气质量数据，做出合理且科学的策略来应对环境的变化。

3. 时空关联分析

时空关联分析是一种探测时空数据中不同地理实体或现象之间的相互影响或依赖关系的方法。时空关联分析可用于发现空气污染数据中的空间关联性，如不同城市之间的空气质量变化是否存在相关性，以及相关性的强度和方向等。时空关联分析的方法有多种，如基于统计的方法、机器学习、深度学习等；也有基于可视化技术的关联分析，即利用可视化技术和交互式操作来探索时空数据中的关联模式。可视化分析方法能够从多个角度帮助用户探索环境数据的时空模式及其多维特征，为制定环境服务策略提供科学支持。

8.2.2 基于时空私家车出行大数据的碳排放量测算技术

在全球化与城市化进程不断加速的今天，私家车已成为现代生活中不可或缺的一部分，极大地便利了人们的日常出行。然而，随着私家车保有量的急剧增加，其带来的碳排放问题也日益凸显，对全球气候变化和环境质量构成了严峻挑战。为了准确评估私家车出行对碳排放的贡献，并为政府制定有效的交通碳减排政策提供科学依据，本章基于汽车在线服务平台大规模车主披露的细粒度数据，如油耗、行驶里程、地域、价格、车型、制造商及城市等，采用线性回归、决策树、神经网络等先进的机器学习模型，深入探索了私家车出行碳排放量的测算技术。这一研究不仅有助于对区域、城市级别、价格区间、车型及制造商等不同类别下乘用车碳排放量进行精确估算，还为新能源私家车的碳排放测算提供了研究范式，对促进低碳交通、实现可持续发展目标具有重要意义。

本章以汽车在线服务平台大规模车主披露的油耗、行驶里程、地域、价格、车型、制造商以及城市等与碳排放相关的细粒度数据为基础，以线性回归、决策树以及神经网络等机器学习模型为方法基础，研究车辆（单辆车）累计行驶碳排放量计算模型、平均累计行驶碳排放量计算模型、全国层面的年均行驶碳排放量计算模型以及按区域、城市级别、价格区间、车型、制造商等不同类别划分的车辆年均行驶碳排放量计算模型，分析不同类别因素对乘用车出行碳排放量的影响，为全国乘用车碳排放总量估算、各类别划分下的乘用车碳排放总量估算提供方法支撑，为新能源私家车的碳排放量测算提供研究范式，为政府制定有针对性的交通碳减排方案提供参考依据。

数据来自汽车之家服务平台 2014 年 1 月～2023 年 12 月公开的 16 万余个燃油私家车车主披露的数据（研究对象为燃油私家车，除特别说明，后文提到的车辆均为燃油私家车），涵盖我国 31 个省份（港澳台地区因数据缺失未包含在内）、344 个城市。按照地理区域、车辆注册地的城市规模、销售价格范围、车辆类别（尺寸）和制造商对车辆进行分层抽样来减少样本偏差，使样本尽可能代表当前中国车辆市场的状况。根据《中国统计年鉴 2023》和 2023 年汽车之家数据，按地理区域、制造商和价格范围等类别划分的乘用车占比，样本数据与市场数据基本保持一致。

从用户特征、车辆特征以及区域和城市特征角度来分析。

（1）用户特征。在线服务平台汽车之家口碑模块的公开数据包括车主用户的 ID、评论内容、行驶里程、百公里油耗、购买价格、购买时间、信息发布时间以及购买地点等信息。该平台还将用户划分为认证车主（上传车主行驶证及驾驶证）和非认证车主。

（2）车辆特征。汽车之家提供了丰富的车型库，包含了车辆制造商、车辆类别及车辆购买价格。根据车辆型号可以获取国产、合资和进口等 3 个类别的制造商。车辆类别包括轿车、SUV（sport utility vehicle，运动型多功能汽车）和 MPV（multi-purpose vehicle，多功能汽车）等 3 个类别，车主购买价格按照≤12 万、12 万～20 万（含 20 万）、20 万～30 万（含 30 万）、30 万～50 万（含 50 万）、50 万～100 万（含 100 万）以及＞100 万分为 6 个级别。

（3）区域和城市特征。车主的区域归属主要根据 34 个省级行政区划分为 7 个区域（东北、华东、华中、华北、华南、西北、西南）。城市归属根据人口规模分为 5 类城市：小城市（包括 I 型小城市和 II 型小城市）、中等城市、大城市（包括 I 型大城市和 II 型大城市）、特大城市和超大城市。

为了获取可信的有效样本数据，基于上述特征制定以下入选有效样本数据的规则：①认证车主；②油耗范围（3.8 L/100 km～22.0 L/100 km）；③累计行驶里程范围（20～500 000 km）；④日均行驶里程范围（1～519 km）。最终获取 13 万余个燃油私家车车主数据集。

基于有效样本数据集以及神经网络等预测模型，构建私家车（单辆车）累计行驶碳排放量计算模型，挖掘累计碳排放的影响机理，提出全国层面以及区域、城市级别等 5 类不同划分层面的平均累计行驶碳排放量计算模型与年均行驶碳排放量计算模型。基于《中国汽车低碳行动计划研究报告》中的碳排放测算方法，提出单辆车的累计行驶碳排放量计算模型，具体定义如下。

定义 8-1：车辆累计行驶碳排放量（t）定义如下。

$$C_{i,d} = \mathrm{FC}_i \times K_{\mathrm{CO_2}} \times T_{i,d} / 100 \tag{8-1}$$

其中，$C_{i,d}$ 表示车龄（行驶天数）为 d 的车辆样本 $i(i=1,2,\cdots,N_d)$ 的累计碳排放量（t）；FC_i 表示样本 i 的燃料消耗量（L/100 km）；K_{CO_2} 表示转换系数（燃油车为 2.37 kg/L）；$T_{i,d}$ 表示样本 i 的行驶里程（km）。

为降低偏正态分布对车龄与累计碳排放量拟合精度的影响，采用对数处理方法，获取碳排放量对数 $\ln C_{i,d}$ 和车龄对数 $\ln d$，并拟合线性回归模型 $\ln C_{i,d}=a\ln d+b$，结果如图 8-3 所示。未经过对数处理的累计碳排放量与车龄的拟合精度（R^2）为 0.666，基于对数处理的碳排放量与车龄的拟合精度（R^2）提升至 0.791。

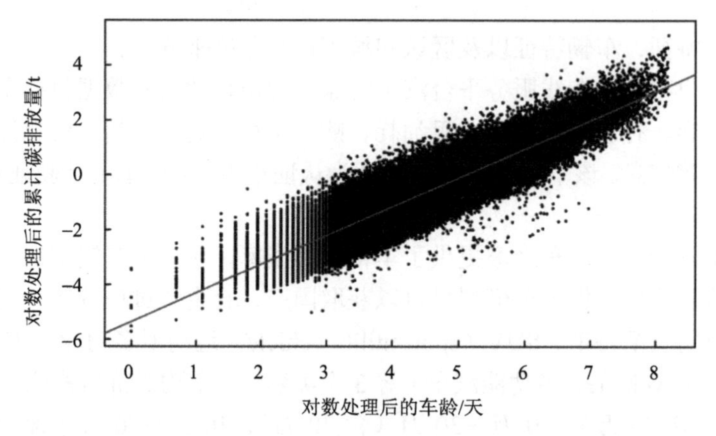

图 8-3 基于对数处理后的累计碳排放量与车龄拟合（R^2=0.791）

上述分析结果显示，对数处理后的累计碳排放量与车龄存在较强的线性关系。此外，不同的车型、制造商、区域、城市级别、价格区间等对车辆的油耗、行驶率都存在不同程度的影响，进而影响车辆的累计碳排放量。如前述所述，车辆有效样本集中包含了车型、制造商、区域、城市级别、价格区间等细粒度信息，为挖掘累计碳排放量的影响因素提供了充足的数据。首先，考虑以上 5 个因素类别，并通过细分获取子类别，具体见表 8-2，结合车龄变量，构建出 25 个因变量的预测模型。

表 8-2 因素类别及其符号

因素类别	子类别	符号
车型	MPV、SUV、轿车	$\psi_1=\{\psi_{1j}\|j=1,2,3\}$
制造商	合资、国产、进口	$\psi_2=\{\psi_{2j}\|j=1,2,3\}$
区域	东北、华东、华中、华北、华南、西北、西南	$\psi_3=\{\psi_{3j}\|j=1,2,\cdots,7\}$
城市级别	小城市、中等城市、大城市、特大城市、超大城市	$\psi_4=\{\psi_{4j}\|j=1,2,\cdots,5\}$
价格区间	≤12 万元、12 万～20 万元、20 万～30 万元、30 万～50 万元、50 万～100 万元、＞100 万元	$\psi_5=\{\psi_{5j}\|j=1,2,\cdots,6\}$

车辆累计行驶碳排放量计算模型（M1）：

$$\begin{cases} \ln C_{i,d} = f\left(\ln d_i, \psi_1^i, \psi_2^i, \psi_3^i, \psi_4^i, \psi_5^i\right), \quad i = 1,2,\cdots,137\,928 \\ \psi_k^i = \left\{\psi_{kj}^i \middle| j = 1,2,\cdots,J_k\right\} \\ \psi_{kj}^i = \begin{cases} 1, & \text{样本}i\text{归属于因素}\psi_k\text{的子因素}\psi_{kj} \\ 0, & \text{其他} \end{cases} \\ \sum_{j=1}^{J_k} \psi_{kj}^i = 1 \end{cases} \tag{8-2}$$

其中，ψ_k^i 表示样本 i 关于 $k(k=1,2,3,4,5)$ 个类别因素的子类别因素归属；$J_k(k=1,2,3,4,5)$ 表示子类别个数，根据表 8-3 可知其满足 $J=\left\{J_k \middle| k=1,2,3,4,5\right\}=\{3,3,7,5,6\}$；$f$ 表示预测模型；$\sum_{j=1}^{J_k}\psi_{kj}^i=1$ 表示只属于因素 ψ_k 的 1 个子因素。

通过如下例子来阐述每个样本对应的子类别归属情况。假设样本 i 为车主在东北的小城市购买的 10 万元的合资汽车制造商生产的 MPV，则该样本的 24 个子因素类别信息如下：

$$\psi_1^i=\{1,0,0\},\ \psi_2^i=\{1,0,0\},\ \psi_3^i=\{1,0,0,0,0,0,0\}$$

$$\psi_4^i=\{1,0,0,0,0\},\ \psi_5^i=\{1,0,0,0,0,0\}$$

基于定义 8-1 与车主有效样本集，获得模型 M1 中所有变量数据用于训练预测模型。采用线性回归、决策树、神经网络和 SVM 等多种预测模型执行训练，具体结果如表 8-3 所示。

表 8-3　预测模型精度对比

模型 f	RMSE	R^2	时间/s	备注
线性回归	0.507	0.816	8	
决策树	0.555	0.780	82	精细树
神经网络	0.501	0.821	595	三层网络
SVM	0.502	0.820	3689	三次 SVM

累计碳排放量真实值与预测值关系图如图 8-4 所示，根据图 8-4 可知，考虑子类别因素后，累计碳排放量的预测精度（R^2）由 0.791（单变量车龄）提升到 0.821（25 个变量），表明各个子类别在一定程度上影响了累计碳排放量测算。为了获取每个子类别因素对累计碳排放量预测的影响程度，运用神经网络梯度法和多元回归特征重要度法获取子类别因素的影响程度，如图 8-5 所示。结果表明，车龄对累计碳排放量预测的影响程度较高，即累计碳排放量在较大程度上依赖于

车龄，价格区间、车型、区域、制造商以及城市级别等子类别因素都在一定程度上影响了累计碳排放量的预测，这为接下来构建车辆年均行驶碳排放量计算模型提供了科学依据。因此，在年均行驶碳排放量计算模型的研究中，首先从全国层面构建车辆年均行驶碳排放量计算模型，再从车型、制造商、区域、城市级别以及价格区间等不同层面探讨车辆碳排放量的计算模型。

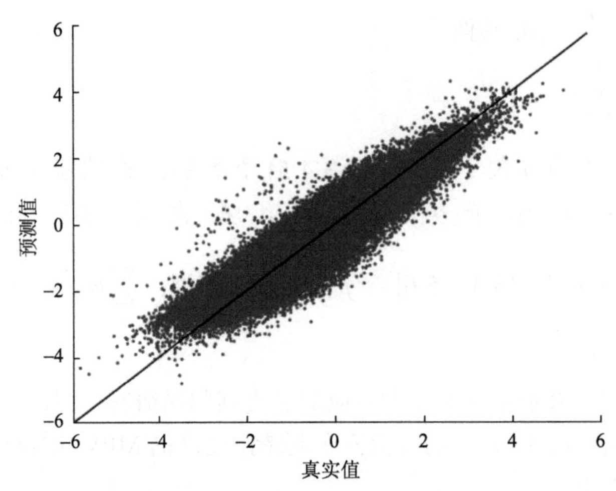

图 8-4　累计碳排放量真实值与预测值关系图（R^2=0.821）

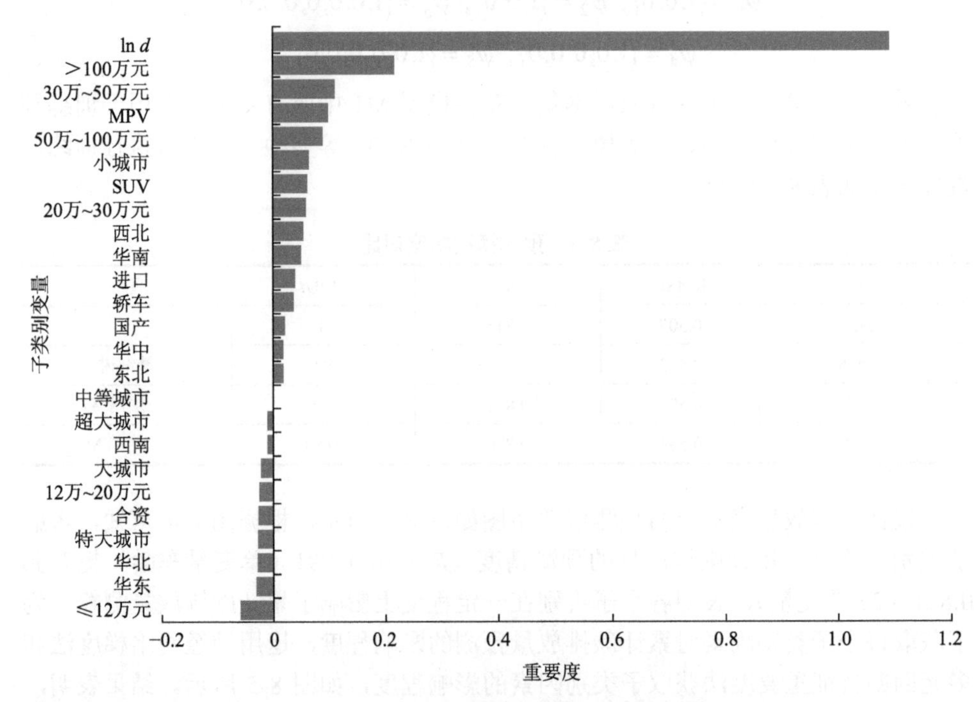

（a）基于梯度的神经网络特征重要度

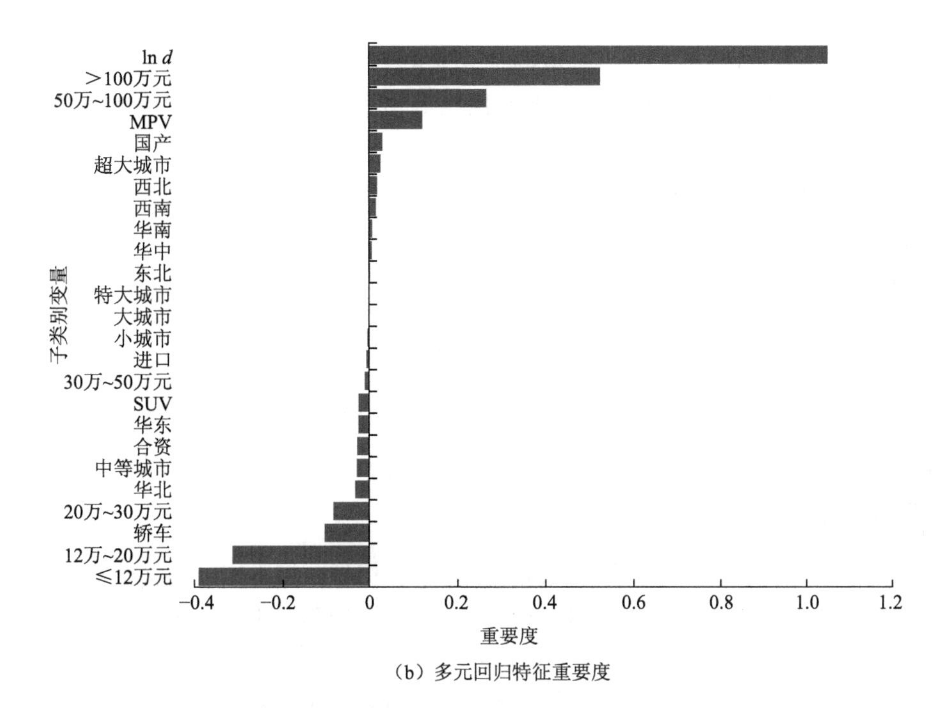

（b）多元回归特征重要度

图 8-5 子类别因素对累计碳排放量预测的影响程度

通过上述模型，分析了累计碳排放量与车龄、5 个类别之间的关系。下一步将构建全国车辆（单辆车）年均行驶碳排放量计算模型、各种类别划分下的车辆年均行驶碳排放量计算模型。

构建全国车辆年均行驶碳排放量计算模型。不同于累计碳排放量的计算，由于同一行驶天数 d 对应着多个车辆样本 i（$i=1,2,\cdots,N_d$）。例如，总样本中有 1000 个车主样本的行驶天数为 300 天，则 $N_{300}=1000$。因此，需将行驶天数相同的群体样本的累计碳排放量聚合为综合的累计碳排放量，称之为平均累计行驶碳排放量，以支撑车辆年均行驶碳排放计算模型的构建。为了方便，记全体样本集合为 G。下面介绍平均累计行驶碳排放量计算模型。

定义 8-2：全体样本 G 的平均累计行驶碳排放量计算模型为

$$C_d = \mathrm{e}^{\sum_{i=1}^{N_d} \ln C_{i,d} \Big/ N_d} \tag{8-3}$$

其中，N_d 表示车龄为 d（天）的样本总数；C_d 表示 N_d 个群体样本聚合后的平均累计行驶碳排放量。

行驶天数对应的样本分布呈现出偏正态分布，即不同行驶天数 d 对应的样本量 N_d 各有不同。基于上述定义 8-2，构建如下预测模型。

平均累计行驶碳排放量计算模型（M2）：

$$\ln C_d = f(\ln d) \tag{8-4}$$

其中，f 表示线性回归、决策树、神经网络等预测模型，通过预测精确度来确定模型。

基于上述预测模型获取平均累计行驶碳排放量，构建下述定义中的全国车辆年均行驶碳排放量计算模型。

定义 8-3：全国车辆年均行驶碳排放量计算模型为

$$\bar{C} = w_1 C_{365} + \sum_{y=2}^{10} w_y \left(C_{365y} - C_{365(y-1)}\right) \tag{8-5}$$

其中，$\ln C_{365y} = f(\ln(365y))$（$y=1,2,\cdots,10$），依据模型 M2 来计算，年份包括 2014～2023 年；$0 \leqslant w_y \leqslant 1$（$y=1,2,\cdots,10$）表示各年份的市场份额权重，满足 $\sum_{y=1}^{10} w_y = 1$。

构建类别划分下车辆年均行驶碳排放量计算模型。接下来，将构建车型、制造商、区域、城市级别以及价格区间等 5 个类别下的车辆年均行驶碳排放量计算模型。为了方便，记 $G_j^k (j=1,2,\cdots,J_k)$ 为归属于表 8-3 中第 k 个类别 $\psi_k (k=1,2,3,4,5)$ 的子类别 ψ_{kj} 的样本集合，则有 $G = \bigcup_{j=1}^{J_k} G_j^k$。

由于同一行驶天数 d 对应着多个车辆样本 i（$i=1,2,\cdots,N_d$），在构建年均行驶碳排放量计算模型之前，需要给出每个子类别的平均累计行驶碳排放量的计算模型。因此，在定义 8-2 的基础上，提出一个通用的子类别平均累计行驶碳排放量计算模型。

定义 8-4：子类别 ψ_{kj} 群体样本集 G_j^k 的平均累计行驶碳排放量计算模型为

$$C_d^{kj} = \mathrm{e}^{\sum_{i=1}^{N_d^{kj}} \ln C_{i,d}^{kj} / N_d^{kj}} \tag{8-6}$$

其中，$C_{i,d}^{kj}$ 表示车龄（行驶天数）为 d 的车辆样本 i（$i=1,2,\cdots,N_d^{kj}$）的累计行驶碳排放量（t）；N_d^{kj} 表示车龄为 d（天）的样本总数；C_d^{kj} 表示 N_d^{kj} 个群体样本聚合后的平均累计行驶碳排放量。

基于定义 8-4，构建子类别 ψ_{kj} 群体样本集 G_j^k（$j=1,2,\cdots,J_k$）的平均累计行驶碳排放量计算模型。

子类别的平均累计行驶碳排放量计算模型（M3）：

$$\ln C_d^{kj} = f_{kj}(\ln d) \tag{8-7}$$

其中，f_{kj} 表示线性回归、决策树、神经网络等预测模型，通过预测精确度来确定模型。

定义 8-5：子类别 ψ_{kj} 的车辆年均行驶碳排放量计算模型为

$$\overline{C}_{kj} = w_1 C_{365}^{kj} + \sum_{y=2}^{10} w_y \left(C_{365y}^{kj} - C_{365(y-1)}^{kj} \right) \tag{8-8}$$

其中，$\ln C_{365y}^{kj} = f_{kj}\left(\ln(365y)\right)$（$y = 1,2,\cdots,10$）依据确定后的模型 M3 计算。

由定义 8-3 可知，全国车辆年均行驶碳排放量计算模型是基于定义 8-2 中平均累计行驶碳排放量计算模型所构建。因此，首先分析全国层面的平均累计行驶碳排放量情况。

根据定义 8-2 将全体 13 万余个样本聚合为 2106 个综合样本，即 $|C_d| = 2106$。进一步地，运用线性回归、决策树、神经网络以及 SVM 等多种模型训练全国层面的平均累计行驶碳排放量计算模型 M2：$\ln C_d = f(\ln d)$。具体结果见图 8-6 和表 8-4，相较于其他模型，神经网络模型的预测精度最高（R^2=0.915）。

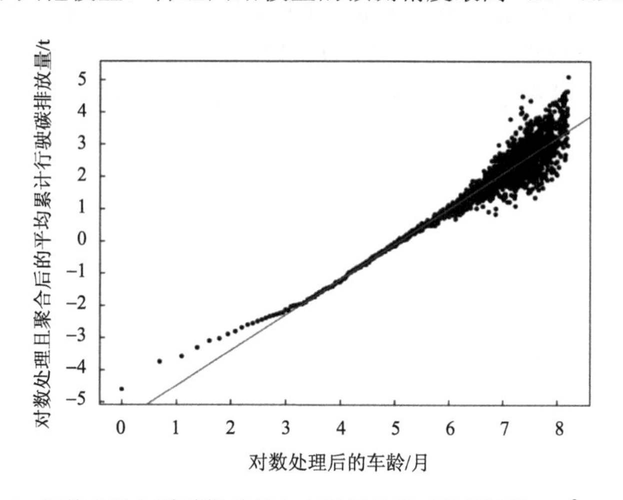

图 8-6　平均累计行驶碳排放量与车龄的关系（神经网络，R^2=0.915）

表 8-4　平均累计行驶碳排放量不同预测模型精度对比

模型 f	RMSE	R^2	时间/s	备注
线性回归	0.362	0.909	4	线性回归
决策树	0.378	0.901	5	粗略树
神经网络	0.351	0.915	7	中型神经网络
SVM	0.360	0.910	3	粗略高斯 SVM

根据《中国统计年鉴 2023》获取不同年份车龄的市场份额来计算累计碳排放量计算模型的权重向量：

$$W = (0.142\ 0.141\ 0.122\ 0.113\ 0.105\ 0.096\ 0.086\ 0.076\ 0.064\ 0.055)^{\mathrm{T}}$$

其中，元素 w_y（$y=1,2,\cdots,10$）表示 2014～2023 年的权重向量。

接下来，分析全国层面的车辆年均行驶碳排放量的测算结果。

运用拟合精度最高的预测模型获取各年份的累计碳排放量 C_{365y}（$y=1,2,\cdots,10$），结合上述权重向量，根据定义 8-3 计算出全国车辆年均行驶碳排放量 $\bar{C}=2.99\ \mathrm{t}$。

根据 13 万余个车主有效样本集提供的行驶天数和定义 8-1 计算的累计碳排放量，可以换算出每个车主的年均行驶碳排放量，全体样本车主年均行驶碳排放量的平均值为 2.5 t，具体分布如图 8-7 所示。图 8-7 的 X 轴表示乘用车年均行驶碳排放量，Y 轴为累计分布函数值（即累计概率）。例如，点 X=1.06、Y=0.1 表示年均行驶碳排放量小于或等于 1.06 t 的车主样本量占样本总体的 10%。根据图 8-7 可得，80%车主的年均行驶碳排放量处于 1.06～4.31 t，60%车主的年均行驶碳排放量处于 1.36～3.37 t。由于行驶天数（车龄）相同的车主分布并不同且呈现出偏正态分布，导致车龄直接换算的年均行驶碳排放量测算并不合理。因此，在将行驶天数相同的车主数据进行聚合（定义 8-2，平均累计行驶碳排放量）的基础上，测算年均行驶碳排放量，可以有效降低行驶天数的偏正态分布所带来的测算不精准的问题。

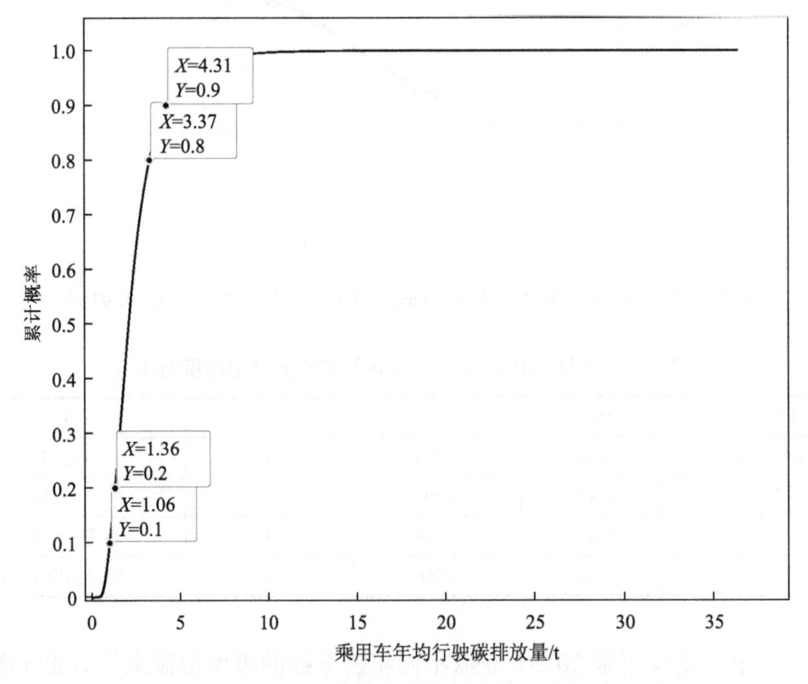

图 8-7　按车龄换算的年均行驶碳排放量累计概率

由定义 8-4 可知，类别划分下的年均行驶碳排放量计算模型是基于定义 8-2 中平均累计行驶碳排放量计算模型所构建。因此，首先分析类别划分下的平均累计行驶碳排放量情况。

根据定义 8-4 和定义 8-5，获取 24 个子类别划分下车辆平均累计行驶碳排放量的拟合结果，主要采用线性回归、决策树、神经网络以及 SVM 等模型进行训练，选取精度最高的神经网络模型测算车辆平均累计行驶碳排放量。子类别划分下年均行驶碳排放量计算模型的预测精度和年均行驶碳排放量测算结果见表 8-5 和图 8-8。为了便于分析，表 8-5 给出了子类别的样本量和样本占比（子类别样本量除以全体样本量）。

表 8-5　24 个子类别的拟合结果（神经网络模型）

类别	子类别	样本量	样本占比	R^2	年均行驶碳排放量/t	平均行驶里程/km	平均油耗/(L/100 km)
车型	轿车	61 537	44.61%	0.914	2.56	5 928.28	7.52
	MPV	10 658	7.73%	0.911	3.97	7 106.17	9.36
	SUV	65 735	47.66%	0.922	3.24	5 086.58	8.95
城市级别	小城市	9 171	6.65%	0.898	2.56	5 643.80	8.12
	中等城市	29 101	21.10%	0.907	2.57	5 073.82	8.12
	大城市	48 691	35.30%	0.908	2.82	5 501.24	8.29
	特大城市	26 951	19.54%	0.893	2.96	5 787.92	8.46
	超大城市	24 016	17.41%	0.907	3.13	6 314.50	8.68
制造商	国产	39 710	28.79%	0.903	2.45	4 944.23	8.34
	进口	6 116	4.43%	0.892	4.54	10 033.49	10.25
	合资	92 104	66.78%	0.920	2.79	5 615.52	8.22
区域	东北	7 570	5.49%	0.875	2.66	6 009.24	8.51
	华东	50 463	36.59%	0.899	2.85	5 387.49	8.37
	华中	19 905	14.43%	0.894	2.65	5 355.96	8.27
	华北	19 465	14.11%	0.892	2.89	5 820.29	8.33
	华南	15 770	11.43%	0.906	3.12	5 982.18	8.38
	西北	8 672	6.29%	0.913	2.74	5 663.42	8.07
	西南	16 085	11.66%	0.915	2.63	5 856.34	8.40
价格区间	≤12 万元	46 510	33.72%	0.920	2.15	5 289.89	7.35
	12 万～20 万元	50 134	36.35%	0.925	2.54	5 283.41	7.79
	20 万～30 万元	19 350	14.03%	0.920	3.44	6 076.27	9.54
	30 万～50 万元	17 595	12.76%	0.914	3.70	5 601.81	10.24
	50 万～100 万元	3 541	2.57%	0.900	4.87	8 207.13	11.98
	＞100 万元	800	0.58%	0.903	5.50	23 500.24	13.96

注：样本占比合计不为 100%是四舍五入修约所致

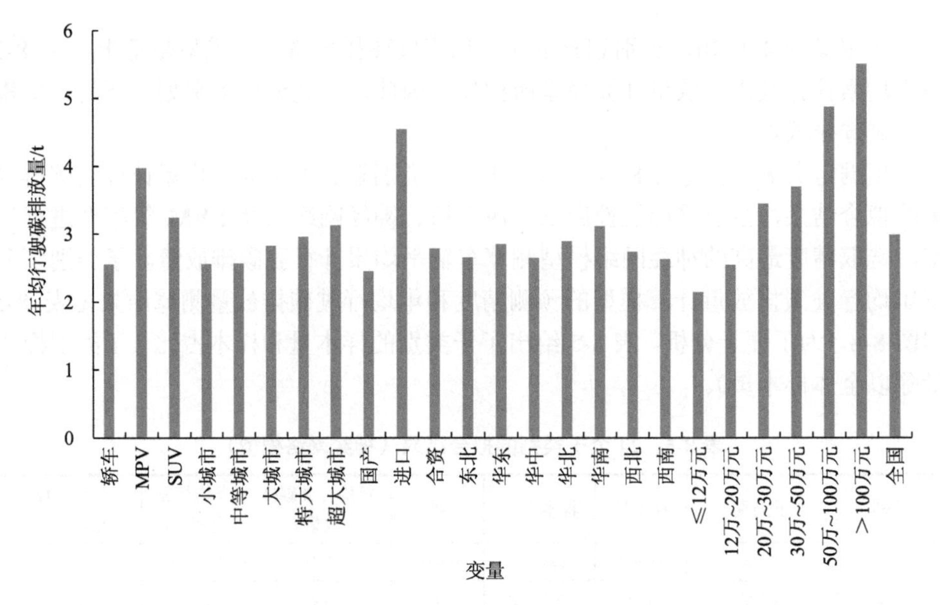

图 8-8 全国层面与 24 个子类别的碳排放量测算结果对比

（1）车型类别划分下的车辆年均行驶碳排放量。MPV、SUV 车型类别下的年均行驶碳排放量高于 3 t，处于全国层面的平均水平之上，轿车车型则低于全国平均水平。根据样本数据得出，这 3 类车型的油耗由高到低为 MPV、SUV、轿车，主要原因在于车身重量大造成油耗提高，根据定义 8-1 可知，碳排放量关于油耗递增。

（2）城市类别划分下的车辆年均行驶碳排放量。城市级别越高，车辆年均行驶碳排放量越大。超大城市类别下的年均行驶碳排放量高于 3 t，其余城市子类别划分下的年均行驶碳排放量低于全国层面的平均水平，处于 2.56～2.96 t。其原因在于，不同级别的城市通勤时间和通勤距离存在差异。《2023 年度中国主要城市通勤监测报告》显示，2022 年中国超大城市的通勤时间达 40 min，特大城市的通勤时间达 36 min，Ⅰ型大城市的通勤时间达 34 min，Ⅱ型大城市的通勤时间达 32 min；超大城市平均通勤距离为 9.6 km，特大城市平均通勤距离为 8.6 km，Ⅰ型大城市平均通勤距离为 7.8 km，Ⅱ型大城市平均通勤距离为 8.2 km。

（3）制造商类别划分下的车辆年均行驶碳排放量。进口制造商类别下的年均行驶碳排放量高于 4 t，合资和国产类别下的年均行驶碳排放量低于全国层面的平均水平，分别为 2.79 t 和 2.45 t。通过分析样本数据发现，平均行驶里程和平均油耗由高到低都为进口、合资、国产，表明进口车的使用率较高。

（4）区域类别划分下的车辆平均行驶碳排放量。各个区域的车辆年均行驶碳排放量由高到低为华南、华北、华东、西北、东北、华中、西南。华南区域类别下的年均行驶碳排放量高于 3 t，其余区域类别划分下的年均行驶碳排放量接近全国层面的平均水平，处于 2.63～2.89 t。华南地区的道路交通较为发达，平均行驶里程较高，这是年均行驶碳排放量高的主要原因。

（5）价格区间类别划分下的车辆平均行驶碳排放量。价格区间越高其对应的车辆年均行驶碳排放量越高，50 万～100 万元、＞100 万元类别下的年均行驶碳排放量高于 4 t，20 万～30 万元、30 万～50 万元类别下的年均行驶碳排放量高于 3 t，≤12 万元、12 万～20 万元类别划分下的年均行驶碳排放量低于全国层面的平均水平，处于 2.15～2.54 t。主要原因在于，一方面，车身重量及其高配置造成的油耗较高；另一方面，价位较高的车辆平均行驶里程相对较高。

8.2.3　基于深度自编码器的自适应异常检测技术

随着碳减排目标的加速推进和环境保护意识的不断提高，各国都在大规模发展和推广以新能源为主的清洁能源体系。国家能源局数据显示，截至 2022 年底，我国发电总装机规模达 25.6 亿 kW，总发电量约 8.8 万亿 kW·h，均稳居世界第一，其中清洁能源装机规模占我国总装机规模的 48.04%。随着“双碳”目标的提出，储能已成为新型能源体系中的关键一环，是新能源消纳以及电网安全稳定运行的必要保障。随着新型储能建设的推进，集中式储能和分布式储能方式快速布局，我国新型储能行业已迈入新的高度，但储能安全形势依旧严峻，电池在梯次利用及再生利用使用过程中，易出现电池过充、过放、过热，引起电池性能快速衰退，导致能量不足，无法满足系统正常运行，严重可致电池短路、热失控、爆炸等安全问题。因此，针对电池的安全检测和态势感知，对促进新型储能的持续、健康发展具有迫切的现实意义。

本章数据集来源于某综合能源有限公司储能电站的实际场景电池充电数据，该数据由 3445 个电池样本组成，每个电池样本均记录了电池的总电压、荷电状态、单体最高压、单体最低压、电池充电温度等特征信息，这些特征信息详细反映了电池在充电过程中的状态信息，其中存在异常的电池样本 63 个，正常电池样本 3382 个，异常样本与正常样本的比例为 1∶53.68，数据呈现明显的类不平衡特点。该数据集中导致电池故障的主要原因包括热失控、充电不当两种类型。此外，在进行电池故障检测之前，还需对原始数据进行预处理，以生成结构化数据。为了消除数据中不同量纲所带来的影响，通过下述公式对原始数据进行归一化处理：

$$x'_{ij} = \frac{x_{ij} - \mu_j}{\sigma_j} \tag{8-9}$$

其中，x_{ij} 表示第 i 个电池样本在第 j 列特征下的值；μ_j 和 σ_j 分别表示第 j 列特征下样本的均值和标准差。在建模过程中将数据集划分为训练集和测试集，其中训练集选取50%的正常样本进行模型的训练，测试集选取数据集全集进行最终的故障识别与分析。

目前，基于深度学习的异常检测算法在各种实际应用中表现出了优于传统异常检测算法的性能，解决了一些具有一定挑战性的检测问题，但数据分布复杂多样、高维空间异常难以寻觅等问题仍有待进一步解决。

（1）正常样本的多样性。现有大多数研究将目标数据明确地划分为两大类，即正常类和异常类。但在真实世界中，数据往往具备不同程度的多样性，一些正常样本可能表现出与另外一批正常样本不同的特征，即分布在不同的类簇中。若盲目地将正常样本划分到一个大类中，容易导致自编码器无法学习到不同数据类型的正常样本中更多细微的特征，从而使模型在训练过程中特征学习的效率和准确度受限。尤其是分布较为复杂的数据，可能会导致一些异常检测算法无法准确检测异常值。

（2）高维空间异常难以寻觅。异常样本在低维特征空间中具有较为明显的异常表现，但在高维特征空间中容易受到数据维度的影响，使其异常的表现特征被隐藏。通过深度编码器结构可以有效地将高维特征空间压缩到低维特征空间中，进而为识别异常提供帮助。然而如何确保低维特征空间下正常样本与异常样本的可区分性是深度异常检测算法当前面临的重要挑战。

（3）参数调节不当。部分现有方法虽然考虑到了多样性的问题，但是这些方法都需要人为干预来确定实验数据中正常样本应该被划分为多少个不同的类簇，而不是根据数据本身特征来自适应地获得类簇的个数。值得注意的是，在没有先验知识干预的情况下，真实生活中数据的类别个数也是无法确定的。如果参数选择不当，可能会导致算法的准确度和召回率低等诸多问题。

（4）误报率、漏报率高。一方面，自编码器将高维数据通过编码器映射到一个低维潜在特征空间，再利用解码器将低维潜在特征空间重构为高维空间，以增强正常样本的表征能力。这种编码结构极易导致关键信息的丢失，使数据在低维特征空间中无法准确表示，进而影响模型的训练，导致误报率、漏报率偏高等问题。另一方面，在真实场景中，正常样本的数量要远多于异常样本数量，换句话说，异常样本和正常样本的比例往往是不平衡的，即类不平衡数据。这类数据容易导致模型对正常样本的学习过拟合，可能会将一些异常样本误判为正常样本。

为了应对上述不足，引进一种基于深度自编码器的自适应异常检测（deep autoencoder-based adaptive anomaly detection，DAEAD）算法。该方法首先通过编码器将高维的原始数据压缩到低维潜在特征空间中，以提高关键特征的表征能力；其次，设计基于密度峰值的自适应地标过滤机制，综合考虑样本的局部密度和相对距离进行地标中心的初步选择，并通过所设计的自适应过滤机制对初始地标中心进行过滤和优化，进一步提高地标中心的表征能力，以更好地反映数据中不同正常样本的聚集情况；再次，试图设计一种融合重构损失、亲和度损失以及稀疏度损失三种损失的新颖损失函数，旨在提高低维空间特征的表征能力，增强正常样本与地标中心之间的相关性，弱化异常样本与地标中心之间的相关性，为异常检测提供强有力的保证；最后，将 DAEAD 方法应用于实际的电池数据中进行故障诊断。

本节选取了若干具有一定代表性的异常检测算法，作为 DAEAD 的对比方法，其中包括一些基于传统机器学习的异常检测算法。为了体现对比的公平性，所有深度网络模型[包括去噪自编码器（denoising autoencoder，DAE）、深度自编码高斯混合模型（deep autoencoding Gaussian mixture model，DAGMM）、局部异常核嵌入（local anomaly kernel embedding，LAKE）、自适应重标定异常检测（adaptive recalibration for anomaly detection，ARE）等]都与 DAEAD 模型采用相同的编码-解码器结构，其中包括训练迭代次数、学习率、隐含层神经元数量、激活函数等相关参数，如表 8-6 所示。另外，基于传统机器学习的异常检测算法［包括局部异常因子（LOF）、孤立森林（iForest）、基于直方图的异常值得分（histogram-based outlier score，HBOS）、一类支持向量机（one-class support vector machine，OCSVM）、随机异常检测（random outlier detection，ROD）等］采用原方法中推荐或默认的参数设置。

表 8-6　对比方法的相关参数设置

深度网络模型	迭代次数	学习率	隐含层神经元数量	激活函数	批大小	其他参数
LUNAR	200	0.001	(8,6,4,2)	Relu	128	近邻个数=5，权重衰减率=0.1
DAGMM	200	0.001	(8,6,4,2)	Relu	128	高斯分布个数=3
DSVDD	200	0.001	(8,6,4,2)	Relu	128	神经元丢弃率=0.2，正则项参数=0.1
DAE	200	0.001	(8,6,4,2)	Relu	128	
ARE	200	0.001	(8,6,4,2)	Relu	128	$\gamma=1$，$\delta=1$，$\rho=10$
DAEAD	200	0.001	(8,6,4,2)	Relu	128	$\alpha=0.5$，$\beta=0.1$

注：LUNAR 全称为 learnable unified neighbourhood-based anomaly ranking（基于可学习统一邻域的异常排名）；DSVDD 全称为 deep support vector data description（深度支持向量数据描述）

为了公平合理地评价对比实验，将利用受试者操作特征曲线下面积（area under the receiver operating characteristic curve，AUC-ROC）、精确率-召回率曲线下面积（area under the precision-recall curve，AUC-PR）、F1 分数（F1 score）、误报率和漏报率作为算法性能的评估指标。其中，AUC-ROC 侧重于模型在不同阈值下的真阳性率和假阳性率，AUC-PR 侧重于模型在不同阈值下的精确率和召回率，且更能反映模型在正例（即少数类）预测方面的性能。F1 分数是和精确度召回率的调和平均数，其综合考虑了精确率和召回率，与 AUC-PR 都适用于类不平衡数据的性能评估。误报率用于反映在所有正常样本中异常检测算法将正常样本误报为异常样本的比例，其值越小，说明算法的误报能力越低。漏报率用于反映在所有异常样本中算法将异常样本误判为正常样本的比例，其值越小，说明算法识别异常的能力越好。所有评价指标的取值均在[0,1]，其中 AUC-ROC、AUC-PR 和 F1 分数的值越大，反映所评估的模型性能越好；误报率和漏报率的值越小，反映模型的检测性能越好。

DAEAD 模型与其他方法在异常电池检测任务中的性能对比结果如表 8-7 所示，其中表格的列元素表示不同的评价指标，行元素表示相应的异常检测算法，且每个评价指标下的最优结果以粗体形式展现。

表 8-7 相关方法在五种评价指标上的结果对比

方法	AUC-ROC(↑)	AUC-PR(↑)	F1 分数(↑)	误报率(↓)	漏报率(↓)
iForest	0.9868	0.3854	0.3492	0.0121	0.6508
LOF	0.9992	0.9042	0.9365	0.0012	0.0635
HBOS	0.9784	0.2718	0.1475	0.0148	0.8571
OCSVM	0.9854	0.6375	0.6190	0.0071	0.3810
ROD	0.9086	0.0879	0.0000	0.0186	1.0000
LUNAR	0.9981	0.9342	0.8413	0.0030	0.1587
DAGMM	0.9794	0.9598	0.0000	**0.0000**	1.0000
DSVDD	0.9941	0.7477	0.6667	0.0062	0.3333
DAE	0.9952	0.7539	0.7143	0.0053	0.2857
ARE	0.9965	0.6698	0.8095	0.0035	0.1905
DAEAD	**1.0000**	**0.9909**	**0.9841**	0.0003	**0.0159**

注：“↑”表示值越大模型性能越好；“↓”表示表示值越小模型性能越好

通过观察表 8-7 的实验结果，可以得到以下几点结论：①与其他对比方法相比，DAEAD 在评价指标 AUC-ROC、AUC-PR 以及 F1 分数上的性能均展现了明显的优势。DAEAD 通过自适应地标过滤机制提取具有代表性的地标中心，有效地借助地标中心来表征近邻正常样本，并通过地标中心来学习正常样本的关键特征，为识别异常电池提供了重要知识参考。②实验表明所有方法在 AUC-ROC 指标上整体表现优异，但在其他评价指标上部分方法表现不佳，导致这一现象的主要原因在于数据属于类不平衡数据（不平衡比例为 3382∶63≈54∶1），算法可能会倾向于将样本预测为数量较多的正常电池，使得对异常电池的预测能力较差，进而导致相应算法的 AUC-ROC 指标普遍偏高，但在 AUC-PR 和 F1 分数指标上表现较差。因此，在类别不平衡的情况下，仅用 AUC-ROC 指标来评估异常检测算法的性能是不够充分的。为此，进一步结合 AUC-PR 和 F1 分数指标评估相关方法在类不平衡数据中的综合性能。DAEAD、LOF 和 LUNAR 在前三个指标上依然保持着较为稳定的性能，其中 DAEAD 最为稳定。③在误报率方面，DAEAD 显著优于大多数的对比方法，其误报率只有 0.03%，这说明 3382 个正常电池样本中仅有 1 个正常电池被误报为故障电池，而除 DAGMM 方法之外的其他对比方法，其误报率均为 DAEAD 方法的 3 倍以上。值得指出的是，在电池的安全检测中，漏报率是需要重点关注的指标，漏报率太高可能会成为新能源汽车热失控、电池短路、电力系统失灵等安全事故发生的关键导火索，给消费者带来严重的安全威胁。相比现有的一些异常检测算法，DAEAD 方法在误报和漏报等方面取得了较大的进步，有效地降低了电池误报和故障漏报的情况，提高了检测的精准率，可以为电池故障识别与管理提供技术支持和精准服务。

异常检测算法对准确识别电池数据中的故障电池具有积极的作用，为提高新能源汽车、新型储能系统的安全性和可靠性提供了一份可供参考的故障检测技术方案。

8.2.4 基于环境服务大数据的资源环境数智协同管理技术

资源环境数智协同管理主要依托关键的技术与方法创新。在数字技术赋能作用下，在预期目标上可设立精度更高的预测结果和考虑更全面的研究假设；在研究分析上依靠大数据分析、机器学习或数字孪生模型等新方法进行研究；在结果呈现上利用智能优化算法和数字处理技术对资源环境协同结果进行可视化表达与智能决策。

实现矿产资源、能源与生态环境智能协同管理，需要一系列协同管理相关技术支撑。根据已有文献及应用案例，至少包括如下管理技术方法。

（1）数据自动采集。数字技术可以自动收集与资源环境相关的数据。通过传感器、遥感技术、物联网等手段，实时、准确获取大量数据，包括资源利用情况、环境质量监测、生态系统变化状况等。

（2）数智化建模和仿真。数字技术可以将资源环境的复杂系统转化为数字模型，进行仿真和预测。通过建立资源环境数智化模型，模拟不同的管理策略、政策措施等对资源利用和环境影响的作用效果。

（3）数据的智能化分析和决策支持。数字技术可以为资源环境管理提供智能化分析和决策支持。基于长期监测的资源环境数据，使用大数据、机器学习等数字技术手段实现对资源利用和环境管理过程的智能化分析和预测，分析结果为管理者的科学决策提供支撑。

（4）信息共享和协同工作。数字技术可以促进信息的共享和协同。通过建立资源环境的数智化平台和云计算系统，实现数据的共享、交换和整合，方便各个部门和相关利益方之间的沟通与协作。

在协同管理系统开发方面，针对矿产、能源、环境的多源异构海量数据的采集、存储、计算，以及提供开放式数据服务的需求，构建资源环境数智协同管理平台，支撑相关领域资源环境大数据分析和智能决策。图 8-9 展示了资源环境数智协同管理平台的总体构架，由资源环境大数据信息情报中枢系统和资源环境大数据辅助决策平台构成。资源环境大数据信息情报中枢系统解决资源环境多模态数据的存储、处理、共享难题，形成多源异构海量数据资源池，核心是研发数据混合存储体系，构建集元数据管理、数据清洗、数据处理（对齐、融合等基础处理能力）、虚拟数据视图等能力于一体的数据中台，为资源环境大数据辅助决策提供数据支撑。

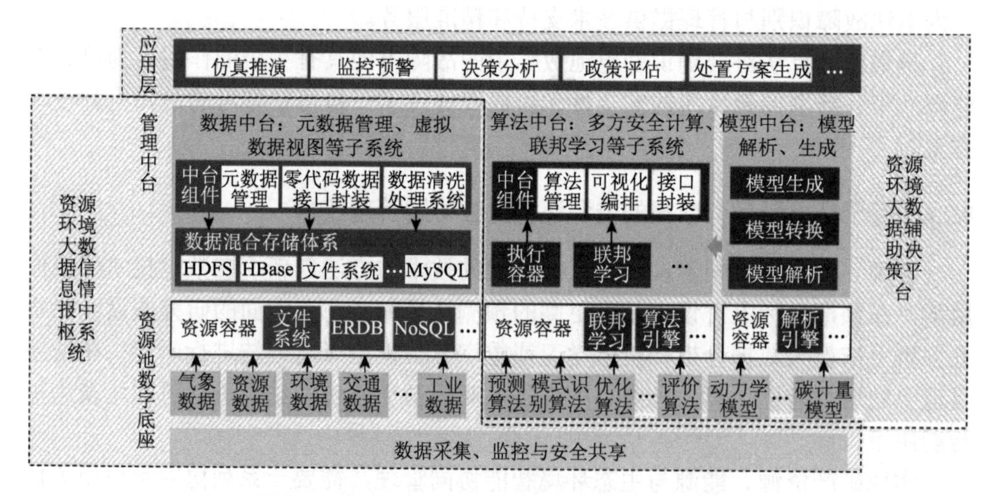

图 8-9　资源环境数智协同管理平台的总体构架

在信息情报中枢系统的基础上，如图 8-9 所示，通过联邦学习、算法引擎等算法模型执行方式，进一步构建集仿真推演、监控预警、决策分析、政策评估等于一体的资源环境大数据辅助决策平台。辅助决策平台由算法中台和模型中台组成，算法中台包括多方安全计算、联邦学习等子系统，模型中台包括模型解析、生成。其中，实体关系数据库（entity-relationship database，ERDB），根据数据的接入方式选择相应的算法模型执行方式，如对于通过接口访问的数据，可采用算法引擎直接计算；而对于域内不能直接访问的数据，则通过联邦学习和多方安全计算方式进行处理。为了强化平台对复杂问题的处理能力，提供算法编排能力，将模型算法根据需求编排组合。

平台的主要功能包括资源、能源、环境安全态势实时监测，突发事件预警追踪，重大决策问题仿真分析，效果评估与方案生成等，通过设计具体应用场景下的“数智化-绿色化”协同路径，为建设绿色智慧的数字生态文明提供全链条决策支撑。

在资源环境数智协同管理技术变革的基础上，构建智能决策平台支持管理研究与决策，进而推进管理模式创新与产业变革。具体模式创新内容如下。

（1）革新资源开发与环境保护的交易模式。基于物联网、区块链等新一代信息技术，革新资源开发与交易市场，实现用能权、碳排放权、排污权、资源配额等去中心化的智能交易模式。建设数字化安全运行体系，保障安全可靠的生态权益交易和资源配额交易，促进生态产品价值实现。

（2）融合创新服务业态。通过数字技术的革新与应用，对资源开发与环境保护服务业务进行优化整合，实现跨区域、跨部门、跨企业协同智能决策，提高资源利用效率。基于资源环境数智协同管理服务创新，实现多能融合与环境可持续发展，促进产业变革与整个产业链的协同创新，提高资源优化配置能力与资源环境相关产业链供应链的韧性。

（3）构建资源环境优化网络。从消费模式上升到产业服务业态，而后构建资源环境协同管理集成优化网络，适应多元需求。以城镇/园区为资源单元体，依托物联网等数字技术，精准预测单元需求，实现资源系统供需平衡。

“双碳”目标下，确保中国能源和环境安全对国家可持续发展的重要性越发凸显。中国已成为世界上最大的能源生产国和能源消费国，同时以煤电为主的能源结构，带来了低碳环保需求和能源安全供应的巨大压力。有效破解能源开发利用与生态环境保护的冲突、协同实现能源行业减碳降污成为亟待解决的重大问题。针对以电力供应为核心的能源管理和以低碳减排为核心的环境管理之间存在的冲突，中国大唐集团有限公司、国网湖南省电力有限公司等能源企业研发了面向电能供应的数智协同管控技术，构建了“源、网、荷、储”各方与环保之间的多方协同联动机制，以实现能源与环境协同发展。具体表现在以下四个方面。

（1）针对电能供应与环境保护中内在属性关系难描述、演化规律难预测的问题，提出了时空信息融合与深度强化学习的能源环境大数据高效预测方法。通过建立基于能源环境时空大数据的多尺度表达和分析模型，研发区域电能智能调度、能耗与绿色通信综合优化等技术，以实现对能源与环境相互影响规律的智能分析与预测。

（2）针对传统大数据平台技术与方法在能源环境应用构建中的不足，构建了能源环境数智协同管理大数据存储与分析基座。以云计算资源管理、混合储存体系、区块链服务网络为平台支撑，融合能源环境数智协同管理的算法与模型资源，形成微服务架构，开展能源与环境大数据存储与分析。

（3）针对电能供应过程的智能调度难题和低碳环保效能低的问题，构建了电力生产、传输、存储、使用全过程与低碳减排多方联动的数智协同机制。利用系统运行、环境监测、污染排放和经济技术等相关数据，运用多元动态估计、图神经网络、深度强化学习等人工智能方法，实现机组、电网、排污等环节的协同调度、评价预警、异常监控及态势预测等。

（4）针对能源环境协同中异构跨域终端通信量大、安全性差的问题，基于数字技术集成，研发应用跨域云边协同的能源环境一体化数智管理平台，实现了能源环境协同决策和联动预测。该数智管理平台能够对企业的能源和环境大数据进行状态检测、实时分析、趋势预测，并给出能源生产、传输、存储和使用过程中对环境智能管控的优化方案。

企业通过数字技术赋能，大幅提高了各种高耗能设备的节能减排效果，实现了电力能源生产传输使用的全过程环境智能管控、污染物的协同末端治理以及清洁能源的综合利用。例如，2018～2020 年中国大唐集团有限公司通过数字技术赋能实现了每年平均煤耗下降 0.6 g/(kW·h)。

8.3 环境服务多源遥感影像数据分析技术

在当前环境污染和气候变化等全球性问题日益严重的背景下，环境监测与管理受到了前所未有的重视。多源遥感影像数据分析技术主要利用来自卫星和航空平台的遥感数据，已成为获取环境信息的重要手段，展现了在环境服务领域的广泛应用潜力。卫星遥感主要通过人造卫星获取关于地表的信息，覆盖广泛且具备高分辨率，定期对全球进行监控，涉及的常见卫星包括 Landsat（陆地）、Sentinel（哨兵）等。相较之下，航空遥感利用飞机或无人机搭载航空相机、激光雷达等设备，专注于小范围但分辨率更高的地面观测，通常应用于城市规划和林业资源监测。

2021 年，习近平[138]在《生物多样性公约》第十五次缔约方大会领导人峰会上指出：“我们要建立绿色低碳循环经济体系，把生态优势转化为发展优势，使绿水青山产生巨大效益。”在此背景下，《“十四五”林业草原保护发展规划纲要》[139]提出了森林覆盖率提高到 24.1%，增加森林蓄积量至 190 亿立方米的目标。

这一目标的实现依赖于及时且准确的森林类型制图，该过程不仅支撑森林资源清查和管理，还对森林经营、生物多样性保护和生态恢复具有重要意义。高分辨率的遥感影像，凭借其优越的空间和光谱特征，成为执行树种分类的理想工具，这对于森林的可持续管理和生态环境保护至关重要。

融合和分割技术在提高影像解译精度方面具有重要作用。融合技术能够有效减少多源影像数据中的冗余与矛盾，而分割技术则有助于从融合后的影像中提取有价值的信息。在传统的影像处理流程中，融合和分割通常被视为连续的两个步骤；然而，现有的研究往往将这两个步骤分开考虑。这种做法忽略了融合技术在设计时应考虑到分割方法的特点和要求，从而优化融合结果以适应分割技术。同样，分割的结果也很少被用来指导融合规则的制定，以便获得更适合后续分割处理的融合影像。

影像融合通过整合来自不同源的信息，不仅可以减少原始数据中的冗余和矛盾，还能提高信息提取的精确性和可靠性[140]。根据技术原理和应用特点，现有的像素级融合方法主要可以分为以下几类。

（1）基于色彩空间变换的方法。此类方法包括 IHS（intensity-hue-saturation，强度-色调-饱和度）变换、Lab 变换、YUV（luminance-chrominance，亮度-色度）变换、YIQ（luminance-inphase-quadrature，亮度-同相-正交）变换等。它们首先将多光谱影像从原始色彩空间转换到另一色彩空间，在此空间中，用高空间分辨率的影像替换低空间分辨率影像的特定成分，之后再将修改过的影像转换回原色彩空间以获得融合结果[141]。这些方法的主要缺陷是可能引起光谱畸变。尽管开发了一些修正策略，如基于分辨率退化模型的 IHS 变换、广义 IHS 变换等，旨在减少光谱畸变，但这些策略并未能完全解决问题。

（2）基于统计的方法，如主成分分析和独立成分分析（independent component analysis，ICA）。这些方法通过对影像波段进行统计变换，在变换域内替换和整合波段，然后通过逆变换将其转换回原始数据以完成融合。虽然这些方法可以提升空间分辨率，但它们常常伴随光谱畸变，且变换过程中涉及的复杂的协方差矩阵求解使得计算复杂度增加[142-145]。

（3）基于多尺度分析的方法，包括金字塔变换、小波变换、轮廓波（contourlet）变换、曲线波（curvelet）变换及非下采样轮廓波变换（nonsubsampled contourlet transform，NSCT）[146]。这些方法通过对所有源影像进行多尺度分解，然后在各个层级上根据预定的融合规则整合分解后的系数，并最终进行重构以生成融合影像。这些方法在光谱保持性方面表现良好，但在空间信息保持性和分解层数的确定方面表现一般。

（4）其他先进方法，包括脉冲耦合神经网络、双模态神经元网络、多层感知器神经网络、经验模态分解、马尔可夫随机场等。这些方法被应用于像素级的影像融合，提供了新的视角和方法，以处理影像融合中的复杂情况。

上述融合方法大都需要事先确定融合规则，通过若干定量指标，如相关系数、平均梯度、空间频率、结构相似性和交叉熵等来评价融合结果[147]。然而，一方面，融合结果作为信息处理的数据源，对定量指标与后续分割结果的关系却鲜有考虑；另一方面，融合结果影像也不能根据分割方法的特点进行优化，难以实现信息提取过程中的融合和分割过程的协同。

影像分割是实现目标信息自动化提取与智能识别的核心步骤，它通过识别并提取感兴趣的特定区域，获得比单源数据更丰富、可靠和有用的信息[148]。尽管影像分割与融合在信息提取过程中密切相关，但现有的技术中两者间的信息反馈往往较少。部分研究通过使用分割获取的信息来辅助融合过程。例如，李晖晖等[149]

根据空间特性首先将待融合的源影像分割成不同区域，然后根据应用需求对这些区域应用特定的融合规则；Saha 等[150]则依据边缘信息将源影像分割成若干区域，并选择边缘信息丰富的区域作为融合的重点，其余部分则通过递归 k 均值方法进行处理。这类基于分割的融合方法主要侧重于视觉效果的提升，并采用定量指标来评估融合的质量，但往往忽略了分割在后续处理中的作用。

总体来说，当前的影像融合与分割技术之间缺乏有效的协同。融合方法很少考虑到与分割等后续处理步骤的兼容性，也难以根据分割方法的特性来优化融合结果。同样，分割结果也未被用于调整融合方法的参数。影像融合通常被视为多幅影像信息的综合，融合结果是对源影像信息的互补。如王跃山[151]所述，这是一种数据同化的形式。在这种背景下，通过模拟数据同化系统中的模型算子和观测算子，我们采用传统融合方法，并以分割的定量评价指标作为目标函数。借助数据同化系统的自适应优化机制，力图实现融合与分割的协同，通过提升两者之间的耦合度来优化融合结果，使之更适合于分割算法，同时根据融合结果调整分割算法的参数，从而达到更佳的分割效果。通过一系列实验证实了这一方法框架的有效性，进一步展示了融合与分割协同的潜力和实际应用价值。

1. 融合与分割的协同框架组成

许多学者通常单独研究融合和分割算法，但在实际的影像处理中，为了更高效地利用影像，有必要将融合后的影像进行分割。为此，我们提出将融合和分割视为一个统一的研究对象。这一研究的基本流程包括：首先应用多种融合技术处理多源影像，随后对每一融合结果进行分割处理，并计算分割效果的定量指标。这些指标随后被用作优化目标函数，以此优化初始的融合结果。优化后的融合影像将再次进行分割处理，此过程将持续循环，直到达到预设的终止条件。上述流程说明了融合与分割协同框架主要由融合算法、分割算法和优化算法构成。下面介绍所用的融合和分割算法。

本节采用粒子群算法作为协同框架的优化算法，该算法常因缺乏种群多样性而出现“早熟”现象。采用具有互补性的两种融合方法：基于对比度金字塔变换和 NSCT，并选取多组参数来对多源影像进行融合以期获得多样的融合结果影像，这些影像一起构成粒子群优化方法的初始种群，从而增加初始种群的多样性。

两种融合方法的基本过程如下。

1）基于对比度金字塔变换的融合方法[152-153]

（1）几何配准：首先对多源影像进行精确的几何配准，确保各影像的相对位置一致。

（2）对比度塔形分解：对每个源影像分别进行对比度塔形分解，构建各自的对比度金字塔结构。

（3）层级融合：在对比度金字塔中，对各分解层进行独立融合。对于低频分量，采用多光谱影像的低频部分；对于高频部分，则使用绝对值求最大值来处理，形成融合后的对比度金字塔。

（4）逆塔形变换：将融合后的对比度金字塔通过逆塔形变换重构，最终得到融合影像。

2）基于 NSCT 的融合方法[154-155]：

（1）多分辨率变换：对多光谱影像的各波段及全色影像进行 NSCT，获取各自的多分辨率、多方向的低频与高频分量系数。

（2）高频分量融合：对于高频的轮廓波分量系数，比较全色影像与多光谱影像对应的两个系数，选取绝对值较大的系数作为融合后影像的高频系数。

（3）低频分量融合：对于低频的轮廓波分量系数，将全色影像与多光谱影像所对应的两个系数进行加权求和，以此作为融合结果的低频系数。

（4）逆变换重构：进行逆轮廓波变换，以获取最终的融合结果影像。

在遥感影像分割中，不同波段的光谱特征对最终分类的贡献是不同的，若将所有波段光谱特征简单归一化到相同数值范围内，往往会扭曲特征对分类的贡献。文献[156]根据特征的方差越小对应的分类能力越强的理论，利用样本方差的倒数来度量特征对分类的贡献，根据分类贡献率对所有特征进行加权，以期达到强化分类能力好的特征，弱化分类能力差的特征的目的。

2. 融合与分割的协同算法描述

本节的总体思想是利用分割结果来指导多种融合算法的综合，从而优化融合结果影像，根据待分割影像调整分割算法的参数，进而改善分割效果，提高影像融合与影像分割之间的耦合度，算法流程图如图 8-10 所示。

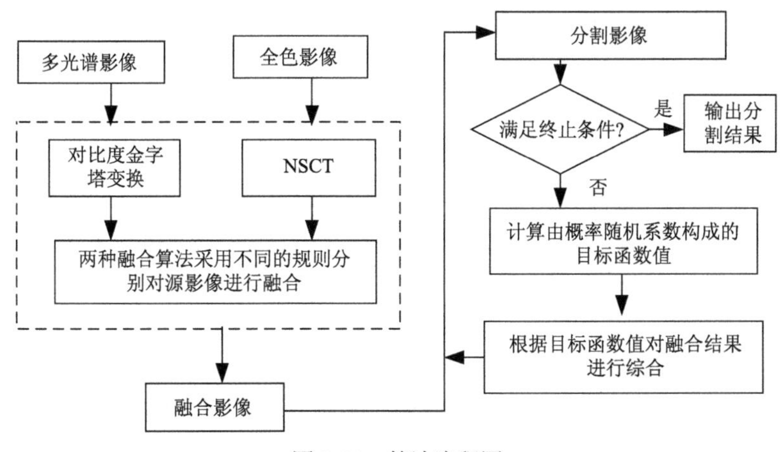

图 8-10　算法流程图

算法基本步骤如下。

（1）融合处理：先通过基于对比度金字塔变换和 NSCT 的方法对多源影像进行融合。基于对比度金字塔变换的方法主要增强视觉敏感的对比度信息，而基于 NSCT 的方法则优化源影像的方向和细节信息，这两种方法各自模拟了模型算子和观测算子，展示了不同算子的互补特性。

（2）影像组合：将利用两种融合算法所得到的结果影像和原多光谱影像，分别与原全色影像构成 4 波段的影像。

（3）粒子群初始化：将步骤（2）中所得到的每幅 4 波段影像作为粒子群算法中的一个粒子，初始化粒子群算法的种群，粒子的位置由像素值决定；模型算子和观测算子分别用来强化影像的对比度信息和方向与细节信息，两种算子（融合方法）不同的特点，有助于获得多样性的融合影像。这些影像一起构成了粒子群算法的多样性初始种群，利用随机数生成各粒子的初始速度。

（4）粒子更新：根据式（8-10）和式（8-11）分别更新每个粒子的速度和位置[157]。

$$
\begin{aligned} v_i(t+1) = wv(t) + c_1\text{rand}(\cdot)(p_i - z_i(t)) \\ + c_2\text{rand}(\cdot)(p_g - z_i(t)) \end{aligned} \tag{8-10}
$$

$$
z_i(t+1) = z_i(t) + v_i(t+1) \tag{8-11}
$$

其中，$v_i(t+1)$ 表示第 i 个粒子在 $t+1$ 次迭代中的速度；$z_i(t)$ 表示第 i 个粒子在 t 次迭代中的位置；c_1 和 c_2 表示加速常数；$\text{rand}(\cdot)$ 表示 0～1 的随机数；p_i 表示第 i 个粒子自己经历过的最好位置；p_g 表示整个粒子群经历过的最佳位置，即目前搜索到的最优解。

（5）适应度计算：采用基于分类贡献度的特征加权最邻近分割算法对每个粒子（影像）进行分割，分割每个粒子（影像）时都重新计算加权特征向量，统计各粒子（影像）分割结果的概率随机系数，并将其作为粒子的适应度值。

（6）位置更新：对于每个粒子，如果当前位置的适应度超过其历史最佳位置 p_i，则把它当前的位置赋给 p_i。

（7）群体优化：比较每个粒子的适应度与群体中的最佳适应度，如有必要，更新群体最佳位置 p_g。

（8）选择与交叉：对粒子按适应度排序，随机配对适应度较低的粒子进行交叉，产生新的子代粒子以替换父代。

（9）终止条件：重复步骤（3）至步骤（8），直到满足终止条件，如连续若干次迭代未见改善或达到最大迭代次数。

说明：粒子群优化过程中采用概率随机系数作为评价指标，该系数计算简便，值域为 0 到 1，数值越大表示分割效果越佳，类似于 Kappa（卡帕）系数和总体精度评估。

3. 融合与分割的协同算法复杂度

设类别数为T，类别j有N_j个训练样本（$j=1,2,\cdots,T$），总训练样本数为N，特征维数为M，则基于分类贡献度的特征加权最邻近分割算法的时间复杂度计算过程如下。

计算类别j的特征均值向量需要$(N_j-1)\times M$个加运算、M个除运算，计算所有类别的特征均值向量共需要$(N-T)\times M$个加运算、$M\times T$个除运算；计算类别j的特征方差向量需要$N_j\times M$个乘运算、$(N_j-1)\times M$个加运算、$(N_j+1)\times M$个减运算、M个除运算，计算所有类别的特征方差向量共需要$N\times M$个乘运算、$(N-T)\times M$个加运算、$(N+T)\times M$个减运算、$M\times T$个除运算；计算所有类别的分类贡献度向量共需要$M\times T$个除运算和对数运算；计算类别j的加权特征向量需要$N_j\times M$个乘运算，计算所有类别的加权特征向量共需要$N\times M$个乘运算；计算加权后的类别j的聚类中心需要$(N_j-1)\times M$个加运算、M个除运算，计算加权后的所有类别的聚类中心共需要$(N-T)\times M$个加运算、$M\times T$个除运算。

综上所述，每次估计聚类中心共需要$3(N-T)\times M$个加运算、$(N+T)\times M$个减运算、$2N\times M$个乘运算、$4M\times T$个除运算和$M\times T$个对数运算。如果把加、减、乘、除和对数运算都看成一个单位运算，估计聚类中心的计算量为$6M\times N+3M\times T$。一般$T<<N$，故时间复杂度可记为$O(M\times N)$，即为参与训练数据量的线性阶。

协同算法复杂度为粒子群算法最多迭代次数L、粒子种群中粒子数目G和基于分类贡献度的特征加权最邻近分割算法的时间复杂度三者之积。由于L和G都是不太大的常数，所以整个协同算法的复杂度为参与训练数据量的线性阶。

第9章

智慧环境服务大数据集成平台

智慧环境服务大数据集成平台提供数据资源管理服务和工具支持能力作为应用基础支撑。该平台主要由三个集成模块构成：数据集成模块、模型算法集成模块以及业务应用集成模块。本章将深入探讨智慧环境服务大数据集成平台构建中数据、算法、应用三方面的集成。首先，本章介绍智慧环境服务数据集成方法，并从数据治理体系、数据架构设计、数据平台和工具等方面讨论智慧环境服务数据集成和智慧环境服务数据门户的构建要点。其次，介绍智慧环境服务模型算法集成所需的关键要素：智慧环境服务算法库和算法执行引擎，并介绍算法性能优化与部署方法。最后，介绍智慧环境服务业务与应用集成方法与架构，主要按照微服务与敏捷开发的工程化理论和思想，应用集成路线采取微服务架构和演进式开发，实现业务与应用集成。通过持续的技术创新和应用探索，有望构建一个更加高效、智能、精准的智慧环境服务大数据集成平台。

9.1 智慧环境服务数据集成方法与架构

9.1.1 数据集成架构

数据集成架构是一组原则、方法和规则，用于定义 IT 资产和组织流程之间的数据流。其中，数据集成架构通常由数据源、转换引擎、集成层和分析层组成。应用数据资源管理部分主要包括数据资源集成管理、数据安全、数据共享服务、应用开发支持、应用数据门户等部分。

数据源是数据集成架构的基础，它们是数据流动的起点。数据源可以包括内部的系统，如企业资源计划系统、客户关系管理系统、财务系统，以及外部的系统，如社交媒体平台、合作伙伴提供的数据接口、公开的数据集和云服务提供商。

这些数据源可能包含结构化数据，如数据库中的表格数据，也可能包含非结构化数据，如文本文件、图片、视频和社交媒体帖子。在数据集成的过程中，来自这些多样化数据源的数据需要被抽取并统一格式，以便能够进行进一步的处理和分析。例如，数据库中的数据可能需要通过 SQL 查询进行抽取，社交媒体数据可能需要通过 API 调用获取，而云存储中的数据可能需要通过特定的服务接口进行同步。数据集成解决方案通常包括数据目录或元数据管理系统，这些系统能够记录每个数据源的类型、结构、敏感性级别和数据更新频率，可以有效地管理这些不同的数据源。这样的管理不仅有助于自动化数据集成流程，还能确保数据的安全性和合规性。

转换引擎是数据集成架构中的关键组件，它负责执行数据的提取、转换和加载过程。这些转换引擎使用一系列算法和工具来确保数据在不同系统之间移动时的流畅性和一致性。转换引擎的功能不仅限于简单的数据迁移，它还包括复杂的数据处理操作，以适应不同业务场景的需求。数据映射是转换引擎的基本功能之一，它涉及将源数据中的字段与目标系统中的字段对应起来。这个过程可能需要转换数据类型、合并或拆分字段，甚至是应用一些业务规则来确保数据的逻辑一致性。数据净化则是确保数据质量的关键步骤。在这一步骤中，转换引擎会识别并修正错误的数据，如去除重复记录、纠正格式错误、填补缺失值等。这有助于提高数据的准确性和可靠性，为后续的分析和决策提供坚实的基础。数据浓缩是指将大量的详细数据汇总成更加简洁的形式，以便于存储和分析。例如，可以将多个记录的数据汇总为平均值或总和，或者根据特定的维度（如时间、地点、客户群体）进行数据的分组和聚合。除了上述功能，现代的转换引擎还可能包括数据校验、数据合并、数据排序、数据分割等高级功能。它们可能支持数据流的并行处理，以提高处理效率，同时也可能提供图形化的用户界面，让用户能够通过拖放的方式定义数据转换逻辑。随着技术的发展，转换引擎也在不断进化，以支持更多的数据类型和格式，如半结构化的 JSON（JavaScript object notation，JavaScript 对象表示）或 XML（extensible markup language，可扩展标记语言）文件，甚至是非结构化的文本和多媒体内容。此外，为了适应实时数据处理的需求，许多转换引擎也开始支持流数据处理和事件驱动的数据转换。

集成层是连接不同系统的桥梁，它是不同数据源和应用程序之间信息交换的中心枢纽。这一层的主要职责是确保数据在系统之间流动时的连续性和同步性，无论这些系统是位于本地还是分布在云端。为了实现这一目标，集成层通常包含一系列中间件、服务总线、API 管理平台和其他集成工具。这些技术协同工作，提供了一个稳定且灵活的环境，以支持实时数据流、近实时数据流和批量数据流等多种交换模式。中间件和服务总线是集成层的核心，它们能够处理来自不同源的数据请求和做出响应，同时提供消息队列、发布/订阅机制和路由功能，以确保数据能够按照预定的逻辑和顺序传输。API 管理平台则为外部系统和第三方应用程序提供了访问内部数据的接口。通过定义和管理 API，企业可以控制数据的访问权限、监控 API 的使用情况，并确保数据交换的安全性。此外，集成层还可能包括数据虚拟化工具，这些工具能够提供分散在不同物理位置的数据的统一视图，而无须将数据物理地移动到一个集中的位置。这样不仅可以减少数据移动带来的开销，还可以提高数据访问的效率。为了确保数据的一致性和准确性，集成层还需要与数据质量和元数据管理系统紧密集成。这样可以在数据流动过程中实施数据治理策略，包括数据清洗、去重、验证和富集等操作。在确保数据及时性方面，集成层需要支持快速响应数据变化功能的机制，如变更数据捕获（change data capture，CDC）技术，它可以实时捕获数据源中的变更，并将这些变更快速地传递到目标系统。

分析层是数据集成架构中用于深入分析和洞察挖掘数据的关键部分。它不仅是合并数据的存储地点，更是企业从数据中提取价值的重要环节。在这一层，数据不仅被存储，还被加工和分析，以支持复杂的查询、报告生成和决策制定。数据仓库在分析层中扮演着中心角色，它是专门为查询和分析优化构建的集中式数据存储系统。数据仓库内的数据经过精心组织和索引，支持快速的数据检索和复杂的分析操作。此外，数据湖作为一种更加灵活的数据存储解决方案，可以存储大量的非结构化和半结构化数据，为数据科学家和分析师提供了更为丰富的数据资源。数据挖掘工具和算法用于从大量数据中发现模式、关联和趋势。这些工具可以应用多种统计学、机器学习和人工智能技术，以识别潜在的商业机会和风险。数据挖掘的应用场景包括客户细分、销售预测、欺诈检测等。商务智能（business intelligence，BI）工具则提供了一个用户友好的界面，允许非技术用户轻松地创建报告和仪表板。这些工具通常包括拖放功能、预定义的图表和模板，以及自助式分析能力，使用户能够快速理解数据并做出基于数据的决策。高级分析和机器学习功能是分析层的进阶应用，它们能够处理更为复杂的数据模型和预测分析。机器学习模型可以自动从数据中学习并改进，提供个性化的客户体验、优化运营流程和预测市场变化。为了支持这些高级功能，分析层可能还包括数据科学平台和工具，这些平台提供了编程环境、数据处理库和模型部署功能，使数据科学家能够构建、测试和部署复杂的分析模型。

9.1.2 智慧环境服务数据集成

在智慧环境服务数据集成中，数据治理是核心，它确保数据的质量、安全性、合规性，并促进跨部门的数据一致性和协作[158-159]。数据架构设计则涉及数据的组织方式，包括如何存储、访问和维护数据。数据平台和工具的选择则是实现数据架构设计的技术支持，它们帮助组织有效地集成、处理和分析数据。数据安全和隐私保护确保数据在整个生命周期中的安全性和合规性，保护组织和个人免受数据泄露和滥用的风险。最后，数据应用和价值实现关注如何将数据转化为洞察和行动，以驱动业务增长和创新。

1. 数据治理体系

数据治理是组织对数据资产进行系统性管理的一系列活动，旨在确保数据在其整个生命周期内的质量、合法性、安全性和有效利用。这一过程涉及制定明确的政策、程序和控制机制，以及指定相应的责任主体，从而对数据的采集、存储、维护、使用和删除等各个环节进行规范化管理。好的数据治理体系可以盘活整条数据链路，最大化保障企业数据的采集、存储、计算和使用过程的可控和可追溯。数据治理的实施对于组织而言至关重要，因为它直接关系到数据的准确性和信任度，这是做出明智业务决策的基础。良好的数据治理不仅有助于提升操作效率，减少合规风险，还能够增强客户信任，从而在竞争激烈的市场中为组织赢得优势[160]。此外，随着数据量的激增和法规的日益严格，数据治理成为维护组织声誉、遵守法律法规并实现数据价值最大化的关键策略。其中，企业数据治理体系包括数据质量管理、元数据管理、主数据管理（master data management，MDM）、数据资产管理、数据安全及数据标准等内容。

在企业数据管理中，数据质量是衡量信息系统效能的关键指标，通常根据业界认可的标准来评估，包括数据的完整性、准确性、一致性和及时性。数据完整性关注数据记录是否全面，确保所有必要的数据元素都被捕获，且无缺失。准确性则是指数据记录是否反映了真实情况，数据中不存在误差或偏差，确保决策基于正确的信息。一致性要求在不同的业务系统和数据仓库中，相同的数据应保持统一，避免因数据不一致导致混淆或错误决策。及时性则强调数据应能够在需要时迅速提供，支持实时决策和操作。这些数据质量维度共同构成了企业数据质量管理的基础，是确保数据可信赖、可用和有效支持业务流程的前提，数据质量标准如图 9-1 所示。

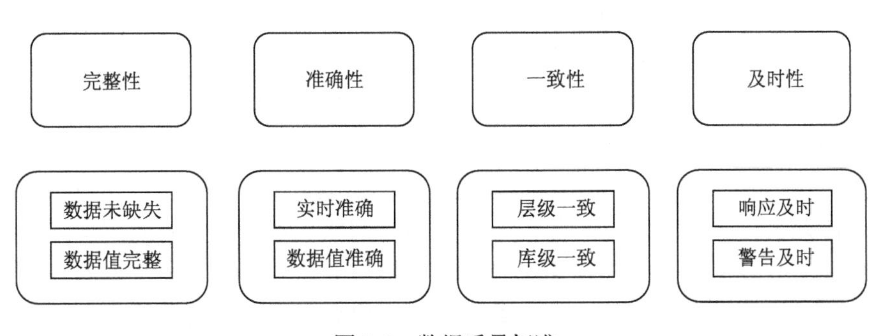

图 9-1　数据质量标准

元数据管理是数据治理的关键组成部分，它涉及对数据中描述性信息的组织和管理，便于更好地理解和利用数据资源。元数据或称为数据的数据，为数据分析人员提供了关于数据的来源、结构、存储位置以及处理方法的关键信息。它分为技术元数据和业务元数据，技术元数据涉及数据模型、数据库架构、数据仓库和 ETL 流程等技术层面的细节；业务元数据涉及数据背后的业务上下文、数据所有权和业务规则。通过有效的元数据管理，企业能够构建一个全面的业务知识体系，其中数据的业务含义和用途得到清晰的定义和解释，从而提升数据的可解释性和价值。此外，元数据管理增强了数据整合和溯源的能力，使数据的血缘关系——数据从源头到目的地的流转路径——得以明确记录和维护。这对于追踪数据的历史变化、诊断数据问题和支持合规性要求至关重要。进一步地，元数据管理支持建立数据质量稽核体系，通过分类管理和监控，确保数据质量符合既定的标准和期望。这种体系能够识别数据质量问题，提供改进措施，并持续监控数据质量的变化，以保持数据的准确性和可靠性。

主数据管理是企业信息管理策略的核心，其重点在于维护和管理企业内部关键业务数据的一致性，并确保这些数据能够被各业务单元共享和高效使用。这些数据通常包括员工、客户、产品、供应商和组织机构等的信息，它们是企业运营的基础，并被视为企业资产的重要组成部分。主数据具有权威性和全局性，是跨越企业各个业务系统和流程的信息核心。为了有效管理主数据，企业需要制定和执行一系列管理原则和访问规范。这包括对各组织机构、子公司和部门访问主数据的监管，确保数据的一致性和安全性。同时，企业应定期进行主数据的质量评估，以判断数据管理活动是否达到既定的目标和标准，并据此进行必要的调整和优化。此外，主数据管理还要求组织内的相关人员和机构协同工作，共同努力完善主数据的质量和管理。这通常涉及跨部门的沟通和协作，以及对数据管理流程的持续改进。技术支持也是主数据管理不可或缺的一部分，它包括提供必要的数据管理工具和系统，以及确保业务流程与主数据管理策略的一致性。最终，通过集中统筹和技术支持，企业能够确保主数据的准确性、可用性和一致性，从而支持企业的业务流程，提高决策质量，并增强整个集团的运营效率。主数据管理是企业实现数据治理目标和提升数据资产价值的关键环节。

数据标准是企业数据管理中不可或缺的一部分，它们是一系列定义清晰的规范和约束，旨在确保组织内外部对数据的理解和使用具有一致性和准确性。在组织内部，数据标准化意味着所有部门和团队都遵循相同的数据定义、格式和术语，从而消除歧义，提高数据的可靠性和有效性。例如，对于客户号的定义，数据标准会明确其代表的具体含义，无论是指办理银行卡的客户还是借贷过的客户，都将有一个统一的解释和表示方法。数据标准的建立通常涉及数据的命名规则、类型、格式、长度以及数据值的范围等方面。这些标准化的数据元素和结构，不仅有助于内部数据的整合和分析，还对外部数据交换和共享至关重要。它们确保了数据在不同系统和组织之间传递时的一致性和互操作性，从而支持了跨部门和跨企业的协作。

2. 数据架构设计

数据架构设计是构建企业数据管理体系的基础，它涵盖了从数据模型的构建到数据的存储、处理和分析的全过程。首先，数据模型和数据仓库设计是数据架构的核心，它们确保数据被组织和存储在能够支持企业决策的结构中。这包括定义数据之间的关系、确保数据的一致性和整合性，以及设计能够支持复杂查询和报告的数据仓库。

紧随其后的是数据集成和数据流设计，这确保了来自不同源的数据能够被有效地收集、转换和加载到数据仓库中。这一过程中，必须优化数据流的设计以支持数据的实时或批量处理，确保数据的及时性和准确性。

数据存储和数据生命周期管理则关注数据的持久化和维护。这涉及选择合适的存储技术、设计数据备份和恢复策略，以及制定数据归档和清除的政策，以确保数据在其生命周期的各个阶段都得到妥善管理。

随着技术的发展，数据虚拟化和数据服务化成为数据架构设计的重要组成部分。数据虚拟化允许用户通过抽象层访问和管理数据，而不需要关心数据的物理存储细节，从而提高了数据的可访问性和灵活性。数据服务化则是将数据封装为服务，使数据消费者能够通过标准化的接口访问数据，促进了数据的重用和共享。

数据分析和数据挖掘架构是数据架构设计的高级阶段，它支持从数据中提取有价值的信息和知识。这要求设计高效的数据处理流程、选择合适的分析工具和算法，以及构建支持预测分析和机器学习的平台。

3. 数据平台和工具

在当今数据驱动的商业环境中，数据集成工具的选择对于企业的数据管理战略至关重要。数据集成工具可以分为三种主要类型，每种都有其独特的优势和应用场景。

首先，基于云端的数据集成工具提供了一种高效且成本可控的方式来处理数据集成任务。这些工具运行在云服务提供商的基础设施上，免除了企业在硬件和软件维护上的投入。它们通常具有易于使用的界面和弹性计算资源，使企业能够快速适应不断变化的数据需求。

其次，基于开源的数据集成工具为企业提供了灵活性和可定制性。这些工具的源代码可供用户访问，允许企业根据特定需求进行修改和扩展。开源工具通常是免费的，但可能需要企业投入更多的时间和资源来进行定制开发和后期支持。

其中，DataX、Kettle 和 Apache Sqoop 是业界常用的开源解决方案[30]。DataX 由阿里巴巴开发，支持广泛的数据源同步，采用灵活的插件架构，允许用户通过 JSON 配置文件轻松同步数据。它的独立部署特性使其只需 Java 和 Python 环境，成为一个不依赖其他系统的优选工具。Kettle 作为一个 Java 编写的 ETL 工具，提供了一个图形化界面，使数据流程的编排变得直观，可以实现复杂业务逻辑的数据操作[31]。尽管它支持多种数据源的操作，但其相对较大的体积和较高的学习曲线可能会成为使用门槛。Apache Sqoop 专注于关系型数据库和大数据集群之间的数据同步，通过将命令转换为 MapReduce 任务来运行。然而，它对 Hadoop 环境的依赖以及相关的搭建和维护成本，使它在某些情况下不那么理想。考虑到 Apache Sqoop 和 Kettle 的限制，DataX 成为首选的数据集成工具。尽管 DataX 在执行时只能处理单次数据同步，但通过集成到 Quartz 定时任务管理器，它不仅可以自动化数据同步，还能处理数据的增量更新。为了提高 DataX 的实时性，可以结合消息队列技术，如 Kafka，来实时处理数据集成通知。Kafka 作为一个分布式消息系统，不仅提供了高吞吐量和消息持久化，还能通过流量削峰功能减轻在高数据量情况下的服务器压力。这种结合使用 DataX 和 Kafka 的策略，为数据集成提供了一个高效、可扩展的解决方案。

最后，基于企业级的数据集成工具用于满足大型企业对数据集成的高要求。这些工具提供了强大的功能和优异的性能，支持复杂的数据集成场景，包括大数据处理和实时数据集成。尽管这些工具的成本较高，但它们通常包括全面的技术支持和服务协议，确保企业数据集成的连续性和稳定性。选择合适的数据集成工具是一个涉及多个维度的决策过程。企业需评估数据源的多样性，确保选定的工具能够适应不同类型的数据源，无论是结构化还是非结构化数据。同时，处理数据量的能力也是一个关键考量点，尤其是在面对大数据时，工具必须能够高效地处理和转换大量信息。数据质量的维护同样重要，工具需要集成强大的数据清洗和转换功能，以维护数据在整合过程中的准确性和完整性。此外，随着数据安全和隐私保护的日益重要，工具还必须提供严格的安全措施，如加密和访问控制，以确保数据在整个集成过程中的安全。

在构建一个全面的数据平台时，企业需要配备一系列工具来处理和分析数据。数据处理和分析工具是这一套件的核心，它们使得从原始数据中提取有价值信息成为可能，支持复杂的数据操作，如数据挖掘、预测分析和统计分析。这些工具的高级算法和模型能够帮助企业洞察市场趋势和内部运营效率。随着数据分析的深入，将分析结果转化为易于理解的格式变得尤为重要。数据可视化和报告工具允许用户创建直观的图表、仪表板和报告，这些直观的表示形式能够帮助决策者快速把握数据背后的故事，促进基于数据的决策。然而，无论分析多么深入，数据的质量始终是决定分析有效性的关键。数据质量和数据清洗工具确保数据在分析前是准确和一致的，通过识别和纠正数据中的错误和不一致，这些工具帮助企业建立和维护高质量的数据环境。此外，为了支持数据的管理和合规性，元数据管理工具和目录服务提供了必要的框架。它们帮助企业构建数据的详细目录，包括数据的来源、格式、用途和质量信息，从而使数据治理更加透明和高效。通过这些工具，企业能够确保数据的整合性和可信赖性，为数据驱动的业务模式提供坚实的基础。

9.1.3　智慧环境服务数据门户

智慧环境服务数据门户是将大数据平台各组件模块的对外服务能力及平台管理功能集成在一起并对外展示的直接窗口，智慧环境服务数据门户架构图如图 9-2 所示。智慧环境服务数据门户面向不同层级用户，实现数据统一展现，包括统一入口、用户权限、统一认证、个性化页面设置、数据可视化展示（统计分析数据、实时监控数据展示）、多屏无缝支持等。根据用户权限，面向不同用户，形象、直观、实时地展现与其角色相匹配的各类数据分析信息。

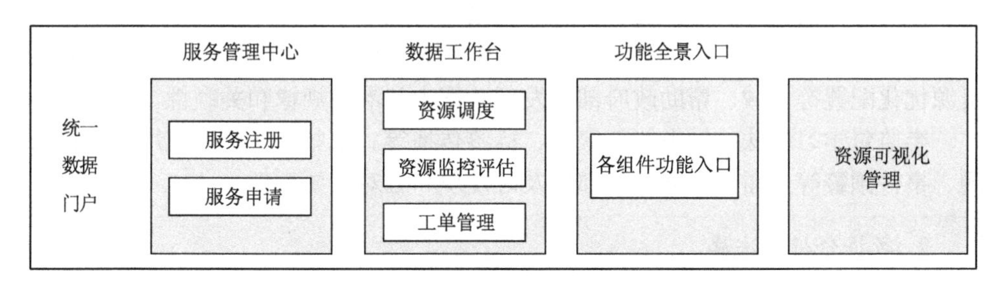

图 9-2　智慧环境服务数据门户架构图

统一数据门户集成了公司统一权限系统，并通过企业门户实现单点登录，使用户能够使用同一套账号密码访问所有相关系统。

服务管理中心提供大数据平台各组件模块功能的注册和管理，进行集中统一配置，并展示在门户上。

数据工作台是统一数据门户的核心，通过分角色数据权限控制，实现面向不同层级、根据不同权限分别展示不同的指标监控和数据分析结果，包括领导看板、部门看板、业务人员看板等。工作台可根据各级用户各自不同的重点关注指标及风格喜好，配置个性化的数据管理驾驶舱及个人数据门户页面。

功能全景入口集成了大数据平台对外提供服务的各功能组件，包括数据超市、应用超市、统一开发平台等的入口，通过服务目录进行统一的管理及展示。

资源可视化管理面向系统管理及运维人员，将系统平台运行、数据存储、应用使用等各方面情况进行统一集中可视化展示，提供一站式监控功能。

9.2 智慧环境服务模型算法集成方法与架构

9.2.1 智慧环境服务算法库

在大数据计算中，算法库是支撑数据分析、挖掘以及机器学习等任务的基础设施之一。算法库主要涵盖机器学习算法、数据分析算法等，以及它们在环境服务领域的应用场景和特点[161-164]。

1. 机器学习算法库

机器学习算法库是指包含了实现各种机器学习算法的软件库。其中，包括了监督学习、无监督学习和半监督学习等不同类型的算法。在环境服务数据分析和智能决策中，机器学习算法库可被用于数据挖掘、预测分析、智能决策等方面。

监督学习算法：如决策树、支持向量机、神经网络等。这些算法可被应用于犯罪预测、舆情分析、智能交通管理等场景，帮助政府部门进行决策和规划。

无监督学习算法：如聚类、关联规则挖掘等。这些算法可被应用于社会治理、资源优化配置等领域，帮助政府部门发现数据中的潜在规律和关联性。

半监督学习算法：如半监督聚类、标签传播等。这些算法可以应用于舆情监测、事件预警等方面，帮助政府部门及时发现和应对重要事件。

2. 数据分析算法库

数据分析算法库包含了各种数据处理、特征提取、统计分析等算法。在环境服务数据分析和智能决策中，数据分析算法库通常用于数据清洗、特征提取、统计分析等任务。

数据清洗算法：如缺失值处理、异常值检测、重复数据删除等。这些算法可以帮助政府部门清理和整理数据，保证数据质量和可信度。

特征提取算法：如主成分分析、奇异值分解（singular value decomposition，SVD）等。这些算法可以帮助政府部门从海量数据中提取出关键特征，为后续的建模和分析提供支持。

统计分析算法：如假设检验、方差分析等。这些算法可以帮助政府部门对数据进行统计分析，揭示数据之间的相关性和规律性。

9.2.2 算法执行引擎

算法执行引擎是指将算法应用到大规模数据集上，并提供支持高效计算的软件组件。在大数据环境中，采用并行计算、分布式计算的方式实现算法执行引擎。

1. 并行计算支持

在大数据场景下，常常需要对海量数据进行高效处理和分析。为了提高计算效率，算法执行引擎通常会采用并行计算技术，将任务分解为多个子任务，并行执行[165]。在环境服务数据分析和智能决策中，这种并行计算支持可以帮助政府部门加快数据处理和分析的速度，提高决策的时效性和准确性。

2. 分布式计算架构

分布式计算架构是指将计算任务分配到多个计算节点上，并通过网络进行通信和协调，实现任务的并行执行和结果的汇总。在环境服务数据分析和智能决策中，分布式计算架构可以帮助政府部门充分利用集群资源，实现大规模数据的快速处理和分析。

3. 弹性伸缩和容错机制

在实际应用中，计算集群的规模和配置可能会发生变化，同时也难免会出现一些故障和错误。因此，设计弹性伸缩和容错机制成为极为重要的任务。弹性伸缩和容错机制可以帮助算法执行引擎实现自动化的伸缩和容错，保证系统的可靠性和稳定性[166]。

9.2.3　算法性能优化与部署

在实际应用中，对算法进行性能优化并将其部署到计算集成平台上是非常重要的。本节将探讨如何对算法进行性能优化，并将其部署到计算集成平台上，以提高算法执行效率和速度。

1. 并行化与分布式计算

针对大规模数据处理和分析任务，常常需要采用并行化和分布式计算的方法。通过将任务分解为多个子任务，并在多个计算节点上并行执行，可以大大提高计算效率和速度[167]。在环境服务数据分析和智能决策中，通过并行化和分布式计算技术，政府部门可以更快地进行数据分析和决策支持。

2. 内存计算与高性能计算

在处理大规模数据时，内存计算和高性能计算是提高计算效率的重要手段。内存计算可以将数据加载到内存中进行计算，避免了频繁的磁盘读写操作，从而大大提高了计算速度。高性能计算则利用了专用硬件和优化算法，进一步提升了计算性能。在环境服务数据分析和智能决策中，政府部门可以通过采用内存计算和高性能计算技术，加快数据处理和分析的速度，提高决策效率。

3. 模型优化与部署

在算法性能优化过程中，还需要对模型进行优化与部署。优化模型可以通过特征选择、模型调参等方法来提高模型的准确性和泛化能力。部署模型则是将优化后的模型应用到实际场景中，为决策提供支持。在环境服务数据分析和智能决策中，政府部门可以通过优化与部署模型，实现更精准、更高效的决策支持。

9.3 智慧环境服务业务与应用集成方法与架构

9.3.1 集成方法与架构

按照微服务与敏捷开发的工程化理论和思想，应用集成路线采取微服务和演进式开发，首先构建前后端分离的微服务通用平台，然后在通用平台的基础上构建各种基础服务，之后在基础服务和通用平台的支撑下进行应用迁移和集成[168]。

通用平台采用微服务架构、前后端分离模式进行设计、开发，让前端人员专注于前端控制和页面展示，后端开发人员专注于后端服务和数据访问。前端页面采用 HTML5 编写，通过 JavaScript 异步调用后端的 API。采用前后端分离的架构模式，可以使前端关注界面展示，后端关注业务逻辑，分工明确，职责清晰。前后端之间通过轻量级的通信协议 HTTP（hypertext transfer protocol，超文本传输协议）进行通信，数据采用 JSON 格式进行传输。主要技术支持如下。

前端采用 MVVM 模式：为了保证前端数据显示的一致性，后端数据发生变化时能够及时在前端进行展示，前端页面采用 MVVM（model-view-view model，模型-视图-视图模型）架构设计模式。采用 MVVM 模式能够使图形用户界面（graphical user interface，GUI）的前端开发与后端业务逻辑分离，极大地提高了前端开发效率；采用该模式让开发人员专注于业务逻辑和数据开发，设计人员专注于页面设计，提高开发效率；采用该模式可以实现一个后端业务逻辑对应多个前端 GUI，提高组件的可重用性，提高开发效率。

后端微服务架构模式：为了提高后端服务的可重用性、降低系统交付周期、快速适应业务需求变化、降低维护成本，后端采用微服务架构模式进行设计、开发。采用微服务架构可以把系统功能拆分成多个微小的服务，每个服务都保持独立，职责单一，只做一件事情，做到高内聚、低耦合。每个服务都运行在自己的进程中，并通过轻量级的机制保持通信，就像 HTTP 这样的 API。这些服务要基于业务场景，并使用自动化部署工具进行独立的发布。可以有一个非常轻量级的集中式管理来协调这些服务，可以使用不同的语言来编写服务，也可以使用不同的数据存储，这样能根据业务的需求，选择最适合的技术方案，同时各个服务独立运行，可以根据业务需求独立进行扩展，提高系统的性能、稳定性和可扩展性。通用平台的微服务平台构建采用 Spring Cloud 框架，对系统中运行的所有服务进行管理、配置和监控。Spring Cloud 利用 Spring Boot 的开发便利性巧妙地简化了分布式系统基础设施的开发，如服务注册、配置中心、消息总线、负载均衡、断路器、数据监控等，都可以用 Spring Boot 的开发风格做到一键启动和部署。

虚拟容器：由于应用集成系统的特殊性，需要保证系统能够高效、稳定地运行，需要保证集成应用的隔离，让每个服务都能够高效运行，并且出现问题时能够快速启动；为了适应业务的快速增长和系统的快速部署或启动，需要每个服务都能够快速部署，为了满足以上需求，采用 Docker 容器化技术构建我们的通用平台。采用该方案能够简化系统的配置，降低应用和硬件之间的耦合度；采用 Docker 的方案，能够为系统中的每个服务提供独立的运行环境，可以单独对每个服务进行资源配置，对于每个服务来说就相当于运行在一个独立的服务器上，保证服务之间的隔离，保证系统的稳定性；隔离应用的能力使得 Docker 可以整合多个服务器以降低成本，由于没有多个操作系统的内存占用，以及能在多个实例之间共享没有使用的内存，Docker 可以比虚拟机提供更好的服务器整合解决方案，更好地利用服务器的资源，提高资源的利用率；Docker 的虚拟化技术能够将系统的部署时间降到几分钟，Docker 只是创建一个容器进程而无须启动操作系统，这个过程只需要秒级的时间，能够极大地降低系统的部署成本。把基础平台和应用进行服务化（微服务化）+容器化后，就可以使用 Kubernetes 进行编排，部署到 Kubernetes 集群中。采用 Kubernetes 对系统中的服务进行编排，可以解决以下几方面问题：①高可用性；②资源调度，应用的弹性伸缩；③开发、研发测试到运维一体化以及运维自动化等。

采用该方案，微服务平台不仅能够监控系统中运行的所有服务，还能监控每个服务运行的实例数，以及每个实例当前的运行状态；可以对系统中的所有服务的配置文件进行统一管理，配置修改时不需要对程序重新打包部署，只需要在配置中心进行修改，极大简化配置修改的成本；能够通过平台中的服务网关（API gateway）统一对系统中的服务进行身份认证和鉴权并对负载分配、动态路由等进行管理，极大降低系统的开发和运维成本[169]；通过服务跟踪，可以迅速发现服务中接口的调用链、调用时长等信息，迅速定位到系统中的问题和性能瓶颈，快速进行问题解决；服务监控和熔断，不仅能快速发现系统中服务的运行状况，还能迅速摘除有问题的服务，防止错误蔓延。

9.3.2　应用数据开发支持工具

业务与应用集成采用微服务的方式实现，为更好地实现集成，需要应用数据开发支持工具。支持工具底层由 Docker 提供的容器环境作为统一的应用运行部署平台。上层提供工具中心、数据中心、资源中心、容器中心等部分。可进行可视化工作流开发、数据挖掘分析、数据建模、调度配置、发布管理、流任务开发、协同开发、代码管理和资源开发管理等工作，提供一站式大数据应用开发部署发布服务[170]，应用数据开发支持工具架构图如图 9-3 所示。

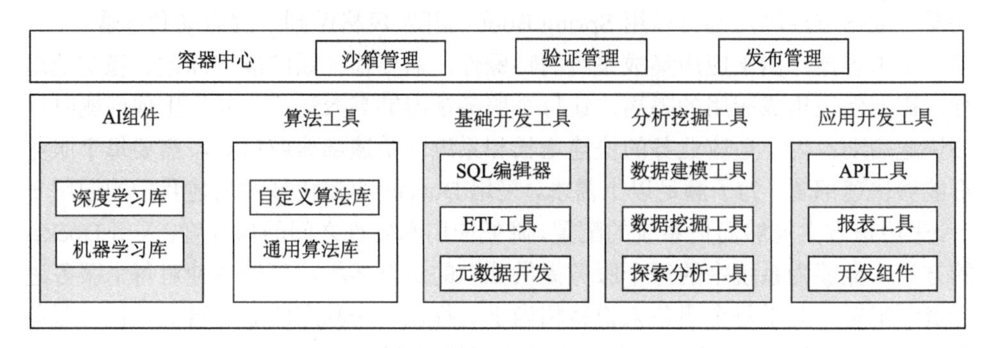

图 9-3 应用数据开发支持工具架构图

其中，AI 组件提供目前主流的深度学习库和机器学习库，供模型开发和数据分析挖掘调用。算法工具支持多种通用类型计算组件，算法调用也支持用户上传自定义算法模块，丰富算法工具库。基础开发工具提供可视化工作流开发，为数据分析研究、数据指标开发提供简单、易用的可视化编辑环境以及数据加工链路可视化配置。分析挖掘工具中的数据建模工具为数据工程师提供拖、拉、拽的数据模型设计；数据挖掘工具为平台用户提供成熟的 BI 工具，用户可以直接使用 BI 工具对探索结果进行深入的数据分析；探索分析工具在目前大数据平台数据探索组件的基础上封装服务，提供跨表、跨域的数据探索功能。DevOps（development and operations，开发与运营）组件为应用提供部署资源管理、程序版本管理、发布内容管理等功能，用于支持多人协同开发同一个项目。应用开发工具为各种类型的应用提供统一的数据接口、在线报表工具以及相关基础开发组件。

容器中心中，沙箱管理为应用开发者及数据工程师提供一个开发环境，包括可用于测试的样例数据，用户应用开发的容器环境以及与大数据运行环境。验证管理提供实例环境，用于对沙箱中开发的数据模型、算法模型或者业务模型进行模型验证和调优。发布管理是指对通过验证后的应用进行发布管理。应用可通过此模块一键部署至实际生产环境，另外，发布管理还可对其数据库连接方式、端口号、服务器 IP 地址等运行方式进行统一配置管理。

9.3.3 集成服务部署方案

应用集成是将业务系统在云平台的 IaaS、PaaS 层的资源迁移到集成平台，业务系统可以通过虚拟机部署、容器化部署和混合模式部署三种形式实现应用迁移[171]。

1. 虚拟机部署

单体应用和特定软件适合采用虚拟机方式部署。单体应用将若干个功能项都打包在一个整体的发布包中，通常情况下通过纵向扩展或提高硬件性能来满足业务性能需求；特定软件包括特殊中间件（如 Tuxedo）、关系型数据库（如 SQL Server）、NoSQL 数据库（如 MongoDB）、缓存数据库（如 Redis、Memcached）等应用。

2. 容器化部署

微服务架构系统适合采用容器化方式部署。因为微服务架构系统或中大型应用对云平台资源的需求多，其网络复杂，涉及云平台组件种类多，用户数多，并发高。

3. 混合模式部署

对于复杂的业务系统技术架构，单一容器化部署或者虚拟机部署无法满足技术架构要求和业务发展需求，则需要采用混合模式部署，一般 Web 服务是单体应用，采用虚拟机方式部署；数据库是特定软件，也可采用虚拟机方式部署；后台服务采用微服务架构，则采用容器化方式部署。

第三篇

应用实践篇

第10章

能源环境智慧综合服务应用

能源安全和环境保护是国家生存和发展最基本、最重要的前提之一，然而现阶段能源安全和环境保护之间面临着不可避免的矛盾。我国能源消费总量巨大，能源结构不平衡、对化石能源依赖度较高。根据国际能源机构（International Energy Agency，IEA）的数据，截至2020年，中国的化石能源消费量约占全球消费总量的28%。尽管我国的能源利用效率一直在提升，但是既往能效基础和经济持续发展的需求导致我国能效整体水平依然相对较低、能源消费总量居高不下、化石能源造成的污染问题仍然存在。在我国能源储量和消费现状的背景下，协同实现能源安全与环境保护存在一定挑战。如何在保障能源安全的前提下，尽可能地保护生态环境成为亟须探究的现实问题。

能源环境协同的挑战广泛存在于地区和企业等不同层面的主体之中，将数字技术应用于不同主体的社会生产过程是解决这一挑战的关键路径。结合当前全球信息技术高速发展的背景，本章详细介绍了能源环境智慧综合服务方案的具体内容，以及将该方案应用于中国大唐集团有限公司及湖南省电网系统中的主要成效。地区整体和企业个体都面对能源结构调整与环境保护的双重挑战，能源环境相关产业急需转型升级。中国大唐集团有限公司是综合性发电集团，其业务涵盖火电、水电和风电等多种能源形式。由于历史原因，企业能源结构以火电为主，造成高碳排放和高运营成本，现今通过发展新能源业务进行转型，但依然面临系列问题。通过应用本章提出的能源环境智慧综合服务平台，企业能更精准地监控和管理能源生产与使用，优化能源配置，提升清洁能源比例，从而有效降低碳排放并提升经济效益。此外，本章方案也在湖南省电网系统中进行应用，展现了能源环境智慧综合服务平台的优势。湖南省的能源需求庞大，但以往因缺乏高效的能源与环境管理措施，污染问题依然存在。通过应用能源环境智慧综合服务平台，实时监控电网运行状态，及时调节能源供应策略，显著减少无效和过度能源消耗，有效缓解环境污染问题。

本章将以上应用归纳总结为五个部分：能源环境管理的现实问题与应用需求，面向电网应用的能源环境协同大数据分析与挖掘，基于多目标优化的能源管理设施选址优化与应用，面向电力企业的能源环境智慧综合服务平台，能源环境智慧综合服务应用效果及展望。以期展示大数据技术在能源环境协同管理领域的广阔应用前景与实践成果。

10.1 能源环境管理的现实问题与应用需求

10.1.1 能源环境协同管理的现实背景

1. 化石能源消费带来的环境问题

能源开发和利用过程中产生大量的废气、废水和固体废物，导致环境污染问题日益严重。尤其是我国对煤炭的依赖较高，以煤炭为代表的高碳能源的使用也导致碳排放量增加，对“双碳”目标的实现产生负面影响[172-173]。尽管中国的煤炭消费在总能源消费中的比重正在逐渐减少，截至2023年中国煤炭消费在能源消费总量中的比重已经下降到55.3%左右，但是从这一数据可见煤炭仍然是中国能源消费的主要来源。同时，我国生产单位GDP所消耗的能源大幅下降，与之伴随的是单位GDP二氧化碳排放量的大幅下降。我国2020年的单位GDP二氧化碳排放量相比2005年下降了48%左右，超额实现了此前设置的下降40%～45%的目标。我国以3%的能源增长速度增持了6%左右的经济上升速度。不过不可否认的是，目前我国的经济发展仍会在一定程度上拉动能源增加，也就是说，我国的经济发展尚未实现与化石能源使用之间的强脱钩[174]。1971～2021年中国与世界主要发达地区能源消费总量及其增长趋势、能源强度对比见表10-1～表10-3。这些宏观数据表明的是不同地区和无数企业能源消耗过程中的共同困境。

表 10-1 1971～2021 年中国与世界主要发达地区能源消费总量对比

年份	全球/EJ	美国		欧盟		中国		德国		日本	
		总量/EJ	占比	总量/EJ	占比	总量/EJ	占比	总量/EJ	占比	总量/EJ	占比
1971	213.45	65.92	30.88%	45.62	21.37%	10.08	4.72%	13.12	6.15%	12.54	5.87%
1973	238.05	73.22	30.76%	51.96	21.83%	11.47	4.82%	14.35	6.03%	14.58	6.12%
1975	240.67	69.55	28.90%	51.18	21.27%	13.25	5.51%	13.55	5.63%	13.99	5.81%
1979	282.87	77.70	27.47%	59.56	21.06%	17.18	6.07%	15.78	5.58%	15.81	5.59%

续表

年份	全球/EJ	美国		欧盟		中国		德国		日本	
		总量/EJ	占比	总量/EJ	占比	总量/EJ	占比	总量/EJ	占比	总量/EJ	占比
1980	279.38	74.71	26.74%	58.55	20.96%	17.38	6.22%	15.26	5.46%	15.35	5.49%
1985	303.47	72.66	23.94%	60.43	19.91%	22.14	7.30%	15.45	5.09%	16.13	5.32%
1990	343.90	81.38	23.66%	62.96	18.31%	28.58	8.31%	15.09	4.39%	18.79	5.46%
1995	363.78	87.63	24.09%	62.29	17.12%	37.27	10.25%	14.31	3.93%	21.49	5.91%
2000	396.88	95.56	24.08%	64.79	16.32%	42.48	10.70%	14.36	3.62%	22.47	5.66%
2005	459.23	96.88	21.10%	67.39	14.67%	75.70	16.48%	14.37	3.13%	21.55	4.69%
2010	508.68	93.43	18.37%	65.81	12.94%	104.60	20.56%	13.85	2.72%	21.27	4.18%
2015	548.14	92.69	16.91%	61.26	11.18%	127.02	23.17%	13.60	2.48%	19.07	3.48%
2020	564.01	88.54	15.70%	57.07	10.12%	147.58	26.17%	12.36	2.19%	17.13	3.04%
2021	595.15	92.97	15.62%	60.11	10.10%	157.65	26.49%	12.64	2.12%	17.74	2.98%

注：篇幅原因仅展示部分年份数据，下同

表 10-2　1971～2021 年中国与世界主要发达地区能源消费总量增长趋势对比

项目	全球	美国	欧盟	中国	德国	日本
1971～2005 年						
增量/ EJ	245.78	30.96	21.77	65.62	1.25	9.01
增幅	115.15%	46.97%	47.72%	650.99%	9.53%	71.85%
2005～2021 年						
增量/ EJ	135.92	−3.91	−7.28	81.95	−1.73	−3.81
增幅	29.60%	−4.04%	−10.80%	108.26%	−12.04%	−17.68%

表 10-3　1971～2021 年中国与世界主要发达地区能源强度对比（单位：EJ /万亿美元）

年份	全球	美国	欧盟	中国	德国	日本
1971	64.49	57.45	56.80	101.01	52.48	52.22
1973	51.08	51.37	40.53	82.81	35.88	33.73
1975	40.25	41.28	30.27	81.07	27.65	26.83
1978	32.16	32.70	23.53	111.51	20.24	15.01
1979	35.36	29.58	20.17	96.36	17.93	14.99
1980	24.66	26.15	17.73	90.92	16.06	13.89
1985	23.60	16.75	22.57	71.54	21.16	11.53
1990	15.10	13.65	9.69	79.19	8.53	6.00
1995	11.72	11.47	7.51	50.74	5.53	3.87
2000	11.73	9.32	8.90	35.07	7.36	4.52

续表

年份	全球	美国	欧盟	中国	德国	日本
2005	9.61	7.43	5.70	33.11	5.01	4.67
2010	7.64	6.21	4.52	17.18	4.07	3.69
2015	729.00	5.09	4.52	11.48	4.05	4.29
2020	6.64	4.24	3.73	10.05	3.21	3.40
2021	6.19	4.04	3.52	8.89	3.00	3.59
1971～2005 年减量	54.88	50.02	51.10	67.90	47.47	47.55
1971～2005 年减幅	85.10%	87.07%	89.96%	67.22%	90.45%	91.06%
2005～2021 年减量	3.42	3.39	2.18	24.22	2.01	1.08
2005～2021 年减幅	35.59%	45.63%	38.25%	73.15%	40.12%	23.13%

2. 能源结构导致的能源安全保障问题

截至 2020 年，国内一次能源消费量折合标煤 49.8 亿吨，其中原煤消费占比 56.8%，原油消费占比 19.0%，天然气消费占比 8.4%，水电、核电、光伏和风电等一次电力及其他能源占比 15.9%。从 2011 年至 2020 年，原煤在我国能源消费结构中的占比呈稳定下降趋势，但短时期内我国的能源消费结构仍将以煤为主，必须不断优化煤炭与新能源和清洁能源的配比组合，抑制不合理的能源消费，贯彻绿色发展理念。引导绿色低碳的能源消费模式，关键要坚持以绿色发展为导向，实施可再生能源替代行动。尽管中国在清洁能源方面取得了一定的进展，如风电和太阳能发电的装机容量增加，但清洁能源在总能源消费中的比重仍然较低。同时，由于新能源的发展刚开始起步，规模有限，尚不能完全替代传统能源的供应。因此，不同企业或者区域在应用新能源时，都面临同样的窘境。如何平衡新能源的使用和能源供应的安全使生产活动平稳进行，成为大多行为主体的共同关注点。

10.1.2 不同应用场景中的数智技术赋能能源环境协同管理

能源与环境协同管理是解决上述能源安全保障与生态环境保护矛盾的关键。除了单一的资源环境管理创新外，更需要开展能源与环境协同管理创新，有效破解资源、环境与经济发展之间长期存在的不协调问题。以大数据、5G、云计算、人工智能、物联网、区块链等新一代信息技术为特征的数字经济和技术发展为能源与环境智慧化协同管理提供了重大契机[175]。在全球经济多元化和新兴信息技术高速发展的推动下，新一代信息技术的快速发展，推动数字经济爆发式增长。因此，确保经济高质量发展的能源环境治理与安全保障亟须现代科技支撑，促进能源与环境智慧化协同管理，从而推进资源环境管理领域国家治理体系和治理能力现代化提升。也正因为如此，新一代数智技术和方法在推动经济、管理、资源与环境等多个学科的系统化、科学化过程中发挥了至关重要的作用，成为国家能源与环境协同治理体系和治理能力现代化提升的重要抓手[176]。

数智技术赋能能源环境智慧综合服务，可以实现数据的全面监测和分析、智能化的决策支持、信息共享和协同管理，以及设备的智能化控制。这些技术的应用可以提高能源管理和环境保护的效率和效果，推动可持续发展目标的实现。数智技术在能源环境智慧综合服务中发挥着重要的赋能作用。数智技术赋能能源环境智慧综合服务的具体内容如表 10-4 所示。

表 10-4　不同应用场景数智技术赋能能源环境协同管理的框架表

应用场景	具体项目	大数据技术	工业互联网	人工智能	区块链	云计算	物联网
政府监管	顶层设计	●		●			
	监管考核	●	●			●	●
	评估调整	●				●	
能源生产	零碳能源布局	●		●			
	化石能源转型	●	●	●			
	市场机制探索	●			●	●	
能源运送	绿电消纳	●	●	●			
	供需平衡	●	●	●		●	●
	优化配置	●	●	●		●	
能源消费	工业脱碳		●	●			●
	建筑减排			●			●
	交通减碳			●		●	
金融投资	ESG 评价	●	●		●	●	
	资本分配			●			
	风险评估			●		●	

注：ESG 指 environmental（环境）、social（社会）和 governance（治理）

（1）数据采集与监测：数智技术可以通过传感器、物联网等手段实时采集能源消耗、环境污染、设备状态等相关数据，并将其传输到中央数据库或云平台中进行集中管理和监测。这样可以实现对能源和环境指标的全面、准确的监测和评估，为决策提供实时数据支持。

（2）大数据分析与报告：利用大数据技术和数据分析算法，可以对大规模的能源消耗和环境数据进行深入分析和挖掘。通过对历史数据和趋势进行建模和预测，可以识别出潜在的节能减排机会，预测能源需求和环境影响，为制定合理的能源管理和环境保护策略提供科学依据。

（3）能源优化和控制：基于数据分析结果和预测模型，能源管理系统可以提供能源优化和控制策略。例如，根据负荷需求和能源价格，自动调整设备运行模式，实现最佳的能源利用效率。

（4）异常监测和报警：数智设备能够实时监测能源消耗情况，并在出现异常或超过设定的阈值时发送报警信息。这有助于及时发现能源浪费、设备故障或其他问题，并采取相应的措施进行修复或调整。

（5）智能决策支持：数智技术可以提供智能化的决策支持系统，帮助决策者进行优化决策。通过整合各类数据和模型，利用人工智能和机器学习技术，可以模拟和预测不同方案的效果，评估其在节能减排、环境保护和经济效益等方面的综合效果，从而帮助决策者做出明智的决策。

（6）信息共享与协同管理：数智技术提供了信息共享与协同管理的平台和工具，促进各方之间的合作和协同。通过云平台、区块链等技术，不同的利益相关者可以共享数据、交流信息，实现能源与环境协同管理。这样可以提高管理效率，减少冗余和重复工作，实现资源的优化配置和利用。

（7）智能设备与自动化控制：数智技术可以赋能智能设备与自动化控制系统，实现能源消耗的智能监控和控制。通过物联网和人工智能技术，设备可以实现互联互通，自动收集和分析数据，实现智能调节和优化。这样可以提高能源利用效率，降低能源浪费和排放，实现绿色、可持续的能源管理。

（8）能源管理和规划：通过综合分析能源数据和使用模式，能源管理系统可以帮助用户进行能源管理和规划。系统可以提供能源消耗预测、节能方案评估、能源成本核算等功能，帮助用户合理规划能源需求和资源配置。

10.1.3 数智技术赋能能源环境管理的应用需求

在能源环境管理领域，数智技术的引入正变得不可或缺，它对于解决一系列现实问题发挥着关键作用。但是，利用数智技术进行能源安全与环境安全的协同管理尚面临众多难题，极大制约了能源绿色低碳化转型步伐。首先，在能源环境数据资源深度智能分析方面，虽然企业在其生产运营过程中积累了海量的数据资源，但如何有效利用大数据和人工智能技术对这些数据进行深度分析和预测，仍然是一大难题。这不仅关系到能否为能源环境管理决策提供科学依据，也直接影响到管理效率和决策质量的提升。其次，在能源管理设施选址的数智优化方面，考虑到地理环境、政策法规、建设成本及生态环境保护等因素，需要借助数智技术实现更加合理的选址，以保障能源供应的安全与稳定，同时最小化对生态环境的影响。此外，构建一个跨域、高效、协同一体的能源环境智慧综合服务平台，能够集成各类数据资源和管理工具，实现多方信息共享和协同管控，这不仅是提高管理效率的需要，也是实现智能化、一体化管理的必然趋势。具体地，本章将围绕以上现实需求展开分析并提出解决方案。

1. 数智技术赋能能源环境管理面临的挑战

（1）能源环境数据资源价值发掘有限。虽然在生产运营的过程中企业往往收集沉淀了海量数据，但是如何利用大数据、人工智能等技术，对能源消耗和环境数据进行深度分析和预测，为能源环境管理决策提供科学依据仍然需要进行研究。在当前的能源环境管理领域，大数据的不足显而易见，这些问题贯穿于数据采集、储存和分析的各个阶段。首先，在数据采集方面，由于能源与环境监测设备的分布不均和传感技术的限制，所收集的数据存在覆盖面不足、时间间隔长、精度不高等问题。其次，在数据储存方面，由于能源环境数据具有高维度和大规模的特点，传统的数据存储方式难以满足迅速增长的数据量和高效访问的需求。最后，在数据分析方面，现有的数据处理与分析工具往往无法充分挖掘数据中的深层次信息，缺乏针对能源环境协同问题的定制化分析模型和算法。

（2）能源环境协同设施选址困境。在当前能源安全与环境保护的矛盾背景下，数智技术在能源环境协同设施选址方面的应用显得尤为关键。考虑到地理环境、政策法规、建设成本及生态环境保护等约束条件，以及其对能源安全保障的影响，数智技术需要进一步应用到相关领域。一方面，应用数智技术优化能源设施的选址，保障能源供应的安全与稳定。数智技术能够模拟和预测各种可能的紧急情况对能源供应的影响，如天灾人祸导致的能源中断。通过这种模拟，可以优化设施布局，提高系统的冗余能力，确保在紧急情况下也能保持能源供应的连续性和可靠性。另一方面，应用数智技术优化能源设施选址可以使能源设施对生态系统的影响最小化。环境保护是当前全球关注的热点问题。数智技术能够通过生态模型分析评估项目对周边生态环境的潜在影响，如对野生动植物栖息地的破坏、水体污染等。通过对这些数据的深入分析，可以选择对生态影响最小的地点，或设计出更为环保的建设项目。

（3）能源环境数智综合分析工具缺失。构建一个跨域、高效、协同一体的能源环境智慧综合服务平台，对于实现现代能源环境管理的数字化转型至关重要。这一系统可以集成各类数据资源和管理工具，包括物联网传感器数据、卫星遥感信息、能源生产和消费统计资料等多源数据，以及高级数据分析和预测模型。通过这些集成，平台能够实现多方协同管控和信息共享，使不同部门和组织能实时访问和使用相关数据，提高决策的透明度和响应速度。平台建设和应用的核心目的是实现能源与环境管理的一体化和智能化，通过智能算法和机器学习技术对收集的大量数据进行分析，以优化能源配置、减少浪费，同时对环境变化进行实时监控和评估。这种一体化管理不仅提高了能源使用的效率，还增强了对环境变化的适应能力和风险管理能力。此外，该平台极大地促进了企业间的跨行业合作和资源共享。利用云计算和区块链技术，平台可以安全、透明地处理大规模数据交互和能源交易，保证交易的安全性和不可篡改性。例如，通过能源互联网和区块链技术，建立的能源交易平台能够有效地调配多种能源资源，实现多能互补和协同调度，这不仅提升了能源的利用效率，也优化了能源的供需关系，进一步优化了能源与环境之间的协同。

2. 数智技术赋能能源环境管理的需求分析

为了有效应对这些现实问题，在能源环境管理领域的数智化转型中，迫切需要制定和实施一系列针对性的需求管理标准，以提高能源环境的管理效率和决策质量。首先，面向不同能源环境管理场景的数智技术服务需求，需开发能够适应各种具体管理场景的智能化工具和模型，这些工具应能充分挖掘和分析数据资源，为管理决策提供科学、精确的支持。其次，针对能源管理设施选址的多目标优化问题，需要构建一个能够考虑地理环境、政策法规、建设成本及生态环境保护等多因素的综合评估模型，该模型应能辅助决策者识别最优选址方案，以保障能源的安全与稳定供应，同时最小化对生态环境的影响。最后，针对复杂系统的管理，必须打造一个能源环境智慧综合服务平台，这样的平台应具备跨域协同和信息共享的能力，能够集成和管理各类数据资源，提供一体化和智能化的管理功能，以增强系统的整体效能和适应性。通过落实这些应用需求，可以更好地利用数智技术来克服能源环境管理的现实挑战，推动能源的绿色低碳化转型。

（1）面向不同能源环境管理场景的数智技术服务需求。面对当前能源环境数据资源深度智能分析的现实问题，急需构建一个面向不同能源环境管理场景的数智技术服务系统[177]，以满足以下应用需求：第一，基于历史数据的能源供应监测。利用历史数据结合多元动态估计算法，实现对能源供应情况的实时监测。这一服务需能够追踪和预测能源生产和消耗的趋势，为能源供应的安全性和稳定性提供保障。第二，基于遗传算法的能源系统运营管理优化。应用遗传算法对运营策略进行优化，以提升能源系统的整体效率。这包括能源的分配、调度以及使用过程中的优化管理，旨在降低成本并减少浪费。第三，基于时空大数据分析的能源环境演变规律挖掘及预测。通过分析收集的时空大数据，揭示能源环境系统的演变规律，并对未来趋势进行预测。这项服务有助于制定更为精准且具有前瞻性的管理策略。第四，基于时空大数据分析的能源环境异常事件监测。利用大数据技术及时识别和响应能源环境中的异常事件，比如突发的环境污染事故或能源供应中断。此项服务对于快速应对紧急情况、保护环境和公众安全至关重要。第五，能源环境数据资源的云边协同与集成。开发一种基于云计算和边缘计算的数据资源管理系统，实现数据的高效集成、处理和分析。这种系统应支持多源数据的整合，优化数据流程，提高数据处理速度和安全性。

总结来说，针对能源环境数据资源的深度智能分析所面临的挑战，以上提出的应用需求旨在通过数智技术服务，提升能源环境管理的智能化水平，优化决策过程，并为可持续发展目标提供强有力的技术支持。通过这些服务的实施，可以期待在数据采集、储存和分析等各个环节取得显著进步，实现能源与环境间更加和谐的协同发展。

（2）面向多目标优化的能源管理设施选址服务需求。在面向多目标优化的能源管理设施选址服务需求中，关键是要兼顾环境的保护、电网的稳定性以及经济的可持续性。应用需求的核心在于开发一个能够综合考虑这些因素的优化模型，以支持在复杂环境中进行科学、合理的能源管理设施选址决策。为满足这一需求，需要开发一个多目标优化模型，该模型应能动态地评估环境成本，确保能源管理设施的选址不会对自然生态和地理环境造成负面影响，同时能够适应气候变化带来的挑战。此外，模型还需要能够识别电网中的薄弱环节和潜在风险点，通过科学选址增强电网的稳定性和抗风险能力，以保障电力供应的连续性和可靠性。经济性分析是另一个不可或缺的环节。模型应详细评估不同区域的土地成本、建设与维护费用，并预测运营效益，以确保投资回报和长期经济的可持续性。通过这种详细的成本效益分析，本章可以确保选址方案不仅符合当前经济条件，同时也为未来的经济发展打下坚实的基础。通过集成这些功能，优化模型将能够提供一个全面的评估和建议，帮助决策者做出更加明智、高效和负责任的能源管理设施选址决策。这不仅有助于保护自然环境和确保电网的稳定运行，还有助于实现经济资源的高效配置，推动可持续发展目标的实现。

（3）面向复杂系统的能源环境智慧综合服务平台需求。本章展示了一个面向复杂系统的能源环境智慧综合服务平台，以满足以下关键应用需求：第一，能源与环境大数据存储及数据库。开发高效能、高可靠性的数据存储系统，能够处理和存储海量的能源与环境数据。这一系统需支持快速数据访问和高性能计算，确保数据的完整性和一致性。第二，能源与环境大数据分析平台及工具。搭建一个集成了先进算法和模型的分析平台，该平台能够对复杂的数据集进行深入分析，提供预测、优化和决策支持功能。平台应支持多样化的数据分析方法，包括机器学习、模式识别及时空数据分析等。第三，基于地理空间信息的多层次可视化。开发一个基于地理信息系统的可视化工具，该工具能够展示能源与环境数据的地理分布，进行多层次、多维度的数据呈现，帮助决策者更直观地理解数据和分析结果。第四，能源与环境大数据决策支持。整合和分析数据，提供实时的决策支持，帮助管理者在面对环境变化和能源挑战时做出快速且信息化的决策。这包括监测和响应环境事件、优化能源配置以及评估政策影响等方面。

总的来说，针对能源环境智慧综合服务，需要构建一个综合性的服务管理平台，以适应能源环境协同的复杂系统。这个平台将支撑能源环境大数据的存储与分析，加强数据驱动的决策制定过程，并通过高级可视化和地理空间信息手段，增强能源环境协同决策中的数据解读能力。这样的平台不仅提升能源效率和环境监控的实时性，还能促进跨行业合作，推动能源环境的数字化转型和可持续发展。

10.2 面向电网应用的能源环境协同大数据分析与挖掘

针对区域电网需要考量的能源供应、环境污染以及气候变化三重挑战，本节将聚焦于"大数据分析与挖掘的能源环境协同服务"，探讨如何通过数智技术创新，有效利用能源环境数据，促进能源环境的协同管理，以支持"双碳"目标的实现。特别是针对湖南省电网的具体需求和挑战，提出了相应的解决方案。

得益于传感技术、物联网和信息技术的快速发展，我们能够获取海量的能源环境数据。这些数据覆盖了能源的生产、传输、消费以及环境质量、气候变化和污染排放等多个方面。然而，如何从这些庞大且复杂的数据集中提取有价值的信息，并准确预测未来趋势，仍然是一个艰巨的挑战。数据的海量性要求采用新型大数据技术来提高数据处理的效率，如分布式计算、云存储和高性能计算集群。同时，为了高效管理这些数据，需要建立合适的数据模型和索引机制，以便快速查询和分析数据。能源环境数据的多维性和跨领域特性增加了数据分析的复杂性，要求本章运用多学科的知识和技能进行深入的分析。

考虑到能源环境系统受多种因素的影响，包括政策、经济、技术和自然环境等，在分析时必须考虑更多的变量和条件，这进一步增加了数据分析的复杂性。能源环境系统的动态性和不确定性也带来了挑战，预测模型不仅需要精确，还需要具有良好的适应性和鲁棒性。尽管机器学习和人工智能在数据挖掘和预测方面取得了显著进展，但在能源环境领域的应用仍面临诸多挑战，如数据清洗困难、数据预处理复杂、依赖大量标注数据等问题。因此，建立多方协作机制和共享平台至关重要，以便促进信息的流通和资源的共享。

为应对这些挑战，本节提出了基于大数据分析与挖掘的能源环境协同服务方案，该方案包括三个核心内容：基于历史数据的能源系统供应管理及运营管理优化，面向能源环境协同的时空大数据分析与预测，以及能源环境数据资源云边协同与集成。这些内容构成了本节的总体框架，围绕以上内容本节将展开具体讨论。首先利用多元动态估计算法对历史数据进行分析，以实现对能源供应情况的实时监测，保障能源供应的稳定性和可靠性。结合遗传算法优化运营管理，提升能源系统的运行效率，降低成本，减少环境污染。其次，运用时空大数据分析技术，挖掘能源环境系统的演变规律，并进行准确预测，为决策提供科学依据。同时，实时监测能源环境异常事件，及时响应处理，防范和减少灾害性事件的影响。最后，通过中心云、边缘云到边缘终端的技术架构，实现数据的高效处理和资源共享，加强不同系统间的数据共享与协作。

这些技术的整合应用在湖南省电网中，将有效提升能源使用效率，优化资源配置，监控环境质量，及时预防和处理异常事件，为实现“双碳”目标、推进绿色低碳转型提供有力支持。通过此综合服务方案，湖南省电网能更好地应对现实问题，确保能源供应的稳定性和可靠性，同时减少环境污染，为建设可持续的能源未来奠定坚实的基础。

10.2.1　基于历史数据的能源系统供应管理及运营管理优化

1. 基于历史数据和多元动态估计算法的能源系统运营状态监测

能源系统运营状态监测能够帮助决策者对能源系统运营进行实时监控和预测，从而更有效地协调能源生产和消费，优化资源配置，减少浪费，提高能源利用效率，同时促进环境保护。针对电网运营的具体需求，本章提出了一种基于历史数据和多元动态估计算法的能源系统运营状态监测方法，旨在更准确地反映和预测电网系统的运行状态，确保电力的稳定供应，从而满足电网运营的特定需求。具体实施关注两个关键方面。

首先，针对电网运营的实际需求，本章选择了与电力生产直接相关的主要参数。这些参数是基于发电机组的运行历史数据甄选而来，并构建了一个安全、高效、环保的电网监测模型。该模型采用多元动态估计算法，并结合劣化度理论，建立了一套完整的预警规则，以实现对电网安全、环保和经济状态的实时监控与智能预警。

其次，为了满足电网运营中的多维度需求，本章设计并实施了一个诊断预警平台。该平台专注于电网运行、电网架构、电网安全及新能源消纳等关键维度，基于 PMS（production management system，生产管理系统）、OMS（operation management system，运营管理系统）、电能质量、设备状态等系统运行数据，运用多维统计分析方法和诊断预警模型。这样做能够对电网的多维安全、环保、经济状态进行全面诊断和预警，将传统的异常识别机制转变为更先进和智能化的方式，显著提升电网管理的效率和准确性。

在现代社会，电网是保障区域安全、推动经济发展、满足人民生活需求的重要基础设施。随着全球能源需求的不断增长以及环境保护的加强，电网运营管理面临着前所未有的挑战。电力系统的复杂性、新能源的间歇性和不稳定性、市场化改革的深入，以及对抗风险能力的要求都使得电网运营管理愈加复杂。为了满足这些需求，本章的方案通过建立精准的预测模型和实时的预警机制，有效预见和应对各种突发事件，提高电网的稳健性和灵活性。结合电网多维诊断预警平台的应用，可以实现对电网运行状态的全方位监控，快速响应市场变化和用户需求，及时调整运营策略和调度计划，确保电力供应与需求的平衡。同时，通过精细化管理，可以最大限度地提升新能源的利用效率，优化资源配置，降低运营成本，从而实现电网的安全、高效与环保运行。本方案具体步骤如下。

第一步，样本矩阵划分。在电力系统监测的初期，首要任务是合理地处理和组织大量的历史运行数据。这里采用非参数学习算法，目的是从众多训练样本中筛选出具有代表性的记忆样本。通过计算每个参数的最大值（max）和最小值（min），可以确定样本的取值范围。为了更细致地分析，将样本空间按照一定规则分成 h 份，其中步长 S 定义为(max−min)/h。这个步长用于决定记忆矩阵的细分程度。同时，引入系数 a 作为一个调节因子对样本进行筛选。这样做既保证了记忆矩阵中样本数量的规模，又确保了样本的质量和代表性。记忆矩阵以外的样本则构成剩余矩阵，供后续分析使用。

第二步，预测模型训练。以支持向量机算法为核心，构建估计值预测模型。使用先前划分的记忆矩阵样本对模型进行训练，使模型能够学习参数之间的复杂关系，并提高其泛化能力。这一步骤是建立准确监测系统的关键环节，模型的训练质量直接影响后续监测的准确性和可靠性。

支持向量机的核心目标在于寻找一个最优超平面，该平面能够最大化不同类别样本点至其的距离，即所谓的“最大间隔超平面”。这一超平面通过线性方程精确定义：$w^{\mathrm{T}}x+b=0$。任意超平面可以用以下的线性方程来描述：

$$\min_{w,b}\left(\frac{1}{2}w^{\mathrm{T}}\times w+C\sum_{i=1}^{N}\xi_i\right) \tag{10-1}$$

$$\text{s.t. } y_i\left(w^{\mathrm{T}}\times x_i+b\right)\geqslant 1-\xi_i \tag{10-2}$$

$$\xi_i\geqslant 0,\ i=1,2,\cdots,N \tag{10-3}$$

其中，法向量 w 决定了超平面的方向；而常数项 b 则确定了超平面与原点之间的偏移量；x_i 表示数据点的值。为了实现这一目标，构建一个包含惩罚因子 C 和松弛变量 ξ_i 的最优化问题，旨在平衡分类的准确性（通过最大化间隔）与对异常点的容忍度（通过松弛变量）。惩罚因子 C 作为超参数，用于调节这两个目标之间的权衡。式（10-1）为寻找最优超平面的目标函数，式（10-2）为对数据进行分类的约束条件，而后引入 Lagrange（拉格朗日）函数将这一复杂的优化问题转化为易于求解的形式：

$$L\left(w,b,\gamma\right)=\frac{1}{2}w^{\mathrm{T}}\times w+C\sum_{i=1}^{N}\xi_i-\sum_{i=1}^{N}\alpha_i\left[y_i\left(w^{\mathrm{T}}x_i+b\right)-1+\xi_i\right]-\sum_{i=1}^{N}\beta_i\xi_i \tag{10-4}$$

其中，α_i 表示拉格朗日函数中的拉格朗日乘子。

第三步，确定残差计算器。残差计算是通过比较实际观测值与模型估计值之间的差异来实现的。具体来说，残差计算器的定义是实际值减去估计值。利用剩余矩阵中的样本，可以计算出各参数的残差上下限，进而确定参数残差的正常波动范围。这个范围对于后续判断参数状态是否正常至关重要。

第四步，建立异常预警机制。基于前面训练得到的估计值预测模型，对实时采集的数据进行归一化处理，并预测其估计值。将这些估计值代入残差计算器中，计算出当前参数的残差。通过对比残差是否超出之前确定的正常范围来判断参数状态是否异常。如果残差超出了设定的上下限区间，判定为参数状态异常；否则，认为参数状态正常。进一步地，根据劣化度理论建立的预警规则，可以对异常参数的程度进行更精细的划分，从而实现对电力系统状态的智能预警和监控。

针对能源系统面临的复杂背景和多维问题，本章提出的基于历史数据和遗传算法的能源系统运营管理优化，不仅解决了日常运营中的监测与预警问题，更为能源系统的可持续发展提供了强有力的技术支撑，帮助能源企业适应市场变革，满足未来能源发展的挑战。

2. 基于历史数据和遗传算法的能源系统运营管理优化

从电网实际运行需求出发，提出基于历史数据和遗传算法的能源系统运营管理优化策略，旨在通过优化发电生产过程中的关键参数来指导生产运行，实现经济成本、环境成本和一次能源利用效率总体最优。遗传算法由美国 J. 霍兰德（J. Holland）教授提出，是一种借鉴生物进化规律的随机搜索方法，通过模拟自然选择、遗传、变异等过程来收敛于最优解。在电力系统运营管理中，遗传算法的应用具有重要的现实意义。由于电力系统是一个复杂的多变量和多约束问题，需要实时监控和动态调整以适应需求的波动和保障电网的安全。遗传算法能够同时对多个自变量进行寻优，甚至对所有影响参数进行优化，满足发电生产过程的多输入、多输出、非线性和强耦合特性。

为了适应发电生产过程，本章对遗传算法进行了改进。首先，根据电力系统的运行参数特点，采用实数编码来构建种群。实数编码能够更精确地表示问题的解，并适合处理连续变量。其次，平衡了搜索精度与计算时间，将种群规模设置为 200 个个体左右，确保足够的多样性，同时避免过大的计算量。在构建适应度函数时，综合考量了多个约束条件，建立了一个惩罚函数，对违反约束的个体进行惩罚，降低其在种群中的竞争力。再次，选择操作采用赌轮盘方法，根据个体的适应度大小来决定其被选中的概率，保证优秀个体被保留的同时给予其他个体一定的生存机会，维持种群的多样性。交叉和变异是产生新个体的主要方式，设置了合理的交叉概率和变异概率，促进基因的组合多样性，保持种群的稳定性，同时引入新的基因以防算法陷入局部最优。最后，迭代终止条件采用达到预设迭代次数或最优个体保持不变作为标准，确保算法在找到满意解后及时停止，避免无谓的计算浪费。使用遗传算法进行参数识别：假设要识别一个简单二次函数 $f(x)=a\times x^2+b\times x+c$ 中的参数 a、b 和 c，使这个函数尽可能接近给定的一组数据点。令现有的数据点为(x_i,y_i)，那么应当使用均方误差（MSE）作为目标函数：

$$\mathrm{MSE}(a,b,c)=\frac{1}{n}\sum_{i=1}^{n}\left[y_i-\left(a\times x_i^2+b\times x_i+c\right)\right]^2 \tag{10-5}$$

本章提出方案的具体步骤如下。

第一步，构建种群。在应用遗传算法解决能源环境管理系统运营管理的优化问题时，首要任务是构建一个合理的初始种群。这一步骤至关重要，因为种群的好坏直接影响到算法的搜索效率和最终解的质量。根据能源环境管理系统运行参数的特点，本章采用实数编码的形式来构建种群。实数编码能够更精确地表示问题的解，并且适合处理连续变量。考虑到搜索精度与计算时间的平衡，种群规模一般设置在 200 个个体左右。这样的种群规模既能保证足够的多样性，又能避免过大的计算量，确保算法能够在可接受的时间内收敛到最优解。

第二步，构建适应度函数。适应度函数是评价个体优劣的标准，它直接关系到遗传算法的搜索方向和最终结果。在构建适应度函数时，必须综合考虑多个约束条件。由于能源环境管理系统运营管理是一个复杂的多目标、多约束问题，本章建立了一个惩罚函数来处理这些约束。惩罚函数能够对违反约束的个体进行惩罚，降低其在种群中的竞争力。同时，结合决策目标，如成本最小化、效率最大化等，构建了适应度函数。这样，适应度函数不仅能够评价个体的性能，还能引导算法朝着符合实际运营需求的方向发展。

第三步，基于赌轮盘方法的选择操作。在遗传算法中，选择操作是模拟自然选择的过程，其目的是从当前种群中挑选出优秀的个体，传递给下一代。本章采用赌轮盘方法进行个体选择。这种方法根据个体的适应度大小来决定其被选中的概率，适应度越高的个体被选中的概率越大。这种概率性的选择方式既能保证优秀个体被保留，又能给予其他个体一定的生存机会，从而维持种群的多样性。

第四步，交叉和变异。交叉和变异是遗传算法中产生新个体的主要方式，它们分别模拟了生物进化中的交配和基因突变现象。考虑到种群规模及能源环境管理系统运营管理的特点，本章设置了合理的交叉概率和变异概率。交叉概率选择了 0.4～0.8，这个范围既能保证优秀基因的传承，又能促进基因的组合多样性。变异概率则设置在 0.05～0.2，这样的变异概率既能保持种群的稳定性，又能有效引入新的基因，防止算法陷入局部最优。通过调整这两个参数，可以在探索和开发之间找到一个良好的平衡，从而提高算法的全局寻优能力。

第五步，迭代终止条件。遗传算法是一种迭代搜索算法，需要设定合适的终止条件来结束迭代过程。在此方案中，采用了达到预设迭代次数或最优个体保持不变作为迭代终止的条件。这两个条件能够确保算法在找到满意的解后及时停止，避免无谓的计算浪费。同时，它们也提供了一个明确的搜索目标，使算法能够在有限的时间内收敛到最优解。

这一方案有效满足了电力系统运营管理中的现实需求，确保了电力供应的安全性和经济性，提升了电网对新能源的消纳能力和环保水平，为可持续能源环境管理提供了强有力的技术支持和解决方案。

10.2.2 面向能源环境协同的时空大数据分析与预测

在电网运营中，时空大数据是实现能源环境协同管理的关键数据资源。利用分析与预测方法能够深入挖掘和利用能源系统中的大规模时空数据资源，优化能源配置，提高运营效率，并为实现“双碳”目标提供有力支持。随着物联网、云计算和智能感知等新兴信息技术的快速发展，各类企业、监测网络、传感器产生的连续观测记录形成了具有时间和空间属性的时空大数据，这些数据为电网提供了全面的“天空地海”一体化的观测能力。时空大数据的类型包括时空基准数据、全球导航卫星系统数据、位置轨迹数据、空间大地测量和物理大地测量数据、海洋测绘数据、地图数据、遥感影像数据、与位置相关联的空间媒体数据、地名数据以及通过时空数据与大数据分析融合产生的新数据等。这些数据不仅具备一般大数据的特征，还具有位置特征、时间特征、属性特征、尺度特征、多源异构特征及多维动态可视化特征。

在电网运营中，利用时空大数据的独特性质能够有效地分析与挖掘能源环境信息，揭示其时间变化趋势和空间分布规律，从而为决策提供科学依据。然而，由于必须依靠特定时间和地点的数据进行分析和决策，这也增加了数据组织、存储、管理和提取的难度。针对这一挑战，本章提出了基于能源环境时空大数据的移动预测与异常监测算法，特别适用于电网运营管理。此外，为了解决分布式光伏发电预测中的小样本问题，本章采用数据驱动方法识别关键物理参数，并结合晴空模型与功率转换机理模型，构建了融合反馈模式的预测模型，以实现更准确的发电量预测。对于不确定的未来运行场景，通过引入改进的 VAE-GAN（variational autoencoder-generative adversarial network，变分自动编码器-生成对抗网络）模型来生成新能源出力及负荷的动态场景，并根据生成数据的典型模式特征进行场景约减，相比传统方法，能更精确描述预测误差区间，提高实测值覆盖率，减小功率预测区间宽度。这些方法和模型的应用，将大大提高电网运营的效率和可靠性，优化资源配置，降低运营成本，确保电力供应与需求的平衡。

1. 基于时空大数据分析的能源环境演变规律挖掘及预测

利用时空大数据技术对电网运营中的变化进行更精确的分析和预测，可以更好地实现电网管理的协同与优化。在电网运营领域，理解和预测各种现象的时空动态对于制定有效的管理策略和优化资源配置至关重要。通过对数以百万计的动态个体（如电力设备、供电负荷等）在时空维度上的行为进行研究，能够深入挖掘从个体到整体的群体行为作用机制和演化模式。这种分析不仅有助于理解群体行为的复杂性，还能提供新的视角来观察和预测电网运营环境的变迁。

为了实现这一目标，本章提出了一系列具体步骤，每一步都旨在提高对时空大数据的理解和应用能力。首先，通过深度分析和建模时空大数据中的复杂模式和关系，可以更准确地预测未来的电网变化趋势；其次，通过构建强化学习模型并探究其与信息熵和可预测性的关联，进一步精细化本章的预测模型；再次，多维度特征的抽取和关系映射不仅增强了对数据间复杂联系的理解，还提高了预测的准确性和可靠性；最后，引入奖励机制和决策框架，使本章的模型能够更灵活地适应不断变化的现实情境。

在度量时空大数据不确定性方面，可以依据应用信息论中对系统不确定性进行度量的经典指标熵，来量化空间数据中存在的不规则性和不确定性，进而使用Fano（法诺）不等式，将不确定性度量问题转化为对系统可预测性的计算。把熵作为衡量系统可预测程度的最基本的量，利用Fano不等式推导出可预测性对应的理论上界值，得到系统的可预测性程度，实现根据时空历史大数据计算行为可预测性的方法。通过综合时空大数据的多维度特征（时间、位置、多属性），分别对不同场景中研究对象的时空变化统计规律进行分析，挖掘场景中的结构特性以及研究对象在场景中的时空变化特征，构建基于时空大数据的研究对象时空变化统计规律指标体系（数量、速度、周期、空间范围、持续时间等），最终实现从时空大数据中抽取研究对象时空变化统计特征和变化模式，以及研究对象时空变化行为的监测和预测。

该方案的内容包括：第一，模式与规律挖掘。在充分挖掘能源环境时空历史大数据模式和规律的基础上，利用深度学习预测模型进行特定情境下时空大数据强化学习模型的开发，可以用于对研究对象的时空变化规律进行大数据预测。第二，建模与相关性分析。根据研究对象的时空变化历史信息，建立研究对象的时空变化行为的强化学习预测模型，研究预测精度与信息熵、最大可预测性的相关性，进而探索预测精度与时空特征的相关性。其中最有效的方法为图神经网络联合深度强化学习模型。第三，多维度特征抽取。利用图神经网络对时空大数据的多维度特征（时间、位置、多属性）中各个属性之间的关系进行抽取，生成关系特征提取图谱，进而充分提取多维度特征之间的规律。在图神经网络中采用注意力机制和门控机制，可以对特征关系进行细化抽取，进而打造针对现实场景所实现的具有针对性的数据关系。第四，奖励机制与决策。利用强化学习算法对研究对象的时空位置变化赋予奖励机制。奖励机制是指当前的状态依赖于前一个或多个时间区间内的状态，并根据对应状态分别做出智能决策。在移动性预测问题中，有多种方法可以建模时序预测的强化学习函数，如马尔可夫决策过程、变分循环神经网络模型等。通过选择合理的算法，基于历史大数据的图神经网络联合深度强化学习模型的预测精度能极大地逼近可预测性的理论值。

基于时空大数据进行关联统计规律挖掘的主要技术如下。

1）能源生产全过程环境输入输出要素与关联影响及范围

根据不同类型能源（矿石能源、清洁能源等）生产开发中不同资源材料及生产方式的能源环境输入输出要素，结合能源开发生产全过程物质流、能量流，以及污染物随生产流程输入输出、迁移转化的路径和排放过程，通过清洗、整理、分析现有能源环境大数据，构建我国不同类型能源生产及资源（光、风、水、矿石等）开采技术多尺度下能源环境输入输出要素数据池；基于建立的能源环境输入输出要素数据池，深入研究不同类型能源开发与生态环境关键要素之间的关联关系、动态演化特征以及影响范围。

关于生态环境关键要素的时空影响范围测度问题，设个体 i 在观测时段内产生了 n 组位置信息，则其移动轨迹可描述为 $X_i=\{x_1,x_2,\cdots,x_T\}$，其中 x_j 表示 i 访问的第 j 个位置。每个位置 j 可由一对经纬度坐标来表示，设为 $\overrightarrow{m_j}$，则该个体的回旋半径 r_g 定义为

$$r_g(i)=\sqrt{\frac{1}{n}\sum_{j=1}^{n}\left|\overrightarrow{m_j}-\overrightarrow{\overline{m}}\right|^2} \tag{10-6}$$

通过分析时空大数据中个体的回旋半径（r_g）与平均移动距离（$\overline{D_i}$），可以进一步挖掘社会活动中的空间集聚特征、时空联系特征和规则性。

2）能源环境时空大数据关联耦合不确定性度量

基于信息熵研究能源环境时空大数据不确定性度量方法。信息熵反映了研究对象的不确定程度，熵越大，不确定性越高，则越难确定能源与环境研究对象时间、空间的变化规律。

对一个随机事件 X，其信息熵的计算公式为

$$E(X)=-\sum_{i}p(x_i)\log_2 p(x_i) \tag{10-7}$$

其中，x_i 表示该事件可能输出的结果；$p(x_i)$ 表示该输出的概率，随机事件 X 的信息熵则是由其所有可能输出的结果的概率计算而得。从该公式可以看出，当所有可能的结果是等概率输出时，即所有的 $p(x_i)$ 都相等时，该事件的信息熵取得最大值，可预测性最低；反之，当其中某一个结果的输出概率为 1 时，信息熵为 0，该事件可预测性最高。

在能源环境时空大数据中，x_i 是研究对象空间位置的某一个出现模式 T 出现

的频次，对应以下三种情况分别考虑研究对象的空间大数据不确定熵。

情况 1：仅通过出现在不同空间的数量来计算空间大数据不确定熵。

情况 2：空间关联但时间不关联的空间大数据不确定熵（考虑了每个不同位置的频数即 $p(j)$）。

情况 3：穷尽所有可能的时空序列的空间大数据不确定熵（如 A, AB, ABA, ACB, ABC 等出现的频数分布 $p(T)$）。

对于情况 1，若仅考虑研究对象出现在不同空间的数量 L_i，即研究对象在 L_i 个不同位置间做随机访问，则可以计算随机熵 $S^i_{\text{rand}} = \log_2 N^i$，其中 N^i 表示研究对象 i 出现过的位置集的大小。

对于情况 2，若考虑空间关联但时间不关联情况下研究对象对不同位置的访问频数，可以计算香农熵 $S^i_{\text{unc}} = -\sum_{d\in D^i} p^i(d)\log_2 p'(d)$，该指标进一步考虑访问过某一历史位置 d 的概率 $p^i(d)$，其中 $p^i(d) = n^i(d)/n^i$，$n^i(d)$ 表示研究对象 i 在位置 d 的出现次数，n^i 表示个体 i 的总出现次数。

对于情况 3，考虑穷尽所有可能的时空序列的空间大数据不确定熵，记为真实熵 $S^i_{\text{real}} = -\sum_{D^{i'}\in D^i} p\left(D^{i'}\right)\log_2\left[p\left(D^{i'}\right)\right]$，其中 $D^{i'}$ 是 D^i 的子序列，$p\left(D^{i'}\right)$ 表示 $D^{i'}$ 出现在位置序列 D^i 中的概率。该指标不仅考虑研究对象出现在不同位置的概率，同时也考虑研究对象出现位置的顺序。

3）基于时空大数据的图神经网络强化学习预测算法

以时空大数据为分析基础，运用图神经网络与深度强化学习预测算法建立能源环境关联预测模型，可以对多种能源影响因子与碳排放量的关联关系进行分析，进而建立能源环境关系演化的预测模型。其中，本章用图神经网络模型来建模多种能源消耗行为与环境间的关联关系。

$$a^t_{s,i} = A^{\mathrm{T}}_{s,i}\left[v^{t-1}_1,\cdots,v^{t-1}_n\right]^{\mathrm{T}} + b \tag{10-8}$$

$$z^t_{s,i} = \sigma\left(W_z a^t_{s,i} + U_z v^{t-1}_i\right) \tag{10-9}$$

$$r^t_{s,i} = \sigma\left(W_r a^t_{s,i} + U_r v^{t-1}_i\right) \tag{10-10}$$

$$v^t_i = \left(1 - z^t_{s,i}\right)\times v^{t-1}_i + z^t_{s,i}\times\widetilde{v^t_i} \tag{10-11}$$

其中，$a^t_{s,i}$ 表示在时间 t 范围内，环境状态 s 中的一系列能源消耗行为；$z^t_{s,i}$ 表示通过门控机制将能源消耗行为特征抽取的结果；$r^t_{s,i}$ 表示用注意力方式进一步提取的行为特征；v^t_i 表示在时间 t 采取行为 i 的概率；$A_{s,i}$ 表示权重矩阵，用于将行为特征向量转换为能源消耗行为；b 表示偏置项，用于调整线性变换的结果；W_z 和 U_z 分别表示用于计算 $z^t_{s,i}$ 的权重矩阵和输入特征矩阵；W_r 和 U_r 分别表示用于计

算 $r_{s,i}^t$ 的权重矩阵和输入特征矩阵；σ 表示激活函数，通常为 sigmoid 函数，用于将线性变换的结果映射到 0 到 1 之间；$\widetilde{v_i^t}$ 表示在时间 t 采取行为 i 的调整后的概率。

在基于图神经网络强化学习的模型中，每个研究对象的时空序列被建模为 n 阶的级联函数学习状态，其假设研究对象在 s^t 个状态之间的移动是具有有限记忆的过程，在这种意义上，未来位置的访问仅取决于先前被访问的位置，即

$$r\left(s^t,a^t\right)=v^{\mathrm{T}}\sigma\left(V\left[\left(s^t\right)^{\mathrm{T}},\left(f_{a^t}^t\right)^{\mathrm{T}}\right]^{\mathrm{T}}+b\right) \tag{10-12}$$

其中，a^t 表示一个代表研究对象 a 在时间 t 所在位置的能源消耗行为。给定前 t 个位置根据状态变化的级联奖励函数 $A^t=\sigma\left(V\left[\left(s^t\right)^{\mathrm{T}},\left(f_{a^t}^t\right)^{\mathrm{T}}\right]^{\mathrm{T}}+b\right)$，用级联奖励函数选取最可能的能源消耗行为。

$$\min[\max(F)]=\left(E\left[\sum_{t=1}^{T}r_\theta\left(s_{\text{true}}^t,a^t\right)\right]-R\left(\varnothing_\alpha\right)/\mu\right)-\sum_{t=1}^{T}r_\theta\left(s_{\text{true}}^t,a_{\text{true}}^t\right) \tag{10-13}$$

本章利用最小化最大值函数使生成行为 a^t，不断趋向于真实行为 a_{true}^t，从而训练得到最优的奖励函数和图神经网络。

为了使图神经网络与短期记忆网络具有敌对作用，对短期记忆网络进行改进，本章采用图神经网络的输出作为短期记忆模型的真实动作，将其进行训练，然后在最后加入真实动作对假设的真实动作进行修正。图神经网络联合深度强化学习模型设计图见图 10-1。

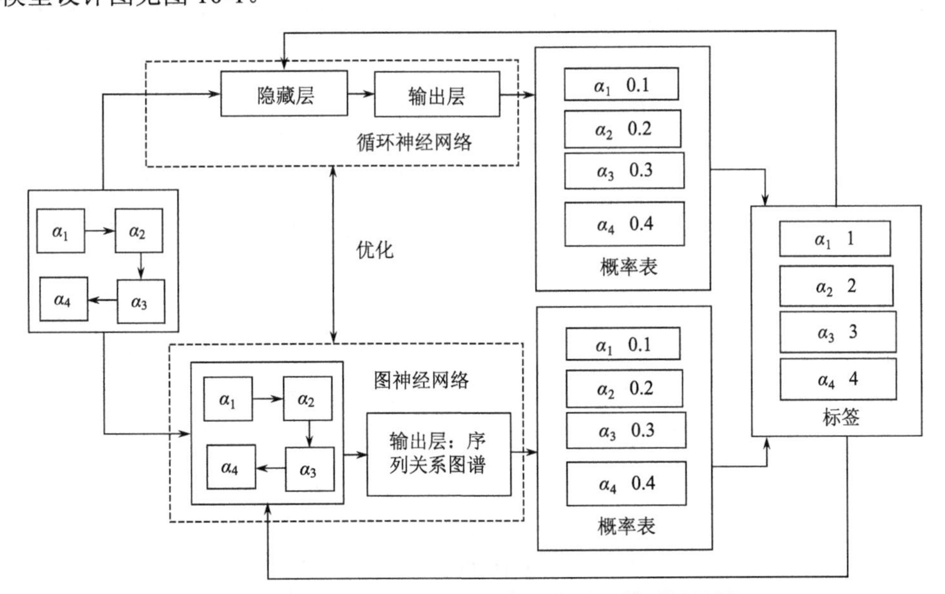

图 10-1　图神经网络联合深度强化学习模型设计图

2. 基于时空大数据分析的能源环境异常事件监测

在电网运营中，能源供应异常事件往往导致资源浪费与环境污染，而新能源供应过程中的异常事件则使能源系统不得不更多依靠化石能源。有效监测能源环境异常事件不仅有助于防止能源浪费和环境污染，还能帮助能源系统更多应用新能源。时空大数据异常事件监测算法的主要目标是从海量的时空数据中识别出那些不符合常规模式的数据点，这些异常数据往往隐藏着关键的运营信息。通过深入分析这些异常数据所揭示的行为模式，可以为解决电网运营中的多种问题提供有力的支持。在构建异常事件监测模型时，本章主要关注两个方面：一方面，当面对未知的突发事件时，监测模型能够从庞大的时空数据集中提前发现异常现象，从而做到未雨绸缪。这种预警机制为应对和处理电网运营中的异常事件赢得了宝贵的时间，提高了应对突发事件的效率和效果。另一方面，对于已知类型的突发事件，监测模型可以用于分析在不稳定环境条件下事件的异常变化，这有助于增加对可能出现的异常事件的关注度，并采取相应的预防措施。

在当前全球能源需求持续增长、环境保护压力加大的背景下，电网运营中的异常事件监测成为一个急需解决的现实问题。异常事件如设备故障、供电中断、非法接入等，不仅对电网的稳定运行造成破坏，也严重影响了能源的稳定供应与安全。因此，建立一套高效的电网异常事件监测系统，对于确保能源安全、保护电网设施、服务公众具有重要意义。利用移动通信大数据和卫星遥感大数据进行电网异常事件监测，是信息技术与电网管理需求相结合的产物。移动通信数据可以实时反映人口活动和能源使用情况，卫星遥感数据则能提供大范围、高精度的电网与资源状况信息。这两种数据的融合，不仅能提升监测的时效性和准确性，也使得对复杂地形与遥远地区的监控成为可能。

本节提出了一种基于移动通信大数据和卫星遥感大数据的电网异常事件监测算法。该算法侧重于精确地设定关键指标和阈值，构建综合性的监测框架，实现自动化的异常监测与预警系统，同时通过深入的事件分析来挖掘节能潜力和优化资源配置。这不仅是对传统监测方法的革新，更是对大数据分析与挖掘技术在电网运营管理领域应用的一次深化与拓展。具体内容包括：第一，关键指标的设定与阈值确定。在启动监测系统之前，首要任务是确定一系列能够精准反映能源环境状态的关键指标。这些指标涵盖能源消耗、设备运行状况和大气质量等多个方面。第二，构建时空大数据监测框架。开发一个综合性的监测框架，集成能源环境的时空大数据。该框架能够处理和分析来自不同源的数据，如移动通信数据、卫星遥感数据等。第三，开发异常监测与预警系统。利用所收集的时空大数据和预设的关键指标阈值，开发一个自动化的异常监测与预警系统。该系统能够 24 小时不间断地监测能源环境的状态。第四，深入分析与节能潜力挖掘。通过对监测到的异常事件进行深入分析，结合领域知识和历史案例，识别出异常事件发生的根本原因。同时，利用预测模型评估未来可能出现的异常事件及其影响。方案中技术实现的具体步骤如下。

第一步，依据监测和诊断目标进行设备监测参数选择，并设定设备监测条件，非监测条件下系统不进行参数期望值计算。

第二步，在 SIS（supervisory information system，监控信息系统）实时数据库中进行样本数据选择，即设备健康运转时的多工况时间段选择，一般选择覆盖最近一年的数据，以保证模型训练的成熟度和预测精度。

第三步，海量数据去异常，清洗算法对原始训练样本进行预处理，去除停运数据、异常数据，得到用于训练的健康数据。

第四步，采用高斯混合聚类算法对训练数据进行数据挖掘分析，建立模型健康工况状态矩阵。

第五步，通过最大似然相似理论求解实时状态数据与模型健康工况状态矩阵之间最大相似问题，运用非线性状态回归方程对设备状态的期望值进行精确求解。

第六步，建立数据实时值与期望值之间的动态偏差，通过基于高维空间的电力数据的相似度算法建立相似度判别评价机制，若当前工况数据实时值与期望值的相似度较大，则识别设备当前状态为“正常”，否则为“注意”，并自动关联出造成相似度偏差较大的测点的预警信息。基于多重聚类的工况划分技术包括以下三种。

1）k 均值聚类算法

假设 $X=\{x_i \in R^D, y_i, z_i \mid i=1,2,\cdots,n\}$ 是来自多工况的样本数据，x_i 为工况分类参数，D 为工况分类参数的个数，y_i 为寻优参数，z_i 为监测参数，假设 k 个初始聚类中心 $U^{(f)}=\{\mu_1^{(f)},\mu_2^{(f)},\cdots,\mu_k^{(f)}\}, 2 \leqslant k \leqslant \sqrt{n} 且 k \leqslant n$。

计算 X 中每一组样本 x_i 到每一聚类中心 $\mu_k^{(f)}$ 的欧氏距离，选取距离它最近的聚类中心 $\mu_k^{(f)}$，划分到聚类中心 $\mu_k^{(f)}$ 所属类簇 $S_k^{(f)}$，其中 $S^{(f)}=\{S_1^{(f)},S_2^{(f)},\cdots,S_k^{(f)}\}$。

采取求均值的方法重新计算分类后的各聚类中心 $\mu_k^{(f+1)}$。

计算距离函数 $E\left(X,U^0\right)=\sum_{j=1}^{k}\sum_{i=1}^{n}d\left(x_i,\mu_j^0\right)$，如果 $E\left(X,U^0\right)$ 收敛，则输出最终的聚类中心 $U^0=\{\mu_1^0,\mu_2^0,\cdots,\mu_k^0\}$和 k 个类簇 $S^0=\{S_1^0,S_2^0,\cdots,S_k^0\}$，否则重复以上步骤。

聚类完成后，分别计算权值、均值和协方差：

$$\omega_j^0=\frac{S_j^0}{X} \tag{10-14}$$

$$\mu_j^0 = \frac{1}{S_j^0} \sum_{x_i \in S_j^0} x_i \tag{10-15}$$

$$C_{(x_i)} = \frac{\sum_{i=1}^{n} \left(x_i - \overline{x_i}\right) \times \left(x_i - \overline{x_i}\right)^{\mathrm{T}}}{n-1} \tag{10-16}$$

$$\Sigma_j^0 = \begin{pmatrix} C_{(1,1)} & \cdots & C_{(1,D)} \\ \vdots & & \vdots \\ C_{(D,1)} & \cdots & C_{(D,D)} \end{pmatrix} \tag{10-17}$$

2）高斯混合模型聚类算法

将 k 均值聚类结果 ω_k^0、μ_k^0 和 Σ_k^0 分别作为 k 个高斯分量的初始权值、均值和协方差。

概率密度函数可以用高斯混合模型表示为

$$p(x \mid \mu, \Sigma) = \sum_{k=1}^{K} \omega_k g(x \mid \mu_k, \Sigma_k) \tag{10-18}$$

其中，K 表示高斯分量的数目；ω_k 表示第 k 个高斯分量的初始权值（即先验概率）；μ_k、Σ_k 分别表示局部高斯混合模型的均值和协方差；$g(x \mid \mu_k, \Sigma_k)$ 表示第 k 个高斯分量的多元高斯密度函数，由式（10-19）表示（式中 D 为向量 x 的维度）。

$$g(x \mid \mu_k, \Sigma_k) = \frac{1}{(2\pi)^{D/2} \left|\Sigma_k\right|^{1/2}} \times \exp\left[-\frac{1}{2}\left(x - \mu_k\right) \Sigma_k^{-1} (x - \mu_k)^{\mathrm{T}}\right] \tag{10-19}$$

为了建立高斯混合模型，需要对估计参数 $\Theta = \left\{\{\omega_1, \mu_1, \Sigma_1\}, \cdots, \{\omega_k, \mu_k, \Sigma_k\}\right\}$ 进行求解。上述参数通过期望最大化（expectation-maximization，EM）算法自动确定，即在 $p\left(X; \mu, \Sigma\right)$ 为最大值的条件下（样本点 x 已经发生，故可认为 $p\left(X; \mu, \Sigma\right)$ 是样本 x 发生的最大概率），求得 μ 和 Σ。给定训练数据 $X = \{x_1, x_2, \cdots, x_n\}$、混合分量个数 K 和由 k 均值聚类算法确定的初始值 $\Theta^0 = \left\{\left\{\omega_1^0, \mu_1^0, \Sigma_1^0\right\}, \cdots, \left\{\omega_k^0, \mu_k^0, \Sigma_k^0\right\}\right\}$ 后，EM 算法通过不断重复 E-step（期望步骤）和 M-step（最大化步骤）来更新参数，以保证训练数据似然度单调增加到一定值。EM 算法的迭代步骤如下。

E-step：

$$p^{(s)}(C_k \mid x_i) = \frac{\omega_k^{(s)} g\left(x_i \mid \mu_k^{(s)}, \Sigma_k^{(s)}\right)}{\sum_{j=1}^{K} \omega_j^{(s)} g\left(x_i \mid \mu_j^{(s)}, \Sigma_j^{(s)}\right)} \tag{10-20}$$

其中，$p^{(s)}(C_k \mid x_i)$ 表示第 s 次迭代后第 i 个训练样本 x_i 属于第 k 个高斯分量的后验概率。

$$\mu_k^{(s+1)} = \frac{\sum_{i=1}^{n} p^{(s)}(C_k \mid x_i) x_i}{\sum_{i=1}^{n} p^{(s)}(C_k \mid x_i)} \tag{10-21}$$

$$\Sigma_k^{(s+1)} = \frac{\sum_{i=1}^{n} p^{(s)}(C_k \mid x_i)\left(x_i - \mu_k^{(s+1)}\right)\left(x_i - \mu_k^{(s+1)}\right)^{\mathrm{T}}}{\sum_{i=1}^{n} p^{(s)}(C_k \mid x_i)} \tag{10-22}$$

$$\omega_k^{(s+1)} = \frac{\sum_{i=1}^{n} p^{(s)}(C_k \mid x_i)}{N} \tag{10-23}$$

其中，$\mu_k^{(s+1)}$、$\Sigma_k^{(s+1)}$和$\omega_k^{(s+1)}$分别表示第$s+1$次迭代后第k个高斯分量的均值、协方差和初始权值。

在得到高斯混合模型的数学求解结果后，基于 EM 算法不断求解迭代可以得到各个模型参数，从而实现了对样本X的k个聚类。

根据寻优目标，找出每个类簇下寻优参数最优时刻所对应的监测参数，把该组寻优参数及监测参数作为寻优结果进行存储。

3）最大相似原理

x_i为现场采集的一组实时数据，分别与高斯混合模型中的k个高斯模型均值μ_k进行相似度计算，相似度最高的类簇作为实时数据x_i所属类簇j。

$$\operatorname{sim}\left(\mu_k \mid x_i\right) = \frac{1}{d} \sum_{i=1}^{D} \frac{\mu_k}{\mu_k + \left|x_i - \mu_k\right|} \tag{10-24}$$

$$j = \operatorname{argmax}\left(\operatorname{sim}\left(\mu_k \mid x_i\right)\right) \tag{10-25}$$

$$x_i \in \mu_j \tag{10-26}$$

输出类簇j的寻优结果。

总的来说，在基于时空大数据分析的能源环境异常事件监测方案中，通过关键指标的设定与阈值确定、构建时空大数据监测框架、开发异常监测与预警系统，以及深入分析与节能潜力挖掘，能够更有效地预防和应对能源及环境中的异常事件。这些步骤不仅体现了对数据的实时收集和准确分析的重视，也凸显了在现代能源环境管理中，大数据分析与挖掘技术的核心价值。这一方案是实现能源环境协同服务的重要一环，通过智能化的数据处理和资源配置优化，它为保护环境、提高能源效率以及维护社会公共安全做出了积极贡献。因此，基于时空大数据分析的能源环境异常事件监测不仅是技术创新的成果，更是能源环境管理向智能化、高效化迈进的一个缩影。

10.2.3 能源环境数据资源云边协同与集成

数据资源的云边协同与集成是推动电网系统高效运行和环境持续改善的重要手段，通过强化电站管控能力、优化系统运行机制、提高应急响应能力，可以有效提升能源环境协同效率。尤其是在大数据技术飞速发展的今天，通过中心云、边缘云到边缘终端的协同运作，实现数据的集成与共享，已经成为提升电网运营智能化水平的核心要求。面对复杂的电网运营系统，传统的数据中心处理方式已难以满足实时、高效的数据处理需求。云边协同技术的引入，使数据可以就近在边缘终端进行初步分析与处理，仅将有价值的数据和结果上传至云端进一步整合与优化，这显著提升了数据处理效率并降低了延迟。同时，电网运营全过程一体化智能管理技术和跨域大数据存储分析技术的结合使用，不仅实现了电力生产、传输到末端利用的全过程动态监控与调整，而且有效处理了跨域多源异构数据，打破了数据孤岛，提高了各部门间的信息流通与决策效率。

在此背景下，本节设计系列创新方案，旨在通过构建信息物理系统的边缘节点-流量模型，融合数据知识与建模方法，利用联邦学习保护隐私并促进智能体间的协同，以及运用基于分层博弈的强化学习方法来优化云边协同，从而达成一个高效、智能、可靠的电网运营服务体系。这些策略不仅体现了“中心云-边缘云-边缘终端”的技术架构优势，也展示了大数据分析和挖掘在电网运营管理领域的实际应用价值，如通过边缘计算与服务协同实现电力生产传输的动态调整，利用分布式数据分析提升跨部门数据使用效率等。方案的具体步骤如下。

（1）信息物理系统的边缘节点-流量模型建立。利用区域能源互联网多能流与信息流建模技术，针对多能流和信息流的相互耦合问题，建立信息物理系统的边缘节点-流量模型。边缘节点模型刻画云和边缘节点间的能量与信息交互环节，而流量模型详细描述节点内的能量及信息流动，以协同描绘多能耦合能量平衡及能量与信息的相互影响。

（2）融合数据知识与建模方法。面对区域能源互联网的数据驱动智能优化方法在可解释性和鲁棒性上的不足，以及传统方法计算效率低和难以应对不确定因素的挑战，建立了数据驱动与机理驱动模型的融合框架及方法，以实现优势互补。例如，提出物理嵌入式机器学习建模方法，提升模型决策的鲁棒性和优化精度；根据云和边缘的优化任务特点，分别采用机理驱动优化与数据驱动优化，实现两种方法的并行与交互迭代优化。

（3）基于联邦学习的多主体信息共享。针对区域能源互联网中多主体数据隐私保护的问题，提出了基于联邦学习的智能体优化方法。这包括利用约束强化学习提高算法安全性和收敛速度，利用联邦学习避免全局共享局部信息，并克服环境动态变化对智能体优化的影响，实现非完全信息下的智能体协同。

（4）数据机理融合的云边协同优化。在云边协同方面，采用数据机理融合的云边协同优化方法。针对区域能源互联网云边协同优化的问题，提出了数据机理融合的交替迭代优化方法。在边缘侧，基于博弈智能策略的算法完成本地优化；当自治优化出现异常时，边缘终端将当前决策功率需求值上传至云中心，由云中心的优化求解器协调全局资源。随后，云侧下发修正后的功率交互边界值，引导边缘智能体进一步优化，通过边云交替计算迭代直至收敛。

（5）基于分层博弈多智能体强化学习的云边协同优化。提出了考虑有限理性的“主从+演化”分层博弈多智能体强化学习的云边协同优化方法。在多能微网自主运行的基础上，利用电价引导各微网通过需求响应与电网互动，降低运行成本的同时促进能源共享。基于多智能体强化学习的主从-演化分层博弈优化模型求解方法，运营商以整体收益最大化为目标，调整内部交易电价；各多能微网以运营成本最小化为目标，基于交易电价调整购售电以回应能源环境协同的数据资源云边协同与集成的现实需求，并明确展示方案如何构成基于大数据分析与挖掘的能源环境协同服务的一部分。

总的来说，本节提出的方案通过整合“中心云-边缘云-边缘终端”的技术架构，不仅实现了数据资源的高效利用和实时处理，还为电网运营带来了前所未有的智能化和精准化。在构建信息物理系统的边缘节点-流量模型时，方案考虑了多能流与信息流的相互耦合问题，使电力生产、传输到末端利用的全过程得以动态优化。同时，融合数据知识与建模方法，以及采用联邦学习保护隐私并促进智能体间的协同，这些创新手段有效提升了数据处理的鲁棒性和优化精度，满足了跨域一体化智能协同管理的需求。该方案回应了电网运营的数据资源云边协同与集成的现实需求，成功实现了边缘计算与服务协同，高效地连接分布式数据源，并进行分布式数据分析。无疑为电网运营领域的数据使用效率和决策智能化水平带来了质的飞跃。同时，作为基于大数据分析与挖掘的电网运营协同服务的一个重要组成部分，该方案展现了如何利用前沿科技整合资源、优化管理，从而推动电网运营的可持续发展。

10.2.4　多能源系统协同优化

多能源系统长期处于分立自治的状态，异构的能源结构和供应模式导致难以设立一体化的调度机构进行运行决策。因此，设计一种多能源异构区块链模型，在资源受限的多链异构环境下，研究和解决链间信息高效跨链通信、身份校验及交易互信问题极为重要，可以通过高效全局共识机制解决各能源主体能效价值一致性和可靠性认证难题。本节提出了一种轻量级分层能源区块链模型，用于能源互联网环境下的设备高效访问控制及身份验证。该模型由两个可扩展的分层组成，即受限资源层（restricted resource layer，RRL）和扩展资源层（extended resource layer，ERL）。为分层区域内不同资源能力计算单元设计了相应的区块链操作。为减少网络时延导致的区块操作不同步，设计了一种时间一致性算法；为提高区块链的通量，设计了分布式信任确权算法来提高节点信任，从而减少新区块验证的交易数量。通过一种可扩展的动态高通量管理机制，动态地确定区块链效率控制参数，以确保公共区块链的交易负载均衡。以上是解决多能源系统模块间泛在信息交互，实现多能源节点价值计量和能效经济动态平衡难题的关键。

本节采用能源梯级利用的思想，分析影响能量转换效率及能耗的因素，根据各能源分介质工序流程和转换关系的耦合度，将不同能源介质不同阶段的调控目标转化为系统间约束条件及优化时序，从而构建分布式弱中心化的多能源系统分组。根据异构能源分组模式，基于区块链多链、侧链方法，设计多能源系统异构区块链网络结构。定义多能源异构区块链结构为一个 9 元组，描述为

$$\mathrm{HEB}=\left(B_{\sigma},B_{\varphi},B_{\gamma},S_{\alpha},U_{\beta},B_{\tau},C_{\beta},C_{\theta},\mathrm{ETSC}\right) \tag{10-27}$$

其中，B_{σ} 表示燃料热能供应区块链；B_{φ} 表示蒸汽-电能供应区块链；B_{γ} 表示技术气体供应区块链；B_{τ} 表示其他的异构能源区块链，这些均为私有链；$S_{\alpha}=\left\{s_i \middle| i\in N\right\}$ 表示分布式供能节点的有限集合；$U_{\beta}=\left\{u_i \middle| i\in N\right\}$ 表示分布式耗能节点的有限集合；C_{β} 表示用能节点能源交易区块链，C_{θ} 表示能源交易索引区块链，它们共同构成联盟链；ETSC（energy trading smart contract）表示能源交易智能合约。C_{β} 获得节点供能信息并形成计量信息后发送到 C_{θ} 建立交易索引，并写入区块头智能合约索引，待合约触发后将全部交易信息汇总为一个新的区块链上传到 C_{β} 上。

最后，为承载多链间的可靠能效信息交互，需设计相应区块体元数据格式。图 10-2 以燃料热能供应区块链 B_{σ} 为例，设计对应区块链结构（其他异构能源区块链类似）。当外界有新的节点 s_i 要加入 B_{σ} 时，需要向 B_{σ} 提交涵盖如供能节点 ID、能源状态、能源价值、储能可用容量等的信息并参与身份认证，获得确权后生产新的元数据链入区块体。同理，当外界有新的异构能源 B_{τ} 要加入时，也会对其进行相关身份认证，确权通过后将其并入异构能源区块链网络，参与到能源跨链调度交易的协作中。

为避免跨链主体交易中出现双花问题，需保证能效计量和交易信息在所有主体中的状态是一致的。本节设计了一致性动态验证与跨链共识机制。同时通过侧链和分区策略解决现有区块链技术吞吐量低和交易延迟过高等问题。定义 4 元组：

$$B_{\sigma}=\left(S_{\alpha},R_{s},R_{C},\mathrm{ESCA}\right) \tag{10-28}$$

其中，S_{α} 表示链 B_{σ} 中分布式能源的供应节点；ESCA（energy supply consensus algorithm）表示能源供应共识算法，通过异构链间的相互锚定，保证交易的不可篡改性。考虑到不同能源主体节点存在算力、存储容量等资源限制差异，为降低传统区块链共识确权及交易延时，设计跨链轻量级共识机制。

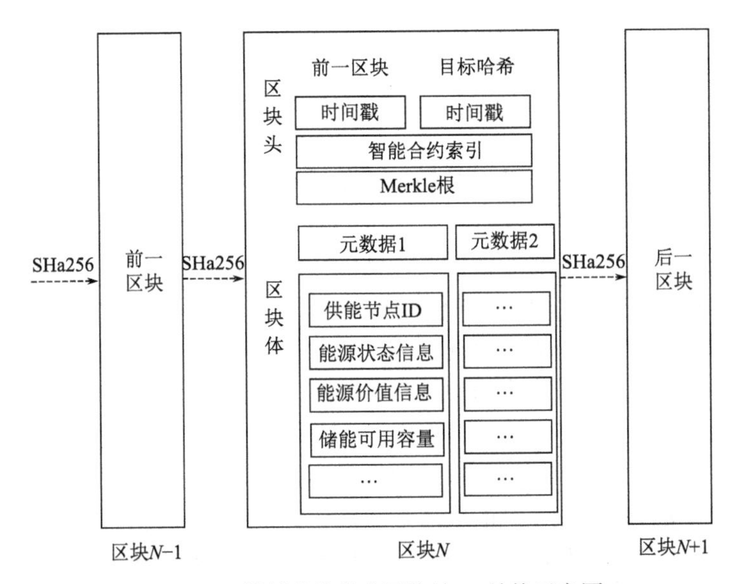

图 10-2　燃料热能供应区块链 B_σ 结构示意图

SHa256 是区块链中运用到的算法名称；Merkle 根是一种用于数据完整性和校验的加密哈希技术生成的汇总值，是区块链技术中的关键组成部分，用于验证交易的完整性和区块链的不变性

综合以上方案，可以提出能源环境大数据驱动的数智决策策略。通过分析专家群体不确定性和意见冲突的组合风险，计算专家的决策风险，便于从整体上控制决策风险。在此基础上，构建基于决策风险测度的大群体成员智能决策分析算法，进一步显著降低决策数据处理的复杂程度，并对专家决策风险进行严格控制，使决策更加科学化和智能化。能源环境时空大数据的智能分析与预测技术路线图如图 10-3 所示。

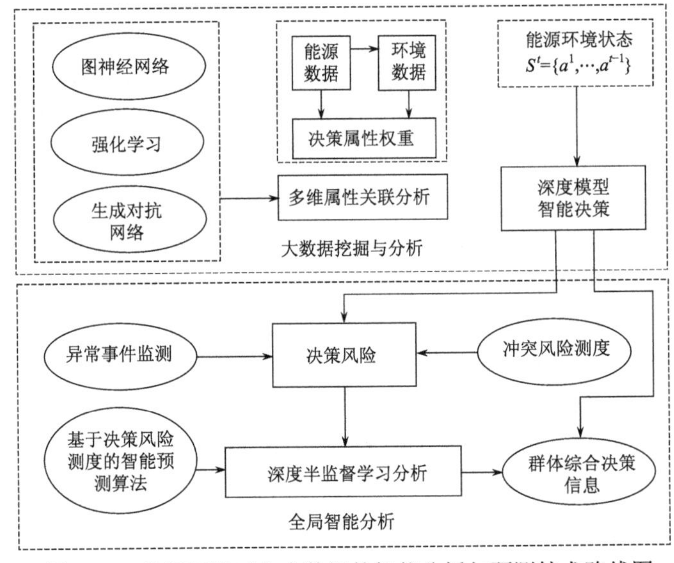

图 10-3　能源环境时空大数据的智能分析与预测技术路线图

10.3 基于多目标优化的能源管理设施选址优化与应用

随着全球能源需求的不断增长和可再生能源的迅速发展，电力系统的稳定性和可靠性面临着前所未有的挑战。可再生能源，如风能和太阳能，具有间歇性和波动性，导致电力供应不稳定。因此，储能技术作为一种重要的调节手段，能够在电力系统中发挥关键作用[178]。储能系统能够在电力需求低谷时存储多余的电力，在需求高峰时释放电力，平衡供需，确保电力供应的稳定性。此外，储能系统还能提高电力质量，减少电压波动和频率偏差，提升电力系统的整体可靠性。在突发事件或自然灾害情况下，储能系统也可以提供应急电力供应，增强电力系统的应急响应能力。然而，储能系统的有效运行离不开科学合理的选址。能源管理设施选址不仅影响储能系统的成本效益，还直接关系到其运行效率和稳定性。合理的选址能够最大化利用电力资源，减少电力输送损耗，降低建设和运营成本。同时，能源管理设施选址还需考虑地形、环境保护和政策法规等多方面因素，确保能源管理设施的可持续发展和对环境的影响最小。因此，能源管理设备选址的研究对于实现电力系统的稳定运行和可再生能源的高效利用具有重要意义。通过科学合理的选址，能源管理系统能够更好地发挥其调节作用，提升电力系统的整体效能，推动能源系统的绿色转型和可持续发展。

10.3.1 基于多目标优化的能源管理设施选址优化模型

1. 模型描述

多目标优化是指在某一具体情况下，提出的某一问题需在满足多个目标的条件下进行求解。利用多目标优化理论，将涉及的多个目标进行整体优化，使多个目标的整体参数值达到最大或最小，而不是其中某一个目标参数值达到最大或最小。为了实现整体参数值达到极限，需要对每一个单独的目标进行权重的评估，协调各个目标之间的关系，达到整体的统一。多目标优化问题属于现实生活中普遍遇到的问题，也是在能源规划、建设、负荷分配中普遍出现且需要研究的问题之一，其核心思路是当需优化的问题有多个目标函数时，并且目标函数有相同优先级，或根据目标权重配比出相同的优先级时，在明确的范围内，使目标函数尽可能同时达到最优的优化问题。

多目标优化问题一般由与多个目标函数相关的约束等式或者不等式条件构成，在不失一般性的基础上，设决策空间的变量为 n 维，从数学角度多目标优化问题公式可以表示如下：

$$\begin{aligned}
&\min f_1(x_1,x_2,\cdots,x_n)\\
&\quad\vdots\\
&\min f_2(x_1,x_2,\cdots,x_n)\\
&\min f_3(x_1,x_2,\cdots,x_n)\\
&\quad\vdots\\
&\min f_k(x_1,x_2,\cdots,x_n)\\
\text{s.t. }\ &e_i(x)\geqslant 0,\ \ i=1,2,\cdots,r\\
&g_i(x)=0,\ \ i=1,2,\cdots,s
\end{aligned} \tag{10-29}$$

其中，$f_i(x)(i=1,2,\cdots,k)$ 表示目标函数；$e_i(x)$、$g_i(x)$ 表示约束函数；$x=\{x_1,x_2,\cdots,x_n\}^k$ 表示设计变量集。

这个多目标优化问题有 k（$k>2$）个目标函数，其中包括极小目标函数 h 个，极大目标函数 $k-h$ 个，同时约束函数的个数为 $r+s$（$r,s>0$），不等式约束个数为 r，等式约束个数为 s。

多目标优化问题不同于单目标优化只有一个解的情况，在多目标优化问题中，由于多个目标相互制约，一个目标的优化常以其他目标的损失为代价，往往难以满足各目标都达到最优，此时的解将包含不止一个，呈现一个解集，称之为 Pareto（帕累托）解集。在信息一定的情况下，存在多个 Pareto 最优解集的情况时，所有的 Pareto 最优解集都可视为同样重要，多目标优化决策的任务主要包括两个方面，一方面，寻找接近 Pareto 最优解集的解，这个工作是所有多目标优化的基本工作，尽可能找到收敛接近真正 Pareto 最优的解集，能保证这一组解近似 Pareto 最优；另一方面，在此基础上，应确保解尽可能均匀并稀疏地分布在 Pareto 最优解集内，一组好的解是一组多样的解，其解与解之间的决策变量空间和目标空间欧拉距离大，对于大部分多目标优化问题来说，在限定的解集空间内找到一组多样性的解是十分重要的任务。

从能源管理项目选址多目标优化角度来看，其区别于一般工程项目的是需要考虑建设期间供电、用电的稳定性，以及环境因素和经济因素，因此，电网建设项目多目标优化的目标因素应根据建设方案的特点进行分析和确定。

在本章中，目标函数综合考虑环境成本、电网稳定性和电力需求保障，通过非线性函数进行优化：

$$Z=\theta\cdot\log(C)+\eta\cdot \mathrm{e}^{-\frac{S}{S_{\max}}}+\zeta\cdot\sqrt{D} \tag{10-30}$$

其中，Z 表示综合目标函数；C 表示总成本，包括建设成本、维护成本和运营成本；S 表示电网稳定性，包括输电线路的可靠性、变电站的容量和配电网络的稳定性；D 表示电力需求保障，衡量新设施对当前及未来电力需求的满足程度；$S_{\max}$

表示电网稳定性的最大值，用于归一化处理；θ、η、ζ表示权重系数，代表各因素的重要性。

2. 约束条件

α地形约束：设施选址需满足地形适宜性。
β气象约束：设施不能选址在气象环境敏感区域。
γ电网容量约束：设施选址需考虑现有电网的容量限制。

3. 量化指标

（1）地形适宜性指标（TI）：

$$\alpha = \text{TI} = f(h,s,l) = a \cdot h + b \cdot s + c \cdot l \tag{10-31}$$

其中，h 表示高程；s 表示坡度；l 表示土地覆盖情况；a、b、c 表示价值权重系数。

（2）气象条件指标（MI）：

$$\beta = \text{MI} = g(v,r,t,h) = d \cdot \log(v) + e \cdot r + f \cdot t + h \cdot t \tag{10-32}$$

其中，v表示风速；r表示光照强度；t表示温度；h表示湿度；d、e、f表示权重系数。

（3）电网稳定性指标（SI）：

$$S = \text{SI} = h(l,x,p) = m \cdot l + n \cdot \log(x) + p \cdot \frac{1}{1+q} \tag{10-33}$$

其中，l表示输电线路的可靠性；x表示变电站的容量；q表示配电网络的稳健性；m、n、p表示权重系数。

（4）电力需求保障指标（DI）：

$$D = \text{DI} = K(d,f) = \iota \cdot \sqrt{d} + s \cdot f^2 \tag{10-34}$$

其中，d表示当前电力需求；f表示未来电力需求；ι、s表示权重系数。

10.3.2 选址优化模型应用场景

本节将以海口市作为能源管理设备选址优化模型的应用场景。海口市是海南省的省会城市，和雷州半岛隔琼州海峡相对望，位于海南岛北部。海口市的海岸线有 160.17 km，有南高北低的地势特点，沿海地区地形平坦，大部分区域的海拔在 3 m 以下。南渡江在此入海，使海口成为重要的沿海城市。1949 年以来，海口市屡次受到台风和海洋性气候的影响，夏季频繁受台风侵袭。尤其是自 2014 年以来，海口市经历了多次强台风，带来了显著的潮位上升和洪灾风险。在风能资源方面，研究区处于台风高发区域，年平均风速达到 7.69 m/s，风能资源丰富，适合大规模风力发电站建设。在太阳能资源方面，海南省中部和南部地区年均日照时间超过 2800 h，适合光伏发电项目建设。在地形特征方面，高潮位和强降水的双重影响导致海口市沿岸护堤受损严重，两岛和主城区易发生不同程度的洪涝灾害，对海口市的能源供给产生严重影响。结合海口市地势分布、主城区分布以及历史受灾情况，本节选定南渡江龙塘水文站以北的美兰区作为研究区，以深入开展能源电力设施选址的研究与应用。

风能资源：海南省的北部和南部区域风能资源丰富，年平均风速可达 7.69 m/s，具备有效的风能利用潜力，适宜建设大规模的风力发电站。沿海地区风资源尤为丰富，适合作为风电站选址。

地形特征：海口市的地形特征丰富多样，北部地区以沿海平原为主，地势平坦开阔，海拔较低，大部分地区海拔在 100 m 以下。这种平坦的地形为大规模光伏电站的布局提供了良好的条件，因为开阔的区域能够接收充足的日照资源，有利于太阳能的高效利用。同时，海口市北部沿海地区风力资源丰富，尤其是滨海平原区，开阔的地形使得风力得以顺畅流动，因此是理想的风电场选址地点。相比之下，海口市的南部和中部地区则分布着低山丘陵，地势相对较高。这些丘陵地带由于海拔较高，风力资源丰富，非常适合建设分布式风电设施。丘陵地形能够使风力在高处形成较好的流动条件，从而提高风电设施的发电效率。这种多样的地形特征为海口市的可再生能源开发提供了多种可能性和优势，使得海口市能够在不同区域因地制宜地布局风电和光伏项目，推动能源的可持续发展。

10.3.3　选址优化模型应用数据来源

历史热带气旋路径数据由中国气象局上海台风研究所提供，包含了热带气旋中心的位置、2 min 平均最大持续风速和最低气压。海口雨量站的日累计降水量数据取自中国气象数据网、数据记录时间范围为 1960 年至 2017 年。研究区域的地形图由公开资料获取，空间分辨率为 2 m，经过插值处理后分辨率为 30 m。南海和北部湾的水深数据来自全球海陆地形数据，空间分辨率为 500 m，缺失数据由周围测深数据的均值补充。海口市在 RCP4.5 和 RCP8.5 情景下 2030 年、2050 年和 2100 年的平均海平面上升数据从全球海平面上升数据集中提取。由于这些数据的时间参考基准为 2000 年，《2015 年中国海平面公报》指出该地区 1993 年至 2015 年的平均海平面上升速度为 0.0051 m/a，结合上述数据，将海口雨量站的海平面上升数据调整至以 2015 年为基准。气象数据是选址优化的重要基础，包括风速、光照强度、温度和湿度等。

地形数据通过遥感技术和地理信息系统技术获取，分辨率高达 10 m，能够详细反映研究区域内的地形特征，包括高程、坡度和土地覆盖情况。

高程数据：利用卫星影像和地面测量数据生成高程图，涵盖了整个研究区域，精确到每个地块的海拔高度。这些数据能够准确反映地形的起伏变化，为风电和光伏设施的合理布局提供了重要参考。

坡度数据：通过分析高程数据得到坡度信息，确定不同区域的坡度分布情况。这些数据有助于评估地形的适宜性，避免在坡度过大的区域建设不稳定的设施。

土地覆盖情况：包括不同类型的土地利用情况，如森林、草地、农田和建筑用地。这些数据有助于确定不同区域的开发潜力和土地利用限制。

电力需求数据：包括2019～2023年的电力消耗量、电力负荷峰值和季节性变化情况，这些数据由当地电力公司提供，详细记录了不同类型用户的用电情况。

家庭用电：包括居民用电的月度数据，反映了家庭用电的季节性变化和峰值负荷情况。数据覆盖了城市的各个区域，能够准确反映不同区域和时间段的电力需求特点。

工业用电：涵盖制造业和服务业的用电情况，数据提供了详细的用电量和负荷高峰时段的变化规律。这些数据能够反映工业用电的规律和趋势，为优化选址提供了依据。

商业用电：包括商业办公楼和零售业的用电数据，详细记录了这些区域的电力负荷分布和变化规律，能够反映商业用电的需求特点。

10.3.4 能源管理设施选址优化分析

能源管理设施选址优化分析是一项复杂且综合的任务，其目的是在确保资源高效利用的基础上，选择最适合建设储能设施的具体位置。这项优化分析不仅需要考虑资源利用率，还需平衡环境保护、成本控制以及电力系统的稳定性，最终达到经济效益与生态效益的统一。

（1）环境保护。在能源管理设施选址优化分析中，环境保护是至关重要的考量因素。避让生态敏感区、进行全面的环境影响评估以及采取有效的生态保护措施都是该过程中不可或缺的环节。首先，通过详细的生态环境评估，应避让生态敏感区域，以免破坏自然生态系统的完整性。其次，建设前需进行全面的环境影响评估，确保设施建设不会对当地环境造成负面影响，从而保护自然资源和生物多样性。此外，在选址和建设过程中，采取有效的生态保护措施至关重要，以减少对自然环境的干扰和破坏，推动区域生态环境的可持续发展。这些措施共同构成了一个综合的环境保护策略，旨在确保能源管理设施的选址和建设不仅满足电力系统的需求，也兼顾了地球的未来和生态的平衡。

（2）经济性分析。在能源管理设施选址优化分析中，经济性分析是一个决定项目成功与否的关键因素。需要对不同区域的土地购置、基础设施建设和运营维护费用进行详细评估，选择成本效益较高的区域进行建设，以确保资金的有效利用。接着，计算能源管理设施的长期运营成本和经济效益，优先选择能够带来长期经济回报的选址方案，从而保证投资的经济性和可持续性。此外，通过精确的成本效益分析，选择投资回报率较高的选址方案，同时综合考虑设施的长期经济效益，优先选择能够在未来带来持续经济回报的选址方案，以实现项目的长期盈利和增长。这些综合的经济性评估措施，旨在确保能源管理设施的选址不仅满足当前的经济需求，同时也为未来的经济发展奠定坚实的基础。

（3）电网稳定性。电网稳定性评估是确保电力系统可靠运行的关键环节[179]。首先，通过电网现状的详细分析，识别出电网中存在的薄弱环节和潜在风险点，选择能够增强电网稳定性的区域进行建设。其次，选址应有助于优化电力调度，提高备用容量的调配效率，从而增强电力系统的可靠性和抗风险能力。此外，通过科学选址增加储能设施的备用容量，可以提高电力系统在紧急情况下的应对能力。最后，在关键节点建设储能设施，有助于提高整个电力系统的抗风险能力，确保电力供应的连续性和稳定性。综合这些措施，可以有效提升电力系统的稳定性和可靠性，保障电力供应的安全和高效。

在优化过程中，本章还充分考虑了政策支持和环境保护等因素。建议政府通过提供税收优惠和补贴政策，鼓励企业投资建设可再生能源设施，推动绿色能源的发展。同时，加强电网基础设施建设，提高输电线路的容量和覆盖范围，确保可再生能源电力的高效并网。通过鼓励风电、光伏和储能设施的协同发展，实现多能源的互补，提高能源系统的灵活性和运行效率。此外，在选址过程中，应避免对生态环境造成破坏，保护自然生态系统，推动可持续发展。未来，进一步探索更先进的优化方法和数据分析技术，开展对不同情景下选址优化的研究，分析在不同气候变化和政策环境下的选址方案，进一步提高优化结果的鲁棒性和适应性。同时，未来的研究还应关注能源系统的智能化管理，利用智能调度和预测技术，提高能源系统的运行效率和可靠性，推动能源系统的可持续发展。

10.3.5　选址优化模型的具体应用与建议

海口市，作为海南省的省会城市，近年来随着经济的发展和人口的增加，电力需求日益增长。然而，由于其特殊的地理位置和气候条件，海口市频繁受到台风等自然灾害的影响，导致电力供应时常中断，影响了居民生活和经济活动。因此，如何确保电力系统的稳定运行和高效能源利用成为当地政府和企业面临的一大挑战。

针对海口市电力供应不稳定的问题，本节应用基于多目标优化的能源管理设施选址优化模型，进行了详尽的储能系统选址分析。该模型综合考量了地形适宜性、气象条件、电力需求等多个关键因素，旨在寻找最适宜的储能系统建设地点，以增强电网的稳定性和应急响应能力。具体来说，模型通过分析高程、坡度和土地覆盖情况等地形数据，确保所选地点既适宜建设又易于维护；同时，考虑风速、光照强度、温度和湿度等气象条件，确保储能设施能够在复杂的气候环境下稳定运行；此外，结合电力消耗量、负荷峰值等电力需求数据，保障选址地点能够有效缓解电力供需矛盾，提高电力供应效率。通过这一全面的分析，为海口市的电力系统稳定性和可靠性提供了有力的保障。

首先，本节系统性地收集了海口市的各类数据，这些数据对于我们的分析至关重要。具体而言，数据集包括了详尽的地形数据，包括高程、坡度和土地覆盖情况等，这些数据有助于分析地形对储能设施建设的可能影响。例如，通过分析高程和坡度数据，可以预测雨水排水情况和可能的土壤侵蚀问题，从而避免选择地形复杂且可能增加建设成本的区域。除了地形数据，数据集还涵盖了历史气象数据，包括风速、光照强度、温度和湿度等信息。这些气象数据对于评估潜在的气候风险及其对储能设施运行的影响至关重要。例如，高风速区域可能会增加设备维护成本，并影响设备的使用寿命，因此这些区域在选择时需要更加谨慎。同样重要的是电力需求分析。通过与当地电力公司合作，获取了电力消耗量、电力负荷峰值以及季节性变化数据。基于这些数据，能够进行详细的电力需求分析，了解不同季节和不同时间段的电力需求变化。这有助于形成一个既能满足高峰需求又能在低谷时期有效存储能源的储能系统。

综合以上多维度的数据，本节利用基于多目标优化的能源管理设施选址优化模型进行分析，旨在为海口市寻找到最合适的储能系统建设地点。通过模型运算，我们识别出了几个潜在的最优选址点。这些点位大多位于地形较为平坦且远离生态敏感区域的位置，既便于储能设施的建设和维护，又能减少对环境的干扰。此外，这些点位靠近主要的电力消费区域，能有效降低输电损耗，提高电力供应的效率和可靠性。

在选定的最佳地址中，应用结果推荐海口市北部的一个位置用于建设新的储能设施。该地点靠近重要的工业园区和居民区，能够有效缓解这些区域的电力供需矛盾。同时，该地区的地形和气象条件适宜储能设施的建设和运营，有助于提升整个电力系统的稳定性和经济性。

最后，该应用研究结合实际情况和优化结果提出了以下几方面的建议。这些建议旨在提高能源系统的效率和可持续性，促进区域经济的发展，并减少对环境的影响。

1. 政策支持与激励

政策激励措施：建议政府出台一系列政策激励措施，如税收优惠、补贴政策和低息贷款，鼓励企业和个人投资建设可再生能源设施。这些激励措施可以降低投资成本，提高项目的经济可行性，吸引更多的社会资本参与到绿色能源项目中来。

规划与法规保障：建议政府制定和完善相关的规划和法规，为多能源电力设施的建设提供法律保障。规划和法规应明确选址标准、环境保护要求和土地使用规范，确保选址过程合法合规，同时为项目建设提供稳定的政策环境。

多方协同合作：鼓励政府部门、企业、科研机构和社会团体之间协同合作，共同推动绿色能源的发展。通过建立信息共享平台和合作机制，提高政策执行的透明度和效率，促进可再生能源设施的建设和运营。

2. 加强电网基础设施建设

电网扩容升级：建议加快电网基础设施的建设和升级，提高输电线路的容量和覆盖范围，特别是在偏远和农村地区，确保可再生能源电力的高效传输和并网。这有助于减少能源损耗，提高能源利用效率，促进能源供应的稳定性。

智能电网技术应用：建议推广和应用智能电网技术，如智能电表、自动化控制系统和实时监控技术，提高电网的管理和调度能力。智能电网技术可以有效平衡供需，提高电力系统的灵活性和可靠性，减少电力波动和断电风险。

分布式能源接入：鼓励分布式能源设施的接入，如家庭光伏系统和社区风电项目，优化电力资源的分布，提高能源供应的灵活性。通过完善分布式能源接入的标准和规范，简化接入流程，提高分布式能源设施的普及率。

3. 鼓励多能源互补发展

多能源协调发展：建议统筹规划风电、光伏和储能设施的布局，实现多能源的互补发展。通过合理的选址和布局，提高能源系统的整体效率和稳定性，降低能源成本，增强抗风险能力。

储能技术推广：推广先进的储能技术，如锂电池、飞轮储能和压缩空气储能，提高电力系统的调节能力和储能效率。储能设施可以在用电高峰时段提供电力，在电力需求低谷时段储存电力，平衡电力供需，稳定电网运行。

能源供应多样化：鼓励利用各种可再生能源，如太阳能、风能、水能和生物质能，实现能源供应的多样化和可持续发展。通过多种能源的综合利用，减少对化石能源的依赖，降低碳排放，推动低碳经济的发展。

4. 环境保护与生态平衡

选址环境评估：在选址过程中，应进行详细的环境影响评估，充分考虑对生态系统、土地、水资源和空气质量的影响。避免在生态敏感区和自然保护区建设能源设施，减少对生态环境的破坏，保护生物多样性和自然资源。

生态修复与补偿：对于由选址建设造成的环境影响，建议制订和实施生态修复计划，采取措施恢复受损的生态系统。对于无法避免的环境影响，建议建立环境补偿机制，通过植树造林、湿地恢复等方式，弥补对生态环境的负面影响。

可持续发展理念：鼓励在选址和建设过程中，采用可持续发展的理念和技术，如设计节能建筑、使用低碳施工技术和可再生材料，减少对自然资源的消耗，推动可持续发展。

通过这一具体应用与建议，本节的选址优化模型成功解决了海口市电力供应不稳定的问题，提高了电力系统的运行效率和可靠性，为当地的经济发展和居民生活提供了有力保障。同时，该案例也为其他类似城市提供了宝贵的经验和参考。

10.4 面向电力企业的能源环境智慧综合服务平台

面对日益严峻的环保要求和能效标准，电力企业通常面临能源管理与环境保护的不足。企业往往依赖传统的能源监控和环保措施，难以有效应对市场和政策的变化，导致能源浪费严重和环保指标不达标。本节以中国大唐集团有限公司为例，通过全面部署“能源环境智慧综合服务平台”，企业实现能源使用的精细化管理和环境排放的严格控制。平台的应用使企业能够实时监测能源消耗和污染排放，并通过大数据分析发现潜在的节能减排机会。同时，基于地理空间信息的可视化工具为企业提供了直观的决策支持，使管理层能够快速响应环保事件并制定相应的治理措施。最终，企业不仅提升了能源效率和环保水平，还通过平台的智能决策支持系统成功规避了多次潜在的环保风险，实现了经济效益与环境责任的双重提升。

在当前全球化和工业化迅速发展的背景下，这样的技术和服务成为连接能源需求与环境保护的关键。能源环境智慧综合服务平台建设的目的在于通过集成创新技术，实现对大量能源环境数据的收集、存储、分析和可视化，进而提供科学的决策支持，有效地连接能源需求与环境保护[180]。

该平台的核心在于其能够存储和管理庞大的能源与环境大数据，使用强大的分析工具进行数据处理，再通过基于地理空间信息的多层次可视化技术将分析结果呈现给用户。这种结构不仅增强了决策的透明度和可追溯性，还使决策者能够在充分的信息支持下，做出更加精准和科学的判断[181]。此外，作为一个综合性服务平台，它不仅是一个单纯的数据存储或分析工具，还是一个集成方案的一部分，能够与现有的能源环境管理系统无缝连接，形成一个全功能的智能综合服务体系。通过实现数据驱动的决策支持，该平台帮助企业和政府机构在保证经济增长的同时，有效控制环境风险，确保可持续发展目标的实现[182]。

该平台的核心功能包括四个相互关联的组成部分：大数据存储及数据库、大数据分析平台及工具、基于地理空间信息的多层次可视化以及大数据决策支持。

首先，大数据存储及数据库负责收集和整理来自能源生产和消费以及环境监测的各种数据。其次，这些数据通过大数据分析平台及工具进行深入分析，以识别潜在的节能机会和环境风险。再次，分析得到的信息通过基于地理空间信息的多层次可视化技术直观地展示给决策者，使他们能够迅速理解并做出基于数据的决策。最后，大数据决策支持系统根据实时数据和分析结果提供科学的决策方案，帮助实现能源最优化使用和环境保护目标。

这四个部分相互支撑，通过数据流的无缝连接形成一个有机的整体，共同服务于能源环境智慧综合服务平台，保证其高效运行。例如，数据分析的结果可以直接用于决策支持，而决策的反馈又可以即时调整数据分析的参数，整个过程中数据的存储和可视化都在不断更新，可确保信息的时效性和准确性。这样的结构设计使平台不再是一个静态的数据处理系统，而是一个动态的、能够自我调整和优化的智能系统，为未来能源环境的持续改进提供强大的技术支持。

10.4.1　建立面向电力企业的能源与环境大数据存储及数据库

为回应电力企业对能源环境智慧综合服务平台的需求，可以构建一个全面、高效的能源与环境大数据存储及数据库。以下将详细阐述该数据库的逻辑结构和物理结构设计，这一设计基于能源环境数据的特性以及企业对大数据分析与决策支持的技术需求。这个数据库是电力企业进行能源与环境大数据分析和及时决策的基石，其重要性不言而喻。

数据库的构建采用了多渠道的数据采集策略，特别针对电力企业的具体需求进行调整。数据采集主要分为三大部分：一是该企业的生产设备状态数据及电网运行相关数据；二是从湖南省环境监测中心站及中国环境监测总站获取的国家/省区市环境质量数据；三是通过企业平台收集的园区/社区等小范围的环境质量数据。这些数据来源多样，覆盖了大型电网到小型社区的各个层面，为本章的数据库提供了全面而丰富的信息资源。通过实时采集系统，本章对收集到的数据进行了精确的分类和分析。在此过程中，识别出了信息需求的逻辑关系，并据此设计了环境大数据库的数据表结构及其相互关系。这种设计确保了数据库的结构既能满足存储需求，也便于数据的查询与分析。

目前，该数据库已经成功构建了主要的数据表，包括大气信息表及大气污染信息表、区域经济信息表、环境舆情信息表、发电数据信息表等。这些表格不仅包含了各类原始数据，还整合了数据分析和处理的结果，为电力企业量身打造，以提供强有力的决策支持。其中，大气信息表及大气污染信息表涵盖了由湖南省环境监测中心站提供的长株潭地区大气污染数据，以及实时采集网站发布的环境质量数据。区域经济信息表则为企业提供了一个全面了解区域经济发展状况的平台，帮助制定更合理的经济发展策略。环境舆情信息表和发电数据信息表则分别针对公众关注和发电过程优化提供数据支持。总体而言，该数据库的建立极大地促进了电力企业在能源与环境管理方面的智能化和高效化。大数据存储与分析基座的框架如图 10-4 所示。

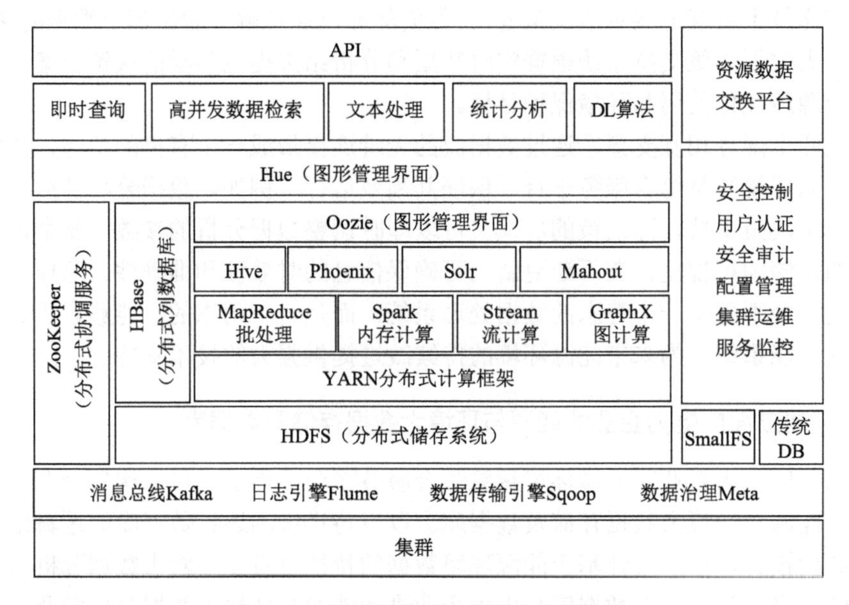

图 10-4 大数据存储与分析基座的框架

本节方案基于 CDH（Cloudera Distribution Including Apache Hadoop，Cloudera 公司基于 Apache Hadoop 的大数据平台解决方案）或借鉴 CDH 的构建思路对大数据存储与分析功能进行构建，对 Hadoop 生态圈开源组件进行封装和增强，包含如下内容。

（1）Hadoop 核心组件，包括：HDFS，可以提供高吞吐量的数据访问，适合大规模数据集方面的应用；HBase，提供海量数据存储功能，是构建在 HDFS 之上的分布式、面向列的存储系统；YARN 资源管理系统，为各类应用程序进行资源管理和调度；MapReduce 分布式数据处理模式和执行环境，提供快速并行处理大量数据的功能。

（2）SmallFS，用于优化平台对小文件的存储能力。提供小文件后台合并功能，自动发现系统中的小文件（通过文件大小阈值判断），在系统空闲时进行合并，并把元数据存储到本地的 LevelDB 中，来降低 NameNode 的压力，同时提供新的 FileSystem 接口，让用户能够透明地对这些小文件进行访问。

（3）DBService，是具备高可靠性的传统关系型数据库，为 Hive、Hue、Spark 组件提供元数据存储服务。

（4）MySQL 或 PostgreSQL，是关系型数据库，为大数据平台提供逻辑和中间数据存储服务。

（5）Redis，是高性能的 key-value（键-值对）分布式存储数据库，支持丰富的数据类型，弥补了 Memcached 这类系统 key-value 存储的不足，满足实时的高并发需求。

（6）Loader 或 Sqoop，是实现大数据平台与业务系统关系型数据库、文件系统之间交换数据和文件的数据加载工具，同时提供 REST API（representational state transfer application program interface，表现层状态转化应用程序接口），供第三方调度平台调用。

（7）Hive，是建立在 Hadoop 基础上的开源的数据仓库，提供类似 SQL 的 Hive Query Language[①]语言操作结构化数据存储服务和基本的数据分析服务。

（8）Phoenix，是数据存储 HBase 的 SQL 操作工具，解决 HBase 客户端难操作、HBase 无法创建二级索引的问题，可以对接 Spark、Hive、Pig、Flume、MapReduce 等组件。

（9）Solr，是基于 Lucene 的全文检索服务器，提供了更为丰富的查询语言，同时实现了可配置、可扩展，并对查询性能进行了优化，提供了一个完善的功能管理界面，是一款非常优秀的全文检索引擎。

（10）Spark、Stream、GraphX，为大数据平台提供计算框架，分别支持内存计算、流计算与图计算。

（11）Flume，是海量日志聚合系统，为大数据平台提供日志支持。支持在系统中定制各类数据发送方，用于收集数据；同时，Flume 具备对数据进行简单处理，并写入各种数据接收方（可定制）的能力。

（12）Oozie，提供了对开源 Hadoop 组件的任务编排、执行的功能。以 Java Web 应用程序的形式运行在 Java Servlet 容器（如 Tomcat）中，并使用数据库来存储工作流定义、当前运行的工作流实例（含实例的状态和变量）。

（13）Kafka，是一个分布式的、分区的、多副本的实时消息发布和订阅系统。提供可扩展、高吞吐、低延迟、高可靠的消息分发服务。

（14）ZooKeeper，提供分布式、高可用性的协调服务功能。帮助系统避免单点故障，从而建立可靠的应用程序。

（15）Hue，用于提供应用的图形化用户 Web 界面，支持本平台多种组件的可视化操作支持，包括 HDFS、YARN、Hive、Solr 等。

在以上 Hadoop 生态圈开源组件组成的大数据平台基础底层的基础上，针对能源与环境管理需求，为能源与环境数据分析和态势预警分析提供计算与功能支

---

① Hive Query Language（HQL，通常称为 HiveQL）是 Apache Hive 的数据查询和分析语言。HiveQL 类似于 SQL，用于在 Hadoop 上进行数据查询和管理。它支持 SQL 标准，并扩展了一些特性以适应大数据处理的需求。

持，包括数据治理、文本分析、关联分析和分类聚类。电力企业数据存储与分析的关系如图 10-5 所示。

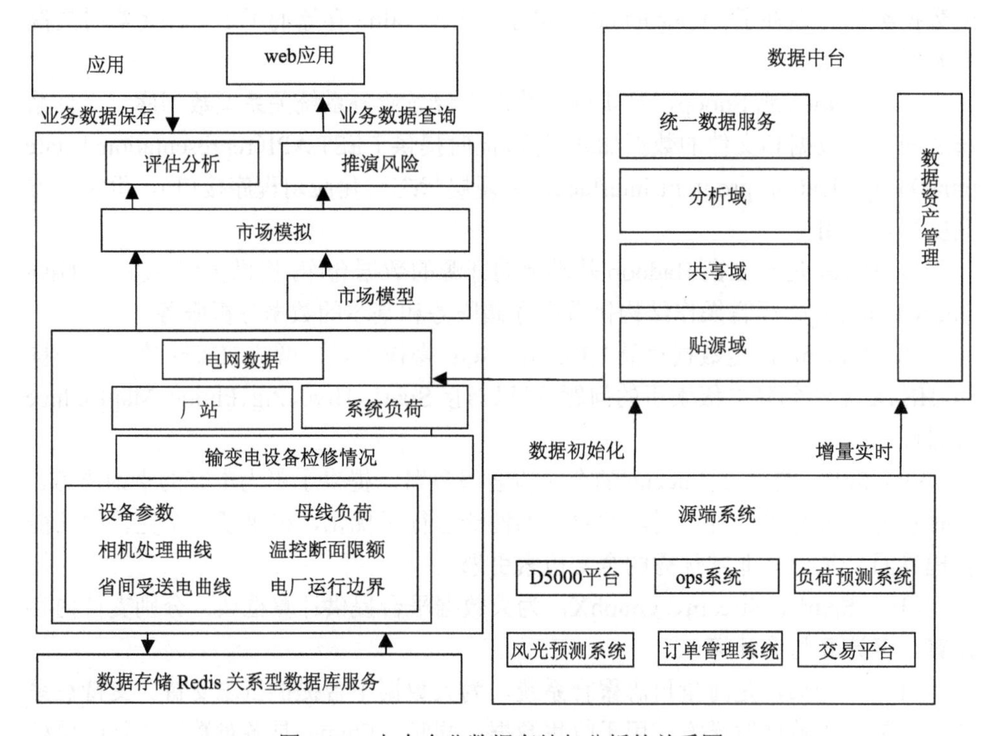

图 10-5　电力企业数据存储与分析的关系图

该方案构建了一个面向电力企业的能源与环境大数据存储及数据库系统，作为该企业能源环境智慧综合服务平台的基础和核心组件。该数据库不仅包括大气信息、区域经济、环境舆情、发电数据及电网分析等关键数据表和系统，也深入整合了基于 Canal 的多元数据 ETL 技术，实现了从数据抽取、清洗转换到加载的全流程管理。在物理层面，结合 HBase 和 MySQL 的存储解决方案，优化了数据的输入、处理和快速查询功能，增强了数据处理的灵活性和高效性。此数据库的建立，不仅为电力企业的能源与环境数据分析及决策提供了强有力的支撑，而且其重要性体现在为整个管理平台提供准确、及时、全面的数据资源，确保了平台能够高效运行和持续创新。通过这一基础的大数据平台，能够显著提升电力企业在能源与环境管理领域的智慧化水平，为相关决策制定和策略调整提供科学依据，进而推动能源的可持续利用和环境保护。

10.4.2　开发面向电力企业的能源与环境大数据分析平台及工具

为进一步解决电力企业的需求，除建立能源与环境大数据存储及数据库外，本节提出的方案进一步开发了大数据集成、存储、分析和服务的大数据分析平台及工具。此方案旨在优化数据的流通和利用效率，通过高效的 ETL 工具，将不同来源和格式的数据集成到统一的处理平台。数据清洗则运用先进的算法和深度学习技术，提高数据的准确性和可用性。在数据存储方面，采用了可扩展的云存储解决方案，确保了数据的持久化和安全性。此外，该平台的核心是一套强大的数据分析和挖掘工具，它支持多种机器学习算法和可视化技术，使数据科学家能够从海量数据中提取有价值的洞察。这不仅为能源与环境数据分析提供了强大的决策支持，也促进了数据驱动的创新，为企业带来更精准的预测和更有效的管理策略。通过这些集成的工具和平台，能够更好地应对数据挑战，推动能源与环境管理的智慧化进程。平台遵循微服务架构体系，主要通过以下几个方面开发实施。

1. 数据采集服务

针对数据整合与集成的需求，本章实现了一套功能完整、成熟且先进的数据采集 ETL 工具。该工具不仅能够完成数据采集的工作，还能通过一定的规范将各个分散的、重复建设的、异构的散乱数据整合到统一的处理平台。本章的数据采集涵盖了结构化和非结构化数据，采集需求包括批量采集和增量采集。数据的来源广泛，涵盖了关系数据库、实时/历史数据库、文件系统以及控制系统等。

2. 数据清洗服务

在数据预处理方面，本章采用了多项先进技术来确保数据的质量和准确性。例如，本章使用数据清洗技术，这是通过技术手段对抽取的数据进行甄别和清洗的过程。在平台上，本章提供了行列转换、交叉表、值转换、空值填补、异常值处理、类型转换、多源行合并、多源列合并等多种处理方法。这些方法能有效识别并处理冗余数据、无效数据以及质量较差的数据，确保数据的质量和准确性。此外，还引入了深度学习技术，如自动编码器，用于异常值检测和复杂数据模式的识别，从而进一步提高数据清洗的效果。这些技术手段不仅提升了数据处理的效率，还为后续的数据分析和挖掘奠定了坚实的基础。

3. 数据存储服务

大数据存储需要满足海量存储、安全存储和快速读取的要求。本章构建的平台采用大数据分布式存储技术，支持系统具备大容量存储能力，能以较低成本存储海量数据，并可实现快速平滑扩展。此外，该平台还支持数据备份及自动恢复，确保数据的安全性。同时，该平台还支持索引机制，可以快速定位数据，并提供多种分布式存储方式，包括分布式文件系统、时序数据库、列式数据库、内存数据库和数据仓库等。此外，为了提高数据存储和查询的性能，本章还采用了一些先进的技术，如利用分布式 NoSQL 数据库（如 Cassandra 或 HBase）来处理大规模数据集，以及使用 HDFS 作为底层存储来解决海量数据的可靠存储问题。同时，还使用了压缩技术优化存储空间，并通过高速缓存策略来提升数据访问速度。这些技术的集成不仅保证了数据的安全性和可靠性，还大大提升了整个系统的性能和效率。

4. 数据挖掘服务

数据挖掘是对大量结构化和非结构化的数据进行分析处理的过程，从中获得新的价值。本章的平台提供大数据可视化建模工具，采用图形化、流程化的方式进行大数据挖掘工作。整个数据价值的挖掘过程都是全可视化操作，可以直观地挖掘出数据隐藏的“价值”。平台中集成了大量的机器学习算法，如 k 均值聚类、高斯混合模型、随机森林、神经网络、SVM、FP-Growth（frequent pattern growth，频繁模式增长）关联规则、OLS（ordinary least squares，普通最小二乘法）、EM、决策树、线性回归、岭回归、梯度提升树、广义线性等。这些算法能够满足电力系统各种大数据分析挖掘需求。

5. 数据支持服务

本章的数据服务平台能够满足不同数据访问需求，包括 RDBMS（relational database management system，关系数据库管理系统）、HDFS、数据仓库 Hive、NoSQL 数据库 HBase 以及实时数据库等。应用单位可以通过权限访问数据服务。该平台提供访问权限配置、服务注册、应用注册、数据访问方法创建及参数配置等功能。基于电网运行数据、新能源出力数据与天气数据的汇集及应用，可以开展新能源运行特性分析与应用服务，为新能源发展规划和辅助决策的分析与应用提供数据支撑服务。这不仅有利于促进新能源项目规划的科学化和合理化，减少选址决策的盲目性，提高新能源项目的经济效益和环境效益；还可以有效地为新能源规划提供有力支撑，对外提供与新能源数据相关的分析服务支持，如图 10-6 所示。

10.4.3 架构面向电力企业地理空间信息的多层次可视化系统

考虑到电力企业在当前能源环境日益复杂的背景下的特定需求，有效的数据分析与呈现方式对于这些企业理解与应对环境变化、优化能源管理以及制定精准的政策措施至关重要。电力数据的地理空间分布特性需要采用先进的技术来揭示其背后的空间模式和趋势。因此，构建一个基于地理空间信息的多层次可视化系统，不仅有助于汇聚和分析不同来源的环境数据，而且能够通过丰富的视觉元素展现复杂的空间数据，从而支持电力企业的决策制定和环境监控。

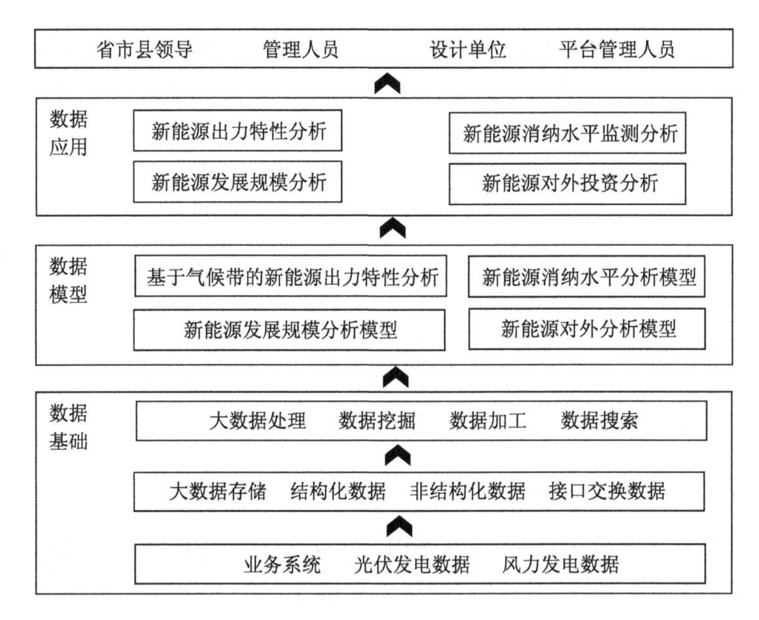

图 10-6　基于大数据的新能源辅助决策服务

在成功构建面向电力企业的能源环境数据库并开发了相应的数据分析工具的基础上，本章进一步建立了一个基于地理空间信息的多层次可视化系统。该系统不仅集成了平台基础模块的各个组件，还构建了一个统一多维环境信息仓库，并运用 django 框架设计开发了集成化 GUI 交互展示界面。结合地理信息系统和可视化数据分析软件，本章能够实现环境大数据的空间动态变化特征的多层次、多维度可视化展示，为电力企业提供详细视图。

1. 构建数据整合与仓库

对来自气象站、卫星遥感及地面监测站的大量环境数据进行整合，包括气候数据、污染物排放量、能源消耗统计等。这些数据来源多样、格式不一，因此需要通过一系列预处理步骤，如数据清洗、格式转换和标准化处理。经过这些步骤后，数据被存储在一个统一设计的多维环境信息仓库中。该仓库利用高效的数据索引结构，如空间填充曲线，来优化空间数据的存储和查询性能，确保后续的数据分析和可视化能够高效进行。

2. 地理信息系统集成与空间数据处理

集成地理信息系统是此方案的核心部分，它使地理位置信息与环境数据能够紧密结合。将地理坐标与数据集中的相应记录匹配，可以在地图上直观展示数据点。此外，本章还应用了一系列空间数据分析技术，如热点分析、空间插值和缓冲区分析，来揭示不同环境指标在地理空间上的分布模式。这一过程涉及高级地理信息系统软件的使用，并对数据进行精确的空间化处理，为深入的地理空间分析打下坚实基础。

3. 设计多层次钻取的交互式视图

在此基础上，本章设计了多层次钻取的交互式视图，使用户能够深入探索数据的多个维度。通过django框架开发的GUI界面，用户可以方便地进行数据筛选、隐藏、显示以及自定义视图参数，实现交互式信息发现。例如，用户可以从国家级别的概括性数据钻取到省级，再到城市级别，逐步展开更细节的数据视图。这种设计增强了用户体验，使分析和决策过程更加透明和直观。

4. 可视化展示与定制化接口

在数据的可视化展示方面，本章运用了先进的可视化框架，如D3.js和Leaflet，来创建直观的图表和地图。这些可视化元素根据用户的业务需求提供多维度的数据展示，如通过热力图展示污染分布，或通过动态线图展现时间序列变化。同时，本章提供了定制化的接口，允许用户根据自己的需求调整视图设置和展示内容，以获得最有价值的洞见。

综上所述，基于地理空间信息的多层次可视化方案为电力企业能源环境数据的集成、分析和呈现提供了一个全面、动态且用户友好的平台。这一方案不仅能够帮助电力企业的决策者更直观地理解复杂的环境数据，还能够提高政策制定和资源管理的效率，为电力行业的可持续发展目标的实现贡献力量。

10.4.4 能源与环境大数据决策支持

根据电力企业的特定需求，方案的前三个部分——能源与环境大数据存储及数据库、大数据分析平台及工具以及基于地理空间信息的多层次可视化——为电力企业提供了坚实的技术基础和丰富的数据资源。在此基础上，本节将进一步阐述本方案的集成环节：能源与环境大数据决策支持，特别针对电力企业的应用。

这一部分不仅是对前述三个部分的综合应用，更是对能源环境智慧综合服务平台功能的全面实现，尤其针对电力行业的应用。通过数据整合与智能分析、实时监控与动态可视化、情景模拟与策略评估以及交互式决策仪表板，能够为电力企业的决策者提供全面、直观、实时的决策支持。这不仅有助于优化电力企业的能源利用效率，促进环境治理，还能在复杂的能源环境协同场景中，实现更为精准和高效的决策。

具体来说，数据整合与智能分析可以从海量的能源与环境数据中提取有价值的信息，为电力企业的决策提供科学依据。实时监控与动态可视化则确保电力企业的决策者能够随时掌握能源环境的最新状态，及时做出反应。情景模拟与策略评估功能则可以在虚拟环境中测试不同的管理策略，评估其效果，从而为电力企业的实际决策提供参考。最后，交互式决策仪表板将所有这些功能集成在一个用户友好的界面中，使电力企业的决策过程更加直观和便捷。

从技术层面看，能源与环境大数据决策支持系统采用四层体系架构。

（1）表现层：主要为在线监控报表分析统计提供页面显示和用户交互，该层为网页架构，采用 ASP.NET（Active Server Page. NET）框架。用户通过选择和输入相应参数提交报表请求，该层封装请求并调用服务聚集层的相应服务接口。当服务聚集层返回 JSON 后，该层根据报表结构组装并显示数据。

（2）服务聚集层：主要为在线监控报表分析统计提供服务汇聚功能，该层接收表现层的用户请求，根据请求进行预处理并将请求封装，然后根据需求分发给下层计算，包括直接访问数据层、分发至报表分析层。

（3）报表分析层：主要为在线监控报表分析统计提供报表计算服务，该层接收表现层的用户请求封装，根据用户请求组装 SQL 语句，获取 SQL Server 数据库基础数据，并根据基础数据 RPC（remote procedure call，远程过程调用）请求调用协处理器，根据报表算法对业务数据进行统计计算，最后计算汇总数据，封装为 JSON 格式并返回给表现层。

（4）数据层：SQL Server 数据库，持久化存储基础数据。系统结构图如图 10-7 所示。

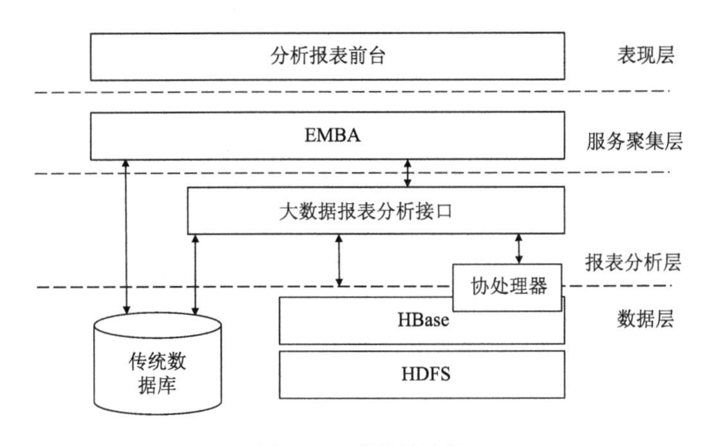

图 10-7　系统结构图

EMBA 全称为 enterprise management business analytics，企业管理业务分析

各功能模块包含 Control 子模块、Service 子模块、Dao 子模块和协处理器子模块。

Control 子模块：负责接收前台发送的 HTTP 请求，并解析请求参数，将参数封装传递给 Service 子模块，同时将 Service 子模块的返回结果返回给前台。

Service 子模块：获取到 Control 子模块的请求信息，并根据请求信息调用 Dao 子模块获取站点基础信息，依据站点基础信息通过 RPC 请求调用协处理器子模块得到统计结果，整合统计结果，并生成 JSON 格式的结果返回给 Control 子模块。

Dao 子模块：根据 Service 子模块的调用参数，通过 MyBatis 访问 SQL Server 数据库，并将获取的基础数据封装到 Dao 子模块后返回给 Service 子模块。

协处理器子模块：Service 子模块以 RPC 方式调用该模块，并依据调用参数构造行键查询 HBase 数据，对数据做传输率、超标、排放量等相应的业务处理，并将结果返回到 Service 子模块。

其中，DO（data object，数据对象）是用于表示和封装数据的简单 Java 对象。它通常作为 DTO（data transfer object，数据传输对象）使用，在不同的层之间传递数据。DO 不包含任何业务逻辑，只包含数据字段和相应的 getter 和 setter 方法（用于访问和修改类的私有成员变量或字段的标准方法）。

系统的基本数据处理流程如图 10-8 所示，具体流程如下。

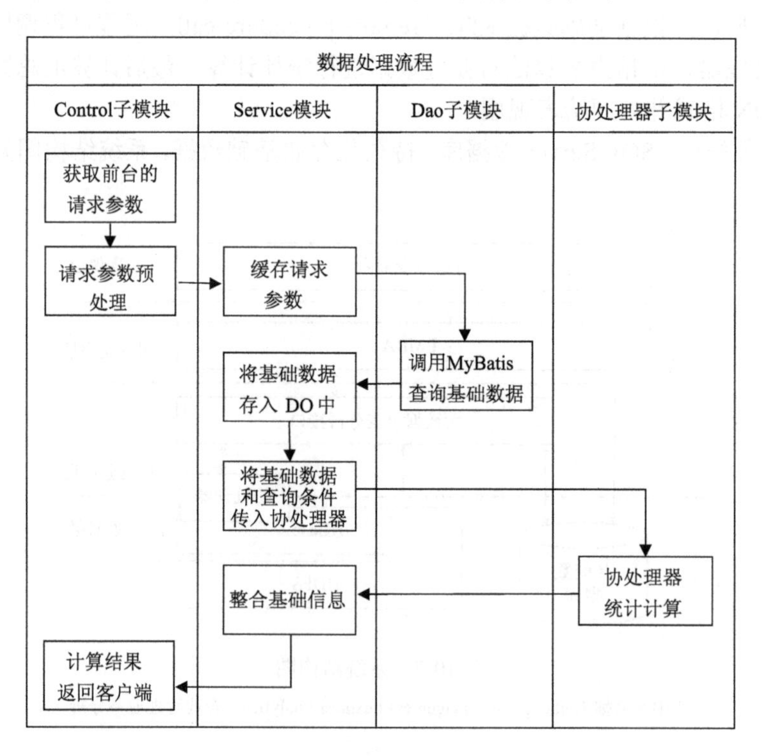

图 10-8 基本数据处理流程图

流程 1：获取用户请求参数。

流程 2：根据请求参数通过 MyBatis 查询 SQL Server 获取站点的超标标准、仪器上下限、停产时间段等相关基础数据。

流程 3：封装基础数据并通过 RPC 调用 HBase 协处理器对业务数据进行查询，根据报表功能统计传输率、超标、排放量等情况。

流程 4：封装统计结果并返回。

流程 5：结合基础数据对返回结果进行相关处理。

流程 6：将结果以 JSON 格式返回给前台。

本节全面展示了电力企业引入能源环境智慧综合服务平台的构建过程。从能源与环境大数据存储与数据库管理，到大数据分析平台及工具的集成，再到基于地理空间信息的多层次可视化，每一步都为企业实现高效能源和环境管理打下了坚实的基础。这一系统的核心在于其决策支持功能，它不仅整合了前述所有技术，还通过数据整合与智能分析、实时监控与动态可视化、情景模拟与策略评估以及交互式决策仪表板，为决策者提供了全面而深入的视角。这种综合性的决策支持使企业对能源与环境的协同管理变得更加高效和精准，能够应对各种复杂的场景和挑战。这一系统的应用，不仅让电力企业实现了对能源与环境数据的高效管理和分析，还为决策者提供了强有力的支持工具。它的设计和实现，体现了现代信息技术在能源环境管理中的应用潜力，推动了企业能源与环境管理向更智能、更可持续的方向发展。这一系统的构建，不仅是技术进步的体现，更是对未来能源环境智慧综合服务应用的一次重要探索。

10.5　能源环境智慧综合服务应用效果及展望

10.5.1　能源环境智慧综合服务应用效果

1. 经济效益

提高地区经济发展能力。通过能源与环境数智管理技术及应用，实现能源供给侧优化和创新能源消费方式，促进多能协同、智能耦合，有效保障区域能源供应。同时，减污降碳方面具有明显优势，推动区域绿色低碳发展。

提高能源环保行业竞争力。将人工智能、物联网、区块链等数字技术用于能源系统，增强能源系统的数字化与智能化。通过大数据分析技术、能源环境智慧综合服务平台，促进能源与环保行业的数字化转型，提高能源各领域的效率、降低成本，提高能源行业的竞争力。

企业应用产生经济效益。通过应用数字技术实现能源环境协同，企业能够提升能源使用效率和优化环境表现，降低运营风险，增强市场竞争力，并带来显著的经济效益。例如，通过优化的环境表现获得政府激励和补贴，或通过提供环保产品和服务吸引新客户，实现经济效益的显著提升。

2. 环境效益

促进能源低碳转型与污染减排。通过整合先进的数字技术和平台，实时监控与分析能源消耗数据、大数据和智能化技术的应用、云边协同技术以及能源环境智慧综合服务平台和大数据存储及数据库系统，成功地提升了企业的环境绩效。这些技术的应用帮助企业实现了更精确的环境监测和管理，减少了能源浪费和碳排放，增强了环境合规性，并在市场上展示了公司的绿色形象和责任感。

3. 社会效益

促进技术创新与产业升级。本章在能源与环境数智管理领域取得的自主技术突破在国内首次应用，显著提升了我国在该领域的技术先进性和自主创新能力。这些技术的突破和应用，促进了相关产业的技术进步和结构优化，推动了产业链的升级，为我国经济增长提供了新的动力。

保障电力供应安全与社会稳定。本章提出的方案有效帮助电网企业提高了对电网运行状态的感知能力，建立了全面的电网运行监控和数据融合共享体系。这种提升不仅增强了电力系统对故障的预防和快速响应能力，确保了电力供应的稳定性和安全性，还减少了机组非计划停运事件，提升了电网规划、新能源投资、系统诊断分析等工作的质量。通过保障湖南省新能源的顺利发展，为社会经济活动提供了稳定的能源支持，维护了社会秩序和经济安全，从而促进了社会的和谐稳定。

科技支撑国家战略。本章提出的方案紧密结合国家的重大战略需求，在能源发展、气候变化和环境保护方面提供了有力的科技支撑。通过突破能源与环境数智管理的关键技术，如能源环境大数据分析、数智化决策、能源高效利用、环境智能管控等，加速了能源结构调整和产业优化升级。这些技术的突破和应用，不仅推动了能源电力企业的智能化转型升级，促进了电力企业的绿色低碳发展，还提高了我国能源与环境数智管理关键技术水平和装备研发能力，为实现能源安全和环境治理提供了重要的技术保障。

10.5.2 能源环境智慧综合服务应用展望

1. 产品应用推广前景

当前，全球能源治理格局正在加快重塑，清洁低碳发展成为大势所趋，能源生产传输和消费模式正在发生重大转变。我国能源行业正在深化落实“四个革命、一个合作”能源安全新战略，加速推进能源结构调整和产业优化升级，新形势下电力企业面临的挑战日益增大。通过对标国内国际先进企业，能源行业顺应发展趋势、借鉴外部经验、立足企业实际，以数字化转型为手段，利用云、大、物、移、区块链等新一代信息技术，以“数字化管控、数字化运营、引领创新和数字化基础”为落脚点，打造符合企业实际情况的信息化解决方案，成为“广泛数字感知、多元信息集成、开放运营协同、智慧资源配置”的智慧能源服务商，促进企业的高质量发展。

基于以上方案，本章的拓展研究取得了“互联网+智慧电网”、智慧环保运维服务及大数据分析系统等多项技术与装备成果，这些成果广泛适用于电网企业、发电集团、钢铁集团、石油化工企业等，以及政府能源、环保、节能减排监测等领域。自 2016 年以来，这些成果已大批量推广应用，截至 2023 年，已成功应用于 98 个工程项目，推动了行业技术的创新发展，为加速电网数字化、智能化进程，大气污染治理技术的产业化，以及保护大气环境做出了显著贡献。同时，通过采集、传输、存储生产实时数据，并以海量历史数据为基础，根据专业计算模型建立最佳实践目标库，成功在 30 多家企业进行推广和升级，帮助企业实现各级运营管理部门间的信息、数据、业务和流程的有效整合、共享和协同，全面提升安全经济生产及管控能力、事故预防响应能力。

此外，本章衍生构建了基于“互联网+智慧环保”的物联网平台，以网络为支撑、专业软件应用为基础、信息资源管理为核心、项目管理为主线，可提升环保服务效率、降低成本、提升管控能力，是提高企业的经济效益和经营水平、提升企业核心竞争力，从而提高企业信息化建设水平的捷径，有利于实现转型升级并提升企业核心竞争力。基于“互联网+智慧环保”的大数据、云计算的智慧环保信息系统建立后，将成为环保行业第一个全面应用移动“互联网+智慧环保”系统提升物联网设备服务的示范性信息化工程，将有效提升环保行业的信息化历程，有效解决环保行业目前重施工、轻服务的被动局面，将信息化、网络化、智能化与工业生产相融合，新一代信息技术与制造技术相融合，实现“制造”向“智造”的转型，推动相关产业“两化融合”进一步升级，有力促进环保行业成为湖南省千亿元产业集群。

2. 推动能源环境智慧综合服务进一步升级的路径

首先，推进数字产业化和产业数字化，推动数字经济和实体经济深度融合。党的十九届五中全会通过的《中共中央关于制定国民经济和社会发展第十四个五年规划和二〇三五年远景目标的建议》中提出：“发展数字经济，推进数字产业化和产业数字化，推动数字经济和实体经济深度融合，打造具有国际竞争力的数字产业集群。”以大数据、云计算、人工智能等新一代信息技术为基础的数字经济，体现了经济发展的方向。推动数字经济和实体经济深度融合，需要加强数字基础设施建设，促进互联互通，通过智能化、协同化的新生产方式对实体经济进行改造升级，全面提高实体经济的质量、效益和竞争力，打造数字经济形态下的实体经济，进而推动经济体系优化升级。

其次，加快发展数据要素市场，促进数字经济创新活动向生产领域渗透。加快发展数据要素市场，是推进数字产业化和产业数字化、推动数字经济和实体经济深度融合的一个重要前提。党的十九届四中全会将数据增列为生产要素，党的十九届五中全会进一步提出推动数据资源开发利用，推进数据等要素市场化改革。这为加快培育发展数据要素市场指明了方向。加快发展数据要素市场，需要建立数据资源产权、交易流通、跨境传输和安全保护等基础制度和标准规范，完善竞争政策体系和市场监管体系，促进大数据交易市场的形成和发展；扩大基础公共信息数据有序开放，建设国家数据统一共享开放平台，努力消弭“数字鸿沟”。在保障国家数据安全、加强个人信息保护的基础上，推动各部门、各区域之间的数据共享开放，让大数据更好造福人民。数字经济为实体经济提供新的科学技术知识和生产组织形式，实体经济为数字经济提供应用市场和大数据来源。党的十九届五中全会提出：“推动互联网、大数据、人工智能等同各产业深度融合，推动先进制造业集群发展，构建一批各具特色、优势互补、结构合理的战略性新兴产业增长引擎，培育新技术、新产品、新业态、新模式。”这为数字经济和实体经济深度融合理清了思路、明确了路径。要积极运用新一代数字技术推进传统实体经济的数字化改造，推进数字产业化和产业数字化，推动产业链向中高端延伸，增强实体经济的核心竞争力；完善国家创新体系，健全创新激励机制，将数字经济创新活动广泛引向生产领域，为实体经济转型升级赋能助力。

最后，新一代信息技术与能源领域深度融合提供技术支撑。随着新一代信息技术的深度应用以及国产化的战略要求，在能源企业数字化转型中对技术创新深度与广度的要求越来越高。通过技术+业务的深度融合，打造基于“平台+5G+大数据+人工智能+AR/VR+数字孪生”能源领域工业互联网平台，从三方面为能源公司提供数字化解决方案：一是基于平台打造生产管理优化、设备健康管理、产品增值服务、电力交易等全方位解决方案，为各级决策层提供支撑；二是提升工控安全防护能力，结合能源领域特点建设相应的技术防护体系和安全管理制度，从网络安全、设备安全、数据安全、供应链安全等方面，提升工控安全风险发现、防范和消减能力，保障工业控制系统安全稳定运行；三是提升工业数据管理能力，根据行业要求、业务规模、数据复杂程度等情况对工业数据进行分类分级梳理，为建立健全数据安全防护体系、发挥数据要素价值奠定基础。

第11章

污水处理智能化管理应用

随着城市化和工业化的快速推进，污水处理成为环境保护和水资源循环利用的关键[183]。然而，传统污水处理系统在运维效率、管理成本和信息化方面存在诸多不足，严重制约了其处理效果和可持续发展。现有系统通常依赖于人工监控和操作，难以快速响应环境变化和突发事件，且数据孤岛现象普遍，信息无法有效共享，进一步加剧了管理的复杂性和成本负担[184]。为了解决这些问题，构建一个集数字化、自动化和智能化于一体的智慧水务云平台至关重要。同时，大数据平台的建设能够打破数据孤岛，实现各个处理环节的信息共享与协同作业，大幅提升管理效率和决策支持能力。此外还可以通过用户友好的界面提供透明、可视化的管理工具，让管理者和公众实时了解污水处理的运行状况，增强公众的信任和满意度。通过这些技术手段的综合应用，智慧水务云平台不仅能够提升污水处理系统的效率和效果，还将推动环保技术的进步和行业的整体发展，为我国生态文明建设提供有力支持[185]。

本章深入探讨了污水处理智能化管理的应用，聚焦智慧水务云平台的建设和实施。首先，详细描述了平台的总体架构，涵盖了系统的设计原则、功能模块及其之间的协同工作机制，并通过界面展示的分析，展示了平台的建设成果；其次，探讨了平台的关键技术突破，包括数据采集与处理、自动化控制、人工智能分析及大数据应用等核心技术；最后，在服务应用效果部分，阐述了平台在污水处理中的重点服务领域，提供了具体的解决方案，并通过多个应用案例，展示了平台在实际操作中的成效和贡献。

11.1　智慧水务云平台的背景与意义

随着城市化和工业的快速发展，污水处理已成为保护环境、缓解水资源短缺、促进资源循环利用的重要环节，对生态平衡和绿色发展具有关键作用[186]。然而，传统的污水处理系统普遍存在运维效率低、管理成本高、信息化程度不足等问题，这些问题严重影响了污水处理的效果和可持续发展。为此，我们研发了一个集数字化、自动化、智能化于一体的智慧水务云平台。它通过提升污水处理系统的运维效率，实现了信息化和精细化管理，保障了水质安全，同时推动了环保产业的技术进步和行业发展。此外，平台通过统计分析及可视化管理增强了决策支持，提高了管理层的决策精准性和有效性，并通过优化站点、安全管理、设备管理等服务，提升了公众对环境保护工作的满意度，为我国环境保护和生态文明建设的推进做出了重要贡献[187]。

平台以"建设污水处理系统的智能运维平台"为目标，以"实现污水处理设施的数字化监控、自动化控制、智能化运维、运维远程化和可视化"为指引[188]，建立大数据平台、基础信息与业务管理平台等，解决"实现污水处理设施和系统的无人值守和信息化、精细化管理"中的关键技术问题，提供项目基础数据管理、水质监测、站点管理、安全管理、设备管理、工单巡检管理、统计分析及可视化管理、智能控制八大业务服务。

通过物联网技术和边缘计算技术，将分散式站点的巡检、设备入库、设备盘点等通过移动终端、物联网与配置管理联动的方式实现自动化，并简化信息采集与维护步骤，实现污水处理全过程的监控和管理，提升污水处理设备的管控效率；通过信息交换和通信技术及设备，把机房和服务器设备与互联网相连接，反过来推动了运维范畴的延伸，实现过程自动化、可视化运维；通过与配置管理集成，通过信息传感技术获取物理设备的信息，实现远端物理设备的智能与快速处理，实现设备智能管理；根据检测结果自动调整污水处理设备的运行情况，实现部分运维工作的自动化管理；通过移动端 App，实现运维流程环节下移到移动终端，如通过手机、平板电脑实现流程环节的审批和监控信息的浏览，将技术和管理人员从办公座位上解放出来，实现任何地方、任何时间办公，最终达到提高运维效率、减员降本、提升现场管理水平等目的，为水务行业的精准运维及精益管理水平提升提供支撑。

11.2 智慧水务云平台功能架构

11.2.1 平台总体架构

平台总体架构分为数据采集层、传输层及应用层，云边协同智慧水务云平台总体架构如图 11-1 所示。

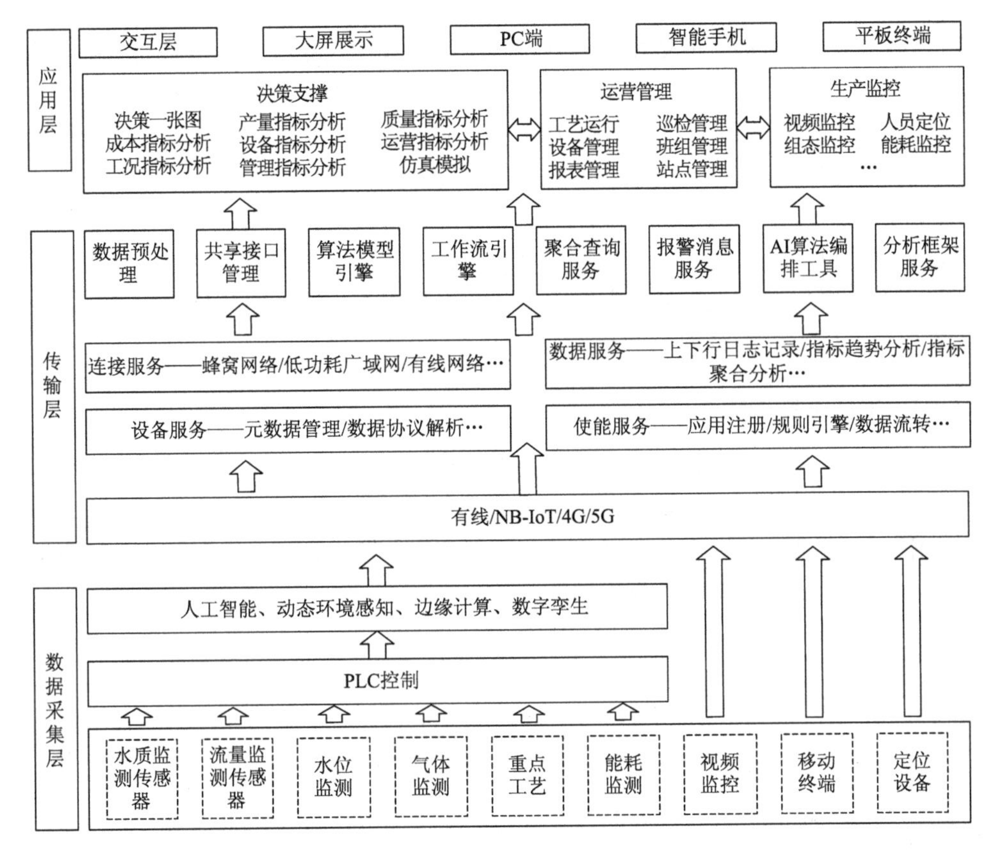

图 11-1 云边协同智慧水务云平台总体架构

数据采集层采用各种传感器，如水浊度传感器、水位传感器、水压传感器等来获取设备的各类信息，通过 PLC 来采集数据。并通过消息中间件服务进行通信，采集的数据通过消息中间件服务进行通信，服务集群依托互联网构建的设备资源虚拟专网，为边缘设备的资源网关和设备资源提供云端服务与管理能力。子系统提供对底层设备资源的接入、注册、信息维护、状态监控等的管理功能，提供对设备资源数据采集任务的制定、下发、任务维护功能，提供对设备资源的数据采集、转换、存储、发布等数据维护功能，同时还提供对支撑子系统的相关服务程序进行配置与状态监控的功能。

传输层有各种网络，包括有线、NB-IoT、4G、5G、网络管理系统和云计算平台等，负责传递和处理感知层获取的信息。智能云网关能接入西门子 PPI（point-to-point interface，点对点接口）、西门子 200、西门子 300、西门子 400、西门子 1200、西门子 1500、欧姆龙、三菱等主流 PLC，将数据传到云端数据服务器（租用华为云服务器）中，也可以将数据存储在本地，具有远程查询、断点续传的特点，确保系统的数据完整性。智能云网关的断电续传功能是在网络不通或者手机卡欠费的情况下，将数据保存在智能云网关里，确保数据不丢失。一旦网络恢复接通后，能将保存的数据上传到云服务器上。智能云网关还支持 PLC 程序的远程程序上传下载、在线调试程序等高级功能。

应用层实现了平台与用户之间的交互功能，主要交互方式包括大屏展示、PC 端、智能手机、平板终端。应用层提供决策支撑、运营管理、生产监控功能，使管理人员或用户可以进行远程在线监测、数据采集和传输网络化远程操控以及获取大数据分析与决策服务。

11.2.2 平台主要功能

平台具备对水处理设备进行数据采集、数据实时处理以及适配主流控制功能。系统主要功能架构如图 11-2 所示，涵盖设备、数据、监控、运维、报表、权限等六大中心，提供设备管理、海量存储、运行监控、远程维护、报表管理、权限分配等功能。主要的功能模块介绍如下。

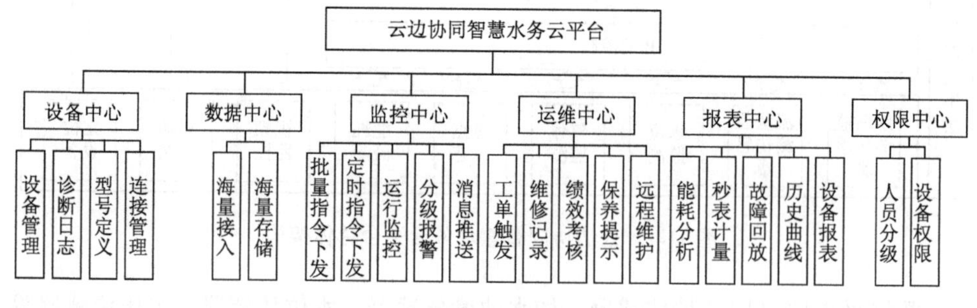

图 11-2 系统主要功能架构图

1. 运行监控功能

水质监测功能：监测进水和出水的氨氮、pH 值、浊度等水质参数。

水量监测功能：监测进水和出水的瞬时、累计流量，包含管道、明渠等多种形式。

水位监测功能：监测厂内初沉池、二沉池、接触池等各类水池的实时水位。

能耗监测功能：监测进水泵房、鼓风机房、污泥泵房、污泥脱水车间等的耗电量。

2. 可视化监控功能

设备监控功能：实时监测格栅机、提升泵、鼓风机等重要设备的运行状态，包括它们的运行电压和电流等关键参数，以便及时发现设备的异常情况，防止故障的发生。系统支持 PLC 程序的远程上传下载，具备远程控制的能力，操作人员可以远程操控格栅机、提升泵、鼓风机以及加氯设备等关键设备的启动与停止。

3. 安全监控功能

通过部署高清照相机和摄像机，构建了一套远程实时图像监测系统，用以监控关键工位和工艺环节。

4. 异常预警功能

在污水处理领域，当监测到水质参数如氨氮等超过预设的环境标准，或者水位超出安全阈值，以及关键设备如格栅机、提升泵等运行异常，抑或是数据采集系统检测到数据越限时，该功能能够自动触发预警/报警机制。

5. 数据统计与分析功能

平台自动生成各污水处理厂的生产时、日、月、年报表，详尽记录了生产过程中的关键数据和指标，为监控生产效率和水质变化提供了重要参考。在数据分析方面，该系统具备一键生成各类数据时段分析曲线的能力，可对污水处理过程中的各项参数进行时间序列分析。

11.2.3　平台界面展示

1. 设备管理

通过中央控制大屏幕，可以实时接收和查看来自各个污水处理站点摄像头回传的视频流数据。依托污水处理站点的实际运行情况，操作人员能够即时调节摄像头的云台角度，从而全面了解设备运行状态及环境变化。与此同时，系统还实现了对关键信息的实时监测，包括但不限于流量、压力、温度等运行参数。

2. 站点管理

站点管理是污水处理及相关行业中的关键组成部分，其目标在于确保各处理设施以高效、稳定的方式运行。通过综合运用现代信息技术，管理者能够实时收集和分析各类运营数据，如设备开启状态、污水处理效率和能耗等，快速识别并响应潜在的问题。建立集中控制平台后，管理者可以轻松监控多个站点的运行状况，并实现设备的远程调控。这种集中化的管理方法，不仅提高了资源利用效率，还为决策提供了科学依据，帮助管理层制定长期发展战略和优化运营流程。

此外，站点管理还强调数据的可视化和共享，确保各级管理者能够快速获取所需信息。通过图形化的仪表盘和报告，管理者可以直观地了解各站点的运行状态，及时调整运营策略。同时，系统支持多维度的数据分析，帮助管理者识别潜在的改进领域，推动技术创新和流程优化。通过定期的绩效评估和反馈机制，站点管理不仅提升了运营效率，还增强了团队的协作能力，确保各项工作有序进行。

3. 线上巡检

实施区域化的巡检计划制订与周期设定，根据不同区域的设备特性与运行需求，制订针对性的巡检计划，并依据既定周期通过智能化系统自动派发工单至移动 App，以此确保巡检任务的高效执行。

在设备管理与智能养护方面，巡检维护人员通过移动端设备实时访问设备的详细信息，包括历史维修、养护及巡检记录，从而科学、合理地制订设备的维护、养护及更换计划。这种可追溯的完整数据链，不仅为系统的持续迭代更新提供了精准的数据支撑，也为设备的智能化管理奠定了坚实的数据基础。

此外，在外勤管控与高效运维领域，外勤人员利用移动 App 进行考勤打卡或签到，系统自动记录并统计其工作状态，管理者据此对外勤人员的行程进行有效管控。通过实时的督促与指导，管理者确保了外勤运维任务的高效完成，从而提升了整体运维管理的智能化水平和运营效率。

4. 水质实时监测

通过高精度的传感器、在线分析仪器以及数据传输系统，构成了一个完整的水质监测网络，能够对水体的理化性质（如 pH 值、浊度、溶解氧等）和污染物浓度（如重金属离子、有机污染物、病原微生物等）进行连续、实时的监测，不仅为水环境管理提供了科学、准确的数据支持，而且对于保障水安全、预防水污染事故以及维护水生态平衡具有重要的实践意义和应用价值。

5. 数据统计与分析

通过高级的数据采集技术，实现对各厂/站/一体化设备运行数据的自动化采集，这些数据涵盖了设备状态、处理效率、能耗情况等多个维度。在此基础上，系统利用数据挖掘和分析算法，自动生成详尽的运行记录报表，为管理者提供了全面、实时的运维信息。

6. 工业 App 移动监测

支持 IOS、安卓等系统的各类手机终端对设备进行在线查看，并保持与电脑终端数据同步。随时随地通过手机查看各站点内摄像头回传的视频流数据，了解污水处理站点内的运转情况，并根据污水处理站点的运转情况，对运行参数实时监测，并且实时控制摄像头的云台。同样，外勤人员通过移动 App 实现智能化视频监控。

11.3 智慧水务云平台的关键技术突破

云边协同的智慧水务云平台项目设计与开发涉及多项关键技术，旨在提高乡村污水处理的效率和管理水平。

11.3.1 基于区块链的安全接入技术

基于区块链的安全接入技术构建了一个高度安全的用户认证体系[189]。区块链技术的去中心化特性保证了用户访问和操作记录的不可篡改性，每一个记录都通过加密算法被固定在区块链上，形成了一个不可篡改的数据链。这种技术的应用，确保了用户身份的真实性和操作行为的安全性，有效地防止了数据篡改和未授权访问的风险，从而提升了整个系统的安全性和可信度。通过区块链技术的赋能，为用户认证过程提供了一个透明、可靠且不易被攻破的安全保障。

11.3.2 基于深度学习的图像识别技术

基于深度学习的图像识别技术用于监控污水处理过程中的设备和环境变化。通过实时图像处理，可以快速识别异常情况并做出相应的处理决策。该技术通过模拟人脑的神经网络结构，能够对实时采集的图像数据进行高效的处理和分析[190]。利用深度 CNN 等先进的算法模型，系统能够快速准确地识别出设备故障、污染事件、工艺异常等潜在问题，并依据预设的判别标准做出相应的处理决策。这种智能化的图像识别系统，不仅提高了监控的实时性和准确性，还极大地减轻了人工监控的负担，提升了污水处理过程中的自动化水平和应急响应能力。通过深度学习技术的赋能，污水处理监控系统能够在第一时间发现并处理异常情况，确保了污水处理过程的连续性和稳定性。

11.3.3 基于数字孪生的三维实景与可视化技术

基于数字孪生的三维实景（图 11-3）与可视化技术将污水处理站点的实际情况在数字平台上进行实时还原。该技术通过创建一个与实体污水处理站点相对应的数字副本，实现了站点实际情况在数字平台上的实时还原。这种数字化的映射不仅包含了站点的物理结构，还涵盖了设备运行状态、环境参数、工艺流程等多维度的信息。管理者因此能够通过直观的可视化界面，对分散布局的乡村污水处理站点进行集中监控和管理。利用数字孪生技术，管理者可以在不亲临现场的情况下，全面了解各个站点的实时运行状况，及时发现和处理潜在问题。此外，三维实景与可视化技术的应用，使复杂的数据分析结果变得更加直观易懂，从而提高了决策的效率和质量[191]。通过这种技术的融合，污水处理站点的运维管理实现了从传统二维平面到三维立体空间的跨越，为乡村污水处理站点的高效运行和智能化管理提供了强有力的技术支撑。

图 11-3 基于数字孪生的三维实景

11.3.4 基于物联网的远程管控技术

基于物联网的远程管控技术，结合 5G 网络的高速、低延迟特性，为污水处理企业带来了一种高效的远程操作手段。这种技术的融合，使企业能够通过远程控制中心对分散在各地的污水处理设备进行实时监控和精准操作，极大地突破了地理界限和传统管理模式的限制。利用 5G 网络的大带宽和广覆盖优势，企业无须派遣人员亲临现场，即可通过物联网平台实现对设备的远程监控，包括状态检测、参数调整、故障诊断等功能。这样的远程操作手段，不仅显著节约了人力资源、物质资源以及时间成本，还提高了应急响应速度和问题处理效率，特别是在处理突发情况或进行日常维护时，其优势尤为明显。物联网与 5G 技术的结合，还为污水处理企业带来了数据传输的可靠性和实时性，确保了远程管控的准确性和有效性[192]。这种创新的远程管控模式，不仅优化了企业的运营管理结构，也推动了污水处理行业向智能化、网络化方向的深入发展。智能水处理系统的三维数字孪生模型如图 11-4 所示。

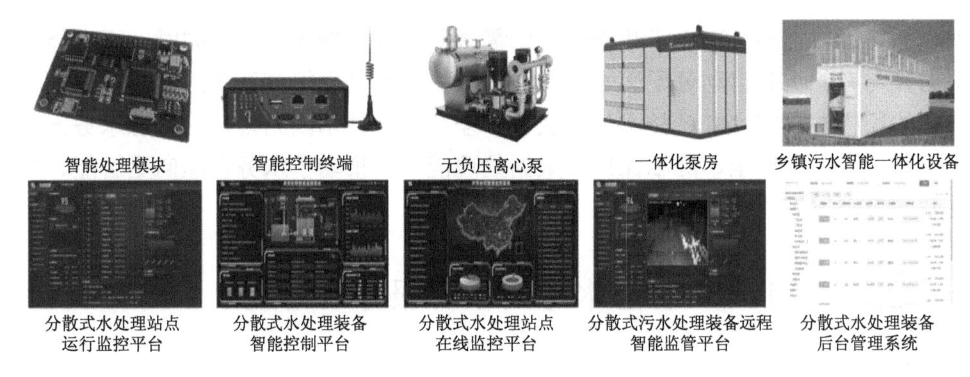

图 11-4 智能水处理系统的三维数字孪生模型

11.3.5 状态评估与预警技术

状态评估与预警技术，依托先进的传感技术，实现了对生产设备运行数据的实时采集。这些数据涵盖了设备的温度、振动、压力、电流等多个维度的信息，为设备状态的精确评估提供了丰富的数据基础。结合大数据分析技术，系统能够对这些数据进行深度挖掘和分析，从而对设备的健康状况进行实时监测和评估。通过构建复杂的数据模型和分析算法，状态评估与预警技术能够预测设备潜在的故障趋势，并在设备性能下降或故障发生前提供及时的预警信息。这种前瞻性的维护策略，不仅有助于防止设备突发性故障，降低生产过程中的安全风险，还能有效避免因设备故障导致的生产事故，保障生产线的连续稳定运行[193]。该技术的应用还促进了设备维护从传统的定期维护向基于状态的智能维护转变，通过精准的预警信息，指导维护人员有针对性地进行设备保养和维修，减少了不必要的维护成本，提高了设备的利用率和生产效率。

11.3.6 5G 移动边缘计算技术

智慧水务云平台在架构设计上采用了 5G 移动边缘计算（mobile edge computing，MEC）技术，以此构建了一个高效、分布式的整体架构。5G MEC 技术通过在网络的边缘部署计算资源，显著降低了数据传输的延迟，并提高了数据处理的实时性[194]。结合区块链技术，平台进一步增强了数据处理的透明度和安全性，确保了数据在整个生命周期中的不可篡改性和可追溯性。平台还引入了差分隐私技术，这一技术为群智感知大数据提供了一种自适应的分布式保护机制。差分隐私技术通过添加噪声来保护数据集中个体的隐私，同时允许对整体数据集进行有用的分析，从而在保护个人隐私的同时，保证了数据分析和决策支持的质量。5G MEC 技术的引入，使智慧水务云平台能够在网络边缘节点进行数据的智能处理和高效任务响应。这种处理方式优化了任务分配和参与者招募过程，使数据处理更加接近数据源，减少了数据传输的需求，提高了响应速度。同时，平台能够根据参与者的贡献自动分配奖励，这种激励机制有助于提高系统的整体效率和参与者的积极性。5G MEC 技术与区块链、差分隐私技术的结合，为智慧水务云平台提供了高效、安全、隐私保护的数据处理能力，推动了水务管理向更智能、更高效的方向发展。

11.4 智慧水务云平台服务应用效果

11.4.1 服务重点领域

云边协同智慧水务云平台的服务对象涉及生活、环境、工业等各个方面，并且有效的成本控制和较为完善的技术服务响应体系，可显著降低客户的使用成本，为迅速推向市场扫除了价格障碍，尤其对于广大农村地区，低价、优质、便捷、智能的服务拥有巨大的市场潜力。平台服务的重点领域涉及两个方面：项目潜在客户及市场前景和项目运营模式。

1. 项目潜在客户及市场前景

随着国家乡村振兴局的成立，中国在实现脱贫攻坚目标之后，把工作重心转移到提升农民的生活质量和居住环境上，这无疑将成为未来短期计划的核心任务。美丽乡村建设将得到进一步的加强，而农村污水处理作为农村人居环境治理的关键环节，将面临新的挑战和任务。利用信息化手段推动乡村振兴的快速发展，已成为大势所趋，市场前景充满希望。

本章项目建设单位，是湖南省最大的玻璃钢环保装备制造企业之一，同时也是农村污水处理领域的市场领先企业，已经在一体化污水处理设备和农村环境治理方面建立了广泛的市场基础。企业与多家大型建筑企业、房地产企业以及省内的各级行业主管部门和基层单位建立了良好的业务关系，拥有庞大的客户群体。此外，企业还在全国范围内设立了华中、华南、华北、华东、西南五个营销中心和一个海外营销部，构建了广泛的营销网络，为新技术推广应用提供了坚实的市场基础。该企业通过有效的成本控制和建立完善的技术服务响应体系，显著降低了客户的使用成本，从而为产品迅速推向市场清除了价格障碍。特别是在广大农村地区，提供低价、优质、便捷、智能的服务具有巨大的市场潜力。这不仅有助于农村污水处理技术的普及，也符合国家乡村振兴的战略要求。在这样的背景下，该企业凭借其在农村污水处理领域的技术优势、市场基础和营销网络，有望在新的五年计划中发挥重要作用，进一步推动农村污水处理技术的发展和应用，为建设美丽乡村、实现乡村振兴贡献自己的力量。随着国家对农村人居环境治理的重视和政策支持，该单位的市场前景将更加广阔，其在农村污水处理领域的领导地位也将得到进一步的巩固和提升。

2. 项目运营模式

项目采取自主设计、联合开发的方式，依靠项目主体湖南易净环保科技有限公司在湖南省内及周边省份的市场竞争能力和合作方湖南工商大学在生态环境监测系统技术方面的科技实力，强强结合，为行业监管部门、基层单位、大型建筑企业以及农村终端用户提供全方位、个性化的服务。项目的软硬件设施和平台系统完全由公司自己设计研发，具有完全的自主知识产权，可以根据不同的客户需求来改进并增加相应的功能模块。

首先，项目将对现有的污水处理设备进行技术改造，增加数字化和网络化设备，利用信息技术为传统产业赋能，实现设备效能的极大提升，并且，由于客户的大部分产品均采购自该企业，因此其改造成本将十分低廉，改造效果将更加突出，使客户尤其是农村基层组织及农户更能够接受新产品。

其次，针对行业监管部门，将通过智慧水务云平台的建设，通过大数据技术运用，分析、挖掘并以更加简明直观的方式为其提供大数据服务，运用智能分析模型，为相关部门运行决策提供合理依据，或通过政府付费购买第三方服务的形式提供环境监管服务。

最后，平台建设以后，一方面，用户可以采用少量付费、委托运营的方式，由公司提供一站式的“环保管家”服务，该种方式不拘泥于客户的专业水平，却能够使设备更加安全、稳定和高效地运行；另一方面，专业客户能够通过平台，自行对其污水处理设备进行网络化管理，企业确保平台的稳定性和数据的时效性，该种模式下，用户的自主权更大，同时可实现个性化的定制服务。

11.4.2　应用推广和效果

基于工业互联网平台的智慧水务云平台入驻企业用户已达到 50 余家，应用于南沙区农村生活污水治理查漏补缺工程项目、翁源县 PPP（public-private partnership，政府与社会资本合作）模式整县推进污水处理设施建设项目、乐山城市建设工程有限公司污水提升泵站项目、清远清新区泵站项目等 100 余个大型污水处理和泵站项目。平台已向用户开放 4 款大型高端工业软件，接入 150 余台水处理设备，为不同类型的用户提供个性化的智能化解决方案，并通过整理分析出多套水处理工艺典型案例，用户可根据自身需求选择最适合的工艺方案，部分用户通过平台服务节省研发设计成本 30%以上，缩短建设周期 50%以上，运维成本降低 30%以上，平台受到用户的广泛赞誉。

第12章

土壤修复智慧化服务应用

土壤作为重要的生存资源，在我国面临严重污染问题，尤其是有机污染物和有毒元素对土壤的污染令人担忧。受污染的土壤会对环境和人类健康构成风险，污染类型复杂且多样，包括重金属、有机物和复合型污染。修复土壤污染的难度受到污染物种类、污染程度、修复技术选择等多方面的影响。修复技术目前包括物理、化学和生物修复方法，但各有局限性，且可能带来二次污染。此外，土壤修复效果与成本的评估标准尚不统一，且长期稳定性和生态效应需要持续监测。鉴于土壤污染对农产品安全和人体健康的威胁，加强土壤修复已成为当务之急。针对不同地区的环境和土壤特点，选择合适的修复技术至关重要，以全面提升土壤质量，确保其功能的有效发挥。

本章主要概述了土壤修复技术问题及应用需求，探讨了重金属污染土壤修复智能比选方法，包括比选思路、修复技术比选模型；本章还分析了重金属污染土壤修复智能比选方法的应用，包括应用工程概况、重金属污染土壤修复备选技术介绍、修复比选模型应用、修复技术比选模型评价效率评估和工程验收及监测考核。

12.1 土壤修复技术问题及应用需求

土壤是人类赖以生存的资源。我国国土面积广阔，但是部分地区土壤污染问题十分严重。随着社会进程的加速发展，各个领域产业在生产过程中的污染物排放到自然环境中，最终富集在土壤中，而产生的废物已经超过了环境的自我净化能力。特别是，人们越来越担心有机污染物和潜在有毒元素造成的沉积物和土壤污染。

受污染的土壤是指其物理、化学或生物特性因成分浓度过高而发生负面变化，从而给人类健康或环境造成风险的土壤。土壤污染物类型主要包括无机污染物、有机污染物和复合型污染物，其中以无机污染物为主，有机污染物次之，复合型污染物所占比重较小。

12.1.1　技术问题

1. 土壤污染物种类复杂，呈现多样性与共存效应

土壤污染物种类繁多，包括重金属，如铅、汞、铬、镉等；有机污染物，如多环芳烃、农药、石油烃等；放射性物质及类金属砷等。不同污染物具有不同的化学性质和毒性，修复难度和方法各异。当多种污染物共存时，可能会相互作用，增加修复复杂性[195]。例如，重金属和有机污染物共存时，可能会影响彼此的迁移和降解过程；镉砷复合污染土壤中各元素间表现为拮抗和协同等作用，由于土壤中镉和砷的性质相反，修复镉砷复合污染的土壤比修复单一重金属污染的土壤更为复杂。

2. 土壤污染程度和范围影响污染深度和空间异质性

土壤污染物受到环境影响，可能会渗透到土壤深层，导致深层污染的修复难度更大，并涉及地下水的污染问题。由于污染物在土壤中的迁移受到污染物本身性质（分子量、电荷、亲水性等）、土壤本身结构（孔隙度、渗透率、吸附力等）、外界条件（水流速度、水位变化、风速等）等的影响，污染物在土壤中的分布往往不均匀，不同区域的污染程度和类型可能差异很大，增加了修复的难度[196]。

3. 土壤污染修复技术的选择和适用性

我国土壤污染修复技术研究起步较晚，存在着区域发展不均衡性、土壤类型多样性、污染场地特征变异性、污染类型复杂性、技术需求多样性等因素，目前主要有物理修复（热处理、土壤置换、电动修复、土壤淋洗等）、化学修复（化学浸出、化学氧化还原、化学稳定等）、生物修复（植物修复、微生物修复、堆肥等），每种技术有其特定的适用性和局限性[197]。有些修复技术可能会对环境产生二次污染。例如，化学修复可能会引入新的化学试剂，而热处理可能释放有害气体。

4. 土壤污染修复效果与成本

目前，针对土壤污染修复缺乏统一的修复效果评估标准，不同修复项目的评估指标和方法因修复目标不同而存在差异；修复后土壤的长期稳定性和生态效应需要持续监测，以防止污染物的再次释放和二次迁移。对于大面积和深层次土壤污染的修复，实施成本高，而且部分环境友好型修复技术（生物修复、植物修复

等）需要较长时间才能见成效，并与污染物的降解速率和环境条件密切相关。

土壤污染关系到与人们息息相关的生活各方面，其带来的农产品安全以及人体健康安全，已经成为影响大众身体健康和社会稳定的重要因素。加强对污染土壤的修复改善是亟待解决的问题。随着国家和企业开始系统化地对土壤污染开展修复工作，土壤修复技术也开始得到进一步关注。然而，在实际的土壤治理工作中，各地环境及污染土壤类型存在差异，要求人们在进行土壤修复时，应与当地具体情况相结合，选择合适的土壤修复技术，并采取有效措施全面提高土壤质量，确保充分发挥出土壤的功能。

12.1.2 应用需求

1. 土壤污染修复应用需求

我国在工业化建设初期由于经验、技术不足等客观原因，在金属矿物开采、有色金属冶炼、金属加工制造等方面经历了由“粗犷型”、“污染型”向“精细化”、“环保化”的生产加工方式的转变，并取得了阶段性的成果。但土壤的重金属污染问题十分突出，一方面是不同地区的土壤污染类型和程度存在差异，需要针对不同情况制订个性化的修复方案；另一方面是修复技术的成本较高，且修复周期较长，限制了其广泛应用。

近年来，随着大数据、人工智能等新一代信息技术的快速发展，智能化修复技术为土壤污染修复提供了新的解决方案。例如，通过构建土壤污染数据库和修复技术知识库，利用机器学习算法对污染土壤进行精准识别与分类，进而制订个性化的修复方案。这种技术不仅提高了修复效率，还降低了修复成本[198]。

土壤污染修复技术的发展趋势将更加注重技术创新与融合。随着生物技术、纳米技术、信息技术等领域的快速发展，土壤污染修复技术将不断吸收新的科技成果，开发结合多种技术的综合修复方案，并针对具体污染场地，制订个性化的修复方案，实现技术的升级换代。同时，智能化、精准化修复技术也将成为未来的发展方向。通过引入人工智能、大数据等先进技术，实现对土壤污染状况的实时监测和精准修复，提高修复效率和效果，并优化技术组合和修复策略。

此外，土壤污染修复技术的广泛应用还将推动相关产业的发展。随着修复技术的不断推广和应用，将催生出一批专业从事土壤污染修复的企业和机构，形成完整的产业链和生态圈。这些企业和机构将不断推动技术创新和产业升级，为土壤污染修复技术的发展提供有力支撑。

2. 工业污染场地修复应用需求

工业活动，如化工、冶金、石油加工等，往往会产生大量含有重金属、有机污染物等有害物质的废弃物，这些废弃物若处理不当，极易对周边土壤造成污染。随着工业化的快速发展，工业污染场地数量不断增加，对土壤修复的需求也随之上升。

针对工业污染场地，土壤修复需求主要包括快速、高效地清除土壤中的重金属、有机污染物等有害物质，恢复土壤的正常功能，确保土地能够安全再利用。这通常需要采用物理、化学或生物等多种修复技术相结合的方法，以达到最佳修复效果。

3. 农业用地土壤修复应用需求

农业生产过程中，化肥、农药的过量使用以及污水灌溉等行为，都可能导致土壤污染，影响农产品的质量和安全，进而威胁人类健康。随着人们对食品安全和环境保护的重视，对农业用地土壤修复的需求日益迫切。

农业用地土壤修复需求主要包括去除土壤中的农药残留、重金属等污染物，改善土壤结构，提高土壤肥力，恢复土壤生态系统平衡。这通常需要采用植物修复、生物修复等环保、可持续的修复技术，以减少对环境的二次污染。

4. 城市污染土壤修复应用需求

城市化进程中，城市扩张、基础设施建设等活动可能破坏原有生态系统，导致土壤污染。此外，城市生活垃圾、工业废弃物的不当处理也可能对土壤造成污染。随着城市化的不断推进和人们对居住环境质量的要求提高，对城市污染土壤修复的需求日益增加。

城市污染土壤修复需求包括去除土壤中的污染物，改善土壤环境质量，为城市居民提供安全、健康的居住环境。这通常需要采用多种修复技术相结合的方法，如化学稳定化、热解吸修复等，以应对不同类型的土壤污染问题。同时，还需要注重修复过程中的环境保护和生态恢复工作，确保修复效果持久有效。

综上所述，土壤修复的应用需求主要包括工业污染场地修复、农业用地土壤修复和城市污染土壤修复等方面。这些需求随着环境保护意识的提升和土壤污染问题的加剧而不断增加，为土壤修复行业的发展提供了广阔的市场空间和发展机遇。

12.2　重金属污染土壤修复智能比选方法

12.2.1　比选思路

随着工业化和城市化进程的推进，土壤污染问题日益严重，尤其是多金属污染土壤，其治理难度较大且成本高昂。在土壤修复中，物理、化学和生物修复技术各有优劣：物理和化学修复技术通常具有较高的处理速度和效率，但也有显著的缺点，如成本高、可能破坏土壤功能、改变土壤生物群落结构等。相比之下，生物修复技术因其环保特性和较大的社会接受度而被广泛认可，但其周期较长，需要较长时间才能有效去除土壤中的污染物。

面对这些挑战，采用联合修复技术，即结合两种或两种以上的修复方法，成为一种有效策略。这种方法不仅能克服单一修复技术的局限性，还能更好地应对多金属污染土壤的复杂性和多样性。联合修复技术通过整合不同方法的优势，提高修复效率，降低成本，优化整体修复效果。然而，如何科学地选择和组合这些修复技术，仍然是一个复杂的问题。

通过小范围现场试验，基于历史数据和现场测试数据，构建模型将土壤污染情境与适用的修复技术进行分类，利用机器学习算法（如随机森林等）分析和预测不同土壤修复技术在特定污染条件下的效果。

在模型训练和优化完成后，随机森林模型能够根据输入的土壤污染特征，智能地推荐最适合的修复方案或技术组合。例如，在重金属浓度较高、土壤结构较为复杂的区域，模型可能会推荐结合化学固定化和生物修复的方法，这种方法既能快速降低土壤中重金属的可溶性和生物有效性，又能逐步修复土壤生态系统。

随机森林模型的应用不仅限于实验室研究，也可被推广到中试规模甚至现场规模的实际修复项目中。通过进一步优化模型和丰富数据集，随机森林模型在多金属污染土壤修复中的应用潜力将更加广泛。此外，智能比选方法还能够根据实时的环境监测数据，动态调整修复方案。在修复过程中，随着污染物浓度和分布的变化，模型可以不断更新和优化修复策略，确保修复工作在不同阶段的高效性和可持续性。

12.2.2 修复技术比选模型

1. 模型依据

《土壤环境质量 农用地土壤污染风险管控标准（试行）》（GB 15618—2018）风险筛选值，如表 12-1 所示。

表 12-1 土壤环境质量标准（单位：mg/kg）

序号	污染物项目[a,b]		风险筛选值			
			pH≤5.5	5.5＜pH≤6.5	6.5＜pH≤7.5	pH＞7.5
1	镉	水田	0.3	0.4	0.6	0.8
		其他	0.3	0.3	0.3	0.6

续表

序号	污染物项目[a,b]		风险筛选值			
			pH≤5.5	5.5<pH≤6.5	6.5<pH≤7.5	pH>7.5
2	汞	水田	0.5	0.5	0.6	1.0
		其他	1.3	1.8	2.4	3.4
3	砷	水田	30	30	25	20
		其他	40	40	30	25
4	铅	水田	80	100	140	240
		其他	70	90	120	170
5	铬	水田	250	250	300	350
		其他	150	150	200	250
6	铜	果园	150	150	200	200
		其他	50	50	100	100
7	镍		60	70	100	190
8	锌		200	200	250	300

a 重金属和类金属砷均按元素总量计

b 对于水旱轮作地，采用其中较严格的风险筛选值

2. 模型构建

1）数据收集与预处理

数据收集：需要收集或获取包含这些重金属/类金属浓度的数据集。这些数据来自土壤样本的实验室分析结果，确保数据的完整性和准确性。

数据清洗：如果数据集中某些样本的缺失值过多，且这些样本对整体分析影响不大，可以选择直接删除这些样本（删除法）；对于缺失值不多的情况，可以使用均值插补、中位数插补、众数插补、*K* 最近邻（*K*-nearest neighbor，KNN）插补、多重插补等方法来估计缺失值（插补法）。

2）通过统计方法［如箱线图、Z-score（Z 分数）、IQR（inter quartile range，四分位距）等］或基于模型的方法（如聚类）来识别异常值，如极端高或低的浓度值，可能是测量错误。根据具体情况，可以选择删除异常值、将异常值替换为正常值（如均值、中位数）或者进行异常值转换（如对数转换、分箱等）。

3）数据标准化/归一化

由于不同重金属/类金属的浓度范围可能差异很大，为了提升模型的训练效率，通常需要将数据标准化到同一尺度。

通过 mapminmax 函数实现输入和输出数据的归一化，以提高模型的训练效率和预测准确性。对于给定的数据集 x，归一化的计算公式为

$$x_n = \frac{x - x_{\min}}{x_{\max} - x_{\min}} \tag{12-1}$$

其中，$x_{\min}$ 和 $x_{\max}$ 分别表示数据集中的最小值和最大值。该公式将数据转换为 0 到 1 的范围内。

4）特征选择

如果有相关特征，如土壤类型、pH 值、有机质含量等，可以考虑加入以提高模型性能。选择土壤中铅（Pb）、镉（Cd）、砷（As）、铜（Cu）、锌（Zn）五种重金属/类金属的浓度作为模型的输入特征。根据污染物浓度的不同，将其划分为不同的等级（如低、中、高），为模型提供更丰富的特征信息。

体系指标主要包括污染物项目铅、镉、砷、铜、锌，相关土壤污染风险管制值如表 12-2 所示。

表 12-2 土壤污染风险管制值（单位：mg/kg）

序号	污染物项目	pH≤5.5	5.5<pH≤6.5	6.5<pH≤7.5	pH>7.5
1	铅	800	850	1000	1300
2	镉	1.5	2.0	3.0	4.0
3	砷	200	150	120	100
4	铜	50	100	100	100
5	锌	200	250	300	350

当土壤中铅、镉、砷、铜、锌的含量高于表 12-2 中规定的风险管制值时，食用农产品不符合质量安全标准等农用地土壤污染风险高，且难以通过安全利用措施降低食用农产品不符合质量安全标准等农用地土壤污染风险，原则上应当采取禁止种植食用农产品、退耕还林等严格管控措施。

5）划分数据集

将数据集划分为训练集和测试集（或验证集）。这有助于评估模型在未见过数据上的表现。常用比例为：70%作为训练集；30%作为测试集。

6）构建随机森林模型

使用 Python 的 Scikit-learn 库来构建随机森林模型。使用随机森林算法，构建多个决策树，每棵树根据不同的样本和特征子集进行训练。在每个决策树节点，根据特征的重要性选择最优的分裂特征，形成一个树状结构，最终得到多个不同的决策树。

随机森林算法是一种基于 Bagging 的集成学习算法，建立包含多个决策树的随机分类器，准确度高、处理能力强，适合于分类和变量评估等问题[199]。原始随机森林（Original RF）算法，是一种基于自适应算法的依赖串行生成的序列化方法。首先，初始训练得到基学习器；其次，调整样本训练下一个基训练器，如此重复达到基训练器预期数目；最后，将所有基训练器加权结合得到分类结果。随机森林算法是基于 Bagging 算法的改进版，产生相对独立和差异化的基训练器集合，通过 Bootstrap 自助采样，随机森林分类算法示意图见图 12-1。由图 12-1 可以看出，引入决策树结构，从根节点开始将数据样本根据特征进行分类，每个类别决策树通过 Bootstrap 抽样产生一个训练集，重复随机抽取 i 次得到 M 个样本数据。决策树数量根据所选取的变量数目及组合确定，随后在生长过程中以指数最小原则选出符合评价指标体系中若干特征变量的最优集合，通过构建的 M 个决策树形成随机森林。将土壤修复样本集输入到随机森林，将最大投票数结果作为分类结果。

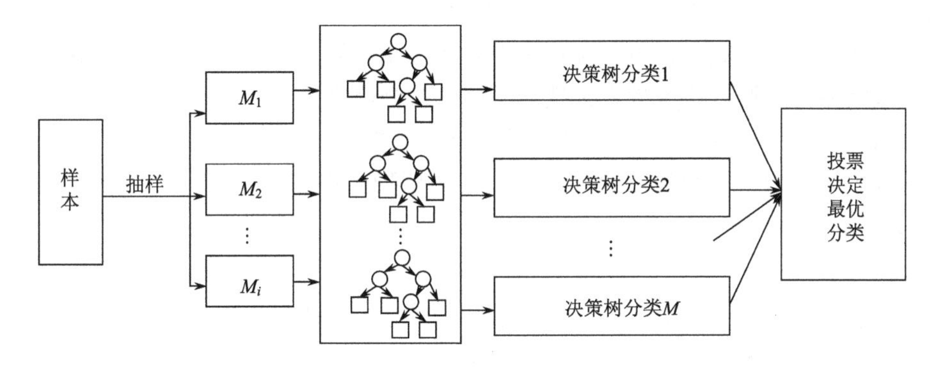

图 12-1　随机森林分类算法示意图

7）模型评估与优化

使用测试集评估模型的性能，并根据需要调整随机森林的参数（如树的数量 n_estimators、树的最大深度 max_depth、分裂所需最小样本数 min_samples_split 等）。

模型训练：使用训练数据集对随机森林模型进行训练，调整超参数（如树的数量、最大深度等）以提高模型的准确性和泛化能力。

模型验证：使用验证集对训练好的模型进行评估，计算模型的准确性、召回率和 F1 值等指标，确保模型的性能达到要求。

8）模型应用与决策

输入土壤中铅、镉、砷、铜、锌的浓度数据，通过随机森林模型预测最优的修复技术。使用随机森林灰色关联度分析（random forest grey relation analysis，RFGRA）模型进一步评估不同修复技术的效率，并根据实际情况调整决策。一旦模型达到满意的性能，可以将其部署到实际应用中，用于预测新土壤样本的重金属/类金属污染情况。

确保数据集的代表性，以避免过拟合或欠拟合。在调整模型参数时，使用交叉验证来更准确地评估模型性能。考虑到数据的敏感性（如环境数据），以确保数据的安全性和隐私性。

9）模型优化与调整

根据实际应用中的反馈，不断调整模型的参数和特征选择策略进行模型优化，以提高模型的预测能力。

通过新的数据和修复技术的效果反馈，不断更新模型，保证模型能够适应动态变化的土壤修复需求。

3. 基于比选模型决定多维土壤修复技术种类

通过 Bootstrap 从 5 个变量中抽取 5 组变量特征度数据，代入随机森林算法中得到 5 个变量分类结果[200]。同时，测试样本通过 RFGRA 模型进行分级决策，得到 $5 \times M$ 个灰色关联度，再分级评价得到离散化数据文本，通过计算得到样本的修复决策效率，通过决策效率来选择不同的联合修复技术：

（1）决策效率为轻中度污染的选用电动+植物多维修复技术。

（2）决策效率为重度污染及以上的选用植物微生物+化学稳定化结合土壤淋滤脱毒技术。

12.3 重金属污染土壤修复智能比选方法的应用

12.3.1 应用工程概况

1. 场地污染情况

本节案例属于郴州市某污染地重金属治理工程案例。2014 年前，该地遗留废渣堆积，无人管理，无任何安全和环保措施，尾砂随风雨侵蚀进入周边环境，2014 年郴州市槐海服务发展有限责任公司作为业主实施了武水河上游杨家河流域原安源工区及周边遗留含砷废渣综合治理工程，其中对羊头岭遗留废渣堆按设计设置了拦渣坝，进行了渣堆修整、覆土绿化等工程措施。

结合已有资料和现场踏勘，羊头岭废渣堆积区面积约 3702 m^2，设有浆砌石拦渣坝，坝高 5.15 m，坝底宽 2.65 m，坝顶宽 1.6 m，坝长 57.5 m，设有排水孔；废渣表层覆土约 0.5 m，大部分地方已有草生长复绿；废渣堆积区四周未设排洪设施，废渣堆积底部、边坡及拦渣坝内层并未设置防渗系统，降水经表层渗入库体内，其中部分进入地下水，部分通过拦渣坝渗出进入杨家河；西面、北面有可通车的简易土路，场地内大部分建筑物均已撤除，剩余一栋空置宿舍楼以及一栋被附近村民占用的平房。遗留废渣堆积区及周边现状如图 12-2 和图 12-3 所示。

（a）拦渣坝

（b）排渗系统

图 12-2　遗留废渣堆积区拦渣坝及排渗系统

（a）空置宿舍楼

（b）村民占用的平房

图 12-3　空置宿舍楼与村民占用的平房

2. 修复目标

该工程实施后具体治理目标如下。

1）危险固废

将区域内 1615 m^3 危险固废运往相关机构进行资源化综合利用。

2）第Ⅱ类工业固体废物

清除场内第Ⅱ类工业固体废物，转移至第Ⅱ类工业固体废物填埋场（原羊头岭遗留废渣区域建设第Ⅱ类工业固体废物填埋场）进行处理处置，清理后场地内渣土按照《固体废物浸出毒性浸出方法 翻转法》（GB 5086.1—1997）规定方法进行浸出试验，而获得的浸出液中，任何一种污染物的浓度均未超过《污水综合排放标准》（GB 8978—1996）最高允许排放浓度，且 pH 值在 6～9 范围之内。

3）根据北湖区用地规划，该污染场地规划为林业用地，原场址进行生态恢复后按照《土壤环境质量 农用地土壤污染风险管控标准（试行）》（GB 15618—2018）中 6.5＜pH≤7.5 的土壤风险筛选值。土壤质量基本上对植物和环境不造成危害和污染。

3. 修复难点

在该土壤重金属/类金属（铅、镉、砷、铜、锌）浓度重度污染的治理项目中，一个主要难点在于精准识别污染源及污染分布，以便制订针对性的治理方案。随机森林模型能够通过其高预测精度和特征重要性分析，有效识别影响重金属/类金属浓度的关键环境因素（如工业活动强度、交通密集区等），从而精确绘制污染源分布图，为污染源控制和治理提供科学依据。这种方法不仅提高了治理的针对性，还大大减少了生态效益的浪费，是解决这一治理难点的有效手段。

随机森林模型的优势主要体现在以下几个方面，使其成为解决治理难点的有力工具。

1）高预测精度

随机森林模型通过集成多个决策树的结果，显著提高了预测的准确性和稳定性。在处理土壤重金属污染这类复杂问题时，能够更准确地预测重金属的浓度分布，为治理策略的制定提供可靠依据。

2）特征重要性分析

随机森林模型能够评估不同特征（如土壤类型、pH 值、工业活动强度等）对重金属浓度预测的重要性。这一功能有助于精准识别出影响土壤污染的关键因素，从而指导治理工作有的放矢地进行，优先处理贡献度大的污染源。

3）鲁棒性强

随机森林模型对噪声和异常值具有较好的容忍度，能够处理复杂多变的土壤环境数据。这意味着即使在数据质量不完全理想的情况下，模型也能保持较好的预测性能，为治理工作提供稳定支持。

4）灵活性和可扩展性

随机森林模型可以方便地添加新的特征或数据样本，以适应治理过程中可能出现的新情况或需求变化。这种灵活性使模型能够持续优化和改进，为长期治理提供有力支持。

5）易于理解和解释

尽管随机森林是一个集成模型，但其通过特征重要性排序等方式提供了较好的可解释性。这有助于决策者理解模型预测背后的逻辑和依据，增强其对治理策略的信任度和接受度。

12.3.2　重金属污染土壤修复备选技术介绍

1. 电动+植物多维修复技术

电动+植物多维修复技术是结合电动和植物的高效的土壤修复技术。电动修复（electrokinetic remediation，EKR）技术是一种利用电场将土壤中的重金属污染物迁移、分离并去除的方法。这种技术特别适用于重金属污染的土壤修复，具有较高的处理效率和广泛的适用性。该技术作为一种高效、可控的重金属污染土壤修复方法，具有广阔的应用前景。通过引入数学模型和实际案例分析，可以更好地理解和优化该技术的应用效果。未来，随着科技的进步和研究的深入，电动修复技术将为改善土壤环境质量、保护生态环境做出更大的贡献；植物修复（phytoremediation）技术是一种利用特定植物的自然吸收、积累和降解能力来去除土壤中污染物的环境修复方法。此技术特别适用于大面积、低浓度的重金属污染土壤修复。其作为一种环境友好、经济高效的土壤修复方法，具有广阔的应用前景。通过对修复模型的定量描述和实际应用经验的总结，可以进一步优化该技术的应用效果。未来，随着技术的进步和研究的深化，植物修复技术将在土壤环境保护中发挥更重要的作用。

1）技术原理

电动修复技术的核心原理是通过在污染土壤中插入电极并施加直流电压，使污染物离子在电场作用下发生迁移。具体过程包括电泳（electrophoresis）、电渗（electroosmosis）和电迁移（electromigration）等现象。

电泳是指带电颗粒在电场作用下向相反电极方向移动的过程。电渗是指土壤孔隙中的液体在电场作用下沿电场方向流动的过程。电迁移是指溶液中的离子在电场作用下向电极移动的过程。

在电场的驱动下，重金属离子（如铅、镉、铬等）将从土壤中释放并迁移至电极处，然后通过电极附近的洗脱液或其他化学试剂将这些离子去除。

2）数学模型

HMIs（heavy metal ions，重金属离子）的一维电动修复传输过程示意图如图 12-4 所示。

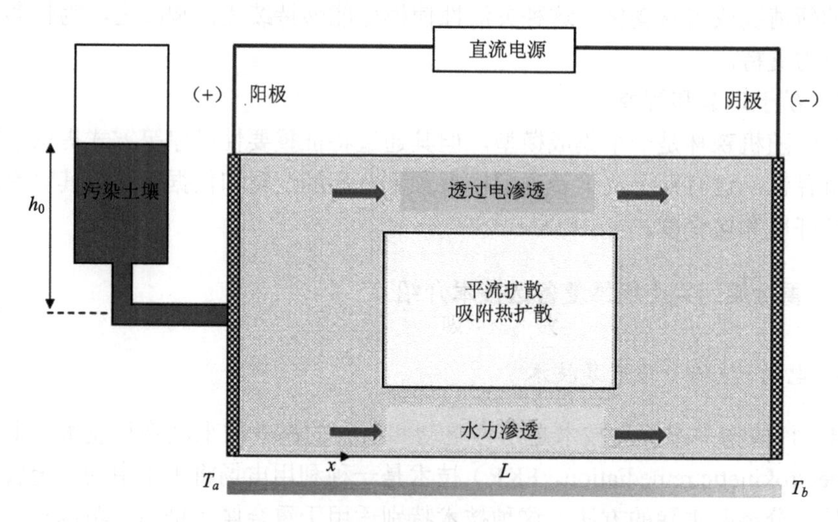

图 12-4 HMIs 的一维电动修复传输过程示意图

图 12-4 中 x 表示阳极处与原点的水平坐标，土壤的长度记为 L，h_0 表示污染土壤的高度，T_a、T_b 分别表示阳极和阴极。电渗透下孔隙水渗流速度表示如下：

$$v_e = -k_e \nabla E \tag{12-2}$$

其中，v_e 表示水流经土壤的速度（m/s）；k_e 表示电渗透的渗透系数［$m^2/(V \cdot s)$］；∇E 表示电势梯度，$\nabla E=-V_0/L$，V_0 表示阳极和阴极之间的有效电压。

有效的离子迁移率系数 U_j 可以用能斯特-爱因斯坦（Nernst-Einstein）方程来估计：

$$U_j^* = \frac{D_j^* z_j \mathrm{F}}{\mathrm{RT}} \tag{12-3}$$

其中，U_j^* 表示第 j 个离子的有效扩散系数（m^2/s）；D_j^* 表示扩散系数；z_j 表示化学物质的离子电荷；F 表示法拉第常数（96 485.332 89±0.000 59 C/mol）；R 表示理想气体常数（8.314 J/(mol·K)）；T 表示绝对温度（K）。

通量 J_j，即浓度、水力和温度梯度的 HMIs 在单位截面积上的比值（$mol/(m^2 \cdot s)$），可用式（12-4）表示：

$$J_j = -D_j^* \nabla C_j - C_j k_h \nabla h - D_{T,j} \nabla T \tag{12-4}$$

其中，∇C_j 表示第 j 个离子的浓度梯度；C_j 表示第 j 个离子的浓度；k_h 表示水力渗透系数；∇h 表示水力梯度；$D_{T,j}$ 表示第 j 个离子的热扩散率；∇T 表示土壤层的温度梯度。

3）技术优势

高效性：电动修复能够在较短时间内有效去除重金属污染物，特别适用于高浓度污染区域。可控性：通过调节电场强度、处理时间和电极材料等参数，可以实现对修复过程的精确控制。适用性广泛：适用于各种类型的土壤，包括黏土、砂土和壤土等，且对不同种类的重金属污染物均有良好效果。

4）植物提取技术

植物提取技术作为植物修复中的一种重要方法，依赖于植物根系吸收土壤中的重金属并将其转移到地上的能力。研究表明，许多植物，如白花菜和印度芥菜，在提取特定重金属方面显示出了显著的能力，如白花菜在含锌土壤中表现出高达 10 000 ppm 的锌积累能力，而普通植物仅为 100 ppm；印度芥菜则被证明能够从含镉土壤中提取高达 500 ppm 的镉，这是其他植物难以达到的水平。这些植物的特点是具有快速生长和高生物量的优势，能够在较短时间内从污染土壤中吸收大量的重金属，利用这些超富集植物进行修复的过程中，通常需要几个生长周期，以确保土壤中的污染物被充分吸收并转移。修复效率受土壤类型、pH 值、有机质含量和重金属种类及浓度等多种因素影响。在实际应用中，植物提取技术尤其适合处理轻度至中度的重金属污染土壤，而对于高度污染的土壤，则可能需要结合其他修复技术。

5）植物挥发技术

植物挥发技术是植物修复技术中处理有机污染物的有效方法，通过这一过程，某些植物能够将土壤中的有机污染物转化为挥发性化合物，并通过叶片排放到大气中，如酢浆草被证明能有效处理汞污染，其根部吸收的汞可转化为挥发性的汞化合物，从而减少土壤中的汞浓度，此过程中酢浆草可将高达 80%的根部吸收的汞转化为挥发性形式。另一种植物印度芥菜，在处理土壤中的硒污染方面显示出了显著效果，能够将硒转化为挥发性的二甲基硒，其转化率高达 60%。植物挥发技术在处理轻度到中度的有机污染土壤中特别有效，但其挑战在于需控制挥发过程中可能对大气造成的二次污染。

6）植物根部过滤技术

植物根部过滤技术主要依赖于植物根系与土壤中污染物的相互作用，从而达到吸收、固定或转化土壤污染物的目的。例如，印度芥菜和香根草等植物能够有效吸收和固定土壤中的重金属，如铅和镉，从而减少它们的生物可利用性和移动性。该技术在处理轻度至中度污染的土壤中特别有效，尤其是在农业用地上的应用。

值得注意的是，植物根部过滤技术不仅限于吸收重金属，还能改善土壤结构和提高土壤肥力。但该技术的效果受土壤类型、污染程度及植物种类的影响。因此，选择适宜的植物种类和优化生长条件对提高此技术的效率至关重要。

7）土壤污染治理中植物修复技术的应用策略

选择合适的植物种类：不同植物对特定重金属/类金属的吸收能力有显著差异，研究表明，向日葵能有效吸收土壤中的铅和镉，其根部累积的铅含量可达到 100~1000 mg/kg 干重，而镉含量可达到 15~20 mg/kg。印度芥菜对镉的吸收能力尤为突出，其在镉含量为 30 mg/kg 的土壤中生长后，植物体中镉的含量可达到 1000 mg/kg。对于砷污染土壤，蕨类植物如蜈蚣草是有效的修复植物，能在根部累积高达 2000 mg/kg 的砷。此外，铝花植物种类在镍污染土壤中表现出色，其根部可积累镍达到 10 000 mg/kg 以上，选择适合的植物不仅取决于其重金属/类金属吸收能力，还要考虑其对特定土壤和气候条件的适应性。例如，某些植物可能在干旱或盐碱土壤中生长得更好，因此在实际应用中需要结合土壤的具体污染类型和环境条件，选取最适合的植物种类进行修复工作。表 12-3 详细展示了特定重金属/类金属的植物种类选择。

表 12-3 选择合适的植物种类

植物种类	重金属/类金属	最大吸收量/(mg/kg，以干重计)	特点
向日葵	铅	1 000	适合铅污染土壤
印度芥菜	镉	1 000	镉吸收能力强
蜈蚣草	砷	2 000	适合砷污染土壤
铝花植物	镍	10 000	适合镍污染土壤

优化植物生长条件：为提高植物修复技术的效果，优化植物的生长条件至关重要。土壤的 pH 值、有机质含量、营养元素的平衡及水分管理都直接影响植物对重金属的吸收和积累。研究显示，土壤 pH 值的调节对重金属的生物可利用性有显著影响，如在 pH 值为 5.5 的土壤中，向日葵对镉的吸收是 pH 值为 7.0 时的两倍，增加土壤中有机质的含量也有助于促进植物生长和提高重金属吸收效率。实验数据表明，在受镉污染的土壤中增加有机物质如堆肥，能提高土壤中镉的总含量，进而提高植物吸收镉的能力。营养元素如氮、磷和钾的适当添加也能促进植物生长，增强其对重金属的吸收能力，在施加氮肥的条件下，印度芥菜对镉的吸收量比不施肥情况下增加 30%，同时合理的水分管理对于植物生长和重金属吸收同样重要，过多过少的水分都会影响植物根部对重金属的吸收。

植物与微生物的协同作用：在植物修复技术中，特定植物根际的微生物，如菌根真菌可增强植物对重金属的吸收和耐受性，如在含铜土壤中，接种菌根真菌的植物比未接种的植物铜吸收量高出 60%。微生物通过分泌有机酸和络合剂可以改变土壤中重金属的化学形态，增加其生物可利用性，如实验中发现，某些细菌能将铬的可溶性提高 20%，促进其被植物吸收，此外可利用微生物处理土壤中的有机污染物，如石油烃可减少其对植物的毒害，增强植物对重金属的吸收。在一项研究中，使用微生物处理的石油污染土壤中，植物生长提升 30%，重金属如铅和镉的吸收量增加 40%，这些数字表明，通过植物与微生物的相互作用，不仅可以改善土壤环境，还能有效提升污染物的去除率，为环保提供一个可行的解决方案。

植物修复与其他技术的结合：将植物修复技术与其他修复手段结合，可以提升土壤污染治理的效果，如结合物理方法如深耕翻土可提高土壤中重金属的暴露程度，从而增加植物对重金属的吸收率。在一项实验中，深耕处理后植物对铜的吸收率提高 50%。另外，化学方法如添加改良剂能够改变土壤 pH 值，进而影响重金属的生物有效性。研究表明，在调节 pH 值至 6.5 后，植物对铅的吸收提高了 70%。生物技术的应用也是关键，如通过基因工程技术改造植物，使其具有更高的重金属耐受性和吸收能力，经过基因改造的植物在重金属污染土壤中的生长速率比普通植物快 30%，重金属吸收效率提高了 40%，这些策略的有效结合不仅可以优化土壤环境，还能实现更高效的污染物去除，为土壤污染治理提供多元化的解决方案。

2. 植物微生物+化学稳定化结合土壤淋滤脱毒技术

植物微生物+化学稳定化结合土壤淋滤脱毒技术是一种集多种修复手段于一体的高效多维土壤修复方法。该技术利用植物和微生物的自然修复能力，结合化学稳定剂和土壤淋滤脱毒技术，有效降低土壤中重金属的生物有效性和迁移性，实现土壤环境的全面修复。

1）技术原理

植物微生物修复：利用某些植物对重金属的富集能力，通过植物的根系吸收重金属，并在地上部分积累，添加特定的耐重金属微生物，这些微生物能够通过代谢活动将重金属转化为无毒或低毒形态，从而减少土壤中的重金属含量。适合的修复植物包括苎麻、香根草和蜈蚣草，这些植物在重金属污染土壤中的生长表现出较强的耐受性和富集能力，适合的耐受菌株（如 S1 土著菌、S2 肠杆菌、S3 微杆菌）对多种重金属（铅、锰、锌等）具有较强的耐受和修复能力。

化学稳定化：通过向土壤中添加固化剂或稳定剂，使重金属与这些试剂发生反应，生成不溶性化合物，从而降低重金属的生物有效性和迁移性。常用的稳定化材料包括铁负载生物炭和掺铁羟基磷灰石，这些材料能有效吸附和固定土壤中的重金属。

土壤淋滤脱毒技术：通过淋洗剂将重金属从土壤中溶解出来，再通过循环淋洗液处理和重金属回收，实现对重金属污染土壤的净化。该技术特别适用于重度污染土壤。

上述技术结合的应用见图 12-5。

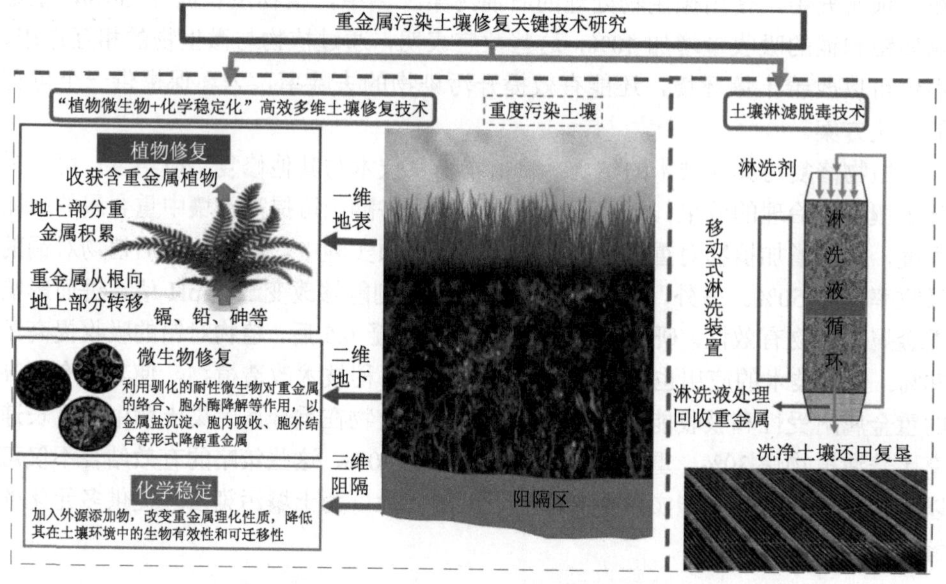

图 12-5　植物微生物+化学稳定化结合土壤淋滤脱毒技术示意图

2）联合修复技术的优势

植物微生物+化学稳定化结合土壤淋滤脱毒技术综合了各个单项技术的优势，具有以下显著特点。

高效性：微生物能够促进植物对重金属的吸收，发挥植物修复和微生物修复协同作用，加速修复过程。

稳定性：化学稳定化材料能长效固定重金属，减少其迁移和生物可利用性。

全面性：土壤淋滤脱毒技术能深入修复重度污染土壤，使修复效果更彻底。

环保性：利用自然界中的植物和微生物，减少了化学试剂的使用，对环境更友好。

12.3.3　修复比选模型应用

1. 变量特征度的提取

过滤提取修复样本变量，机器系统一般用特征来识别或区分变量[201]。这里采用向量空间模型（vector space model，VSM）定义的(S_1,x_1;S_2,x_2;…;S_j,x_j)来描述特征，其中 S_j 为特征项，x_j 为特征项对应的等级赋值，用以描述变量特征项的变化程度。为提高特征度获取精度，本节利用 Doc2Vec 方法（一种通过随机文本获得固定长度特征的无监督算法工具，具备计数、平均、加权、百分率、最大值及最小值等功能），对变量特征项进行预处理，获得特征度的编码和等级赋值。实验样本数据较多时，为获得更好区分效果，可利用类似短时傅里叶分析工具，再次处理变量特征，通过式（12-5）得到变量 j 处第 i 个节点的特征度均方根值：

$$X_{j,i}(S) = (\frac{1}{N}\sum_{n=1}^{N} X_{j,n}^{2})^{\frac{1}{2}} \tag{12-5}$$

其中，$X_{j,n}$ 表示变量 j 处的第 n 个等级赋值；N 表示变量 j 全部赋值个数。

2. 全量分析

分布 34 个取样点，编号 A1,A2,…,A34，每个取样点取 3 个剖面样，其中对 A1 上部（深度为 0.3 m 处）、A6 中部（1/2 深度处）、A10 上部（深度为 0.3 m 处）、A18 下部（5/6 深度处）、A25 中部（1/2 深度处）土壤样品进行全量分析，分析结果详见表 12-4。

表 12-4　尾渣和渣土混合物全量检测分析结果（单位：mg/kg）

编号	深度/m	pH 值	镉	铅	锌	铜	砷
A1	0.3	5.36	2.24	766	318	1856	0.272
A6	0.6	6.17	3.65	641	351	1838	0.214
A10	0.3	4.91	3.41	548	327	2577	0.232
A18	2.8	4.86	2.45	1.48	0.718	2402	0.21
A25	1.9	6.05	7.66	916	557	5720	0.172

参照项目所在地进行的环境质量调查结果，土壤镉、铅、锌、砷污染较重，具体如表 12-5 所示。

表 12-5　土壤污染情况表

元素	最大值/(mg/kg)	平均值/(mg/kg)	标准值/(mg/kg)	超标率
镉	271.0	35.6	1	100.0%
铅	15 056.4	3 494.5	500	95.5%
锌	9 260.0	2 682.1	500	95.5%
铜	392.1	225.0	400	0
砷	1 932.0	387.4	30	95.5%

项目污染情况统计如表 12-6 所示。

表 12-6　污染情况统计表（单位：m^2）

序号	名称	面积
1	极重度	6 700
2	重度	62 990
3	中度	55 140
4	轻度	35 170
合计		160 000

3. GRA 算法

GRA 算法是一种无监督学习模型。随机森林算法将半定性、半定量问题转化为定量问题，对模型训练的依赖性强，而 GRA 算法是根据序列几何形状的相似性来确定序列重要关系，强调行为结果的客观性，所以需要兼顾二者的优点。通过随机森林算法得出的分类结果和变量权重值，用于构建评价指标重要性判断矩阵 ϕ，先确定比较集列 x_j 和最优指标集 x_0，再对指标进行离散性的规范量化，再通过式（12-6）计算修复评价指标的关联系数，经过加权求和，得到土壤修复变量的加权关联度值；式（12-6）中 λ 为修复分辨系数，本章取 0.4（一般取 0～0.5）；然后通过式（12-7）得到灰色关联系数矩阵 R，再结合判断矩阵 ϕ，由式（12-8）计算出灰色关联度值 θ_j。

$$\lambda_j(i)=\frac{\min\limits_{j}\min\limits_{i}\left|x_0(i)-x_j(i)\right|+\lambda\max\limits_{j}\max\limits_{i}\left|x_0(i)-x_j(i)\right|}{\left|x_0(i)-x_j(i)\right|+\max\limits_{j}\max\limits_{i}\left|x_0(i)-x_j(i)\right|}\tag{12-6}$$

$$R_{ij} = \begin{vmatrix} r_{10} & \cdots & r_{1j} \\ \vdots & & \vdots \\ r_{i0} & \cdots & r_{ij} \end{vmatrix} \tag{12-7}$$

$$\theta_j(i) = \frac{\sum_{i=1}^{S} R_{ij}(\phi_i)^2}{\sqrt{\sum_{i=1}^{S}(\phi_i)^2}} \tag{12-8}$$

其中，λ_j 表示修复质量关联系数；$x_0(i)$ 、$x_j(i)$ 分别表示最优指标集和比较集列对应 i 点的值；$\min_j \min_i$ 、$\max_j \max_i$ 分别表示二级最小差值和二级最大差值；S 表示修复变量特征数。

根据灰色关联度值对土壤变量分类修复效率进行分级决策，当样本的修复决策评价效率为 0.8～1 时为轻度污染，0.7～0.8（不含 0.8）时为中度污染，0.5～0.7（不含 0.7）时为重度污染，0～0.5（不含 0.5）时为极重度污染。决策评价效率为轻度或中度污染的选用电动+植物多维修复技术，决策评价效率为重度或极重度污染的选用植物微生物+化学稳定化结合土壤淋滤脱毒技术。

4. 分类与评价模型 RFGRA

通过比较随机森林算法和 GRA 算法的功能，建立 RFGRA 土壤修复变量分类决策模型见图 12-6。由图可知，由随机森林算法得到分类结果和分类错误率，再由 GRA 算法得到修复变量分类准确度的决策值。土壤修复实验的训练样本通过工具包预处理后，得到的变量特征数据，通过 Bootstrap 再从对应训练集中抽取 M 个样本构成 M 个决策树，不剪枝完全自然生长得到随机森林分类器，通过多数投票表决得到分类结果和分类错误率。最后将测试样本输入模型 GRA 算法中，经过分层加权关联度计算，得到修复变量分类决策值。

5. 决策过程

在给定土壤重金属污染数据后，利用随机森林模型分析各因素对污染的贡献度；决策修复技术时，根据模型识别出的关键污染源和污染区域，选择针对性的修复技术（如化学稳定化、植物修复或土壤换填），以最小化环境影响并最大化修复效率。

使用随机森林模型进行修复土壤重金属污染技术决策的过程可以详细描述如下。

首先，收集关于土壤中铅、镉、砷、铜、锌等重金属/类金属浓度的详细数据，以及可能影响这些重金属/类金属分布的环境因素数据，如土壤类型、pH 值、降水量、工业活动强度等。这些数据将作为随机森林模型的输入。

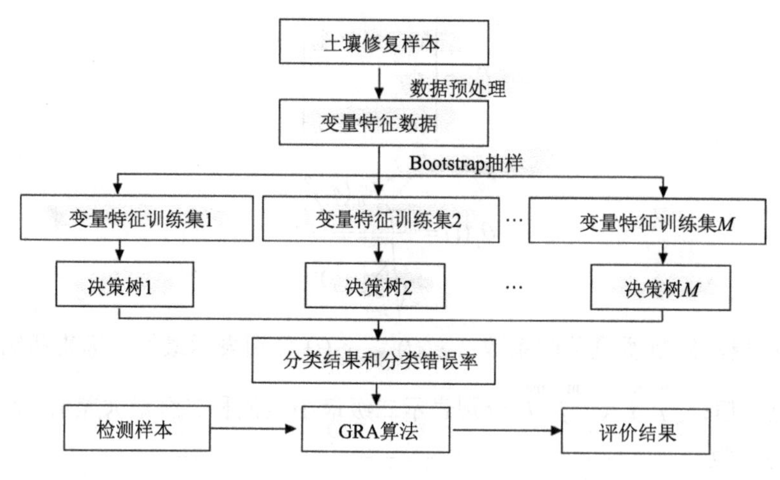

图 12-6 RFGRA 土壤修复变量分类决策模型

接着，利用随机森林模型对这些数据进行训练。在训练过程中，模型会学习如何根据输入的环境因素来预测土壤中重金属/类金属的浓度分布。同时，模型还会评估每个环境因素对重金属/类金属浓度预测的重要性，从而识别出关键污染源和污染区域。

训练完成后，随机森林模型将输出每个样本点的重金属/类金属浓度预测值，并给出各环境因素对预测结果的贡献度。基于这些预测结果和贡献度分析，可以绘制出重金属/类金属污染的分布图，并明确关键污染源的位置和范围。

在决策修复技术时，根据随机森林模型提供的污染分布图和关键污染源信息，可以制订针对性的修复方案。例如，在污染严重的区域，可以选择化学稳定化技术来固定重金属/类金属，防止其进一步扩散；在污染较轻且适合植物生长的区域，可以采用植物修复技术，利用植物对重金属/类金属的吸收和富集能力来降低土壤中的重金属/类金属含量；在特定情况下，还可以考虑土壤换填等物理修复方法。

此外，随机森林模型还可以帮助评估不同修复技术的效果。通过对比不同修复方案实施前后的重金属/类金属浓度数据，可以评估每种技术的修复效率，并进一步优化修复策略。

综上所述，使用随机森林模型进行修复土壤重金属污染技术决策的过程包括数据收集、模型训练、污染分布图绘制、修复方案制订以及效果评估等多个步骤。这一过程充分利用了随机森林模型在预测精度、特征重要性分析等方面的优势，为科学制订修复方案提供了有力支持。

根据深度算法模型分析，本节案例的修复决策评价效率为 0.581，属于重度污染，选用植物微生物+化学稳定化结合土壤淋滤脱毒技术。

12.3.4 修复技术比选模型评价效率评估

采集地表下 20～50 cm 处的土壤作为实验测试样本，利用自制的植物-微生物修复箱开展修复实验，测试土壤中镉、铅、锌、铜、砷的消解效率。由图 12-7 可以看出，仿真评价效率高于实验效率，镉、铅、锌、铜、砷的相对误差分别为 11.19%、6.54%、4.12%、9.48%和 8.66%，分类评价模型真实反映了实际修复过程，误差在可接受范围内。

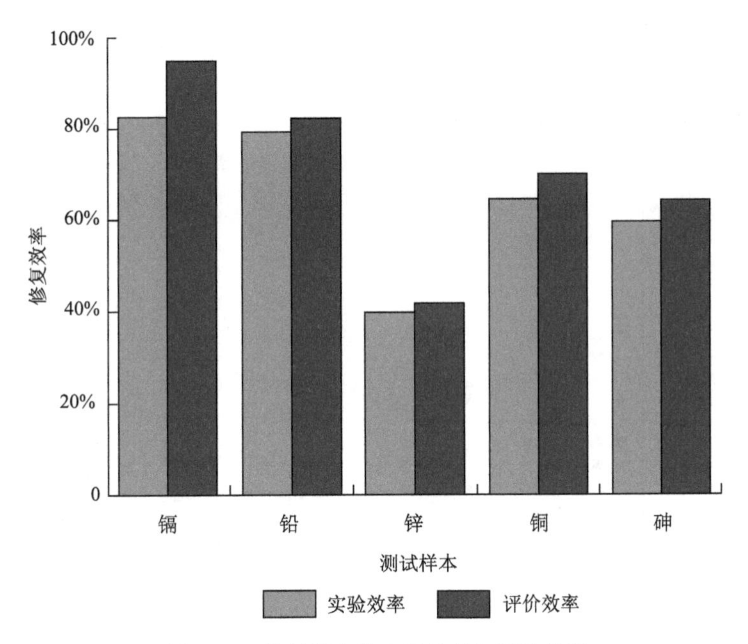

图 12-7 修复样本的实验效率与评价效率

智能分类评价过程与人工修复实验类似，需要对修复变量进行编码、组合和优化，对众多变量特征进行融合和训练找到最佳变量组合。在模型计算过程中，树节点变量数目和决策树数目非常关键，决定了分类评价模型的错误率。对于不同测试样本或者不同的决策树初始抽样值，模型变量分类的误判率均值不同，选择误判率均值最低时的变量及数目作为最佳修复变量集，当错误率趋于稳定时决策树数目设定不变，分类训练过程结束。通过随机森林算法和 RFGRA 算法，分别计算输出分类结果性能指标的错误率，随机森林算法的错误率见图 12-8，RFGRA 算法的错误率见图 12-9。

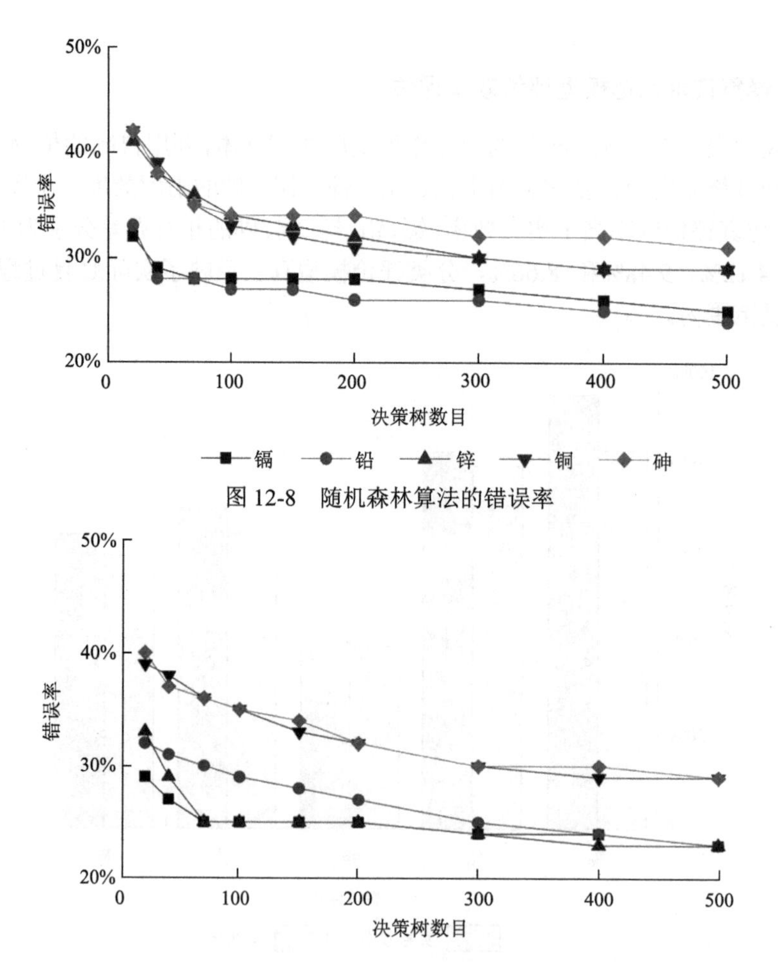

图 12-9 RFGRA 算法的错误率

对比分析图 12-8、图 12-9，随着决策树数目增加，分类错误率明显下降，并且当决策树数目从 20 增至约 300 时，分类错误率趋于稳定，所以针对选取的 5 个测试样本，确定 300 为最优分类决策树数目。从决策树数目均为 300 的条件下修复样本的两种算法的分类错误率对比可以看出，RFGRA 算法的分类错误率低于随机森林算法，说明本章提出的修复变量分类评价方法是可行的。

12.3.5 工程验收及监测考核

240 亩[①]铅锌冶炼污染场地修复后，经第三方检测，修复后土壤铅、镉、砷、铜、锌等重金属/类金属浸出浓度均低于《地下水质量标准》（GB/T 14848—2017）

① 1 亩约等于 666.67 平方米。

中的Ⅲ类标准限值，所有重金属/类金属元素达标率为 100%。修复后减轻了污染场地土壤中重金属/类金属对周边土壤、地表水、地下水的污染，保障居民安全与身体健康；同时改善了当地的生态环境，消除了对湘江的威胁。

1. 工程验收

工程项目施工验收严格按照“验评分离、强化验收、完善手段、过程控制”的方针进行。该项目的竣工验收是指项目主体修复施工结束前，根据有关治理工程验收规范，对比治理工程量，对治理后的边界及废渣量进行核算验收。对项目建设填埋区的防渗、挡土墙、截洪沟、排水沟、拦渣坝以及生态恢复面积进行验收。由建设单位组织设计、施工等单位进行初步验收，并提交竣工验收报告和竣工结算，再由项目责任部门组织相关专家进行项目的正式验收。工程项目验收合格后，应该尽快疏散施工人员、退还机械、清理场地，再进行终结性考核。

1）文件审核与现场勘查

对治理过程中的例会纪要、开工/停工/复工记录、污染渣土和尾渣的流转记录、过程中各类原始记录、照片与影像、业主自验收报告、厂区内开挖过程中各种异常情况的记录进行审核，查看其内容是否齐全翔实。通过现场勘查，对污染场地治理范围、清挖及治理效果、施工过程情况以及治理设施与环保配套设施是否配备齐全、完好等影响环境防护的内容进行实地考察与核实。

2）效果验收

工程量验收：根据要求，对防渗效果、导排系统、挡土墙、排水沟、截洪沟的施工质量及工程量进行验收，确保工程质量和数量达到要求。

防渗验收：对防渗材料使用量、防渗材料质量合格证明、第三方检测信息等进行验收。

植被恢复验收：根据初步设计对覆土厚度及植物恢复情况进行验收。

主要验收指标如表 12-7 所示。

表 12-7　主要验收指标一览表

序号	验收项目	工程量指标		
		数量	单位	备注
1	危险固废处置			
1.1	危险废渣清运	1 615.0	m^3	
1.2	稳定化/固化后废渣	2 828.6	t	运输距离 168.6 km
2	第Ⅱ类一般填埋场建设			
2.1	防渗系统			
2.1.1	200 g/m^2 织质土工布	12 500.0	m^2	

续表

序号	验收项目	工程量指标		
		数量	单位	备注
2.1.2	600 g/m^2 无纺土工布	12 500.0	m^2	
2.1.3	1.5 mm 光面 HDPE 土工膜	12 500.0	m^2	
2.1.4	5000 g/m^2 膨润土垫（geosynthetic clay liner，GCL）	12 500.0	m^2	
2.1.5	6.0 mm 复合土工排水网	12 500.0	m^2	
2.1.6	300 mm 厚压实黏土	3 000.0	m^3	
2.1.7	30 cm 厚卵石	3 000.0	m^3	
2.2	封场			
2.2.1	6.0 mm 复合土工排水网格	10 000.0	m^2	
2.2.2	1.5 mm HDPE 光面土工膜	10 000.0	m^2	
2.2.3	300 mm 防渗黏土层	3 000.0	m^3	
2.2.4	450 mm 厚覆盖支持土层	4 500.0	m^3	
2.2.5	150 mm 厚营养植被土层	1 500.0	m^3	
2.2.6	监测井	4.0	口	

注：HDPE 全称为 high density polyethylene（高密度聚乙烯）

2. 监测考核

1）考核对象

考核对象包括施工期、验收期和运营期项目区域内土壤、地表水、地下水以及噪声等。

2）考核执行标准

水环境质量标准：区域内的地表水环境质量执行《地表水环境质量标准》（GB 3838—2002）Ⅲ类标准。地下水环境质量执行《地下水质量标准》（GB/T 14848—2017）Ⅲ类标准。

水污染物排放标准：废水排放执行《污水综合排放标准》（GB 8978—1996）一级标准。

土壤环境：区域内土壤环境执行《土壤环境质量 建设用地土壤污染风险管控标准（试行）》（GB 36600—2018）第二类建设用地筛选值。

固体废物：固体废物鉴别采用《危险废物鉴别标准 浸出毒性鉴别》（GB 5085.3—2007）；对工程固废进行定性后，一般工业固废采用《一般工业固体废物贮存和填埋污染控制标准》（GB 18599—2020）；危险固废采用《危险废物填埋污染控制标准》（GB 18598—2019）。

3）考核计划

工程施工过程中需要多点、多次、批量取样，对项目范围内的含砷渣土，土壤、水体中重金属含量等进行检测考核，以便客观评价项目实施的成效，控制环境风险。对项目的实施提供全程的监测、监督和监查，防范施工过程中的环境风险，及时对项目实施的成效进行阶段性评估和考核。

4）过程监督和监测考核

施工过程中项目场地及周边土壤监测考核：在施工过程中，为确保工程实施不会对周边的环境造成二次污染，在项目场区内受污染场地达到修复目标后，项目将重点对场地内含砷渣土及受污染土壤进行环境监测。样品检测和采样分析方法按《土壤环境监测技术规范》的相关要求进行。在项目场地内布设取样监测点2 个，在场地南侧布设 1 个监测点，每周取样监测 2 次，对采集的每一个土壤样品做好记录，监测指标为砷、铜、总铬、镉、镍、锌、铅。

地表水及地下水监测考核：施工期废水主要为施工机械清洗废水和生活污水。该项目施工期工人租用安源村委会作为临时办公生活用房，让生活污水进入农家化粪池；对施工期经过沉淀处理后的机械清洗废水排放口进行监测，确保排放口废水达《污水综合排放标准》（GB 8978—1996）一级标准；施工期对废渣堆进行遮盖，并在周围设置排水沟，将废渣堆遗留的含砷废渣交由综合治理工程渗滤液处理站统一处理。施工前，在项目场地内地下水的上、下游分别设置监测井，对地下水水质进行检测。

噪声监测考核：施工过程中，机械作业产生的噪声需要定期进行监测。测量时尽量选择无雨、无雪、风力 6 级以下的天气，且选在地势平坦、无大型反射物的场地中进行监测。噪声的监测方法按照《建筑施工场界环境噪声排放标准》（GB 12523—2011）中的相关要求进行。噪声监测围绕场地边界线上选择离敏感区最近的 4 个采样点，每个采样点位置设在高度 1.2 m 以上的噪声敏感处。

全程环境监测布点统计：场地全程环境监测及验收因子汇总如表 12-8 所示，现场监测采用快速检测仪及实验室检测两种形式。

表 12-8　场地全程环境监测及验收因子汇总表

监测种类	采样和监测规范	布点统计与监测频率	监测指标
土壤	《土壤环境监测技术规范》	在项目场地内布设取样监测点 2 个，在场地南侧布设 1 个监测点，每周取样监测 2 次	砷、铜、总铬、镉、镍、锌、铅等
地表水与地下水	《土壤环境监测技术规范》《地表水和污水监测技术规范》《地下水环境监测技术规范》	施工前，在项目场地内地下水的上、下游分别设置监测井，对地下水水质进行检测。施工过程中，每 10 天对两个监测井进行采样检测	
噪声	《建筑施工场界环境噪声排放标准》	场地周边设置共 4 个采样点，每个采样点位置设在高度 1.2 m 以上的噪声敏感处	昼夜等效声级

5）竣工监测

项目竣工时，对场地土壤中监测因子总量和浸出浓度各监测一次。

3. 跟踪监测考核

1）土壤跟踪监测考核

项目完工后，委托有相应资质的第三方检测公司对治理范围内的土壤进行跟踪监测。项目验收 12 个月后，对场地土壤中监测因子总量和浸出浓度监测一次，评估土壤治理的长期效果。采样点设在场地东部及西部，共 2 个。

2）杨家河地表水及地下水跟踪监测考核

项目完工后，委托有相应资质的第三方检测公司对杨家河地表水和地下水进行跟踪监测。项目验收 12 个月后，再对杨家河地表水监测一次，评估本次治理工程的长期效果。采样点设在场地区域地表径流、淋滤水汇入杨家河处的上游 200 m 及下游 100 m，共设置地表水监测点 2 个；对项目区内设置的监测井水质进行监测，枯、平、丰水期进行，每期一次。项目后期跟踪监测项目表如表 12-9 所示。

表 12-9　项目后期跟踪监测项目表

<table>
<tr><th>序号</th><th>监测类别</th><th>监测因子</th><th>监测点位</th><th>监测期限</th></tr>
<tr><td>1</td><td>场地内土壤</td><td rowspan="3">砷、铜、总铬、镉、砷、锌、铅等</td><td>在场地内布设 2 个监测点</td><td rowspan="2">完工后以及验收 12 个月后</td></tr>
<tr><td>2</td><td>杨家河地表水</td><td>采样点设在场地区域地表径流、淋滤水汇入杨家河处的上游 200 m 及下游 100 m</td></tr>
<tr><td>3</td><td>监测井</td><td>采样点设置在地下水监测井</td><td>枯、平、丰水期进行，每期一次</td></tr>
</table>

参 考 文 献

[1] 陈晓红, 李杨扬, 宋丽洁, 等. 数字经济理论体系与研究展望[J]. 管理世界, 2022, 38(2): 13-16, 208-224.

[2] 陈晓红, 张静辉, 汪阳洁, 等. 数字技术赋能中国式创新的机制与路径研究[J]. 科研管理, 2024, 45(1): 13-20.

[3] 郭凯明. 人工智能发展、产业结构转型升级与劳动收入份额变动[J]. 管理世界, 2019, 35(7): 60-77, 202-203.

[4] 李小聪. 基于大数据云计算网络环境的数据安全问题研究[J]. 网络安全技术与应用, 2024, (8): 60-61.

[5] 曾诗钦, 霍如, 黄韬, 等. 区块链技术研究综述: 原理、进展与应用[J]. 通信学报, 2020, 41(1): 134-151.

[6] 代闯闯, 栾海晶, 杨雪莹, 等. 区块链技术研究综述[J]. 计算机科学, 2021, 48(S2): 500-508.

[7] 刘革平, 王星, 高楠, 等. 从虚拟现实到元宇宙: 在线教育的新方向[J]. 现代远程教育研究, 2021, 33(6): 12-22.

[8] 闫俊周, 姬婉莹, 熊壮. 数字创新研究综述与展望[J]. 科研管理, 2021, 42(4): 11-20.

[9] 谢卫红, 郑迪文, 李忠顺, 等. 数字技术驱动的产业变革: 研究综述与展望[J]. 科研管理, 2024, 45(5): 11-21.

[10] 黄勃, 李海彤, 刘俊岐, 等. 数字技术创新与中国企业高质量发展: 来自企业数字专利的证据[J]. 经济研究, 2023, 58(3): 97-115.

[11] 戚聿东, 肖旭. 数字经济时代的企业管理变革[J]. 管理世界, 2020, 36(6): 135-152, 250.

[12] 肖葱, 杨晋渝. 私人直接投资环境服务业的路径研究[J]. 中国人口 • 资源与环境, 2011, 21(S1): 356-359.

[13] 谷业凯. 用数字技术赋能生态环境保护[N]. 人民日报, 2022-06-27(19).

[14] 裴莹莹, 罗宏, 薛婕, 等. 中国环境服务业的 SCP 范式分析[J]. 中国环境管理, 2018, 10(3): 89-93.

[15] Niu X J, Wang X H, Gao J, et al. Has third-party monitoring improved environmental data quality? An analysis of air pollution data in China[J]. Journal of Environmental Management, 2020, 253: 109698.

[16] Wu J, Zuidema C, Gugerell K, et al. Mind the gap! Barriers and implementation deficiencies of energy policies at the local scale in urban China[J]. Energy Policy, 2017, 106: 201-211.

[17] 翁智雄, 马忠玉, 葛察忠, 等. 多因素驱动下的中国城市环境效应分析: 基于 285 个地级及以上城市面板数据[J]. 中国人口•资源与环境, 2017, 27(3): 63-73.

[18] 段妍婷, 胡斌, 余良, 等. 物联网环境下环卫组织变革研究: 以深圳智慧环卫建设为例[J].

管理世界, 2021, 37(8): 207-225.

[19] 原毅军, 耿殿贺. 环境政策传导机制与中国环保产业发展: 基于政府、排污企业与环保企业的博弈研究[J]. 中国工业经济, 2010, (10): 65-74.

[20] Wu L, Lou B W, Hitt L. Data analytics supports decentralized innovation[J]. Management Science, 2019, 65(10): 4863-4877.

[21] 吴传清, 邓明亮. 数字经济发展对中国工业碳生产率的影响研究[J]. 中国软科学, 2023, (11): 189-200.

[22] 马文甲, 张弘正, 陈劲. 企业数字化转型对绿色创新模式选择的影响[J]. 科研管理, 2023, 44(12): 61-70.

[23] 范新宇. 智慧环保在城市环境综合治理中的问题与对策探析[J]. 资源与环保进展, 2024, 2(4): 34-36.

[24] 观研报告网. 中国智慧环保行业现状深度研究与投资前景预测报告(2024—2031 年)[R/OL]. [2024-10-31]. https://www.chinabaogao.com/baogao/202405/709462.html#r_data.

[25] 王舒娅. 我国智慧环保发展现状与前景[J]. 中国信息界, 2020, (5): 72-75.

[26] 李信茹, 周民, 米屹东, 等. 智慧环保体系在环境治理中的应用[J]. 环境工程技术学报, 2021, 11(5): 992-1003.

[27] 康瑾瑜, 石健, 王磊, 等. 构建智慧环保体系, 助力打赢污染防治攻坚战[J]. 环境与发展, 2024, 36(1): 104-108.

[28] 杜锁丞, 胡骏. 基于新技术的工业环保企业数字化转型综合解决方案[J]. 化工安全与环境, 2022, 35(43): 10-13.

[29] 叶菡韵, 吕一铮, 卢皓, 等. 精细化工园区 VOCs 全过程污染防控策略[J]. 化工环保, 2022, 42(6): 758-765.

[30] 汪晓菲. 人工智能方法在风景园林中的运用进展[J]. 中国农学通报, 2021, 37(32): 83-88.

[31] 杨玉梅, 张庆年, 杨杰, 等. 基于 GA-SVR-PSO 的航运安全投入优化研究[J]. 安全与环境工程, 2020, 27(1): 146-151.

[32] 贺明星, 程文, 任杰辉, 等. 草酸、壳聚糖与 CaO 联合调理对污泥脱水性能的影响[J]. 中国环境科学, 2020, 40(7): 3029-3036.

[33] 张小庆. 基于改进 GSA 的数据聚类机制[J]. 计算机应用与软件, 2021, 38(2): 27-32, 84.

[34] 崔建国, 王俊岭. 城市供水系统的优化调度模型研究[J]. 太原理工大学学报, 2002, 33(3): 285-289.

[35] Goodkind A L, Tessum C W, Coggins J S, et al. Fine-scale damage estimates of particulate matter air pollution reveal opportunities for location-specific mitigation of emissions[J]. Proceedings of the National Academy of Sciences of the United States of America, 2019, 116(18): 8775-8780.

[36] 杨一帆, 张凯山. 突发型大气污染源位置识别反演问题的数值模拟[J]. 环境科学学报, 2013, 33(9): 2388-2394.

[37] Grover A, Lall B. A data-driven framework for deploying sensors in environment sensing application[J]. IEEE Transactions on Industrial Informatics, 2021, 17(6): 4055-4064.

[38] Li X L, Cai J, Zhao R Y, et al. Optimizing anchor node deployment for fingerprint localization with low-cost and coarse-grained communication chips[J]. IEEE Internet of Things Journal, 2022, 9(16): 15297-15311.

[39] Delin K A, Jackson S P, Johnson D W, et al. Environmental studies with the sensor web: principles and practice[J]. Sensors, 2005, 5(1): 103-117.

[40] Kahn J M, Katz R H, Pister K S J. Emerging challenges: mobile networking for "smart dust"[J]. Journal of Communications and Networks, 2000, 2(3): 188-196.

[41] Li X H, Sun M Y, Ma Y S, et al. Using sensor network for tracing and locating air pollution sources[J]. IEEE Sensors Journal, 2021, 21(10): 12162-12170.

[42] 郑小平, 陈增强. 模式搜索算法在毒气泄漏中的源强反算[J]. 中国安全科学学报, 2010, 20(5): 29-34.

[43] 匡兴红, 邵惠鹤. 基于 WSN 的两种气体源定位算法研究[J]. 仪器仪表学报, 2007, (2): 298-302.

[44] 孙子文, 申栋. 无线传感器网络节点多目标安全优化部署[J]. 传感技术学报, 2018, 31(12): 1882-1888.

[45] Boubrima A, Bechkit W, Rivano H. Optimal WSN deployment models for air pollution monitoring[J]. IEEE Transactions on Wireless Communications, 2017, 16(5): 2723-2735.

[46] Boubrima A, Bechkit W, Rivano H. On the deployment of wireless sensor networks for air quality mapping: optimization models and algorithms[J]. IEEE/ACM Transactions on Networking, 2019, 27(4): 1629-1642.

[47] 俞立平. 大数据与大数据经济学[J]. 中国软科学, 2013, (7): 177-183.

[48] Niyato D, Abu Alsheikh M, Wang P, et al. Market model and optimal pricing scheme of big data and internet of things (IoT)[EB/OL]. [2024-10-31]. https://arxiv.org/pdf/1602.03202.

[49] Bertsimas D, Gupta V, Kallus N. Data-driven robust optimization[J]. Mathematical Programming, 2018, 167: 235-292.

[50] Bertsimas D, Gupta V, Kallus N. Robust sample average approximation[J]. Mathematical Programming, 2018, 171(1/2): 217-282.

[51] Ban G Y, Rudin C. The big data newsvendor: practical insights from machine learning[J]. Operations Research, 2019, 67(1): 90-108.

[52] Ettl M, Harsha P, Papush A, et al. A data-driven approach to personalized bundle pricing and recommendation[J]. Manufacturing & Service Operations Management, 2020, 22(3): 461-480.

[53] Mohan N, Soman K P, Sachin Kumar S. A data-driven strategy for short-term electric load forecasting using dynamic mode decomposition model[J]. Applied Energy, 2018, 232: 229-244.

[54] Wu Z C, Zhao X C, Ma Y Q, et al. A hybrid model based on modified multi-objective cuckoo search algorithm for short-term load forecasting[J]. Applied Energy, 2019, 237: 896-909.

[55] 张喆, 李淑媛, 邱琦, 等. 北京市居民垃圾分类收费定价模型与算法[C]//中国环境科学学会. 2014 中国环境科学学会学术年会论文集. 成都: 中国环境科学学会, 2014: 19-27.

[56] Kulas M S. Paying by the pound: an examination of the realitionship between varaible-based

pricing and municipal solid waste generation in Connecticut[R]. Washington: Georgetown University, 2015.
[57] 江玉腾. 城市生活垃圾分类与回收的定价模型与对策[J]. 中国资源综合利用, 2018, 36(9): 135-137.
[58] Chu Z J, Wu Y G, Zhuang J. Municipal household solid waste fee based on an increasing block pricing model in Beijing, China[J]. Waste Management & Research, 2017, 35(3): 228-235.
[59] Weber G, Cabras I, Calaf-Forn M, et al. Promoting waste degrowth and environmental justice at a local level: the case of unit-pricing schemes in Spain[J]. Ecological Economics, 2019, 156: 306-317.
[60] Li Y Y, Huang B, Tao F M. Pricing mechanism design for centralized pollutant treatment with SME alliances[J]. International Journal of Environmental Research and Public Health, 2016, 13(6): 622.
[61] Dai R, Zhang J X. Green process innovation and differentiated pricing strategies with environmental concerns of South-North markets[J]. Transportation Research Part E: Logistics and Transportation Review, 2017, 98: 132-150.
[62] Subramanian V, Das T K, Kwon C, et al. A data-driven methodology for dynamic pricing and demand response in electric power networks[J]. Electric Power Systems Research, 2019, 174: 105869.
[63] Yan X H, Gu C H, Li F R, et al. Network pricing for customer-operated energy storage in distribution networks[J]. Applied Energy, 2018, 212: 283-292.
[64] Long S, Zhao L, Shi T T, et al. Pollution control and cost analysis of wastewater treatment at industrial parks in Taihu and Haihe water basins, China[J]. Journal of Cleaner Production, 2018, 172: 2435-2442.
[65] Huang J, Pan X C, Guo X B, et al. Impacts of air pollution wave on years of life lost: a crucial way to communicate the health risks of air pollution to the public[J]. Environment International, 2018, 113: 42-49.
[66] Song Q B, Wang Z S, Li J H. Residents' attitudes and willingness to pay for solid waste management in Macau[J]. Procedia Environmental Sciences, 2016, 31: 635-643.
[67] Castellet L, Molinos-Senante M. Efficiency assessment of wastewater treatment plants: a data envelopment analysis approach integrating technical, economic, and environmental issues[J]. Journal of Environmental Management, 2016, 167: 160-166.
[68] Elia V, Gnoni M G, Tornese F. Improving logistic efficiency of WEEE collection through dynamic scheduling using simulation modeling[J]. Waste Management, 2018, 72: 78-86.
[69] Esmaeilian B, Wang B, Lewis K, et al. The future of waste management in smart and sustainable cities: a review and concept paper[J]. Waste Management, 2018, 81: 177-195.
[70] 陈晓红, 陈姣龙, 胡东滨, 等. 面向环境司法智能审判场景的人工智能大模型应用探讨[J]. 中国工程科学, 2024, 26(1): 190-201.
[71] 刘忠辉, 蔡高琰, 梁炳基, 等. 基于电力数据分析的污染物排放监测方法研究[J]. 信息技术

与网络安全, 2021, 40(2): 52-55, 73.

[72] 李长杰, 徐亮, 宋明星, 等. 基于 AIoT 的智能环保监控管理系统开发及其在高速公路网中的应用[J]. 安全与环境工程, 2020, 27(5): 85-91.

[73] Nong X Z, Shao D G, Zhong H, et al. Evaluation of water quality in the South-to-North Water Diversion Project of China using the water quality index (WQI) method[J]. Water Research, 2020, 178: 115781.

[74] 袁勇, 欧阳丽炜, 王晓, 等. 基于区块链的智能组件: 一种分布式人工智能研究新范式[J]. 数据与计算发展前沿, 2021, 3(1): 1-14.

[75] Dutta P, Choi T M, Somani S, et al. Blockchain technology in supply chain operations: applications, challenges and research opportunities[J]. Transportation Research Part E: Logistics and Transportation Review, 2020, 142: 102067.

[76] Li Q Y, Ma M Q, Shi T Q, et al. Green investment in a sustainable supply chain: the role of blockchain and fairness[J]. Transportation Research Part E: Logistics and Transportation Review, 2022, 167: 102908.

[77] 林强, 刘名武, 邹梓琛. 不同激励契约下嵌入区块链的供应链碳减排与定价决策[J]. 计算机集成制造系统, 2024, 30(4): 1506-1517.

[78] Wu X Y, Fan Z P, Cao B B. An analysis of strategies for adopting blockchain technology in the fresh product supply chain[J]. International Journal of Production Research, 2023, 61(11): 3717-3734.

[79] 车阿大, 李芯怡, 郑本荣. 区块链技术采纳成本分摊机制与供应链协调研究[J]. 系统工程理论与实践, 2024, 44(2): 579-596.

[80] 王玉燕, 高俊宏. 基于政府动态补贴区块链技术的闭环供应链决策与协调研究[J]. 系统工程理论与实践, 2024, 44(3): 1053-1068.

[81] 颜嘉麒, 宋金倍, 达婧玮, 等. 基于区块链的传染病预警系统: 融合复杂网络的风险度量[J]. 信息资源管理学报, 2021, 11(4): 90-99.

[82] 郑煌杰, 曹阳. 区块链技术运用风险的治理: 逻辑、原则、手段[J]. 合肥工业大学学报(社会科学版), 2023, 37(3): 42-50.

[83] 宋凌云, 马卓源, 李战怀, 等. 面向金融风险预测的时序图神经网络综述[J]. 软件学报, 2024, 35(8): 3897-3922.

[84] 邱国新, 殷利平, 刘长征, 等. 基于 GA-PSO-BP 神经网络的气象能见度预测[J]. 科学技术与工程, 2024, 24(15): 6164-6171.

[85] 李强, 李维刚, 周淼, 等. 区块链存储与加密技术在农业生态及环境监测中的应用[J]. 四川农业与农机, 2021, (5): 64-66.

[86] 陈晓红, 陈石. 企业两型化发展效率度量及影响因素研究[J]. 中国软科学, 2013, (4): 128-139.

[87] Vandermerwe S, Rada J. Servitization of business: adding value by adding services[J]. European Management Journal, 1988, 6(4): 314-324.

[88] Visnjic I, Wiengarten F, Neely A. Only the brave: product innovation, service business model

innovation, and their impact on performance[J]. Journal of Product Innovation Management, 2016, 33(1): 36-52.

[89] 李靖华, 林莉, 李倩岚. 制造业服务化商业模式创新:基于资源基础观[J]. 科研管理, 2019, 40(3): 74-83.

[90] Suarez F F, Cusumano M A, Kahl S J. Services and the business models of product firms: an empirical analysis of the software industry[J]. Management Science, 2013, 59(2): 420-435.

[91] 谢卫红, 林培望, 李忠顺, 等. 数字化创新: 内涵特征、价值创造与展望[J]. 外国经济与管理, 2020, 42(9): 19-31.

[92] 党琳, 李雪松, 申烁. 数字经济、创新环境与合作创新绩效[J]. 山西财经大学学报, 2021, 43(11): 1-15.

[93] 朱信凯, 龚斌磊. 高质量发展背景下实现“双碳”目标的风险挑战与路径选择[J]. 治理研究, 2022, 38(3): 13-23, 2, 124.

[94] 石大千, 丁海, 卫平, 等. 智慧城市建设能否降低环境污染[J]. 中国工业经济, 2018, (6): 117-135.

[95] Bibri S E, Krogstie J, Kaboli A, et al. Smarter eco-cities and their leading-edge artificial intelligence of things solutions for environmental sustainability: a comprehensive systematic review[J]. Environmental Science and Ecotechnology, 2024, 19: 100330.

[96] 蒋伏心, 王竹君, 白俊红. 环境规制对技术创新影响的双重效应: 基于江苏制造业动态面板数据的实证研究[J]. 中国工业经济, 2013, (7): 44-55.

[97] 胡东滨, 周普. 数字化转型对环境服务企业绩效的影响研究: 基于年度报告文本的实证分析[J]. 运筹与管理, 2024, 33(8): 15-22.

[98] Wei J S, Zheng Q Q. Environmental, social and governance performance: dynamic capabilities through digital transformation[J]. Management Decision, 2024, 62(12): 4021-4049.

[99] 宋大伟, 朱永彬. 我国服务型制造“十四五”时期发展思路研究[J]. 中国科学院院刊, 2020, 35(12): 1463-1469.

[100] 焦豪. 数字平台生态观: 数字经济时代的管理理论新视角[J]. 中国工业经济, 2023, (7): 122-141.

[101] 张华, 顾新. 供应链竞争下制造商数字化转型的博弈均衡研究[J]. 中国管理科学, 2024, 32(6): 163-172.

[102] Yu Y B, Zhang J Z, Cao Y H, et al. Intelligent transformation of the manufacturing industry for Industry 4.0: seizing financial benefits from supply chain relationship capital through enterprise green management[J]. Technological Forecasting and Social Change, 2021, 172: 120999.

[103] 胡东滨, 周普, 陈晓红. 环境服务模式创新、绿色技术创新与企业绩效[J]. 科研管理, 2024, 45(3): 83-93.

[104] Rizvandi N B, Taheri J, Zomaya A Y. On using pattern matching algorithms in MapReduce applications[R]. Busan: 2011 IEEE Ninth International Symposium on Parallel and Distributed Processing with Applications, 2011.

[105] Raghavendra R, Dewan P, Srivatsa M. Unifying HDFS and GPFS: enabling analytics on software-defined storage[R]. New York: The 17th International Middleware Conference, 2016.

[106] Huang W C, Lai C C, Lin C N, et al. File system allocation in cloud storage services with GlusterFS and Lustre[R]. Chengdu: 2015 IEEE International Conference on Smart City/SocialCom/SustainCom, 2015.

[107] Barker S, Chi Y, Moon H J, et al. "Cut me some slack": latency-aware live migration for databases[R]. Berlin: The 15th International Conference on Extending Database Technology, 2012.

[108] Min J K, Lee M Y. DICE: an effective query result cache for distributed storage systems[J]. Journal of Computer Science and Technology, 2010, 25(5): 933-944.

[109] Shvachko K, Kuang H R, Radia S, et al. The hadoop distributed file system[R]. Incline Village: 2010 IEEE 26th Symposium on Mass Storage Systems and Technologies, 2010.

[110] Wang L, Chen B, Liu Y H. Distributed storage and index of vector spatial data based on HBase[R]. Kaifeng: 2013 21st International Conference on Geoinformatics, 2013.

[111] Yu C, Popa L. Constraint-based XLM query rewriting for data integration[R]. Paris: The 2004 ACM International Conference on Management of Data, 2004.

[112] Benjelloun O, Das Sarma A, Halevy A, et al. Databases with uncertainty and lineage[J]. The VLDB Journal, 2008, 172(2): 243-264.

[113] Ho J, Jain A, Abbeel P. Denoising diffusion probabilistic models[C]//Larochelle H, Ranzato M, Hadsell R, et al. Proceedings of the 34th International Conference on Neural Information Processing Systems. New York: ACM, 2020: 6840-6851.

[114] Zhang H L, Chen D F, Wang C. Confidence-aware multi-teacher knowledge distillation[R]. Singapore: ICASSP 2022-2022 IEEE International Conference on Acoustics, Speech and Signal Processing, 2022.

[115] Itahara S, Nishio T, Koda Y, et al. Distillation-based semi-supervised federated learning for communication-efficient collaborative training with non-iIID private data[J]. IEEE Transactions on Mobile Computing, 2023, 22(1): 191-205.

[116] Yao X, Huang T C, Wu C L, et al. Federated learning with additional mechanisms on clients to reduce communication costs[EB/OL]. [2024-11-1]. https://arxiv.org/pdf/1908.05891.

[117] 孙兵，刘艳，王田，等. 移动边缘网络中联邦学习效率优化综述[J]. 计算机研究与发展, 2022, 59(7): 1439-1469.

[118] Ye M, Fang X W, Du B, et al. Heterogeneous federated learning: state-of-the-art and research challenges[J]. ACM Computing Surveys, 2024, 56(3): 1-44.

[119] 沙鹏艳，王俊，范强鑫，等. 环境监测与环境监测技术的发展[J]. 环境与发展, 2018, 30(5): 163-164.

[120] 杨基富，毛俊杰. 环境监测与治理技术的发展研究[J]. 环境与发展, 2017, 29(8): 161-163.

[121] 蔡山泉. 环境监测技术的现状和发展探讨[J]. 环境与发展, 2017, 29(3): 237-238.

[122] 钱冠磊. 我国环境监测的发展及环境监测技术存在的主要问题[J]. 科技信息，2014, (6):

109-110.

[123] Andrzej M, Andrzej K, Zbigniew S, et al. Development problems of large area, web accessible, environmental pollution monitoring system[R]. Warsaw: 2007 IEEE Instrumentation & Measurement Technology Conference IMTC 2007, 2007.

[124] 季本超, 王媛. 基于WebGIS的哈尔滨市大气环境质量监测系统设计[J]. 环境科学与管理, 2008, 33(12): 134-136.

[125] 裴海燕. 我国环境监测技术的现状与发展[J]. 清洗世界, 2022, 38(6): 72-74.

[126] Ke L. Core status monitoring technology in environmental quality monitoring[R]. Xi'an: 2011 International Symposium on Water Resource and Environmental Protection, 2011.

[127] 马若男. 试析生物监测技术在水环境监测中的运用[J]. 皮革制作与环保科技, 2023, 4(12): 38-40.

[128] 王宇健. 3S技术在生态环境监测中的应用研究[J]. 大众标准化, 2022, (9): 28-30.

[129] 曹旨昊, 张辛欣, 牟少敏, 等. 基于ZigBee的山区农田环境监测系统设计[J]. 计算机应用与软件, 2023, 40(3): 66-71.

[130] 张志恒, 姜世超. 基于多传感器的温室环境监测系统研究[J]. 信息与电脑(理论版), 2023, 35(5): 141-144.

[131] Khaleel T A, Mustafa F A, Khattab M F O. Applications of sensor networks and remote sensing in environmental sustainability: a review[R]. Istanbul: 2022 International Conference on Engineering & MIS, 2022.

[132] Dong S, Zhuang Y, Chen H, et al. Full semantic constructed network for urban use classification from very high-resolution optical remote sensing imagery[J]. IEEE Transactions on Geoscience and Remote Sensing, 2023, 61: 1-20.

[133] Li X D, Liu W, Chen Z, et al. The application of semicircular-buffer-based land use regression models incorporating wind direction in predicting quarterly NO_2 and PM_{10} concentrations[J]. Atmospheric Environment, 2015, 103: 18-24.

[134] Chen X W, Li X D, Yuan X Z, et al. Effects of human activities and climate change on the reduction of visibility in Beijing over the past 36 years[J]. Environment International, 2018, 116: 92-100.

[135] Liu W, Li X D, Chen Z, et al. Land use regression models coupled with meteorology to model spatial and temporal variability of NO_2 and PM_{10} in Changsha, China[J]. Atmospheric Environment, 2015, 116: 272-280.

[136] Fan J C, Chow T W S. Matrix completion by least-square, low-rank, and sparse self-representations[J]. Pattern Recognition, 2017, 71: 290-305.

[137] Shang C, Palmer A, Sun J W, et al. VIGAN: missing view imputation with generative adversarial networks[R]. Boston: 2017 IEEE International Conference on Big Data, 2017.

[138] 习近平. 习近平在《生物多样性公约》第十五次缔约方大会领导人峰会上的主旨讲话[EB/OL]. [2021-10-12]. https://www.gov.cn/xinwen/2021-10/12/content_5642048.htm.

[139] 《"十四五"林业草原保护发展规划纲要》印发[J]. 浙江林业, 2021, (9): 17.

[140] 田养军, 薛春纪, 马智民, 等. 曲波变换的高光谱遥感图像融合方法在土地利用调查中的应用[J]. 遥感学报, 2009, 13(2): 313-319.

[141] Shi H L, Fang M. Multi-focus color image fusion based on SWT and IHS[R]. Haikou: Fourth International Conference on Fuzzy Systems and Knowledge Discovery, 2007.

[142] González-Audícana M, Saleta J L, Catalan R G, et al. Fusion of multispectral and panchromatic images using improved IHS and PCA mergers based on wavelet decomposition[J]. IEEE Transactions on Geoscience and Remote Sensing, 2004, 42(6): 1291-1299.

[143] Valizadeh S A, Ghassemian H. Remote sensing image fusion using combining IHS and Curvelet transform[R]. Tehran: 6th International Symposium on Telecommunications, 2012.

[144] Zhang X W, Liu X G. Pixel level image fusion scheme based on accumulated gradient and PCA transform[R]. Beijing: 2008 9th International Conference on Computer-Aided Industrial Design and Conceptual Design, 2008.

[145] Mitianoudis N, Stathaki T. Pixel-based and region-based image fusion schemes using ICA bases[J]. Information Fusion, 2007, 8(2): 131-142.

[146] 江铁, 朱桂斌, 孙奥. 基于金字塔变换的多曝光图像融合[J]. 计算机技术与发展, 2013, 23(1): 95-98.

[147] Yao C, Lei K. Multi-sensor image fusion algorithm based on NSCT and PCNN[R]. Taiyuan: 2010 International Conference on Computational Aspects of Social Networks, 2010.

[148] 邓磊, 蒋卫国, 陈云浩, 等. 一种基于 Contourlet 域隐马尔可夫树模型的遥感影像融合方法[J]. 红外与毫米波学报, 2008, 27(4): 285-289.

[149] 李晖晖, 郭雷, 刘航. 基于区域分割的遥感图像融合方法[J]. 光子学报, 2005, 34(12): 1901-1905.

[150] Saha K, Shah P, Merchant S N, et al. A novel multi-focus image fusion algorithm using edge information and K-mean segmentation[R]. Macao: 2009 7th International Conference on Information, Communications and Signal Processing, 2009.

[151] 王跃山. 数据同化: 它的缘起、含义和主要方法[J]. 海洋预报, 1999, 16(1): 11-20.

[152] 金海燕, 刘芳, 焦李成. 基于多尺度对比度塔和方向滤波器组的图像融合[J]. 电子学报, 2007, 35(7): 1295-1300.

[153] 王文波, 李合龙, 张晓东. 联合非降采样金字塔与经验模态分解的遥感图像融合算法[J]. 哈尔滨工程大学学报, 2012, 33(11): 1394-1398.

[154] 金星, 李晖晖, 时丕丽. 非下采样 Contourlet 变换与脉冲耦合神经网络相结合的 SAR 与多光谱图像融合[J]. 中国图象图形学报, 2012, 17(9): 1188-1195.

[155] Yang X H, Jiao L C. Fusion algorithm for remote sensing images based on nonsubsampled contourlet transform[J]. Acta Automatica Sinica, 2008, 34(3): 274-281.

[156] 王雷光, 刘国英, 梅天灿, 等. 一种光谱与纹理特征加权的高分辨率遥感纹理分割算法[J]. 光学学报, 2009, 29(11): 3010-3017.

[157] 崔志华. 微粒群算法的性能分析与优化[D]. 西安: 西安交通大学, 2008.

[158] 陈晓红，陈姣龙，胡东滨，等. 基于深度自编码器的自适应异常检测算法及其应用研究[J]. 系统工程理论与实践, 2024, 44(8): 2718-2732.

[159] 陈晓红，欧阳长风，张乘，等. 资源环境数智协同管理的研究框架与未来展望[J]. 资源科学, 2024, 46(4): 657-670.

[160] Hobday M, Davies A, Prencipe A. Systems integration: a core capability of the modern corporation[J]. Industrial and Corporate Change, 2005, 14(6): 1109-1143.

[161] Chapman C S, Kihn L A. Information system integration, enabling control and performance[J]. Accounting, Organizations and Society, 2009, 34(2): 151-169.

[162] Li Z G, Fu Z T, He J Y. Research of thermoelectric enterprise marketing management information system integration model[J]. Advanced Materials Research, 2013, 756/757/758/759: 4763-4767.

[163] Ortiz A, Lario F, Ros L. Enterprise integration: business processes integrated management: a proposal for a methodology to develop enterprise integration programs[J]. Computers in Industry, 1999, 40(2/3): 155-171.

[164] Dalla Valle L, Kenett R. Social media big data integration: a new approach based on calibration[J]. Expert Systems with Applications, 2018, 111: 76-90.

[165] 施骞，黄遥，陈进道，等. 大数据技术下重大工程组织系统集成模式[J]. 系统管理学报, 2018, 27(1): 137-146, 156.

[166] Poltronieri C F, Ganga G M D, Gerolamo M C, et al. Maturity in management system integration and its relationship with sustainable performance[J]. Journal of Cleaner Production, 2019, 207: 236-247.

[167] Hamamoto N, Ueda H, Furukawa M, et al. Toward the cross-institutional data integration from shibboleth federated LMS[J]. Procedia Computer Science, 2019, 159: 1720-1729.

[168] Cecílio J, Caldeira F, Wanzeller C. CityMii: an integration and interoperable middleware to manage a smart city[J]. Procedia Computer Science, 2018, 130: 416-423.

[169] Nashipudimath M M, Shinde S K, Jain J. An efficient integration and indexing method based on feature patterns and semantic analysis for big data[J]. Array, 2020, 7: 100033.

[170] de Bakker M P, de Jong K, Schmitz O, et al. Design and demonstration of a data model to integrate agent-based and field-based modelling[J]. Environmental Modelling & Software, 2017, 89: 172-189.

[171] 盛昭瀚，张传芹，赵佳宝. 基于工作流的企业业务过程集成建模方法[J]. 管理科学学报, 2003, (2): 35-40.

[172] 陈晓红，唐润成，胡东滨，等. 电力企业数字化减污降碳的路径与策略研究[J]. 中国科学院院刊, 2024, 39(2): 298-310.

[173] 刘华军，石印，郭立祥，等. 新时代的中国能源革命：历程、成就与展望[J]. 管理世界, 2022, 38(7): 6-24.

[174] 丛晓男，王丽娟. 推进“双碳”目标与生态环境资源目标协同的思考[J]. 环境保护, 2022, 50(21): 33-36.

[175] 陈晓红, 张威威, 易国栋, 等. 新一代信息技术驱动下资源环境协同管理的理论逻辑及实现路径[J]. 中南大学学报(社会科学版), 2021, 27(5): 1-10.

[176] 陈晓红, 胡东滨, 曹文治, 等. 数字技术助推我国能源行业碳中和目标实现的路径探析[J]. 中国科学院院刊, 2021, 36(9): 1019-1029.

[177] 贺鸿鹏, 王小宇, 徐美娇, 等. 考虑输电约束的风力发电系统压缩空气储能可靠性与经济性评价[J]. 储能科学与技术, 2024, 13(11): 4226-4234.

[178] 黄盛坤. 基于太阳形与光学误差的光伏微电网稳定性评估模型[J]. 光学与光电技术, 2024, 22(3): 128-134.

[179] 孙秋野, 王一帆, 杨凌霄, 等. 比特驱动的瓦特变革: 信息能源系统研究综述[J]. 自动化学报, 2021, 47(1): 50-63.

[180] 黄杰. 中国能源环境效率的空间关联网络结构及其影响因素[J]. 资源科学, 2018, 40(4): 759-772.

[181] 陈晓红, 张嘉敏, 唐湘博. 中国工业减污降碳协同效应及其影响机制[J]. 资源科学, 2022, 44(12): 2387-2398.

[182] 郑椀方. 西北地区城市群水资源承载力研究[D]. 石河子: 石河子大学, 2017.

[183] 苏达. 微软虚拟化: 促进协同, 降低复杂性[J]. 中国计算机用户, 2009, (18): 36-37.

[184] 柴伟. 我国环保产业发展中的主要问题与对策[J]. 环境与生活, 2014, (10): 159.

[185] 王彦翔. 研究水资源利用中的问题与可持续利用对策[J]. 水上安全, 2023, (8): 64-66.

[186] 黄爱宝. 生态环境智慧执法体系构建策略研究[J]. 鄱阳湖学刊, 2024, (4): 5-16, 155.

[187] 杨曦. 小型污水处理厂智慧平台的建设[J]. 化工设计通讯, 2021, 47(9): 186-187.

[188] 夏永发, 王宾启. 区块链技术在水资源治理中的应用[J]. 山东水利, 2024, (8): 72-74.

[189] 张会影, 刘雅林. 基于深度学习技术的研究[J]. 网络安全技术与应用, 2024, (8): 41-43.

[190] 李铁鹏, 李佳阳. 三维可视化技术在乡村规划设计中的应用[J]. 中国科技信息, 2024, (16): 86-88.

[191] 徐竞喆, 吴振宇, 赵成东. 基于 MQTT 协议的物联网设备在小水电站远程监控中的应用[J]. 小水电, 2024, (4): 67-70.

[192] 温贤勇, 狄宝生, 郑奇. 流域水环境风险评估与预警技术分析[J]. 皮革制作与环保科技, 2022, 3(16): 69-71.

[193] 刘飞飞. 5G 网络中移动边缘计算 MEC 技术研究[J]. 山西电子技术, 2020, (6): 72-75.

[194] 刘彤, 杨立琼, 石亚楠, 等. 我国场地土壤修复技术综合分析[J/OL]. 生态学杂志, 1-19[2024-08-30]. http://kns.cnki.net/kcms/detail/21.1148.Q.20240701.1512.002.html.

[195] 籍龙杰, 张婧卓, 陈梦巧, 等. 污染土壤修复中心的发展现状及方向展望[J]. 化工环保, 2022, 42(2): 125-133.

[196] 土壤与地下水修复行业 2019 年发展报告[C]//中国环境保护产业协会. 中国环境保护产业发展报告(2020). 北京: 气象出版社, 2020: 211-246.

[197] 应欢畅, 冯英. 基于专利申请分析的有机磷农药污染土壤修复技术研究进展[J]. 应用与环境生物学报, 2023, 29(6): 1490-1497.

[198] 郭琳, 曹书苗, 柯希彪, 等. 基于机器学习的污染土壤修复变量分类与评价[J]. 环境科技,

2021, 34(2): 1-6.

[199] 叶肖伟, 张小龙, 陈延博, 等. 基于粒子群优化-随机森林(PSO-RF)算法的盾构隧道施工期管片最大上浮量预测(英文)[J]. Journal of Zhejiang University-Science A(Applied Physics & Engineering), 2024, 25(1): 1-18.

[200] 王磊, 刘雨, 刘志中, 等. 基于属性离散和特征度量的决策树构建算法[J]. 河南理工大学学报(自然科学版), 2021, 40(3): 127-133.

[201] 赵文举, 李钊钊, 马芳芳, 等. 基于多光谱影像的苜蓿地不同生育期土壤含盐量反演模型研究[J/OL]. 农业机械学报, 1-15[2024-08-30]. http://kns.cnk i.net/kcms/detail/ 11.1964. S.20240813.0938.010.html.